II
ESO

Leva

Tecnología y Digitalización

R. Martínez, E. Nogueira, S. Resa

TEIDE

Advertencia
De acuerdo con la ley, este libro de texto no es un material fungible; por lo tanto, los ejercicios propuestos no deben ser resueltos en él, sino en el cuaderno del alumnado. Si en el libro se dejan espacios en blanco, recuadros vacíos o líneas de puntos, es simplemente para que el alumnado tenga un modelo o una pauta de resolución.

Cubierta
La Page

Maquetación
Fotoletra S.A.

Ilustraciones
Admagraf, J. L. Ferrer, Kaffa

Fotografías
AGE Fotostock, Archivo Teide, F. Martí, G. Santomá, Shutterstock

Realización técnica
R. M.ª del Castillo, A. Muñoz

Segunda impresión, 2023

info@editorialteide.com
www.editorialteide.com

ISBN: 978-84-307-7443-2
Depósito legal: B 12122-2022
Impreso en Índice, S. L.

Conoce el libro

Los materiales de Editorial Teide responden al ideario de la nueva ley de educación (LOMLOE), que preconiza una enseñanza orientada al aprendizaje autónomo, competencial, significativo y reflexivo. Es decir, a la voluntad de formar personas que tengan capacidad de decidir, dispuestas a emprender proyectos y dar respuestas a nuevos retos.

Cada manual incluye actividades de aprendizaje sistemático y actividades de aprendizaje competencial específico, complementadas con retos que inciden en la consecución de las competencias transversales y específicas a partir de diferentes situaciones de aprendizaje.

Sabemos que el alumnado es el protagonista del aprendizaje, pero también somos conscientes de la importancia que tiene la información y su diversidad de niveles de profundización, soportes y expectativas para que pueda transformarse en conocimiento... A tal efecto, los materiales de Editorial Teide incorporan una licencia digital que da acceso a distintos perfiles de contenidos para que todos los alumnos conviertan los saberes básicos, aprendidos y adquiridos, en competencias.

mundodigital Teide

Recursos digitales identificables a través de una llamada, disponibles en una **plataforma digital** y accesibles a través del código y la dirección que aparecen en el interior de la cubierta. Estos contenidos presentan tipologías muy diversas:

- Elementos visuales: animaciones, vídeos y contenido interactivo.
- Descargas de prácticas de los diferentes contenidos trabajados.
- Actividades de ampliación de contenido.
- Tutoriales con talleres de infomática de diferentes aplicaciones informáticas.
- Elementos para alcanzar el reto STEAM.
- Recursos destinados a la coevaluación y autoevaluación.
- Caja de herramientas digitales.

Presentación de la unidad

Esta doble página contiene:

- Número y título de la unidad
- Breve texto introductorio
- Los contenidos más relevantes
- Actividades iniciales (AI)

Desarrollo de los contenidos

Estructura

Estas páginas están organizadas en apartados y subapartados numerados.

Definiciones

Los contenidos fundamentales aparecen destacados sobre un fondo de color.

Ilustración

Parte gráfica (dibujos, esquemas, etc.) que ayuda a clarificar el texto.

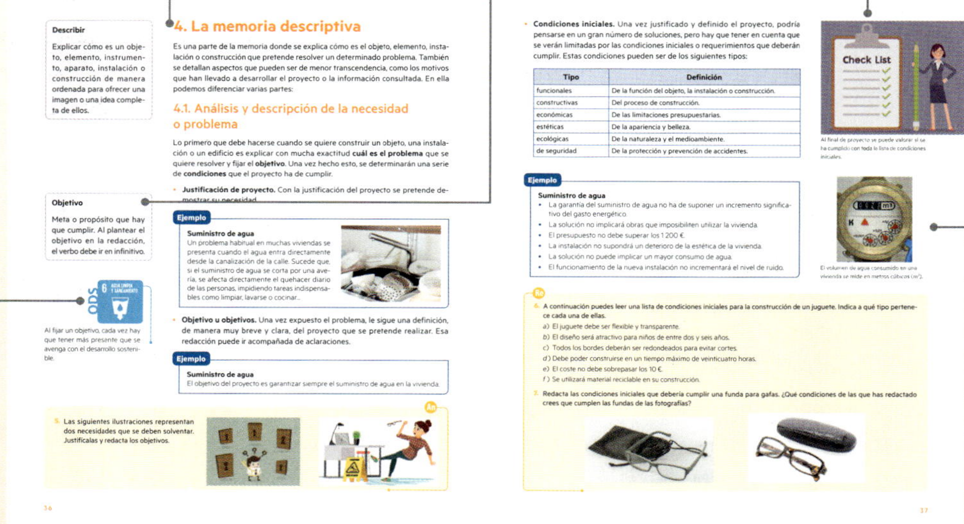

Objetivos de los ODS que señalan un trabajo con los objetivos de la Agenda 2030.

Actividades

Están tipificadas según su grado de dificultad y pueden ser:

- An (Analiza)
- Rs (Resuelve / Calcula)
- De (Debate)
- Di (Diseña)
- Ex (Experimenta)
- In (Investiga)
- Re (Responde)
- Rp (Representa)
- TI (Taller de informática)

La Agenda 2030

Los actuales currículos dan especial importancia a la **Agenda 2030**, una nueva hoja de ruta global para avanzar hacia el desarrollo sostenible. Aprobada por Naciones Unidas en el 2015, contiene 17 **Objetivos de Desarrollo Sostenible** (ODS) para lograr en el 2030. Por ello, el presente libro incluye una serie de metas que señalan el contenido y las actividades relacionados con esa Agenda 2030, incluyendo las que estaban previstas para el año 2020. Se puede encontrar más información en las siguientes instituciones:

Gobierno de España

Naciones Unidas

Síntesis

La síntesis guiada es un resumen que recoge los contenidos fundamentales de la unidad para facilitar su estudio.

El apartado **Recursos en red** pretende fomentar el uso de las tecnologías de la información y la comunicación con cuestiones formuladas a partir de recursos de Internet.

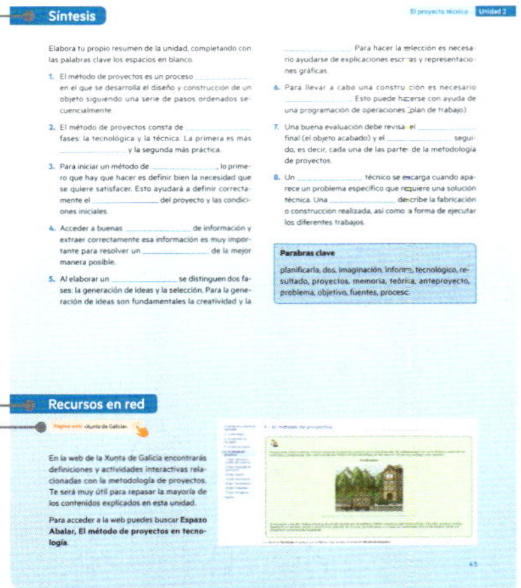
Síntesis
Recursos en red

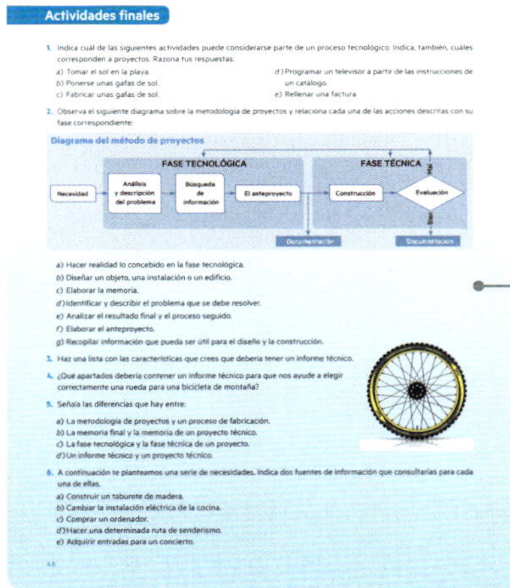
Actividades finales

Actividades finales

Mediante la realización de estas actividades se pretende **reforzar** y **ampliar** los contenidos estudiados.

Recursos digitales

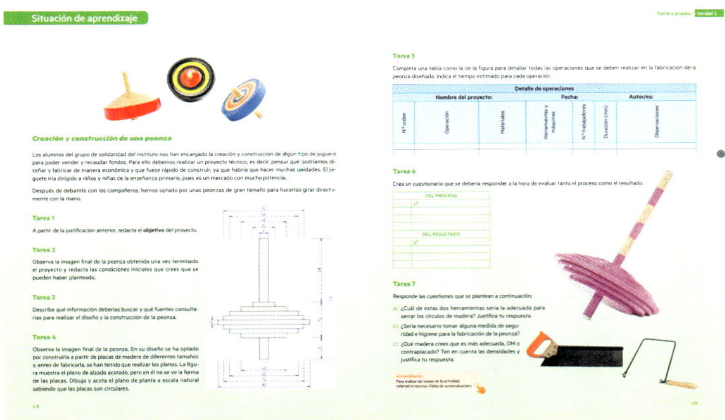
Situación de aprendizaje

Situaciones de aprendizaje. Ponte a prueba

Se lleva a cabo un **planteamiento** de **diversas situaciones de aprendizaje**. A partir de aquí se proponen una serie de **tareas** que pretenden contribuir a la adquisición de las diferentes **competencias específicas** de la materia.

Propuestas de trabajo

Al final del libro presentamos diferentes **procesos tecnológicos** para que sean llevados a cabo en el aula taller. Se trabajan de una manera práctica los contenidos estudiados.

Propuesta de trabajo 5
TBoT STEAM controlado mediante una app

Situación de aprendizaje

Situaciones de aprendizaje. Reto STEAM

Algunas de las unidades incorporan un Reto STEAM. Estas actividades trabajan el ámbito STEAM (*Science, Technology, Engineering, Arts and Mathematics*) donde se pretende resolver un reto planteando una mirada interdisciplinaria a través de una serie de tareas que tienen como objetivo el logro de **competencias específicas**.

Índice

Caja de herramientas digitales

Caja de herramientas digitales

Este apartado se ha pensado para complementar la unidad 8 y poner en práctica una serie de recursos que deben permitir alcanzar las competencias específicas correspondientes al bloque de **Digitalización del entorno personal de aprendizaje**.

Kits de material

Para realizar algunas de las propuestas de trabajo del libro, pueden adquirirse los siguientes kits de material.

Kit: Reductora

Con el material disponible se puede realizar:

Propuesta de trabajo 1. Reductora de velocidad

Material
• 1 listón de madera de pino de 15 cm de longitud y de 10 × 50 mm
• 2 espárragos M4 de 10 y 8 cm
• 15 tuercas M4
• 8 arandelas planas
• 1 tornillo autorroscante de cabeza cilíndrica de 7 mm de longitud y 3 mm de Ø
• 1 motor de 1,5/4,5 V
• 1 soporte para motor
• 2 ruedas dentadas de PVC de 38 dientes y 40 mm de Ø
• 2 ruedas dentadas de PVC de 13 dientes y 15 mm de Ø
• 1 reductora con paso de 4 a 2 mm de Ø

Kit: Retos STEAM con la placa Micro:bit

Con el material de trabajo disponible se pueden realizar los retos STEAM planteados en el libro.

Material
• 1 placa Micro:bit
• 2 diodos led
• 1 portapilas + 2 pilas AAA
• 1 conector USB
• 3 juegos de pinzas cocodrilo
• manual de instrucciones

1

Expresión y comunicación técnica. LibreCAD

Hace algunos años se diseñaba empleando solamente instrumentos de dibujo tradicionales: regla, lápiz, escuadra, etc. Pero la tecnología informática se ha extendido de tal modo que la utilización del ordenador en la realización de dibujos es hoy día del todo habitual.

El diseño mediante computadora se inició en Estados Unidos hacia los años cincuenta del siglo xx. Este procedimiento recibió el nombre de **Computer-Aided Design**, del que provienen las siglas CAD. En castellano, el término podría traducirse como ‘diseño asistido por ordenador’ y sus siglas serían DAO.

En esta unidad nos introduciremos en este ámbito del diseño, empezando con un programa de dibujo en 2D.

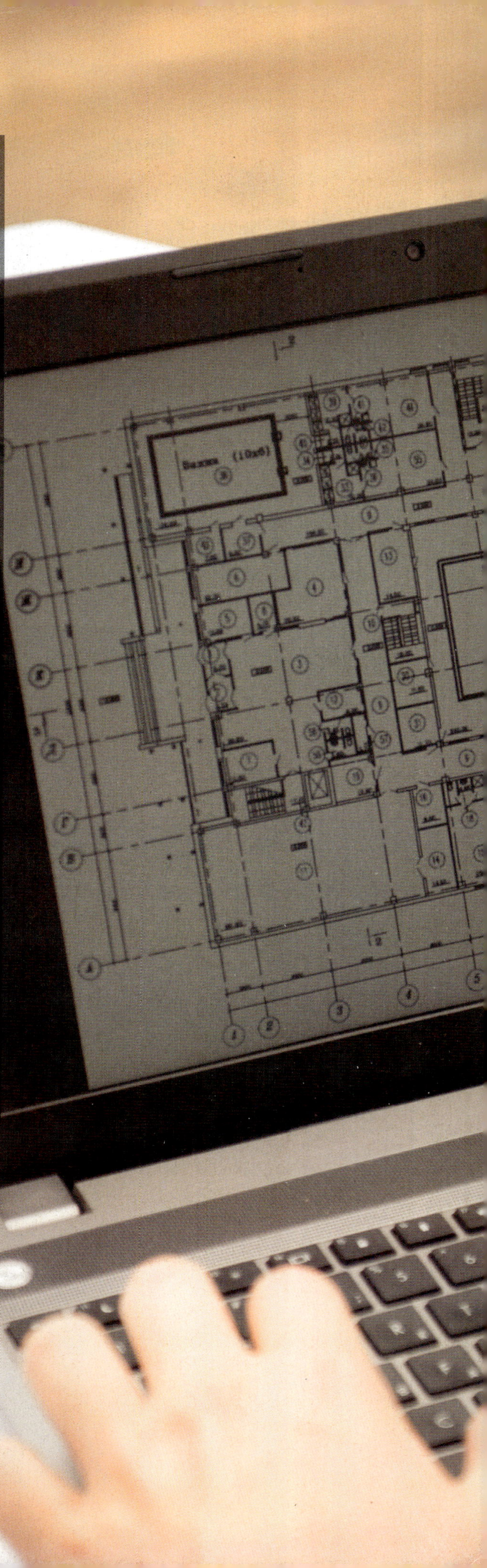

Contenidos

- Sistemas de representación de objetos
- Diseño asistido por ordenador 2D
- LibreCAD

AI

1. Dibuja en tu ordenador una figura como la de la imagen de debajo, utilizando un programa de dibujo sencillo (por ejemplo, Paint). Anota los inconvenientes que te vayan surgiendo.

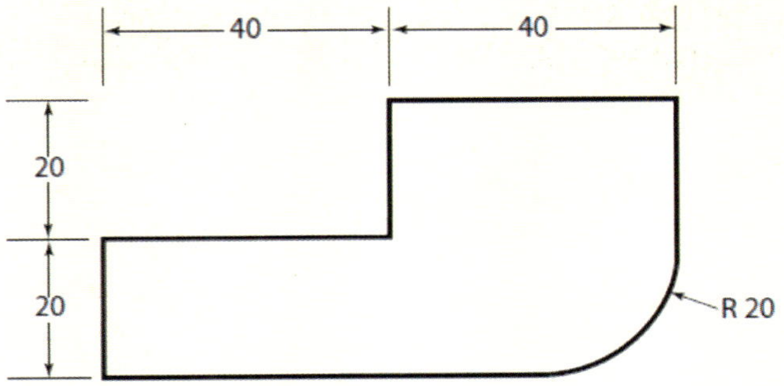

2. ¿La representación de la figura es una vista o una perspectiva? ¿Se trata de un dibujo en 2D o en 3D? ¿Como se llaman las líneas en las que se indican las medidas?

Objetos mal acotados

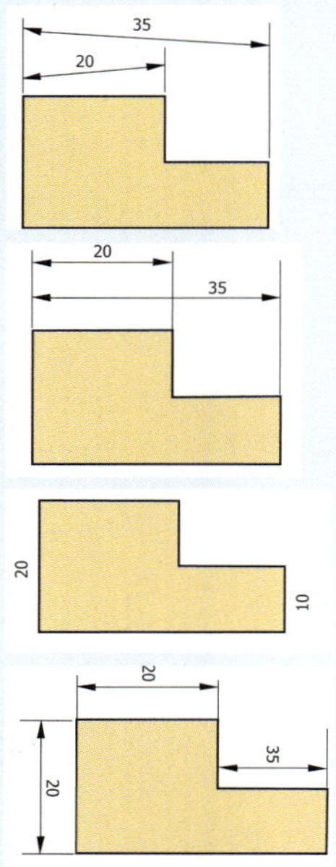

Ejercicios: «Acotación».
Para repasar, puedes descargarte estos ejercicios.

Ejercicios: «Vistas».
Para repasar, puedes descargarte estos ejercicios.

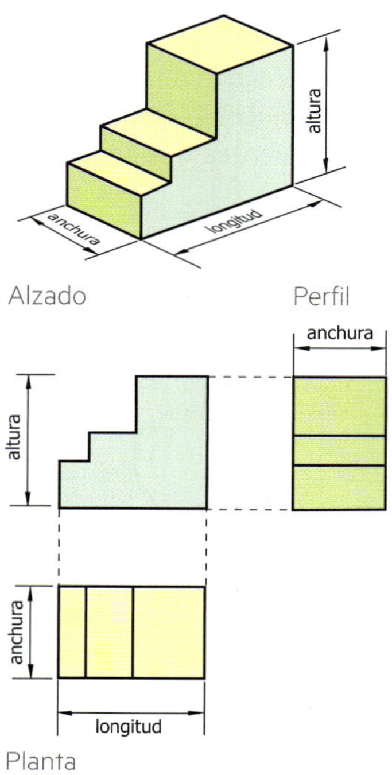

1. Sistemas de representación de objetos

En el dibujo técnico, la realización de planos precisos y detallados es fundamental para que puedan ser interpretados correctamente y que las construcciones o la fabricación de objetos puedan efectuarse sin errores. En los planos se pueden representar objetos, máquinas, edificios, instalaciones..., para ello, son necesarios los sistemas de representación.

Recuerda que, en cursos anteriores, se trataron algunos aspectos fundamentales del dibujo técnico como...

1. la acotación;
2. las vistas de alzado, planta y perfil;
3. las perspectivas caballera, isométrica y cónica;
4. las escalas.

1.1. Acotación

Acotar una pieza, un objeto o una construcción consiste en indicar todas sus dimensiones reales para poder interpretar bien el dibujo. Para acotar, hay que seguir una serie de normas. Por ejemplo:

- Las líneas de cota deben ser paralelas a las aristas que se quieren medir, separadas unos 8 mm de la pieza.
- Las líneas de cota nunca deben cruzarse y las flechas tienen que ser largas y delgadas.
- Las aristas no se pueden utilizar como líneas de cota.
- Las cifras de cota se deben colocar de modo que puedan leerse en la posición normal del dibujo o mirándolo desde la derecha.

1.2. Vistas

Las vistas representan los objetos desde una posición determinada: alzado, planta y perfil. En estas representaciones solo se ven dos dimensiones del objeto.

- El **alzado** es la vista frontal, y es la más representativa del objeto. En ella se puede distinguir la altura y la longitud del objeto dibujado.
- La **planta** es la vista desde arriba de la pieza, y se representa debajo de la vista de alzado. En ella se aprecia la anchura y la longitud del objeto dibujado.
- El **perfil** es la vista lateral izquierda de la pieza, y se representa a la derecha de la vista de alzado. En ella se distingue la anchura y la altura del objeto dibujado.

1.3. Perspectiva caballera

La representación en perspectiva consiste en dibujar los objetos de manera que se pueda apreciar su volumen. Mientras que en las vistas solamente se pueden apreciar dos dimensiones (longitud y altura, longitud y anchura o altura y anchura), en las perspectivas se pueden apreciar las tres a un tiempo.

La perspectiva caballera es una de las formas más sencillas de este tipo de representación. Se basa en un sistema de tres ejes coordenados con las siguientes características:

- Los ejes *X* y *Z* forman un ángulo de 90° y las dimensiones del objeto (longitud y altura) que se representan sobre esos ejes tienen un valor real.
- Las dimensiones del objeto (anchura o profundidad) sobre el eje *Y* se representan de menor tamaño que en la realidad. En nuestro caso, todas las aristas paralelas al eje *Y*, las reduciremos a la mitad.

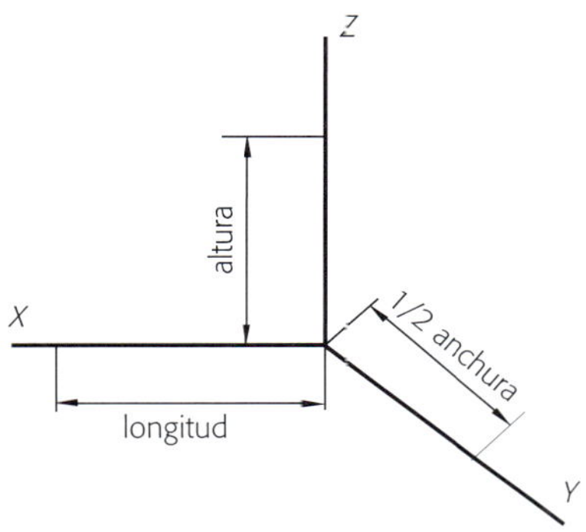

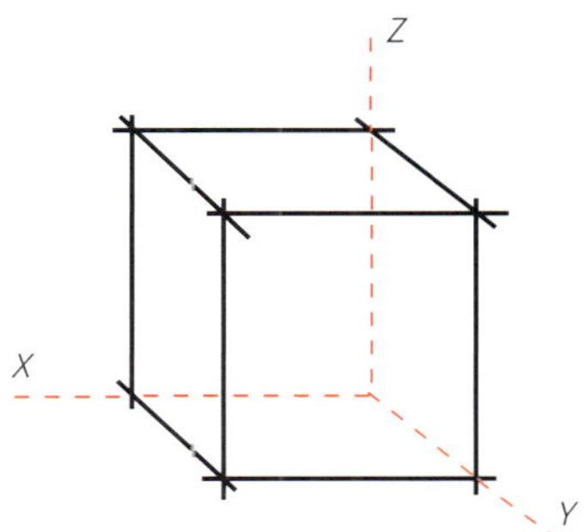

La **escala** es la relación que existe entre las dimensiones del dibujo y la medida que tiene el objeto representado en la realidad.

Escalas normalizadas	
De reducción	
1:5 1:10 1:20 1:50	1:100 1:500 1:1000
De ampliación	
2:1 5:1 10:1	20:1 50:1

Escalas normalizadas de uso más habitual.

1.4. Perspectiva isométrica

La perspectiva isométrica también representa los objetos sobre tres ejes que, en este caso, forman ángulos de 120° iguales entre sí. Las tres dimensiones del objeto se trasladan a los ejes en su medida real.

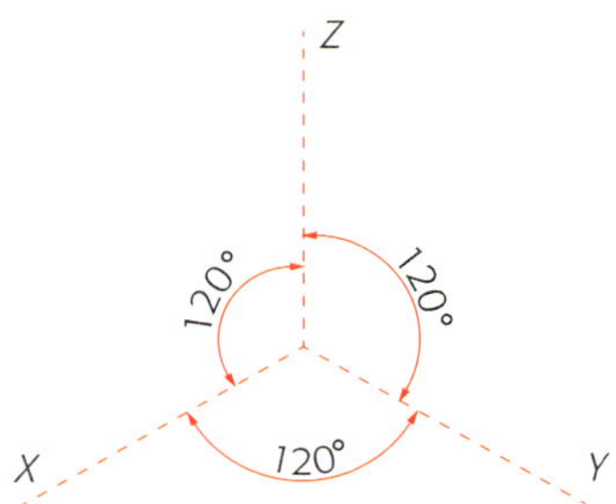

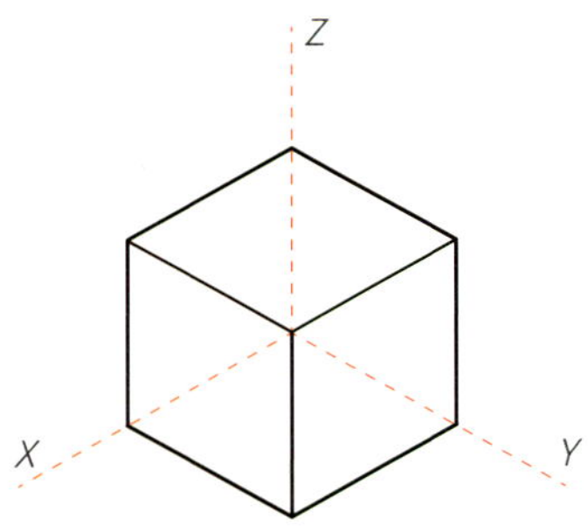

1.5. Perspectiva cónica

La perspectiva cónica se basa en el efecto óptico que se produce a medida que los objetos se alejan del observador. Por ejemplo, si junto a unas vías de tren miramos a lo lejos, parece que los dos raíles se unen en la distancia. El punto hacia donde las líneas parecen dirigirse recibe el nombre de *punto de fuga* (PF).

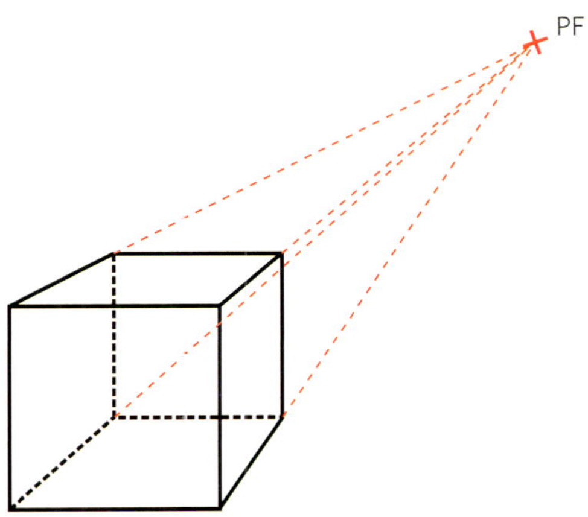

Ejercicios: «Perspectivas caballeras».
Para repasar, puedes descargarte estos ejercicios.

Ejercicios: «Perspectivas isométricas».
Para repasar, puedes descargarte estos ejercicios.

Ejercicios: «Escalas».
Para repasar, puedes descargarte estos ejercicios.

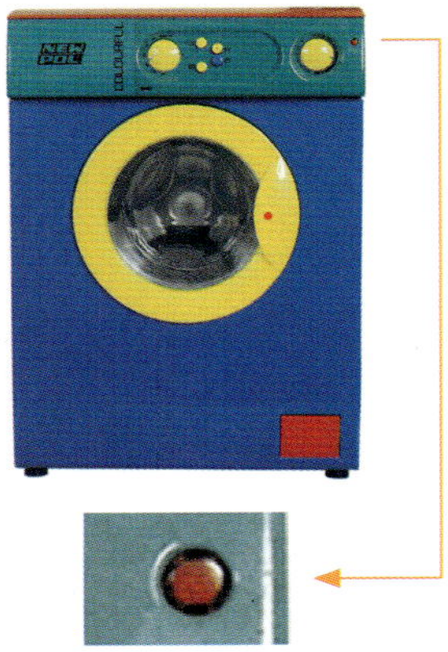

Ejemplo de pixelización de una imagen.

Imagen creada con un programa vectorial.

2. Diseño asistido por ordenador 2D

En el mercado se pueden encontrar dos grupos de programas de diseño gráfico:

1. Programas de diseño artístico. Se basan en una trama de puntos llamados *píxeles*. A cada píxel se le adjudica un color, de modo que un grupo de píxeles forma una imagen. Cuanto mayor sea la densidad de píxeles, mejor será la definición de la imagen.

   Las imágenes creadas con este sistema se denominan *mapa de bits* (*bitmap*); los archivos llevan la extensión *bmp* y suelen ocupar mucha memoria. Los programas que utilizan este sistema son, entre otros, Paint para dibujo y Photoshop o Paint Shop Pro para el tratamiento de imágenes.

2. Programas vectoriales. Tratan las imágenes con números; así, por ejemplo, una recta se define por su ecuación matemática. Con estos programas, los distintos elementos se pueden tratar independientemente.

   Las imágenes creadas con programas vectoriales ocupan menos memoria, y aunque se amplíen o se reduzcan no pierden definición. Programas que utilizan este sistema son AutoCad, AutoSketch y LibreCAD.

1. Comparación entre programas de mapa de bits y vectoriales

Los dibujos creados con Word se desarrollan mediante programas vectoriales, mientras que los realizados con Paint lo hacen con programas de diseño artístico.

1. Entra en Word y dibuja dos rectángulos de diferente tamaño, uno al lado del otro. A continuación, coloréalos.
2. Arrastra un rectángulo dentro del otro de forma que el menor aparezca por encima del mayor.
3. Ahora cambia el color del marco de los rectángulos para que en lugar de negros sean rojos.
4. Repite estos mismos pasos con Paint y comprueba los resultados. Guarda ambos trabajos y compara la memoria que ocupan.

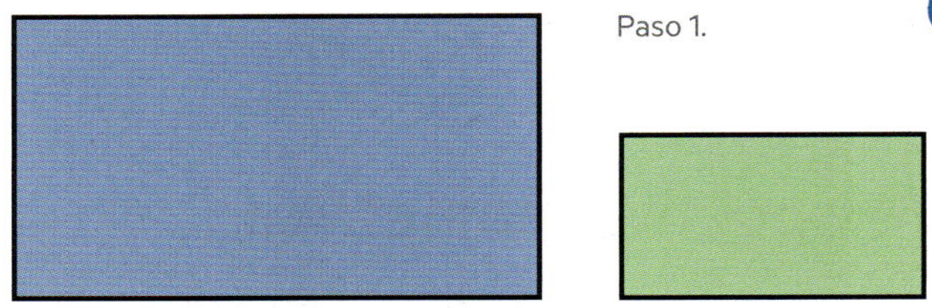

Paso 1.

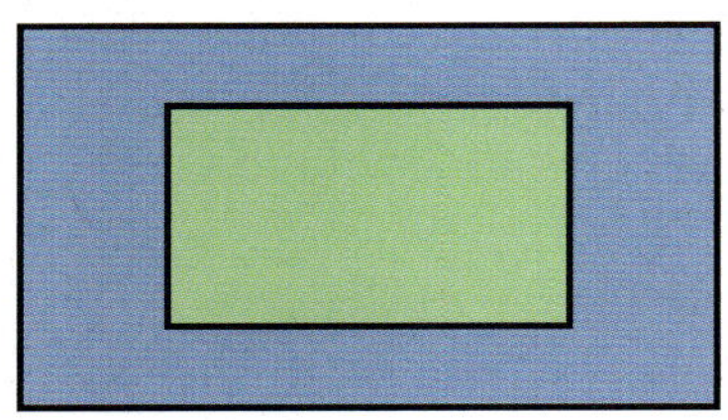

Paso 2.

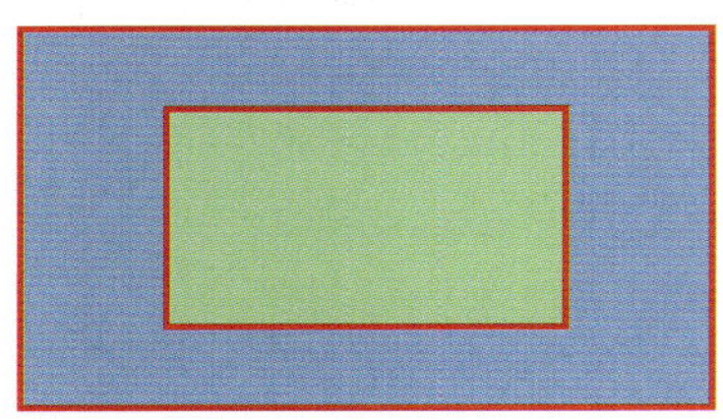

Paso 3.

3. LibreCAD

Para poder visualizar los objetos dibujados desde diferentes puntos de vista se utilizan los programas de dibujo en 3D. En cambio, para dibujar planos, son más útiles los programas de dibujo lineal.

LibreCAD es un programa libre de dibujo lineal en 2D que funciona con varios sistemas operativos como MacOS, Windows o Linux. Puede descargarse desde su web. Su antecesor es QCAD, bastante parecido a Autocad, uno de los programas de uso profesional más extendidos para el diseño en 3D.

Una vez instalado, al abrir el programa aparece una pantalla como la de la siguiente imagen. En ella se puede apreciar:

- El título del archivo en la parte superior.
- La barra de menús, que permite acceder a las diferentes opciones.
- Los botones de herramientas, para acceder más rápidamente a ellas.
- El área de trabajo.
- La barra de estado, que nos da información sobre el proceso del dibujo que se está realizando.
- Las ventanas de *Línea de comandos*, *Visor de biblioteca*, *Lista de bloques* y *Lista de capas*, situadas a la derecha.

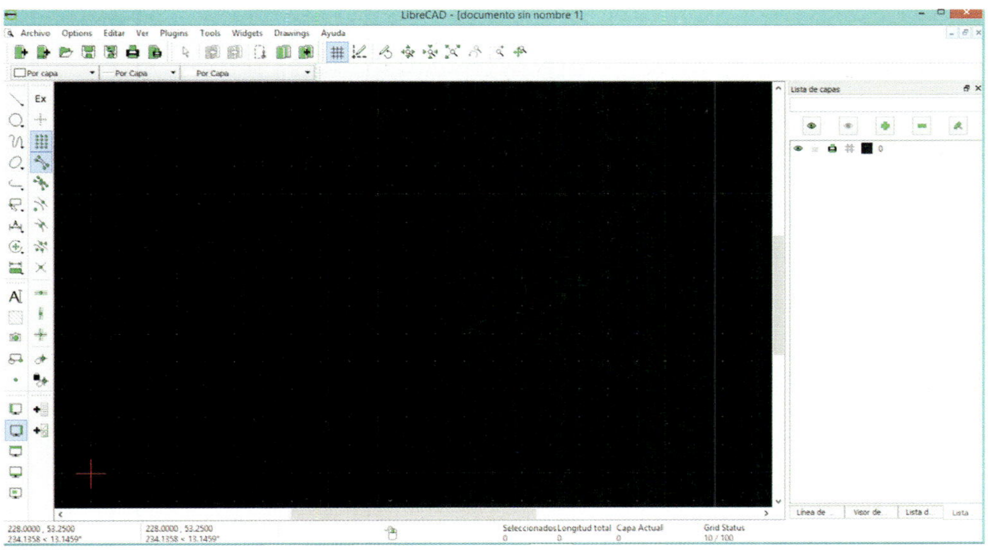

Evidentemente, esta pantalla se puede reorganizar escondiendo herramientas, barras o, incluso, ventanas. Se puede cambiar la posición de los diferentes elementos y modificar el tamaño de las diferentes zonas.

La cruz roja nos indica las coordenadas (0, 0) del dibujo, que se puede corresponder con el borde inferior izquierdo de la lámina de dibujo.

La versión de LibreCAD con la que se trabaja en esta unidad es la 2.1.3.

LibreCAD

Visualizar Rejilla

Activar Rejilla

La rejilla sirve de guía para desplazar el cursor por puntos concretos, lo que permite dibujar con absoluta precisión.

El idioma por defecto es el inglés, pero puede cambiarse en el menú *Opciones | Preferencias de LibreCAD*.

2. Límites de una lámina de dibujo A4 - Vertical

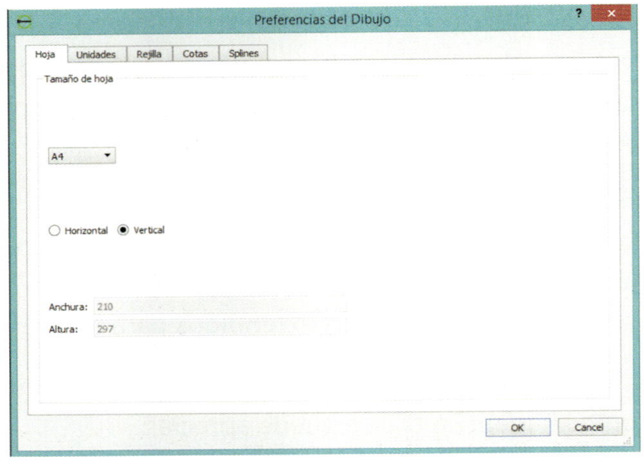

1. Abre LibreCAD para realizar un nuevo dibujo. Antes de comenzar el trabajo es necesario definir los parámetros del dibujo (las unidades de trabajo, el tamaño del papel, la rejilla, la escala del dibujo, etc.). Para ello, entra en el menú *Opciones | Propiedades del dibujo actual* e indica lo siguiente:

   Hoja: A4, vertical.

   Unidades: milímetros.

   Rejilla: mostrar rejilla y auto.

   Cotas y *splins*: los que están por defecto.

2. El programa se presenta con fondo negro en el área de trabajo, pero se puede modificar. Si no tienes que estar muchas horas dibujando quizás te resulte más cómodo utilizar un fondo claro. Para cambiar el fondo existente a un gris claro con una rejilla negra puedes acceder al menú *Opciones | Preferencias* de LibreCAD y especificar los siguientes colores:

3. Para establecer los límites de un plano a un tamaño A4 (210 × 297 mm) dibujarás un rectángulo. Para ello, clica en el botón *Línea* y verás que se despliega otro grupo de botones, selecciona el *Rectángulo*.

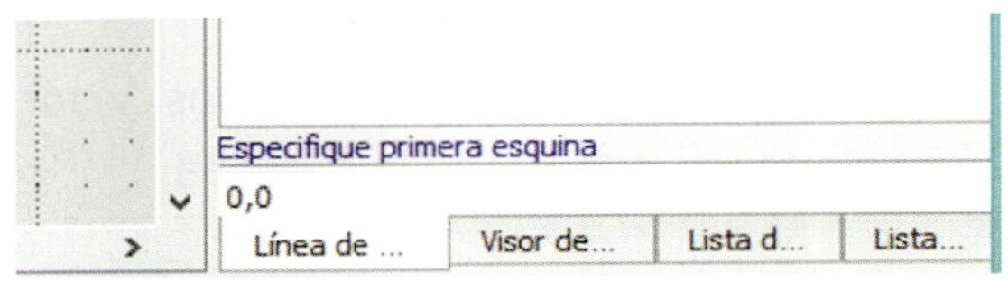

4. Seguidamente debes indicar los puntos correspondientes a dos esquinas del rectángulo. Abre la pestaña de la línea de comandos y escribe las coordenadas:

   Primera esquina ⟶ 0, 0

   Segunda esquina ⟶ 210, 297

5. Para ver el rectángulo completo puedes accionar el *zoom* con la rueda del ratón. También puedes utilizar la herramienta *Zoom automático*.

6. Guarda el documento con el nombre **Taller 2 - A4 Vertical**.

3. Límites de una lámina de dibujo A4 – Apaisada

Repite el taller anterior con la única diferencia de que, ahora, la hoja A4 debe quedar en posición apaisada. Una vez terminado el dibujo guarda el archivo con el nombre **Taller 3 - A4 Horizontal**.

Líneas	Rectángulo	*Zoom* automático

TI

4. Cajetín de datos del plano

Los planos deben completarse añadiendo un cajetín en la parte inferior derecha en el que hay que indicar los datos del dibujo y de la persona o empresa que lo ha realizado. En este taller, crearemos un cajetín para poder utilizarlo en dibujos posteriores.

1. Abre LibreCAD y crea un nuevo dibujo. Dibujarás un rectángulo de medidas 170 × 20 mm, mediante el botón *Rectángulo*, pero esta vez no escribirás las coordenadas, sino que debes arrastrar el cursor entre las dos esquinas. Es necesario tener la **rejilla siempre activada**.

2. Para hacer la línea un poco más gruesa, clica en el botón *Modificar atributos de capa*, que se encuentra en la ventana *Listas de capa*. Pon un grosor de línea de 0,5 mm.

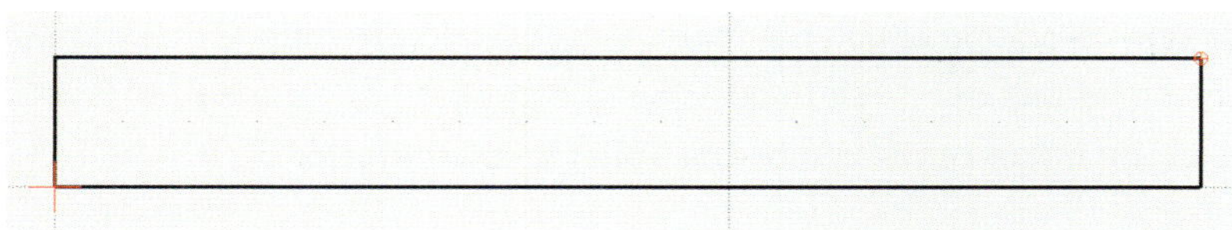

3. Divide el rectángulo d bujando una línea con la herramienta *Líneas de dos puntos* según las medidas indicadas. Recuerda tener la **rejilla siempre activada**.

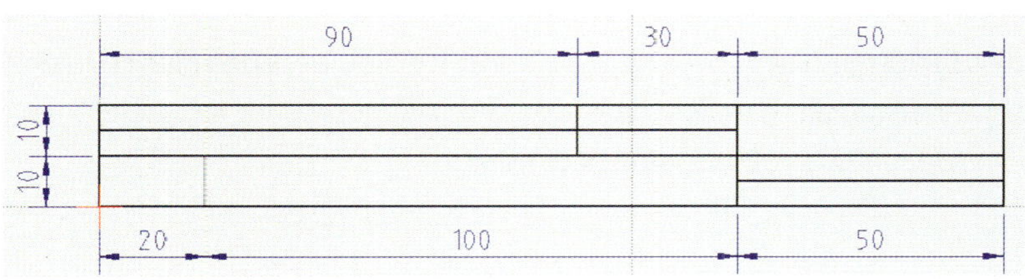

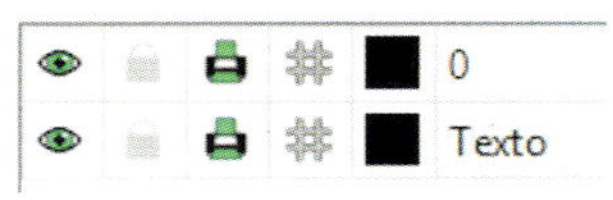

4. Ahora crearás una nueva capa para escribir el texto con los datos. Selecciona la herramienta *Nueva capa* de la ventana *Lista de capas*. Debe tener un grosor de 0,18 mm y le pondrás el nombre «Texto».

5. Utiliza la herramienta *Multitexto* para escribir el texto, especificar sus características y arrastrarlo al lugar indicado. La altura de las letras debe ser de 2, 3 o 4 mm dependiendo del lugar donde se ubiquen. **Desactiva la rejilla** para situar el texto libremente donde desees.

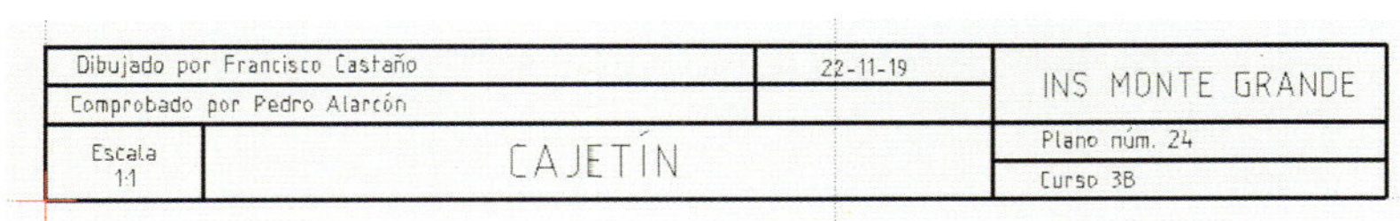

6. Guarda el documento con el nombre de **Taller 4 - Cajetín**.

 Modificar atributos de capa

 Añadir nueva capa

 Añadir multitexto

5. Dormitorio

En este taller dibujaremos la **vista de planta** de un dormitorio a escala 1:10, lo que implica que 1 cm del dibujo equivale a 10 cm de la realidad. Para ello utilizaremos el cajetín creado en el taller anterior.

> **Escala 1:10**
>
> 1 cm del dibujo equivalen a 10 cm de la realidad (100 cm = 1 m).

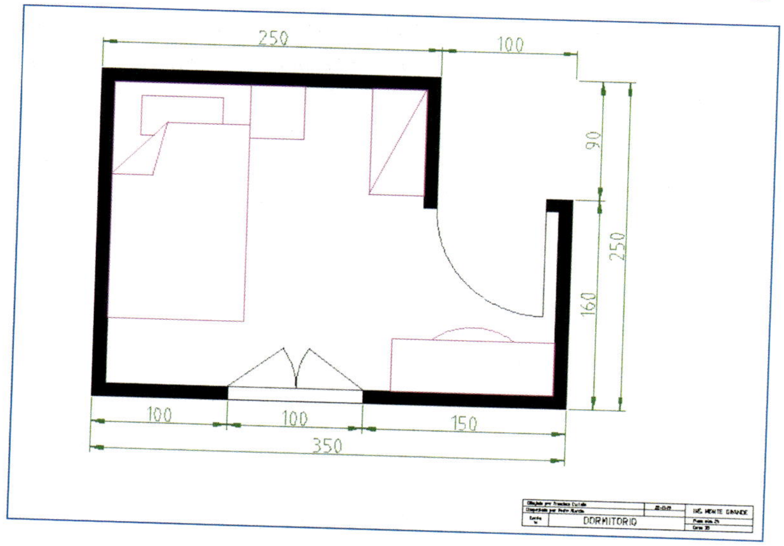

1. Abre el documento del cajetín creado en el taller anterior. Selecciónalo pasando el *Puntero de selección* sobre el cajetín y arrástralo hacia la derecha hasta que quede en la posición que puedes ver en la figura. Cambia los datos del cajetín para adaptarlos al nuevo dibujo, y guárdalo con el nombre de **Taller 5 - Dormitorio**.

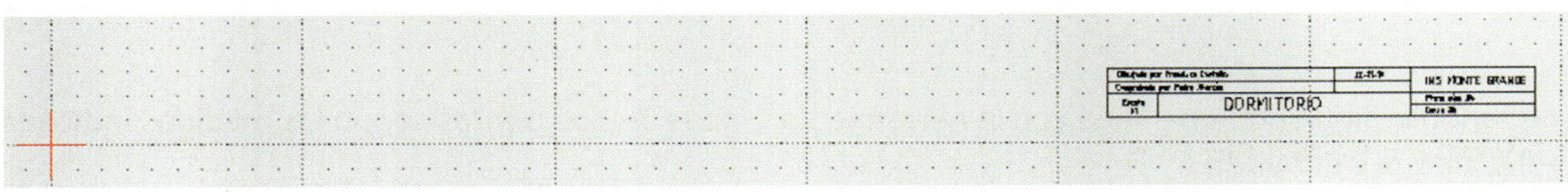

2. Con la capa principal seleccionada, accede a la herramienta *Líneas de dos puntos* y dibuja las paredes en la posición indicada según las dimensiones que se muestran. La distancia entre los puntos de la rejilla representa 10 cm de la realidad, así que las paredes tienen 10 cm de anchura. Recuerda tener **la rejilla siempre activada**.

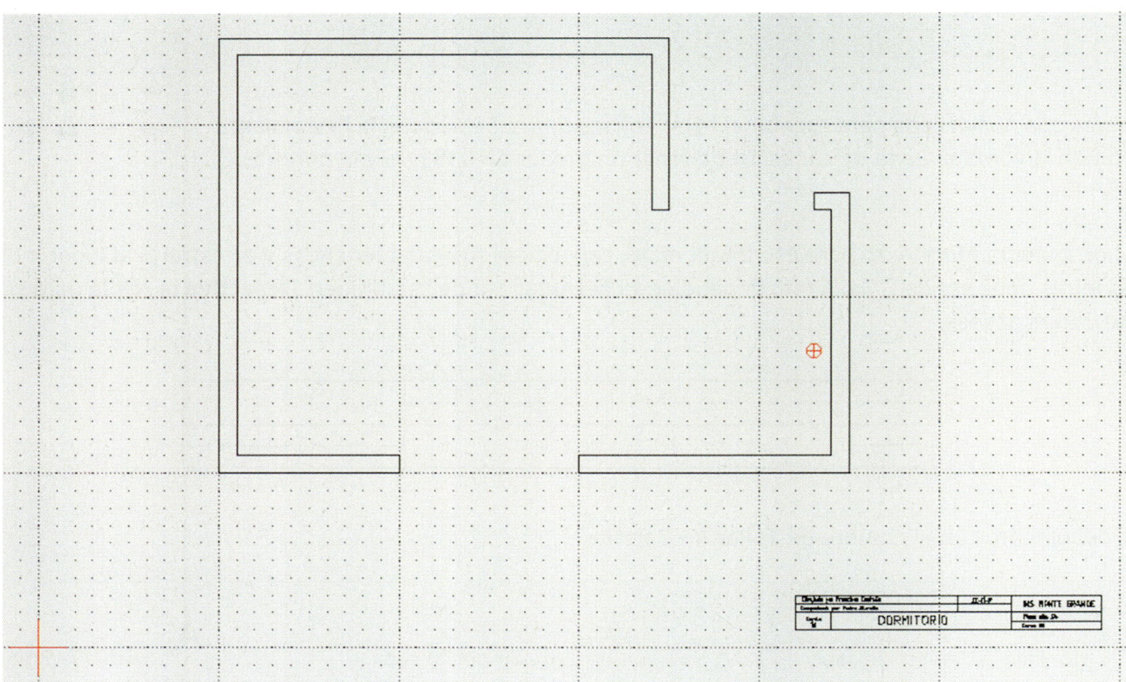

TI

3. Arrastra el ratón para seleccionar todas las paredes y rellenarlas a la vez. Utiliza la herramienta *Sombreado* y elige la opción *Relleno sólido*.

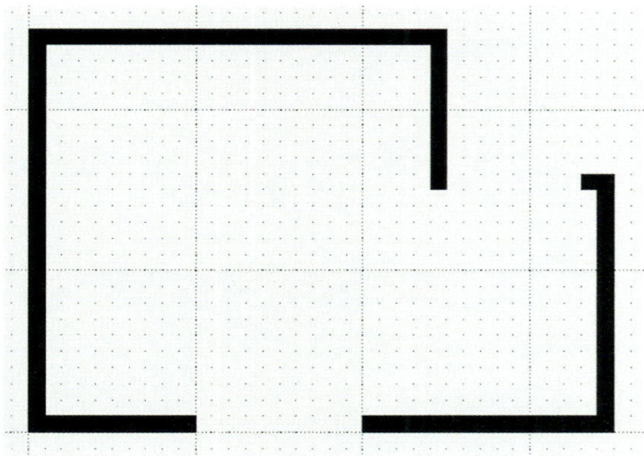

4. Ahora dibujarás la puerta y la ventana. Primero traza los arcos con una nueva herramienta: *Arco con centro, punto y ángulo*. Al utilizar esta herramienta hay que indicar el centro del arco, el radio, el inicio del arco y el final. Recuerda tener **la rejilla siempre activada**.

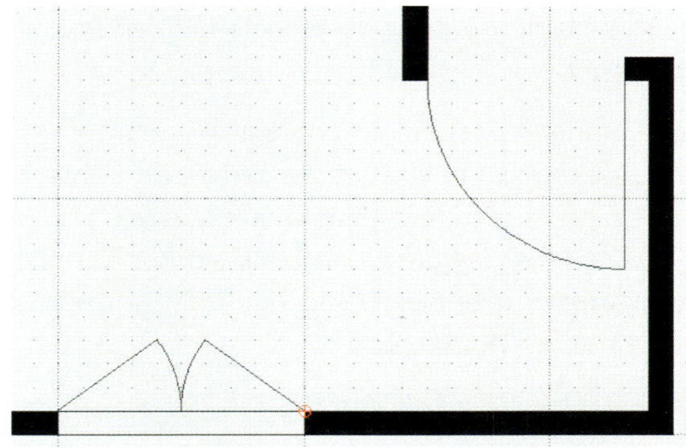

5. Para dibujar los muebles, añade una nueva capa mediante el botón *Añadir nueva capa* y dale el nombre de «Muebles». Haz las líneas en color magenta con el grosor que viene por defecto. Dibuja varios muebles como desees.

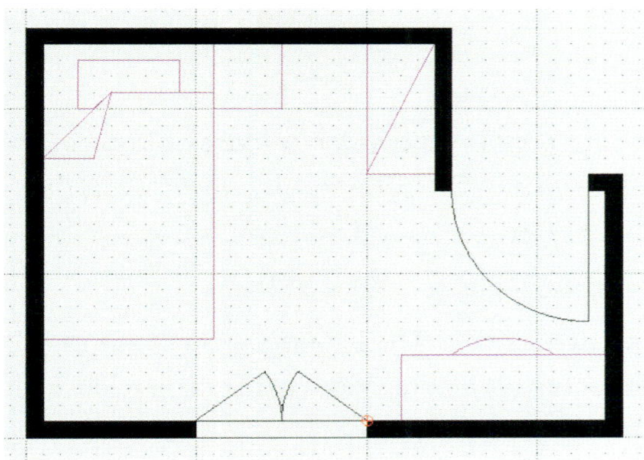

6. Añade una nueva capa de color verde, que llamarás «Cotas», y selecciona el menú *Editar* | *Preferencias del dibujo* | *Cotas* para indicar una altura de texto y un tamaño de flecha de 4. Utiliza las herramientas de *Cotas verticales y horizontales*.

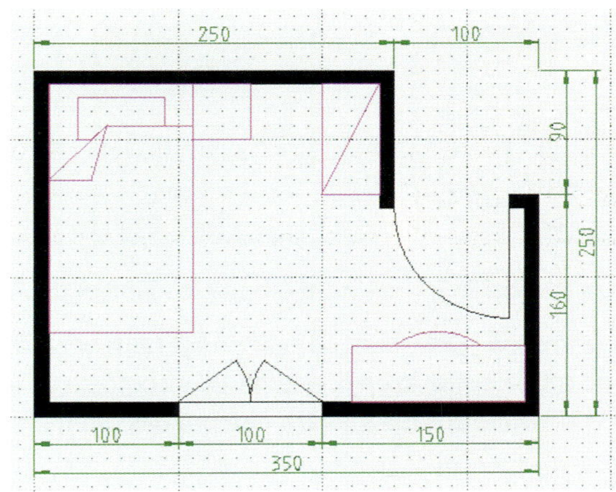

7. Puedes hacer una previsualización para ver cómo quedará el resultado impreso. Para ello, en el menú *Opciones* | *Preferencias del dibujo* | *Hoja*, selecciona A2 Horizontal para que quepa el dibujo (mide 594 × 20). Al clicar la herramienta *Previsualización* debes establecer la escala de impresión 1:1, y ajustar la posición del papel para que te quede como el plano inicial.

Sombreado
Puntero de selección
Arco con centro, punto y ángulo
Cotas
Previsualización

6. Portacelos

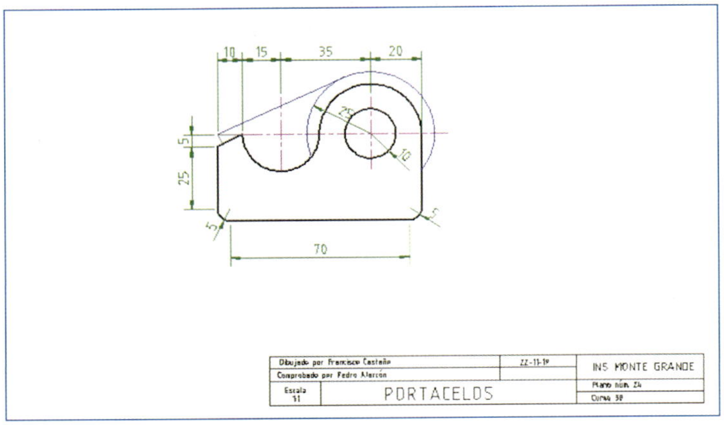

La rejilla sirve para tener puntos de referencia en el dibujo, pero existen otros puntos de referencia como los finales de línea, las intersecciones, los centros, etc.

En este taller practicaremos este aspecto dibujando la vista de alzado de un portacelos a escala natural (1:1).

1. Abre el plano del cajetín creado anteriormente. Selecciónalo pasando el *Puntero de selección* sobre él y arrástralo hacia la derecha hasta que quede en la posición que se ve en la figura. Cambia los datos del cajetín para adaptarlos al nuevo dibujo y guárdalo con el nombre de **Taller 6 - Portacelos**.

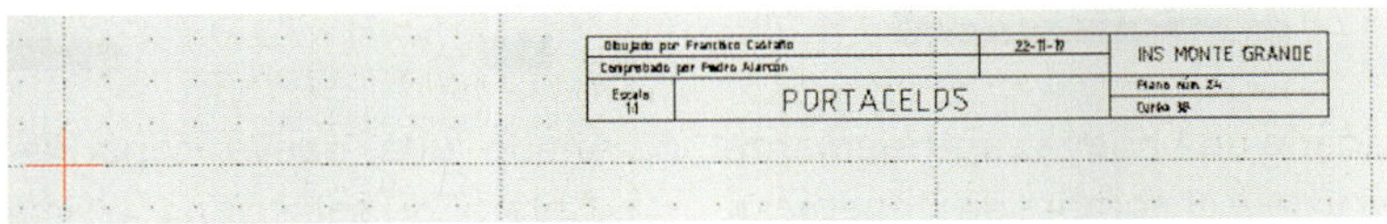

2. En el cajetín tenemos dos capas y ahora crearemos cinco nuevas capas. Para ello, abre la pestaña de *Lista de capas*, y ve añadiéndolas una a una con las siguientes características:

Capa 3

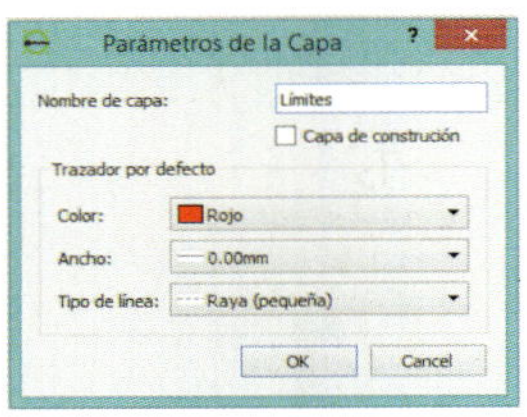

Capa 4

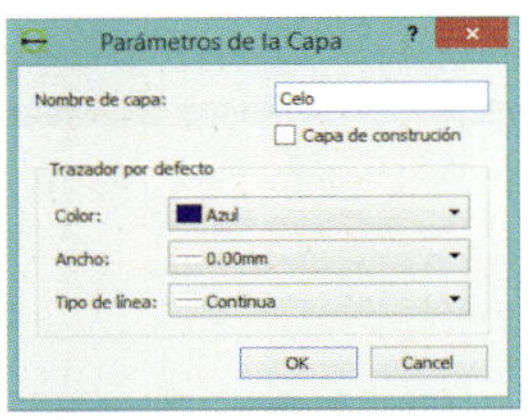

Capa 5

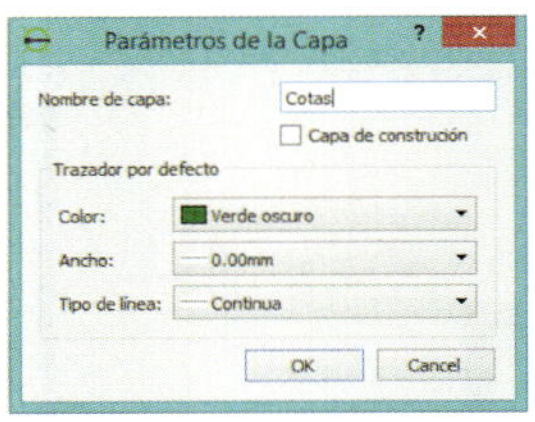

Capa 6

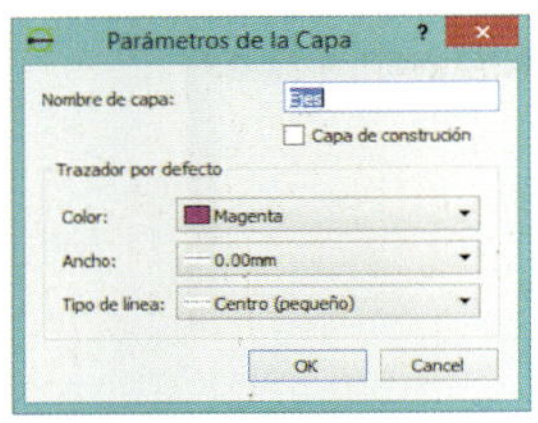

Capa 7

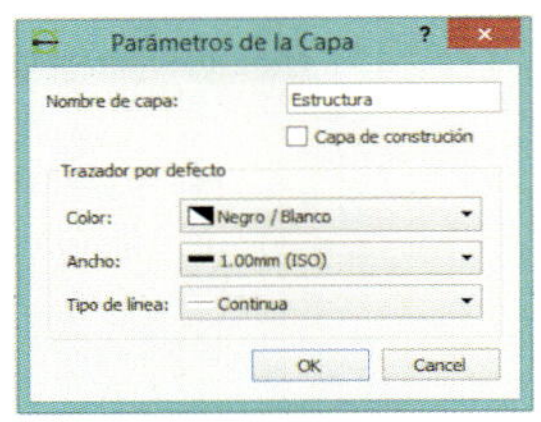

3. Activa la capa «Límites» para dibujar los límites de A4 Apaisado. Sus dimensiones son 297 × 210 mm.

4. Activa la capa «Ejes» para dibujar un eje horizontal de 90 mm y los ejes verticales de 60 mm, separados 35 mm. Procura que quede todo centrado en la página tal y como se ve en la imagen inferior. Ve haciendo *zoom*, hasta que la rejilla quede ampliada a milímetros, de manera que puedas dibujar con mayor precisión.

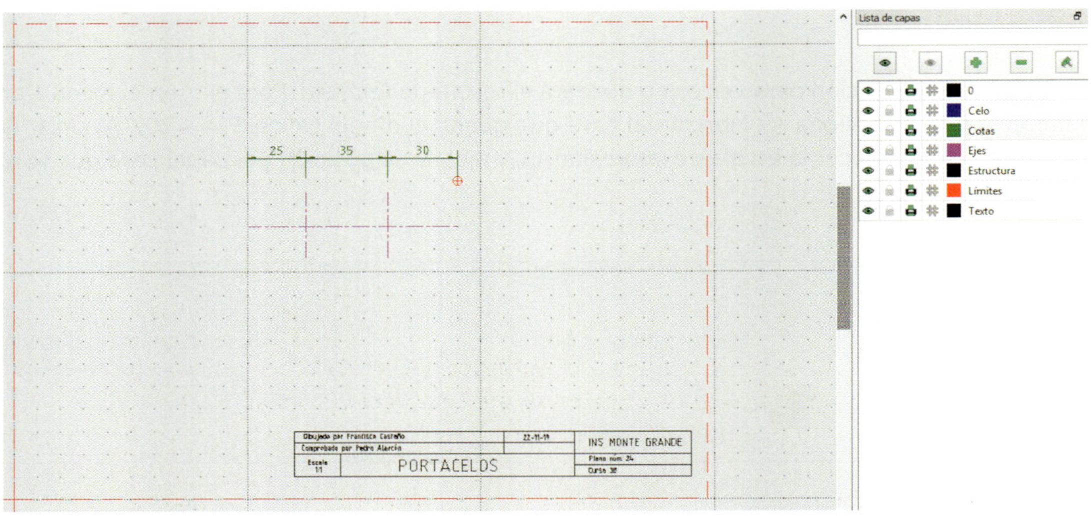

TI

5. Activa la capa «Estructuras» y dibuja en ella el portacelos utilizando las herramientas *Círculos*, *Arcos* y *Líneas* según sea necesario. Fíjate en las cotas.

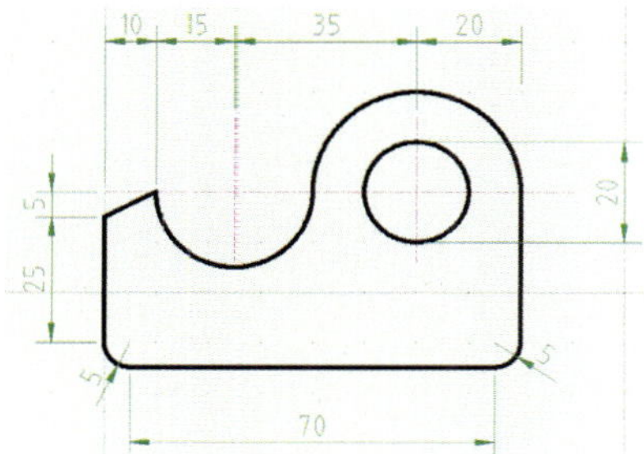

6. Crea una nueva capa para la cuchilla, con líneas de color gris oscuro y una anchura de 0,5 mm. Con la herramienta *Línea ortogonal*, dibuja dos líneas. Una ha de ser perpendicular a la parte inclinada del portacelos. Selecciona después la línea a la que será perpendicular.

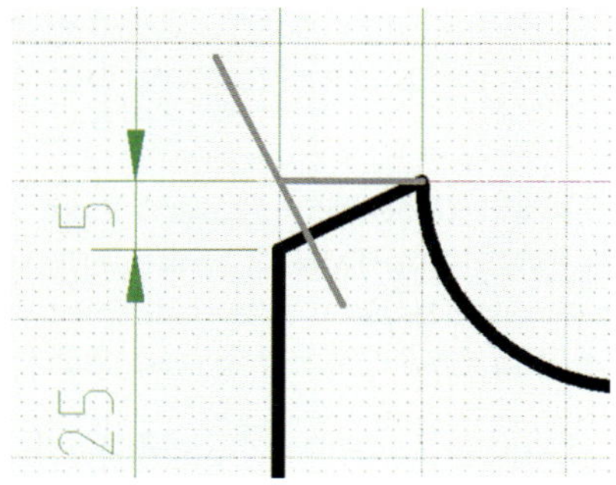

7. Para recortar el segmento sobrante, utiliza el menú *Modificar* y acciona la herramienta *Recortar*. Primero hay que seleccionar el objeto que indica el límite del recorte y luego la línea que se quiere recortar.

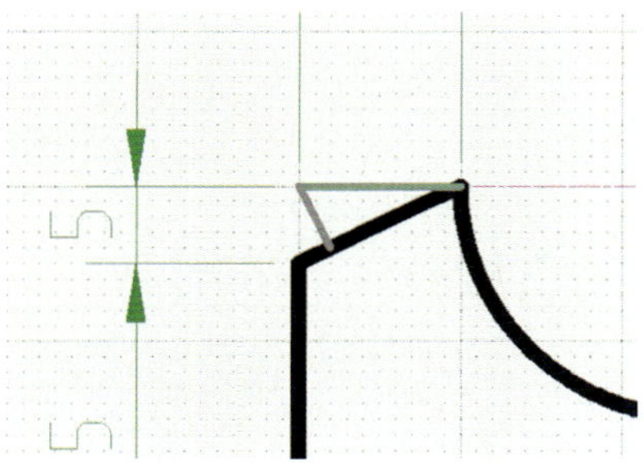

8. Selecciona ahora la capa «Celo» para dibujarlo. Traza una circunferencia de 25 mm de radio. Posteriormente la dividirás en dos para borrar la parte sobrante, tal como se explica en el paso siguiente.

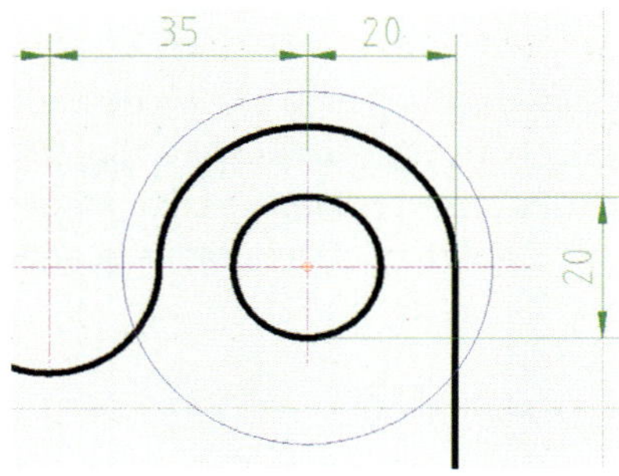

9. Selecciona de nuevo el menú *Modificar* para trabajar con la herramienta *Dividir*. Primero debes escoger el círculo y luego el punto por donde lo quieres dividir, utilizanco el punto de referencia *Intersección*. Repite el proceso para el otro punto y elimina la parte inferior de la circunferencia.

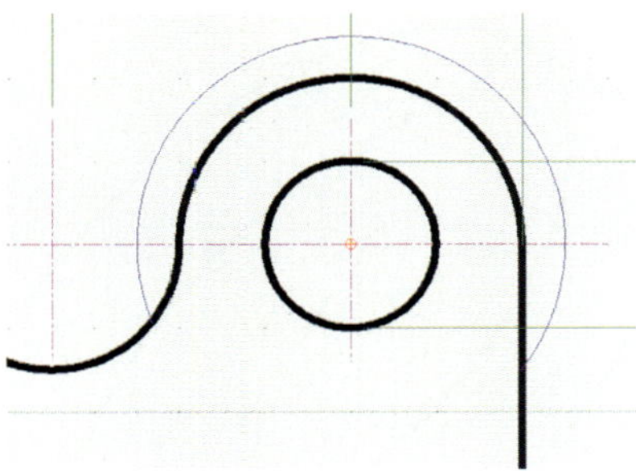

10. Ahora dibuja la línea del celo que va desde la cuchilla hasta la tangente con la circunferencia. Utiliza la herramienta *Tangente Punto Circunferencia*.

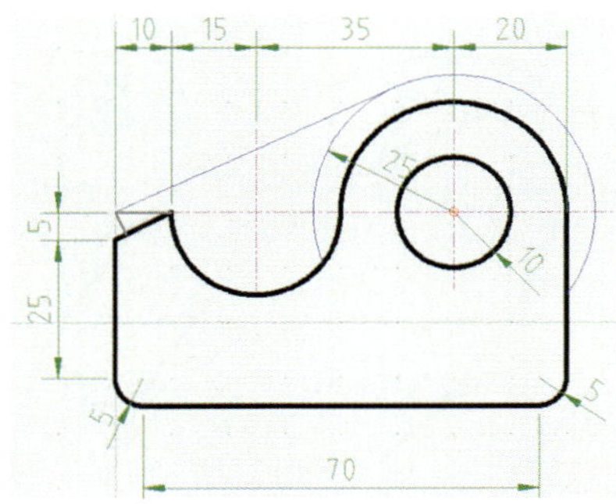

11. Finalmente, acota todo el dibujo, guárdalo y haz una previsualización a escala 1:1 para que te quede como el plano de muestra. Previamente, debes escoger la opción A4 Horizontal en *Preferencias del dibujo actual*.

Línea ortogonal | Modificar | Recortar | Dividir | Intersección | Tangente P-C

7. Silla

Aunque es un programa 2D, LibreCAD permite dibujar perspectivas gracias a la rejilla isométrica de que dispone.

En este taller dibujarás una silla en **perspectiva isométrica**. Para ello, utilizarás herramientas ya vistas en el taller anterior, como la de dividir, y otras nuevas como la de dibujar elipses.

1. Recupera el dibujo del cajetín y guárdalo en un nuevo archivo con el nombre de **Taller 7 - Silla**. Antes de iniciar el dibujo, selecciona el papel A4 Vertical en *Preferencias del dibujo actual* y la *Rejilla isométrica izquierda*.
2. Selecciona el cajetín y desplázalo, debe quedar como en la imagen de la derecha.
3. Para que el dibujo quede centrado, selecciona los límites del A4 vertical. Para ello, crea una nueva capa llamada «Límites» con línea de color rojo y raya pequeña. Traza un rectángulo de 210 × 297 mm.
4. Dibuja ahora un prisma que te servirá de pauta para, posteriormente, inscribir las elipses. Para ello, crea una nueva capa llamada «Pauta» con línea de color magenta y de trazos diminutos. Deberá quedar como la imagen.

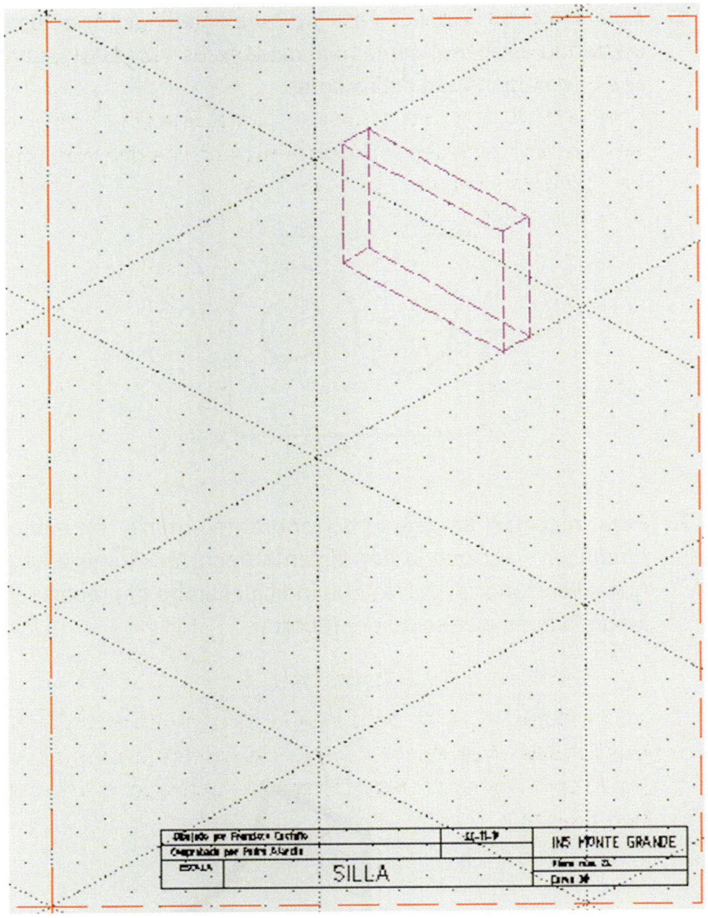

5. Crea una nueva capa llamada «Estructura», con un grosor de línea de 0,5 mm. Con la herramienta *Elipse inscrita*, dibuja las dos elipses. Para ello, deberás señalar las cuatro líneas en las que está inscrita cada una.

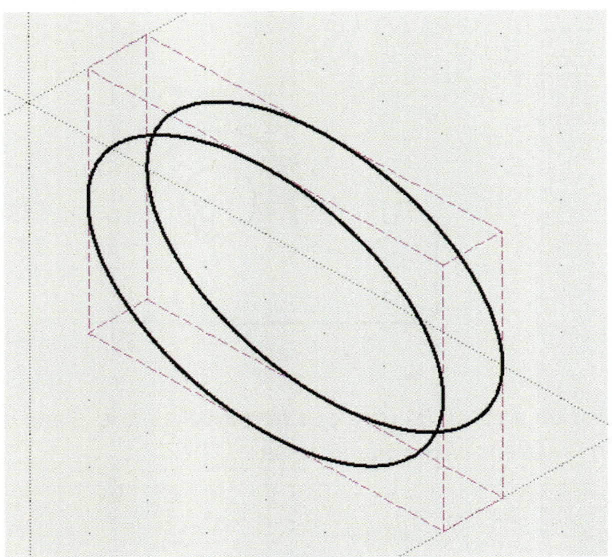

6. Entre las herramientas de *Línea* encontrarás *Tangente de circunferencia a circunferencia*. Utilízala para dibujar la tangente.

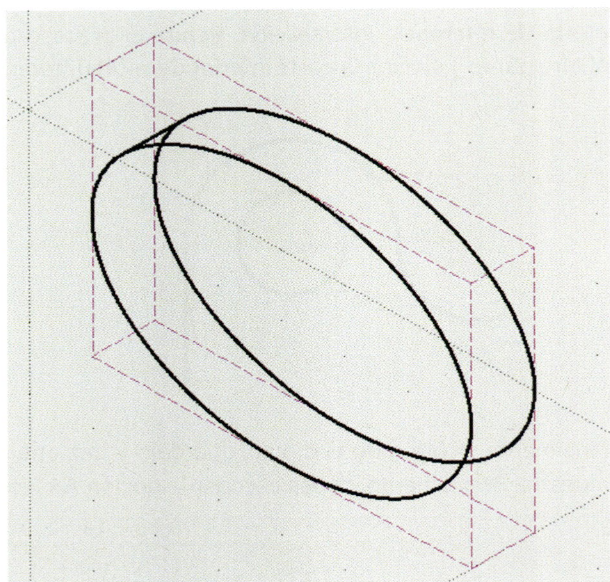

TI

7. Con la herramienta *Dividir* cortarás las elipses en dos partes cada una. Los puntos de división de la primera elipse coincidirán con la intersección de las elipses y las líneas de la pauta. En primer lugar, selecciona la elipse que vas a dividir y, en segundo lugar, el punto de división. Una vez dividida, elimina la parte inferior.

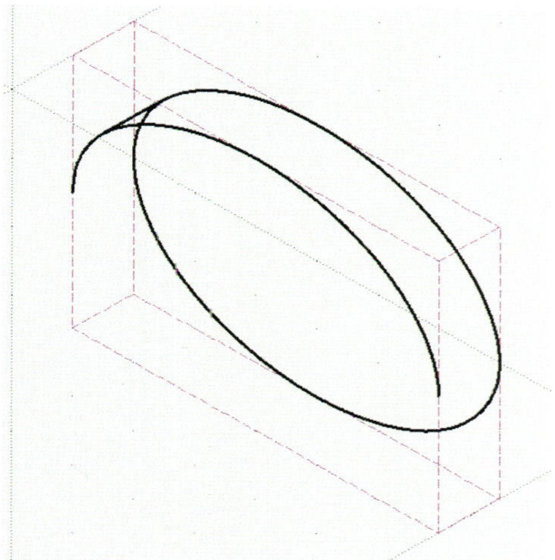

8. Uno de los puntos de división de la segunda elipse coincidirá con la pauta, pero el otro lo hará con la línea tangente. Para este último, utiliza como punto de referencia la herramienta *Intersección*. Una vez dividida, elimina la parte inferior.

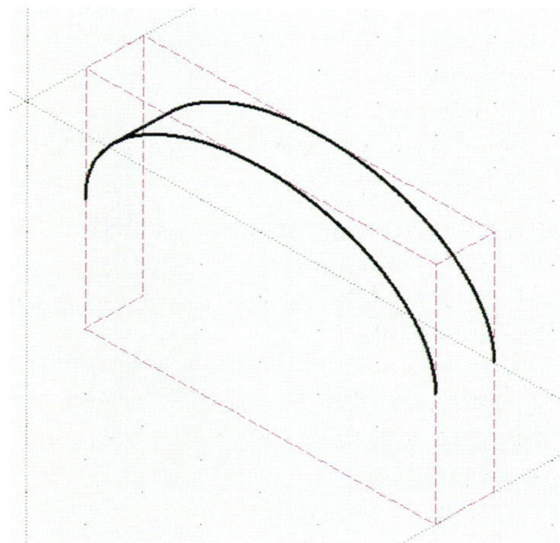

9. Ahora dibuja el resto de la silla con la herramienta *Línea dos puntos*. Previamente, puedes esconder la capa de la pauta con la herramienta *Mostrar Capa*, ya que no la vas a necesitar más.

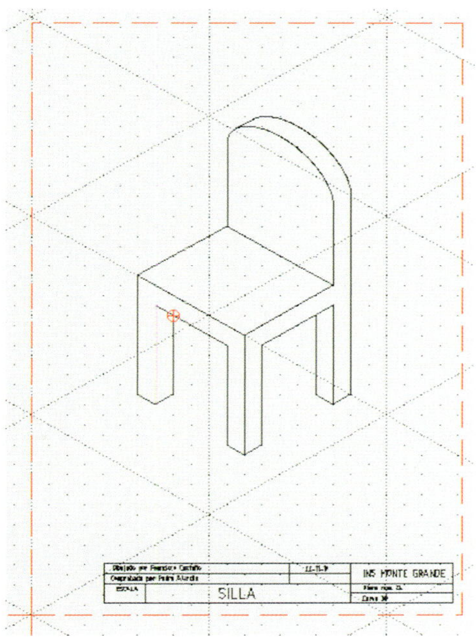

10. Haz un sombreado en el asiento de la silla con la trama «ar.con». Para seleccionar solamente el asiento, arrastra el cursor de izquierda a derecha de forma que las únicas líneas seleccionadas completamente sean las cuatro del asiento. Finalmente, haz una previsualización a escala 1:1 ajustando el papel y guarda el dibujo.

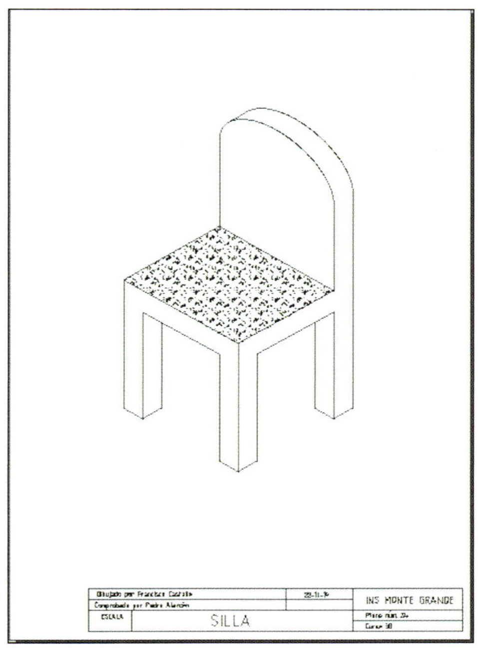

Elipse inscrita | Tangente C-C | Mostrar capa

8. Tubo

Vamos a continuar practicando con las herramientas vistas hasta ahora. Para ello, dibujaremos un tubo y trazaremos una sección, es decir, un corte que permitirá ver mejor la figura.

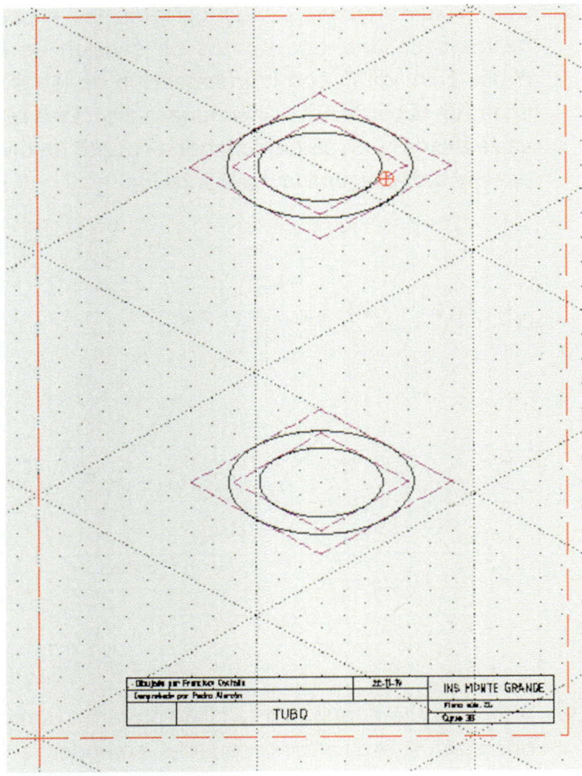

1. Recupera el dibujo del cajetín y guárdalo en un nuevo archivo con el nombre **Taller 8 - Tubo**. Antes de empezar a dibujar, selecciona el papel A4 Vertical en *Preferencias del dibujo actual* y la *Rejilla isométrica izquierda*.
2. Selecciona el cajetín y desplázalo hasta la posición que puede verse en la imagen de la derecha.
3. Para que el dibujo quede centrado seleccionarás los límites del A4 vertical. Para ello, crea una nueva capa llamada «Límites», con línea de color rojo y raya pequeña. Dibuja un rectángulo de 210 × 297 mm.
4. Dibuja ahora los cuatro rectángulos que utilizarás como pauta para, posteriormente, inscribir las elipses. Para ello, crea una nueva capa llamada «Pauta», con línea color magenta y raya diminuta. Deberá quedar como la imagen.
5. Crea una nueva capa, de nombre «Estructura» con grosor de línea de 0,5 mm. Con la herramienta *Elipse inscrita*, dibuja las cuatro elipses. Para ello, deberás señalar las cuatro líneas en que quedará inscrita cada una.
6. Dibuja las líneas que se ven en la imagen utilizando los botones *Línea dos puntos* y *Líneas tangente C.C.*
7. Divide las elipses y la línea central para eliminar las partes sobrantes. Para ello, usa la herramienta *Dividir* y, como puntos de referencia, utiliza *Fin de línea* o *Intersección* según convenga. Para seleccionar las herramientas más rápidamente, puedes clicar el botón derecho del ratón y te aparecerán los últimos botones utilizados.
8. Para acabar esconde la pauta, haz el rayado de la sección (gost_metal, escala 0,3), dibuja la línea de ejes y acota la pieza. Finalmente, haz una previsualización a escala 1:1 y guarda el dibujo.

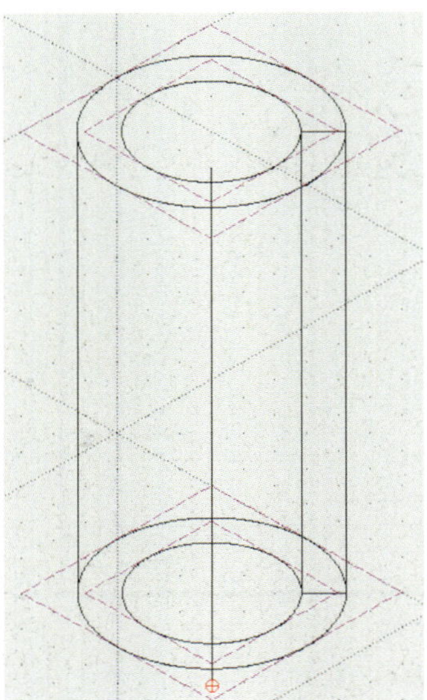

Paso 6

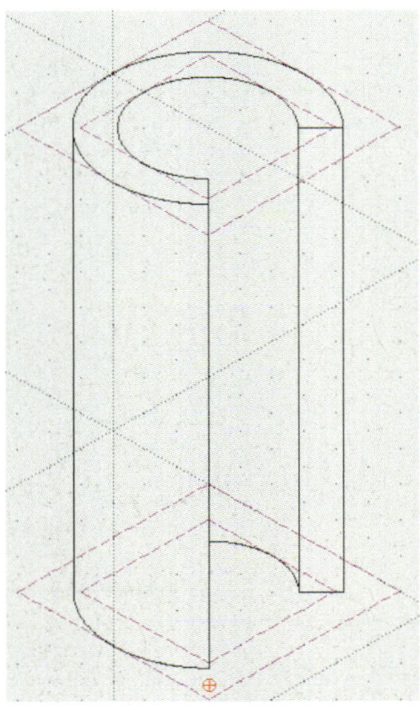

Paso 7

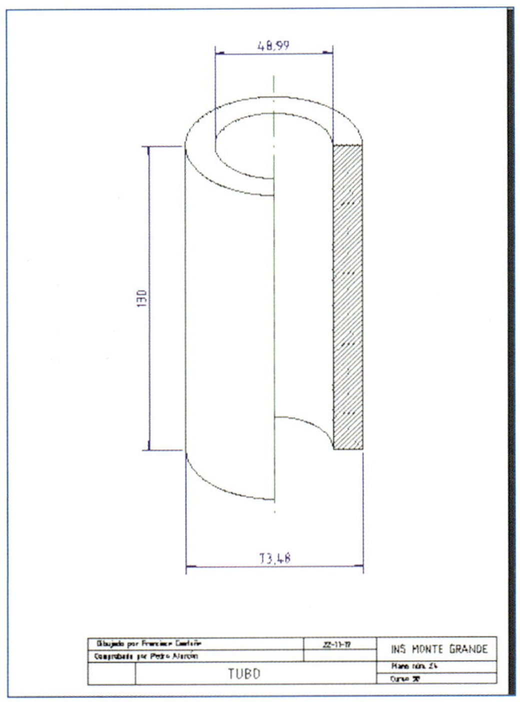

Síntesis

Elabora tu propio resumen de la unidad, completando con las palabras clave los espacios en blanco.

1. Para representar objetos mediante el dibujo se pueden utilizar las vistas o las ______________. Las primeras pueden ser vistas de alzado, planta o perfil, y en ellas solo aparecen dos dimensiones. En las segundas se muestra todo el ______________ del objeto.
2. Los planos deben incluir un cajetín en el que figuren el nombre del autor y datos del dibujo como, por ejemplo, la ______________. Los objetos o construcciones dibujadas suelen estar ______________.
3. Los programas de ______________ asistido por ordenador pueden ser de mapas de bits o vectoriales. También se pueden clasificar en programas 2D o de dibujo ______________ y programas 3D.
4. Los elementos más importantes de la interfaz de LibreCAD son el ______________ de trabajo, la barra de herramientas, los ______________ de herramientas, la línea de capas y la línea de comandos.
5. Una de las ______________ más interesantes de LibreCAD son los puntos de referencia, que permiten ______________ intersecciones, tangentes, puntos de la rejilla, finales, principios, puntos medios, etc.
6. Gracias a las ______________ se pueden realizar dibujos agrupándolos en diferentes niveles. Así, se emplea una capa para una parte de una figura, otra capa para los ejes, otra para las ______________, otra más para el texto, etc. Las distintas capas se pueden ______________ o esconder según se desee.

Parabras clave

escala, mostrar, botones, diseño, perspectivas, lineal, cotas, capas, herramientas, volumen, seleccionar, acotadas, área

Recursos en red

Existen muchos tutoriales que explican el funcionamiento de LibreCAD o de su «hermano mayor», AutoCAD. Consulta algunos de ellos para ver las diferencias entre uno y otro.

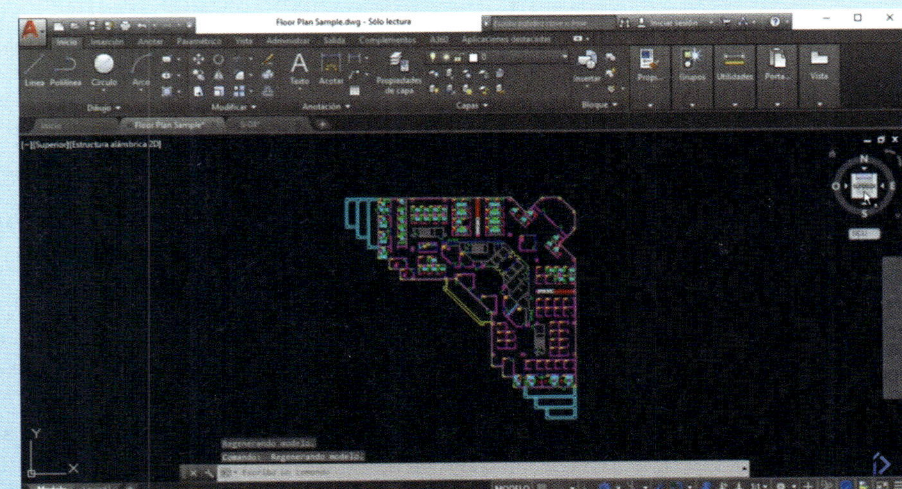

Actividades finales

1. Taller de informática. **Crear bloques**

Cuando se dibuja un elemento con varias líneas resulta muy práctico que, en lugar de líneas independientes, haya un solo conjunto para poder moverlo o girarlo con facilidad. En este taller, vamos a crear un bloque de este tipo y a colorearlo.

a) Dibuja la figura de la espiral y observa que puedes seleccionar cada línea independientemente, pues no constituye un solo bloque.

b) Selecciona la figura y activa la herramienta *Crear bloque*. Establece un punto de referencia y da nombre al bloque. En la ventana *Lista de bloques* podrás ver el bloque creado.

c) En los botones de *Modificar* encontrarás la herramienta *Girar*. Dale al bloque un giro de 90° en sentido horario. Para ello deberás seleccionar la espiral, indicar el centro de giro y un punto de referencia.

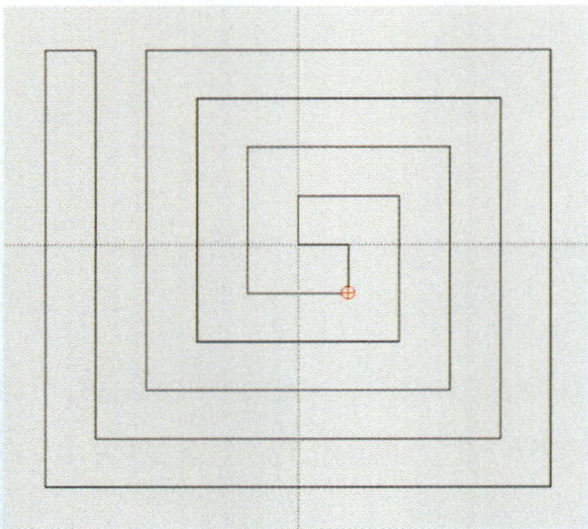

a

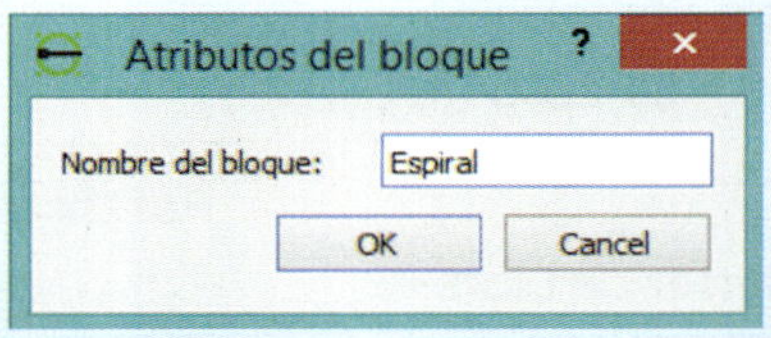

b

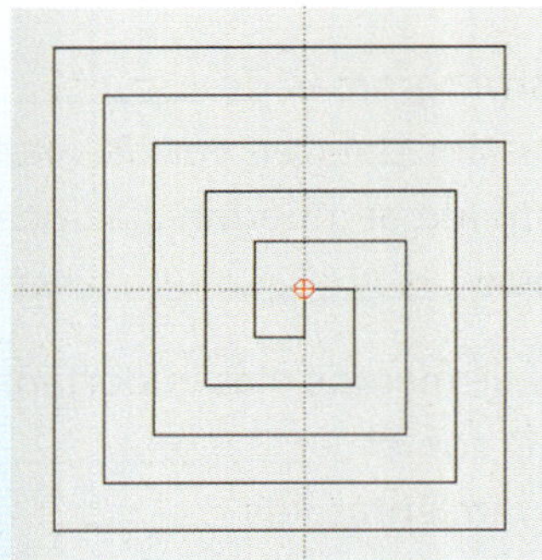

c

d) Puedes copiar el bloque tantas veces como quieras. Para ello utiliza la herramienta *Insertar el bloque activo* de la lista de bloques.

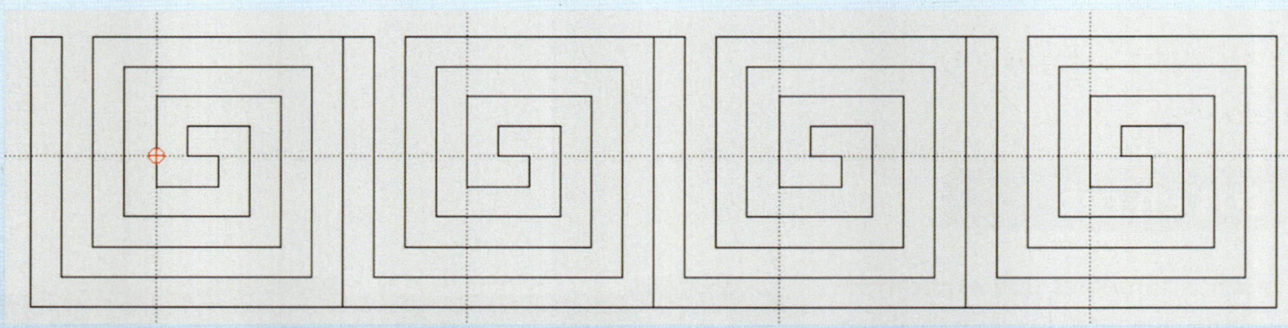

2. Taller de informática. **Pintar un objeto**

Dibuja el bolígrafo de la figura. Cada elemento es un bloque distinto y, además, cada una de las capas tiene un color diferente.

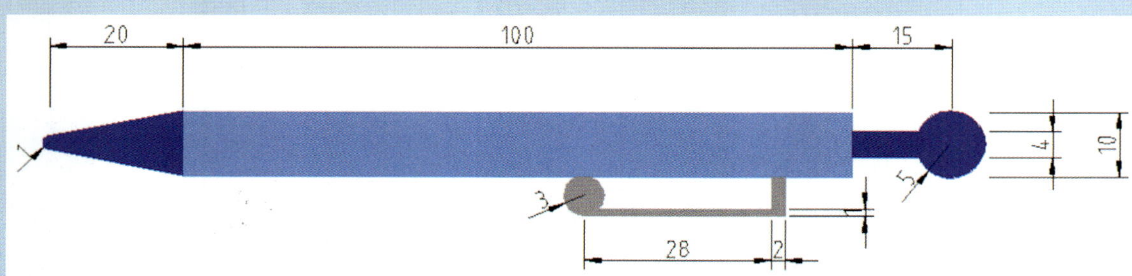

3. Taller de informática. **Dibujar las vistas de un objeto**

Aplica los conocimientos adquiridos y dibuja las vistas de alzado y planta de esta pieza según las medidas indicadas.

El dibujo deberá tener cuatro capas: una para la pieza, otra para el rayado, una tercera para las cotas y la última para las líneas de ejes.

Orientaciones:

- En primer lugar, crea y define las cuatro capas y empieza a dibujar todo el contorno de la pieza.
- A continuación, dibuja encima de las piezas las líneas para crear los tres bloques del rayado. Para ello, esconde la capa de la pieza. Una vez creados los bloques ya se pueden rellenar.
- Finalmente, termina el dibujo con los ejes y las cotas.

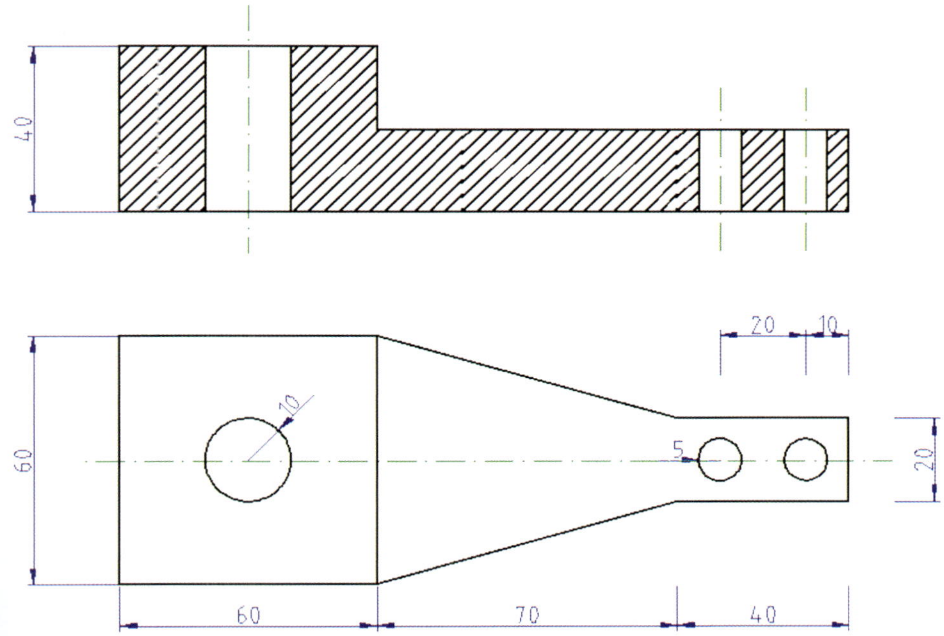

4. Taller de informática. **Dibujar la perspectiva de un objeto**

Ahora dibujarás la pieza anterior en perspectiva siguiendo las siguientes orientaciones:

- Dibuja el contorno de la pieza que servirá como pauta.
- Repasa el contorno visible de la pieza.
- Dibuja las elipses.

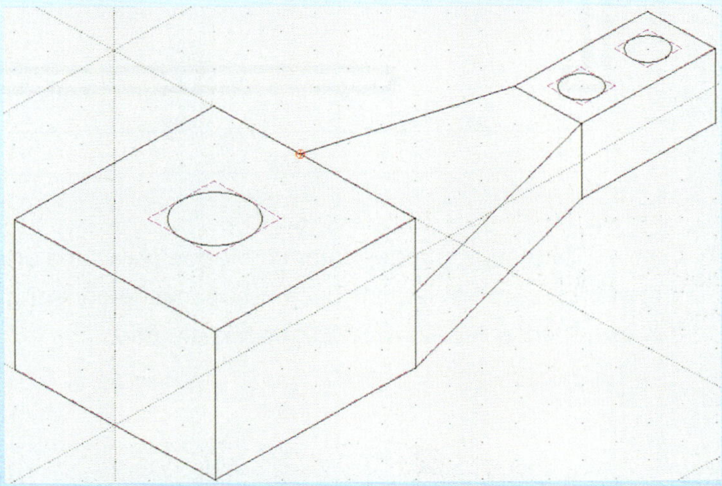

Autoevalúa tus conocimientos de la unidad.

Diseño de un cuarto de baño

Cuando se diseña un espacio para una vivienda resulta de gran ayuda poder mover los elementos del dibujo para ver su distribución más correcta.

Tareas

1. Dibuja el plano de un cuarto de baño, en una hoja A3 apaisada, que contenga los tres elementos de la imagen inferior. El dibujo debe tener las siguientes características:

- Escala 1:10.
- Grosor de las paredes: 10 cm.
- Los elementos del baño puedes dibujarlos como creas conveniente, siempre y cuando sus dimensiones tengan cierta lógica.
- Utilizarás seis capas: una capa para el marco del cajetín y otra para sus datos, una tercera para las paredes, otra para puertas y ventanas, una quinta capa para las cotas y la última capa para los elementos de baño.

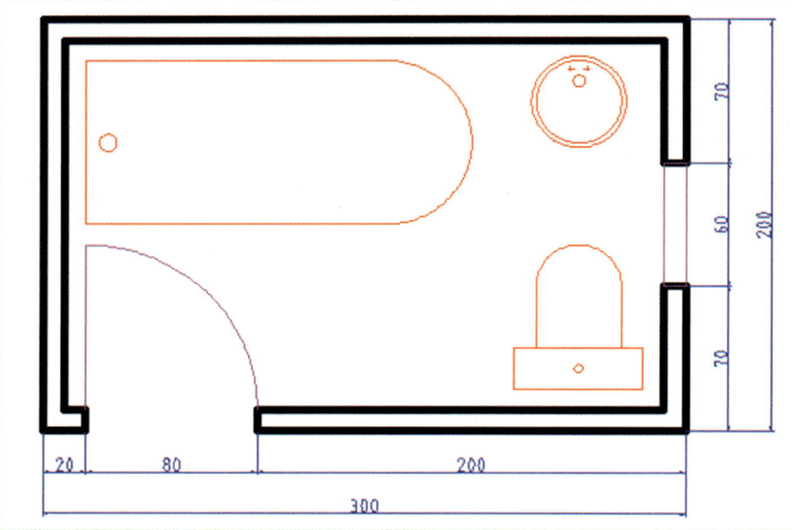

2. Una vez dibujados, puedes crear un bloque para cada uno de los elementos y moverlos para ver la distribución que más te convenga. Finalmente, debes argumentar la distribución que has elegido.

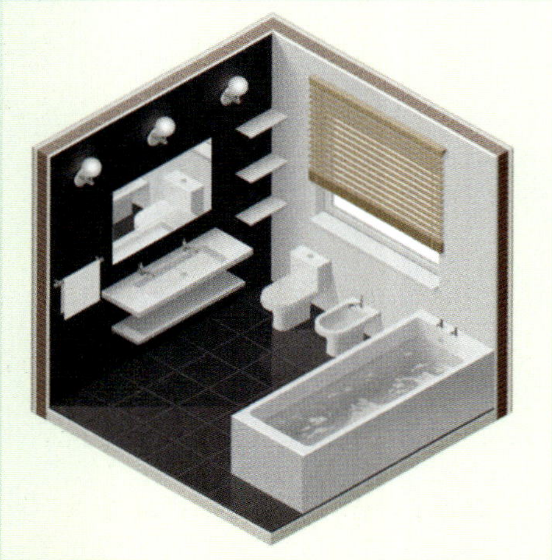

Autoevaluación
Para evaluar las tareas de la actividad, rellenad el recurso «Tabla de autoevaluación».

Los delineantes

La labor de los delineantes es realizar dibujos técnicos, es decir, crear representaciones gráficas aplicando la geometría y las normas de dibujo. La importancia de su trabajo consiste en reflejar el proyecto sobre planos, mediante la realización de los cálculos pertinentes, para que se puedan interpretar. Dicho de otro modo, el delineante hace de intermediario entre los ingenieros o arquitectos que conciben las ideas y los que las han de realizar.

Un delineante, además de dibujar hábilmente, ha de tener conocimientos interdisciplinarios, ya que debe ser igualmente capaz de dibujar el plano de una casa, un circuito electrónico, una pieza de un motor, etc.

Antes, estos dibujos los realizaban con tiralíneas, estilógrafos o rotuladores calibrados, además de emplear otros utensilios básicos como la regla, la escuadra, el cartabón o el compás. Actualmente, dibujan mediante herramientas informáticas, con potentes programas que permiten ver desde distintos puntos de vista los dibujos representados (edificios, objetos, etc.).

Tareas

1. ¿Cuál es trabajo de los delineantes?
2. ¿Qué campos de conocimiento debe dominar un delineante?
3. ¿Qué ocurriría si los delineantes no siguieran unas normas comunes a la mayoría de los países?
4. ¿Qué ventajas crees que tiene dibujar con herramientas informáticas en vez de hacerlo con los instrumentos de dibujo tradicionales?

2

El proyecto técnico

Todos los objetos que utilizamos sirven para satisfacer una necesidad y/o resolver algún problema. Para conseguirlo, ha habido que seguir un largo proceso que comienza con la identificación del problema, necesidad o situación que se quiere solventar y termina con la construcción del objeto y la evaluación de los resultados.

El proceso puede ser más o menos complejo, dependiendo de las características de lo que se quiera construir, pero en cualquier proyecto se sigue siempre una secuencia lógica en los diferentes trabajos que hay que realizar.

Contenidos

- El método de proyectos
- Documentos
- El informe técnico
- La memoria descriptiva
- La memoria constructiva
- El presupuesto
- Las normas del trabajo
- La memoria del proyecto realizado en el aula-taller

AI

1. ¿Qué pasos deberías seguir para construir la maqueta de un puente automático en el aula-taller de tecnología?
2. ¿Qué documentos crees que debe incluir un proyecto técnico elaborado por un ingeniero/a o un arquitecto/a?
3. Al finalizar un proyecto hay que evaluar los resultados. ¿Para qué crees que sirve esta valoración?

Organizador de escritorio sencillo.

Re

1. Observa el organizador de escritorio de la ilustración superior e imagina que has tenido que diseñarlo y construirlo. Resuelve las siguientes cuestiones:
   a) Elabora un diagrama de bloques que refleje los pasos que deben seguirse para realizar el proyecto.
   b) Justifica que se cumplen las características de la metodología de proyectos.
   c) ¿Qué áreas de conocimiento (asignaturas) crees que hay que aplicar?
   d) ¿Qué conocimientos teóricos y prácticos crees que ha habido que emplear?

1. El método de proyectos

Recuerda que la tecnología utiliza un método de trabajo que llamamos **proceso tecnológico**, que consiste en una secuencia lógica de actividades que deben realizarse para satisfacer una necesidad o resolver un problema.

Imaginemos ahora un proceso tecnológico en el que se va a diseñar y construir un objeto, es decir, realizar un proyecto. Para ello, se aplica el denominado **método de proyectos**. Si lo que se desea es fabricar muchos objetos similares, entonces hablaríamos de un proceso de fabricación.

Supongamos que tenemos sobre la mesa, de forma desordenada, lápices, gomas de borrar, rotuladores, etc., y que se nos plantea la necesidad de guardar todos esos objetos. Si no tenemos un organizador de escritorio, habrá que diseñar y construir uno. Así pues, averiguaremos qué objetos suelen destinarse a este uso o a uno similar, buscaremos información sobre materiales, precios, herramientas...; luego, diseñaremos un prototipo; y, por último, construiremos el objeto y comprobaremos su funcionalidad.

Pues bien, las etapas que deben seguirse para diseñar y construir el objeto reciben el nombre de metodología de proyectos. Por tanto, hablamos de **metodología de proyectos** cuando aplicamos conocimientos teóricos y prácticos para crear objetos o sistemas más o menos complejos.

A pesar de que hay una serie de pasos comunes que deben seguirse para desarrollar cualquier proyecto, **no hay una única manera de aplicarlos**, ya que difícilmente podrán realizarse siempre en el mismo orden. Si tomamos como ejemplo el organizador de escritorio anterior, puede ser que en el momento de construirlo haya que buscar más información para resolver algún imprevisto.

Proyectos → Es frecuente que haya que aplicar conocimientos de diferentes ámbitos al desarrollar un proyecto.

Proyectos → Saber trabajar en grupo es imprescindible para mejorar los resultados.

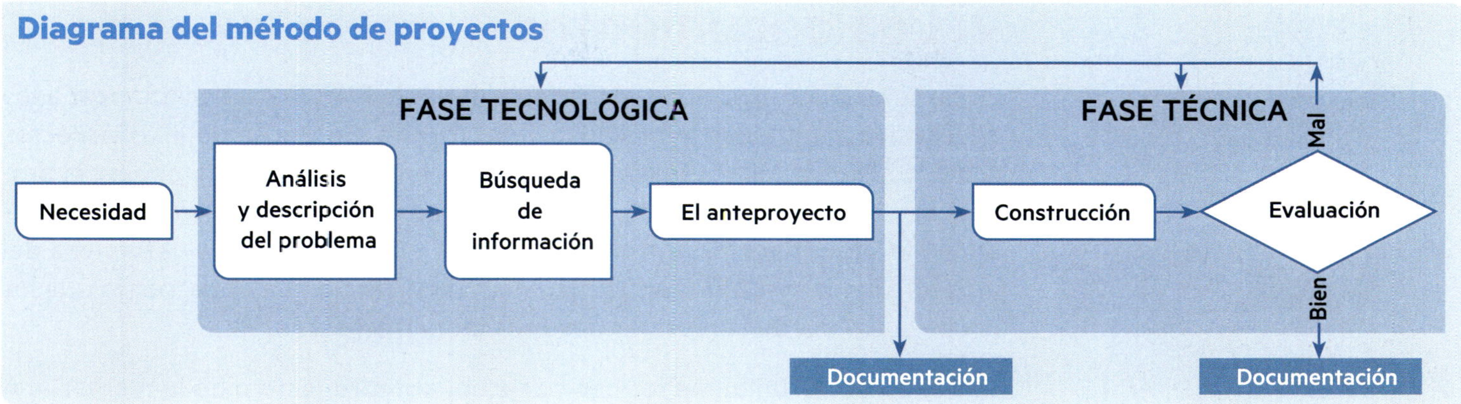

Un ejemplo de las etapas que constituyen el desarrollo de un proyecto sería el que aparece en el diagrama superior. Observarás que todas ellas pueden englobarse en dos fases: la primera, relacionada con los conocimientos de tipo más teórico, que podríamos denominar **fase tecnológica**; la segunda, más práctica, que llamaremos **fase técnica**.

En el diagrama se observa que, por medio de la evaluación, podemos descubrir si se han cometido errores, tanto en la fase tecnológica como en la fase técnica, para corregirlos si fuese necesario.

También será necesario elaborar una **documentación** que recoja toda la información que se precise para el correcto desarrollo del proyecto: descripciones, dibujos, cálculos, planificaciones, presupuestos, etc., por si se necesita consultarla. La documentación que se elabora antes de la construcción es el **anteproyecto**, y una vez finalizado todo el proceso se confecciona la **memoria**.

Organizador de escritorio más completo.

Re

2. A continuación se describen algunas de las actividades que deberían llevarse a cabo para diseñar y construir el organizador de escritorio. Di a qué etapa y fase pertenece cada una. Razona tus respuestas.

a) Decorar el objeto.

b) Buscar información sobre materiales cerámicos.

c) Ver otros objetos similares.

d) Hacer un croquis del objeto.

e) Redactar el proyecto.

f) Buscar posibles defectos.

2. Los documentos

Como se ha dicho en el apartado anterior, todos los proyectos van acompañados de una documentación informativa y descriptiva. En ella se detallan aspectos como la justificación y objetivo del proyecto, los diseños, los materiales, el proceso de construcción, el presupuesto, los planos, la normativa aplicable, las medidas de seguridad, el control de calidad... Dependiendo de la naturaleza del proyecto, unos apartados adquirirán más importancia que otros, por lo que los documentos pueden presentar una estructura u otra.

Todos estos documentos forman parte del **anteproyecto** o de la **memoria**. A veces, se analiza algún problema específico y es más adecuada la elaboración de documentos más concretos llamados **informes técnicos**.

A continuación, se presentan dos ejemplos de memoria que podrían corresponder a un proyecto de ingeniería y uno de arquitectura:

Memoria	
Ejemplo de un proyecto de ingeniería: • Objetivo y justificación • Descripción de las condiciones • Diseño elegido • Construcción • Control de calidad	Ejemplo de un proyecto de arquitectura: • Memoria descriptiva • Memoria constructiva • Cálculos • Planificación de la obra • Normativas de aplicación

Re

3. En el margen izquierdo de la página se han dispuesto varias carpetas que podrían formar parte de un proyecto técnico. Indica qué carpeta debería contener los siguientes documentos:

a) El detalle de la cantidad de madera y acero que se necesita.

b) Los cálculos que demuestran el cumplimiento de la legislación vigente.

c) El momento en que se necesita un determinado material.

d) La descripción de las medidas de seguridad que se han de adoptar durante la obra.

e) Los detalles del diseño final.

f) Una vista en planta de la construcción.

g) La cantidad de dinero que se ha de dedicar a las medidas de seguridad y protección.

h) La descripción de las instalaciones y máquinas necesarias para fabricar un objeto.

i) La descripción de la normativa aplicable al proyecto.

j) Los aspectos que hay que controlar durante la fabricación de una pieza o máquina.

k) Detalles del momento y cantidad de operarios que harán falta en una operación determinada.

3. El informe técnico

Un informe técnico se encarga cuando surge un problema específico que requiere una solución técnica. Tiene que estar redactado, por tanto, por un profesional competente que debe ayudar a los responsables del proyecto a tomar decisiones para resolver el problema de forma práctica. Por ello es muy importante que el informe haya sido redactado de modo que sus destinatarios entiendan perfectamente la información que en él se consigna.

La elaboración de un informe técnico la debe realizar un técnico competente.

Si bien se puede decir que hay tantos tipos de informes como circunstancias que los generan, la mayoría de ellos tiene una estructura común, que suele ser la siguiente:

1. Objetivo del informe
2. Exposición de la metodología utilizada para la resolución del problema
3. Cálculos o análisis realizados
4. Exposición de los resultados que se obtienen
5. Recomendación de una solución
6. Bibliografía consultada
7. Anexos

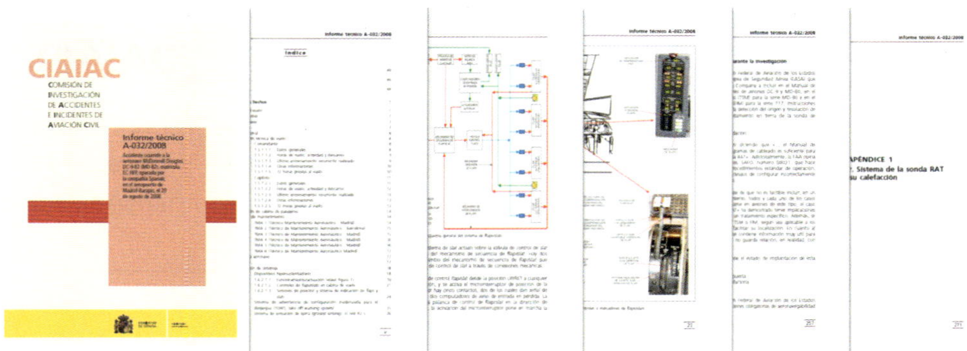

El siguiente esquema refleja el proceso que debe seguirse para elaborar un informe técnico, desde que surge el problema hasta que se propone una solución:

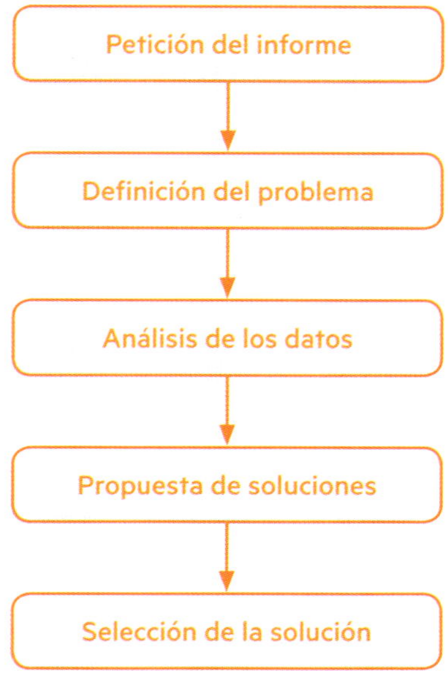

An

4. Un bolígrafo difícilmente dura hasta que su tinta se ha consumido. Dejando de lado los que se pierden, suelen fallar por diferentes motivos. Analiza las causas por las que se deja de utilizar un determinado tipo de bolígrafo y exponlo en un informe proponiendo algunas soluciones para mejorar su diseño. El informe debería contener información sobre el funcionamiento del bolígrafo, fotografías de los fallos o roturas, estadísticas y propuestas de solución.

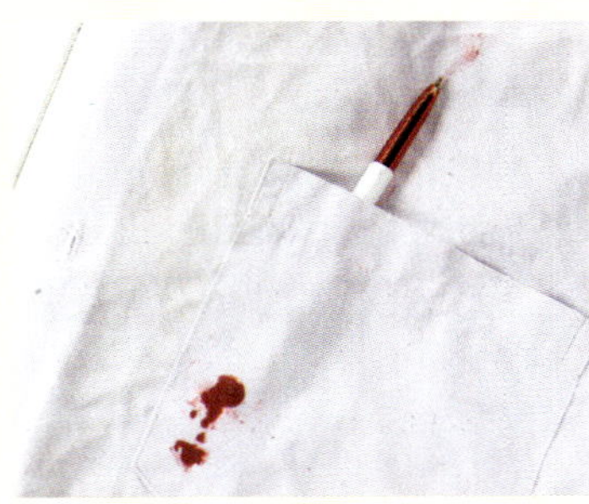

4. La memoria descriptiva

Es una parte de la memoria donde se explica cómo es el objeto, elemento, instalación o construcción que pretende resolver un determinado problema. También se detallan aspectos que pueden ser de menor transcendencia, como los motivos que han llevado a desarrollar el proyecto o la información consultada. En ella podemos diferenciar varias partes:

Describir

Explicar cómo es un objeto, elemento, instrumento, aparato, instalación o construcción de manera ordenada para ofrecer una imagen o una idea completa de ellos.

4.1. Análisis y descripción de la necesidad o problema

Lo primero que debe hacerse cuando se quiere construir un objeto, una instalación o un edificio es explicar con mucha exactitud **cuál es el problema** que se quiere resolver y fijar el **objetivo**. Una vez hecho esto, se determinarán una serie de **condiciones** que el proyecto ha de cumplir.

- **Justificación de proyecto.** Con la justificación del proyecto se pretende demostrar su necesidad.

Objetivo

Meta o propósito que hay que cumplir. Al plantear el objetivo en la redacción, el verbo debe ir en infinitivo.

Ejemplo

Suministro de agua
Un problema habitual en muchas viviendas se presenta cuando el agua entra directamente desde la canalización de la calle. Sucede que, si el suministro de agua se corta por una avería, se afecta directamente el quehacer diario de las personas, impidiendo tareas indispensables como limpiar, lavarse o cocinar...

ODS 6 AGUA LIMPIA Y SANEAMIENTO

Al fijar un objetivo, cada vez hay que tener más presente que se avenga con el desarrollo sostenible.

- **Objetivo u objetivos.** Una vez expuesto el problema, le sigue una definición, de manera muy breve y clara, del proyecto que se pretende realizar. Esa redacción puede ir acompañada de aclaraciones.

Ejemplo

Suministro de agua
El objetivo del proyecto es garantizar siempre el suministro de agua en la vivienda.

An

5. Las siguientes ilustraciones representan dos necesidades que se deben solventar. Justifícalas y redacta los objetivos.

- **Condiciones iniciales.** Una vez justificado y definido el proyecto, podría pensarse en un gran número de soluciones, pero hay que tener en cuenta que se verán limitadas por las condiciones iniciales o requerimientos que deberán cumplir. Estas condiciones pueden ser de los siguientes tipos:

Tipo	Definición
funcionales	De la función del objeto, la instalación o construcción.
constructivas	Del proceso de construcción.
económicas	De las limitaciones presupuestarias.
estéticas	De la apariencia y belleza.
ecológicas	De la naturaleza y el medioambiente.
de seguridad	De la protección y prevención de accidentes.

Al final de proyecto se puede valorar si se ha cumplido con toda la lista de condiciones iniciales.

Ejemplo

Suministro de agua

- La garantía del suministro de agua no ha de suponer un incremento significativo del gasto energético.
- La solución no implicará obras que imposibiliten utilizar la vivienda.
- El presupuesto no debe superar los 1 200 €.
- La instalación no supondrá un deterioro de la estética de la vivienda.
- La solución no puede implicar un mayor consumo de agua.
- El funcionamiento de la nueva instalación no incrementará el nivel de ruido.

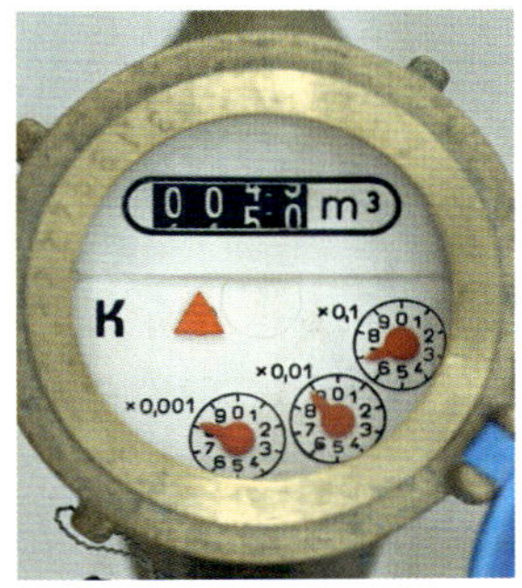

El volumen de agua consumido en una vivienda se mide en metros cúbicos (m^3).

Re

6. A continuación puedes leer una lista de condiciones iniciales para la construcción de un juguete. Indica a qué tipo pertenece cada una de ellas.
   a) El juguete debe ser flexible y transparente.
   b) El diseño será atractivo para niños de entre dos y seis años.
   c) Todos los bordes deberán ser redondeados para evitar cortes.
   d) Debe poder construirse en un tiempo máximo de veinticuatro horas.
   e) El coste no debe sobrepasar los 10 €.
   f) Se utilizará material reciclable en su construcción.

7. Redacta las condiciones iniciales que debería cumplir una funda para gafas. ¿Qué condiciones de las que has redactado crees que cumplen las fundas de las fotografías?

Si nos dirigimos a un carpintero para pedirle información sobre las mejores maderas para construir una mesa, es muy probable que nos muestre modelos de maderas y nos haga apreciar su textura para ayudarse en sus explicaciones.

4.2. Búsqueda de información

La búsqueda de información consiste en documentarse y reunir información que pueda ser útil para el diseño y la construcción de un proyecto. Es poco probable que una persona posea todos los conocimientos precisos para resolver el problema técnico al cual se enfrenta. Esto hace necesaria la existencia de un lugar donde acudir para obtener dichos conocimientos. De hecho, sin unas buenas fuentes de información resulta prácticamente imposible elaborar proyectos que ofrezcan las soluciones más adecuadas.

Ejemplo

Las fuentes de información pueden ser muy variadas, como, por ejemplo:

- Libros de texto, catálogos, manuales, instrucciones, revistas, etc.
- Internet: webs, blogs, portales, chats que pueden ayudar en nuestro proyecto.
- Modelos de proyectos similares que pueden servir de inspiración.
- Personas especializadas cuyos conocimientos sobre el tema puedan servir de ayuda.

No basta con conocer dónde buscar las fuentes de información, también hay que saber usarlas. Así, si se trata de un libro de texto, lo primero que hay que hacer es mirar el índice; cuando se consulta a alguien, conviene conocer su cualificación, etc.

Hay que saber seleccionar la información para no perdernos en ella.

El manejo de esa información es otro aspecto que conviene tener en cuenta, esto es, cómo seleccionarla y archivarla:

- Una buena selección de información exige dos condiciones: conocer con exactitud **qué datos se necesitan**, que se habrán establecido en las condiciones iniciales, y **comprender el lenguaje** empleado en la fuente que se consulta (un estudiante de doce o trece años no irá a consultar un manual universitario).
- Por último, la información debe guardarse convenientemente para utilizarla cuando se necesite. Por tanto, una buena organización facilitará mucho la labor en las fases posteriores de diseño y construcción.

An

8. **Indica qué fuentes de información crees que habría que consultar en los siguientes casos:**
   a) Conocer las maderas más apropiadas para fabricar una silla.
   b) Utilizar una sierra eléctrica de vaivén.
   c) Informarse de las condiciones de edificación de una casa.
   d) Diseñar un juego sencillo de madera.
   e) Elegir una pintura apta para baldosas.
   f) Calcular la superficie de un terreno.

9. **Indica los pasos necesarios para realizar una búsqueda de información adecuada.**

4.3. Generación y selección de ideas

Una vez expuesto el objetivo de la construcción, establecidas las condiciones iniciales y reunida la información necesaria, se comienza a elaborar el anteproyecto, que es la parte más compleja pero también la más creativa de la metodología de proyectos. Aquí hay que distinguir una primera fase, la generación de ideas, y una segunda, la selección de ideas.

La **generación de ideas** consiste en buscar distintas soluciones al problema que se desea resolver. Aunque inicialmente puedan parecer correctas, deberán pasar una fase de selección, es decir, se tendrá que escoger la que se considere más adecuada.

Diferentes modelos y tamaños de depósitos de agua y bomba de agua.

Ejemplo

Suministro de agua

Solución 1: colocar un depósito de agua en la parte superior del edificio y así, en el caso de cortes de suministro, se podría utilizar el agua almacenada. Esta bajaría por las tuberías simplemente por efecto de la gravedad, con lo que la presión de agua sería pequeña.

Solución 2: instalar un depósito junto con una bomba de agua en los bajos de la edificación. Cuando no hubiera suministro de agua se podría utilizar la del depósito. La bomba de agua es necesaria en este caso para garantizar la distribución y presión del agua.

La **selección de ideas** es el último paso antes de iniciar la construcción. Así pues, se valoran los inconvenientes que puedan detectarse en los primeros diseños y bocetos y se corrigen si es necesario. Para acabar de concretar la idea, se busca mejorar la apariencia estética y se indican los materiales que se van a utilizar.

Si el **anteproyecto** se lleva a cabo en grupo, un recurso muy eficaz es hacer una «lluvia de ideas», es decir, una sesión para proponer las ideas que vayan surgiendo espontáneamente. No importa si algunas parecen descabelladas, luego se seleccionarán las más viables.

De

10. Imagina que, junto con tus compañeros, os planteáis reunir dinero para el viaje de fin de curso. En grupos de seis, haced una «lluvia de ideas» sobre las actividades que podríais realizar para conseguir fondos. Id anotándolas y seleccionad, mediante un debate, las tres propuestas más oportunas.

An

11. Analiza los pros y los contras de las dos soluciones expuestas en el ejemplo de los depósitos de agua.
12. En la ilustración puedes ver el boceto del proyecto de una carretilla. Observándolo, comprobarás que este diseño inicial presenta varios problemas. Describe los inconvenientes que veas y propón ideas para mejorar su diseño.

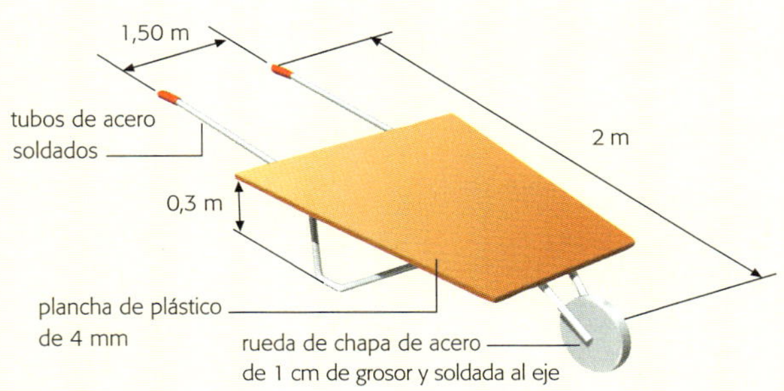

Rp

13. Dibuja un croquis de la carretilla con las mejoras que has pensado.

5. La memoria constructiva

Una vez que se ha definido el proyecto hay que empezar a construirlo. En este punto comienza propiamente la fase técnica, es decir, la fase en que la habilidad de ejecución adquiere toda su importancia. De hecho, construir permite hacer realidad lo concebido en la fase tecnológica, pero de acuerdo con un plan determinado. Aquí se puede distinguir entre planificación, construcción y evaluación.

5.1. La planificación

Antes de construir se ha de planificar para prever el momento que se realizará cada operación.

Antes de iniciar la construcción de un objeto, una instalación o un edificio, hay que organizar y dirigir un plan que especifique cuándo empieza y cuándo termina cada actividad. Este proceso se llama **planificación**.

Una planificación correcta aporta tres ventajas muy útiles para que el trabajo se haga con la mayor rapidez y precisión posibles:

1. Ayuda a no saltarse ninguna operación evitando así tener que empezar de nuevo.
2. Garantiza que los materiales estén disponibles en el momento en que se necesiten.
3. Ayuda a realizar el proyecto optimizando el tiempo, ya que permite comprobar si puede hacerse más de un trabajo a la vez.

Una manera de simplificar un proyecto consiste en dividir el proceso en **operaciones** simples y ordenadas para realizar el trabajo.

Ejemplo

Portarrollos de cocina

Por ejemplo, en la construcción del portarrollos de cocina de la ilustración podemos distinguir siete operaciones:

1. Serrar el fondo del portarrollos (30 min).
2. Serrar los dos laterales (35 min).
3. Serrar el estante (25 min).
4. Serrar el frontal del estante (20 min).
5. Serrar las varillas de metal (15 min).
6. Montaje de las partes (60 min).
7. Decoración del portarrollos (120 min).

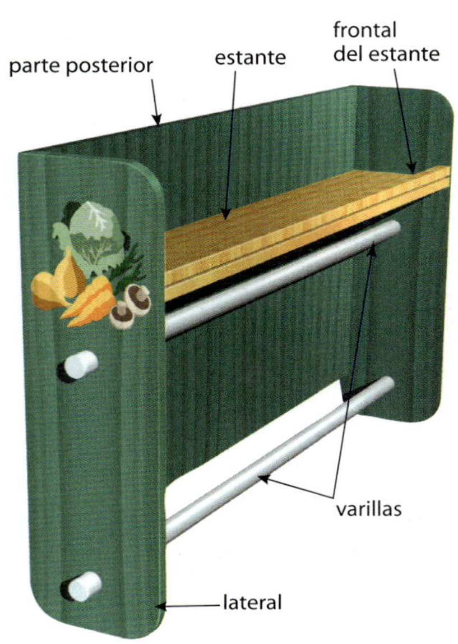

An

14. Observa la imagen del portarrollos de cocina.

a) Indica en qué orden deben hacerse las operaciones del ejemplo del portarrollos, y si algunas pueden hacerse simultáneamente.

b) Describe el material necesario para realizarlas.

Para la planificación suelen utilizarse unas tablas o gráficos donde se especifican la cantidad y el tipo de material necesarios, las herramientas y las máquinas, el número de trabajadores y el tiempo de ejecución de cada operación. Además, suelen incluir una columna de observaciones para añadir otros datos de interés.

Detalle de operaciones						
Nombre del proyecto:			Fecha:		Autor/es:	
N.º orden	Operación	Materiales	Herramientas y máquinas	N.º trabajadores	Duración (min)	Observaciones

Una vez detalladas las operaciones hay que programar su ejecución. Para ello se utilizan diagramas en los que se especifica el plan de trabajo que ha de realizar cada trabajador y se analizan las diferentes posibilidades.

Ejemplo

Portarrollos de cocina

Una vez definidas y numeradas las operaciones, hay que establecer en qué secuencia se realizarán. Para ello suelen utilizarse diagramas. Por ejemplo, si solo se dispone de un trabajador, el diagrama de programación podría ser el siguiente:

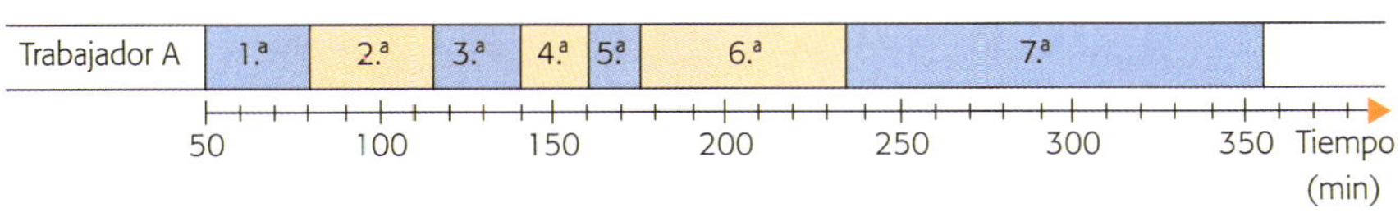

En el caso de que se contara con dos trabajadores, el diagrama de programación sería el siguiente:

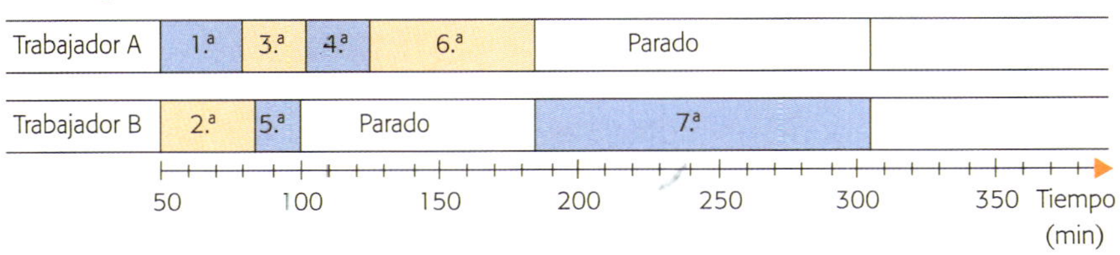

Como puedes comprobar, aunque se ha doblado el número de trabajadores, el tiempo de ejecución no se ha reducido a la mitad. Esto nos indica que nos conviene más la primera programación, ya que en la segunda se pierde tiempo, puesto que no se puede comenzar a decorar hasta que se haya montado el portarrollos. Se ha considerado que en la preparación de materiales se han invertido cincuenta minutos.

ODS 12 PRODUCCIÓN Y CONSUMO RESPONSABLES

Siempre que al hacer cualquier operación se genere residuos, hay que prever el lugar adecuado para depositarlos y así poder reciclarlos.

An

15. Elabora el detalle de operaciones correspondiente al portarrollos, en el que interviene un trabajador.
16. Explica cómo mejorarías el diagrama de programación para dos trabajadores. Haz un diagrama para tres trabajadores y compáralo con el que han hecho tus compañeros.

5.2. La evaluación

La última parte de la fase técnica consiste en hacer la evaluación del proyecto una vez finalizado. En ella se debe analizar el **resultado** final (el objeto acabado) y el **proceso** seguido (cada una de las partes de la metodología de proyectos).

El resultado

Lo primero que debe hacerse para evaluar un objeto es comprobar que cumple las condiciones iniciales establecidas en la descripción y análisis del problema. Pero la evaluación de un objeto, instalación o edificio que acaba de construirse no sirve únicamente para detectar errores, sino que tiene otros dos objetivos:

1. Mejorar los resultados.
2. Evitar repetir los mismos errores en proyectos posteriores.

Hay muchas actividades que pueden ayudar a evaluar un proyecto concluido, desde la simple observación hasta solicitar las opiniones de posibles usuarios. Para esta tarea, resulta muy práctico confeccionar un **cuestionario** para facilitar la evaluación (observa el recuadro siguiente).

i

Una buena evaluación no debe limitarse a inspeccionar la construcción, sino que también ha de **proponer las soluciones** más idóneas para corregir los posibles errores.

Ejemplo

Portarrollos de cocina

- ¿Cumple las condiciones iniciales?
- ¿Las dimensiones de todos los elementos son correctas?
- ¿Tiene alguna parte que constituya algún peligro para el usuario?
- ¿Hay alguna parte que pueda romperse con facilidad?
- ¿Está bien pintado y decorado?

El proceso

La evaluación del proceso consiste en examinar cómo se han desarrollado las distintas etapas que componen la metodología de proyectos. Así pues, puede revisarse desde el planteamiento de las condiciones iniciales hasta cómo se ha hecho la propia evaluación. Una forma de hacerlo es cuestionarse todas las actividades realizadas, planteándose una serie de preguntas: qué, cuándo, dónde, quién y cómo.

Ejemplo

Portarrollos de cocina

Qué: ¿Son necesarias todas las operaciones de serrado y pintura o se podría prescindir de alguna?

Cuándo: El orden de ejecución de las operaciones ¿ha sido el adecuado?

Dónde: El espacio donde se trabaja ¿está en condiciones?

Quién: ¿Los trabajadores están bien formados?

Cómo: Los materiales y herramientas ¿están en buen estado?

An

17. Analiza en profundidad dos objetos de tu entorno y busca posibles errores de diseño. Descríbelos y propón correcciones.
18. En la evolución de un proyecto se han encontrado una serie de fallos. Identifica si estas revisiones pertenecen al producto o al proceso.
    a) Las sierras están en mal estado.
    b) El operario no está suficientemente preparado.
    c) Las medidas no son las correctas.
    d) Las uniones de las partes son débiles.
    e) Las condiciones iniciales son imposibles de cumplir.

6. El presupuesto

El coste de un proyecto técnico es uno de los criterios importantes para decidir su idoneidad tal como se ha planificado. La determinación anticipada y aproximada de ese coste se plasma en el presupuesto del proyecto y conviene utilizar tablas para confeccionarlo.

El presupuesto es una estimación, lo más exacta posible, del coste de un proyecto técnico. Para elaborar el presupuesto, es necesario saber qué materiales y mano de obra se habrán de utilizar y, además, considerar que pueden surgir imprevistos que aumenten ese coste.

PRESUPUESTO				
N.º	**Concepto**	**Cantidad tiempo**	**Precio unitario**	**Precio total (€)**
1	Listón de madera de pino de 9 × 50 × 15 cm	1	1,00	1,00
2	Motor de cc de 1,5-4,5 V	1	2,85	2,85
3	Tuercas M4	50	0,02	1,00
4	Rueda dentada de PVC de 38 dientes y 40 mm de Ø	2	0,95	1,90
5	Mano de obra	3	5,00	15,00
			Total sin IVA	21,75
			IVA (21 %)	4,57
			TOTAL	**26,32**

7. Las normas del trabajo

El espacio más adecuado para llevar a cabo los trabajos relacionados con la metodología de proyectos es el aula-taller de tecnología. En el desarrollo de un proyecto, se hará necesario el uso de herramientas y máquinas y la manipulación de materiales; todo ello requiere mucha atención. A fin de evitar lesiones personales y daños materiales, hay que respetar una serie de normas que recordamos a continuación:

- **Normas de uso:** indican cómo utilizar correctamente los espacios, instalaciones, herramientas y máquinas.
- **Normas de conservación:** especifican cómo mantener en buenas condiciones los espacios, instalaciones, herramientas y máquinas.
- **Normas de seguridad:** dan las instrucciones que se han de seguir para evitar accidentes.

19. Indica si las siguientes acciones son adecuadas o no cuando trabajamos en el aula-taller:

1. Utilizar cada espacio del aula para la función que tiene asignada.
2. Guardar las herramientas en su lugar correspondiente.
3. Correr por el aula.
4. Utilizar los elementos de protección (guantes, gafas) siempre que la situación lo requiera.
5. Sujetar con el tornillo de banco, sargentos o mordaza el material con que se trabaja.
6. Llevar recogido el pelo largo y ajustados los puños.
7. Desconectar las sierras eléctricas antes de manipular cualquier parte de la máquina.
8. No soplar el serrín porque puede dañar los ojos.
9. Alejar de la zona de corte el cable de las herramientas con accionamiento eléctrico.
10. Manipular el portabrocas de un taladro sin desconectarlo.
11. Jugar con las herramientas o máquinas.
12. Entrar en la zona de almacén sin permiso.
13. No dejar colocada la llave del portabrocas de un taladro, ya que podría salir disparada.
14. Poner las manos en la zona de trabajo de las herramientas o máquinas.
15. Ordenar y limpiar el aula antes de salir.

8. La memoria del proyecto realizado en el aula-taller

Según la finalidad del proyecto, una memoria se puede estructurar de una manera o de otra. Seguidamente se ofrece un ejemplo de memoria que podría corresponder a un proyecto realizado en el aula-taller de tecnología. En él se distinguen tres partes:

Ejemplo

La memoria descriptiva
En esta parte se hace una descripción detallada del objeto, artefacto o montaje que se quiere construir.

La memoria constructiva
En esta parte se hace una descripción detallada del proceso de construcción, así como una evaluación de los resultados con el objetivo de mejorar el proyecto.

Anexos
Se presenta la información adicional que no es necesario integrar en la memoria, como planos, catálogos, glosario, etc.

- La **portada** debe ser clara y atractiva, y en ella han de aparecer los datos relacionados con la autoría de la memoria. El título tiene que dar una idea muy clara del motivo del trabajo.
- El **índice** debe contener todos los apartados y subapartados de la memoria. Si esta tiene pocas páginas no es necesario que esté numerado.
  - En **el análisis y descripción del problema** se ha de identificar y describir el problema que hay que resolver para, de esta manera, fijar el objetivo y las condiciones que el proyecto ha de cumplir.
  - En el apartado de **búsqueda de información** hay que comentar todas las fuentes de información que se han utilizado y la información que se ha extraído de ellas.
  - En el **anteproyecto** deben aparecer las primeras ideas del diseño en forma de croquis con una descripción de sus partes principales y de los materiales. Se pueden explicar los detalles constructivos más interesantes de la maqueta. La ayuda de croquis y esquemas resulta indispensable.
  - En el apartado del **proceso de trabajo** es necesario detallar todos los trabajos paso a paso, para así conocer qué materiales, máquinas y herramientas son necesarios para cada parte del proceso.
  - Durante la **evaluación** hay que indicar los aspectos que se deben mejorar tanto del proceso como del resultado.

Ejemplo

ÍNDICE

Memoria descriptiva
1. Descripción y análisis del problema
  1.1. Justificación
  1.2. Objetivo
  1.3. Condiciones iniciales
2. Búsqueda de información
3. El anteproyecto
  3.1. Diseño
  3.2. Materiales

Memoria constructiva
4. Proceso de trabajo
5. Control de calidad
  5.1. Del proceso
  5.2. Del producto
  5.3. Propuestas de mejora

Anexos
I. Planos
II. Presupuesto
III. Catálogos
IV. Normas de uso
V. ...

Documento: «Proyecto técnico». Puedes descargar un ejemplo de proyecto técnico sobre la regulación de la altura de una canasta de baloncesto.

Re

20. Descárgate el ejemplo sobre la regulación de la altura de una canasta de baloncesto y responde las siguientes preguntas:
  a) ¿Cuál es el objetivo del proyecto técnico?
  b) ¿Qué fuentes de información han sido más útiles para el diseño del proyecto?
  c) ¿Cómo se han agrupado los materiales en el listado?
  d) ¿Cuánto tiempo se prevé para la construcción de la maqueta?
  e) ¿Qué tipo de representación se ha utilizado en el plano del anexo 1?

Síntesis

Elabora tu propio resumen de la unidad, completando con las palabras clave los espacios en blanco.

1. El método de proyectos es un proceso ________________ en el que se desarrolla el diseño y construcción de un objeto siguiendo una serie de pasos ordenados secuencialmente.
2. El método de proyectos consta de ________________ fases: la tecnológica y la técnica. La primera es más ________________ y la segunda más práctica.
3. Para iniciar un método de ________________, lo primero que hay que hacer es definir bien la necesidad que se quiere satisfacer. Esto ayudará a definir correctamente el ________________ del proyecto y las condiciones iniciales.
4. Acceder a buenas ________________ de información y extraer correctamente esa información es muy importante para resolver un ________________ de la mejor manera posible.
5. Al elaborar un ________________ se distinguen dos fases: la generación de ideas y la selección. Para la generación de ideas son fundamentales la creatividad y la ________________. Para hacer la selección es necesario ayudarse de explicaciones escritas y representaciones gráficas.
6. Para llevar a cabo una construcción es necesario ________________. Esto puede hacerse con ayuda de una programación de operaciones (plan de trabajo).
7. Una buena evaluación debe revisar el ________________ final (el objeto acabado) y el ________________ seguido, es decir, cada una de las partes de la metodología de proyectos.
8. Un ________________ técnico se encarga cuando aparece un problema específico que requiere una solución técnica. Una ________________ describe la fabricación o construcción realizada, así como la forma de ejecutar los diferentes trabajos.

Parabras clave

planificarla, dos, imaginación, informe, tecnológico, resultado, proyectos, memoria, teórica, anteproyecto, problema, objetivo, fuentes, proceso

Recursos en red

Página web: «Xunta de Galicia».

En la web de la Xunta de Galicia encontrarás definiciones y actividades interactivas relacionadas con la metodología de proyectos. Te será muy útil para repasar la mayoría de los contenidos explicados en esta unidad.

Para acceder a la web puedes buscar **Espazo Abalar, El método de proyectos en tecnología**.

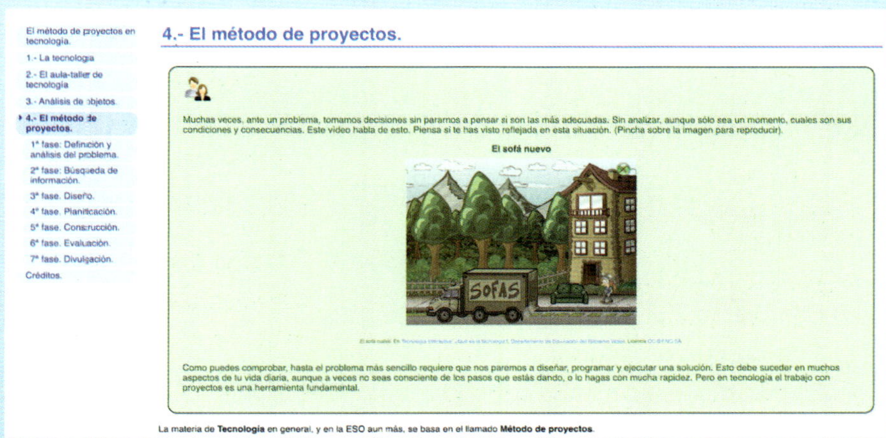

Actividades finales

1. Indica cuál de las siguientes actividades puede considerarse parte de un proceso tecnológico. Indica, también, cuáles corresponden a proyectos. Razona tus respuestas.

a) Tomar el sol en la playa.
b) Ponerse unas gafas de sol.
c) Fabricar unas gafas de sol.
d) Programar un televisor a partir de las instrucciones de un catálogo.
e) Rellenar una factura.

2. Observa el siguiente diagrama sobre la metodología de proyectos y relaciona cada una de las acciones descritas con su fase correspondiente:

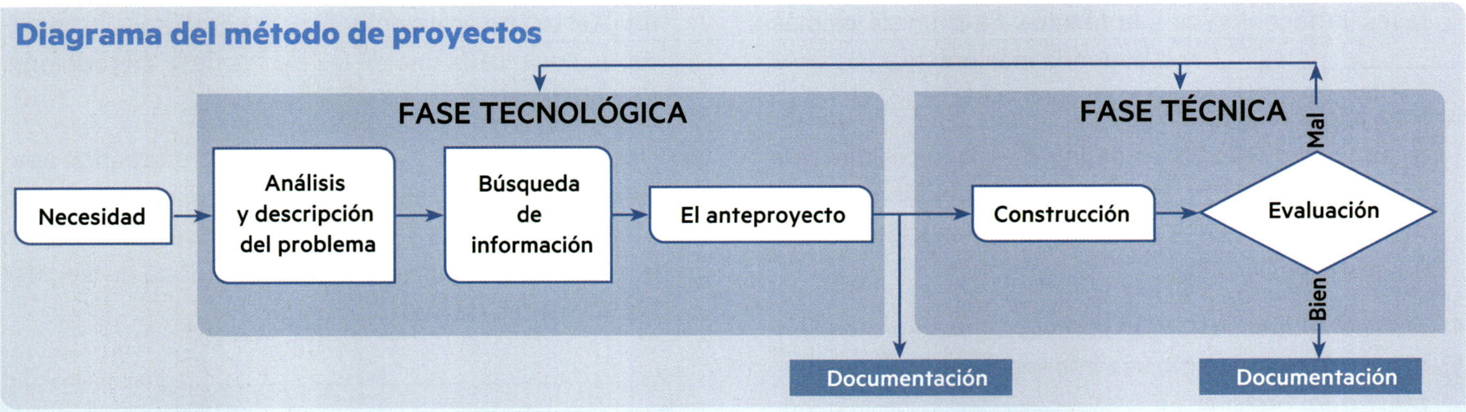

a) Hacer realidad lo concebido en la fase tecnológica.
b) Diseñar un objeto, una instalación o un edificio.
c) Elaborar la memoria.
d) Identificar y describir el problema que se debe resolver.
e) Analizar el resultado final y el proceso seguido.
f) Elaborar el anteproyecto.
g) Recopilar información que pueda ser útil para el diseño y la construcción.

3. Haz una lista con las características que crees que debería tener un informe técnico.

4. ¿Qué apartados debería contener un informe técnico para que nos ayude a elegir correctamente una rueda para una bicicleta de montaña?

5. Señala las diferencias que hay entre:

a) La metodología de proyectos y un proceso de fabricación.
b) La memoria final y la memoria de un proyecto técnico.
c) La fase tecnológica y la fase técnica de un proyecto.
d) Un informe técnico y un proyecto técnico.

6. A continuación te planteamos una serie de necesidades. Indica dos fuentes de información que consultarías para cada una de ellas.

a) Construir un taburete de madera.
b) Cambiar la instalación eléctrica de la cocina.
c) Comprar un ordenador.
d) Hacer una determinada ruta de senderismo.
e) Adquirir entradas para un concierto.

7. Imagina que tienes que construir la caja de herramientas de la ilustración. Escribe ordenadamente las operaciones que deberías hacer y programa la construcción para dos alumnos.

8. Elabora un breve cuestionario que sirva para evaluar el perchero de la ilustración.

9. Propón mejoras en el diseño del perchero y de la caja de herramientas.

10. Imagina que te encargan el proyecto del portalápices de la fotografía. Reflexiona y contesta.

a) ¿Qué tipo de información deberías buscar?

b) ¿Cuáles serían tus fuentes?

c) ¿Cómo las utilizarías?

d) Escribe ordenadamente las operaciones que deberías realizar para la construcción del portalápices.

11. Con la información que tienes a continuación, realiza los cálculos para elaborar un presupuesto en el que figure el precio total sin IVA y el precio con un IVA del 21 %:

2 espárragos M4 de 10 cm de largo, con un precio de 2 €/m.

8 engranajes de 28 dientes a 20 € cada uno.

Madera contraplacada de 30 × 40 cm cuyo precio es de 5,40 €/dm^2.

2 motores de 4,5 voltios a 3 € cada uno.

Una hora y media de mano de obra, cuyo precio es de 5 €/hora.

12. Observa la ilustración de la derecha y responde las siguientes preguntas:

a) ¿Como se llama la máquina que está utilizando?

b) ¿A qué parte del método de proyectos corresponde esta actividad?

c) ¿Qué incorrecciones se están cometiendo?

13. Observa el proyecto sobre la barrera e indica qué conocimientos necesitas para diseñarla y construirla.

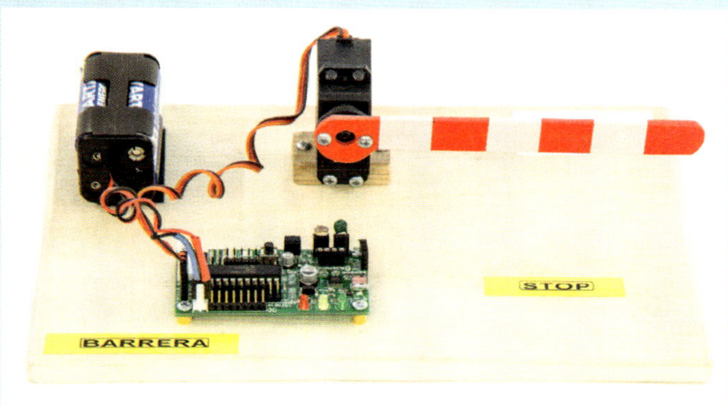

La imagen muestra el proyecto de una barrera automática que se abre durante un tiempo al accionar un pulsador. Si detecta algún obstáculo la barrera no se cerrará.

Autoevalúa tus conocimientos de la unidad.

Creación y construcción de una peonza

Los alumnos del grupo de solidaridad del instituto nos han encargado la creación y construcción de algún tipo de juguete para poder vender y recaudar fondos. Para ello debemos realizar un proyecto técnico, es decir, pensar qué podríamos diseñar y fabricar de manera económica y que fuese rápido de construir, ya que habría que hacer muchas unidades. El juguete iría dirigido a niños y niñas de la enseñanza primaria, pues es un mercado con mucho potencial.

Después de debatirlo con los compañeros, hemos optado por unas peonzas de gran tamaño para hacerlas girar directamente con la mano.

Tarea 1

A partir de la justificación anterior, redacta el **objetivo** del proyecto.

Tarea 2

Observa la imagen final de la peonza obtenida una vez terminado el proyecto y redacta las condiciones iniciales que crees que se pueden haber planteado.

Tarea 3

Describe qué información deberías buscar y qué fuentes consultarías para realizar el diseño y la construcción de la peonza.

Tarea 4

Observa la imagen final de la peonza. En su diseño se ha optado por construirla a partir de placas de madera de diferentes tamaños y, antes de fabricarla, se han tenido que realizar los planos. La figura muestra el plano de alzado acotado, pero en él no se ve la forma de las placas. Dibuja y acota el plano de planta a escala natural sabiendo que las placas son circulares.

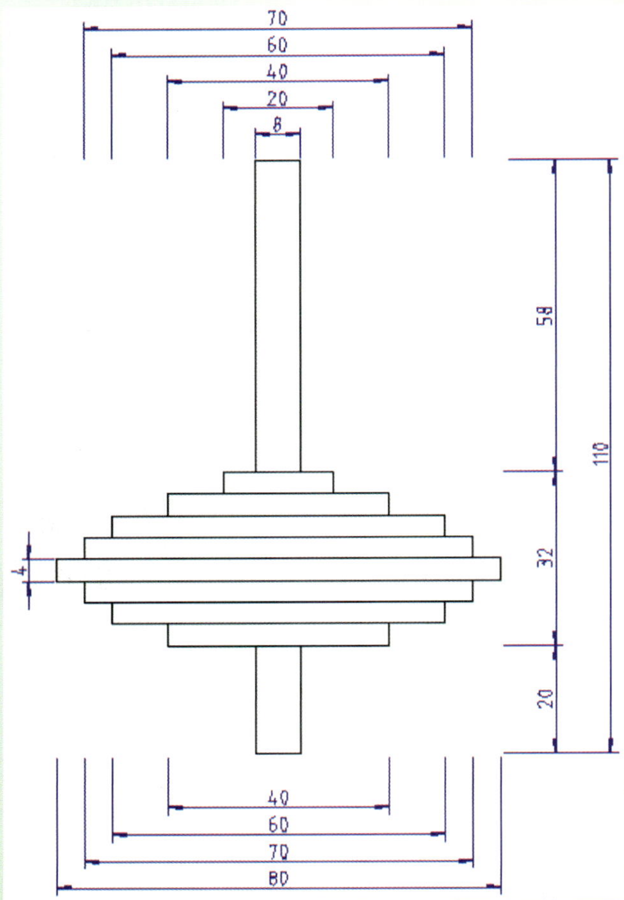

Tarea 5

Completa una tabla como la de la figura para detallar todas las operaciones que se deben realizar en la fabricación de la peonza diseñada. Indica el tiempo estimado para cada operación.

Detalle de operaciones						
Nombre del proyecto:			Fecha:		Autor/es:	
N.º orden	Operación	Materiales	Herramientas y máquinas	N.º trabajadores	Duración (min)	Observaciones

Tarea 6

Crea un cuestionario que se debería responder a la hora de evaluar tanto el proceso como el resultado.

DEL PROCESO	
	¿?
DEL RESULTADO	
	¿?

Tarea 7

Responde las cuestiones que se plantean a continuación:

a) ¿Cuál de estas dos herramientas sería la adecuada para serrar los círculos de madera? Justifica tu respuesta.

b) ¿Sería necesario tomar alguna medida de seguridad e higiene para la fabricación de la peonza?

c) ¿Qué madera crees que es más adecuada, DM o contraplacado? Ten en cuenta las densidades y justifica tu respuesta.

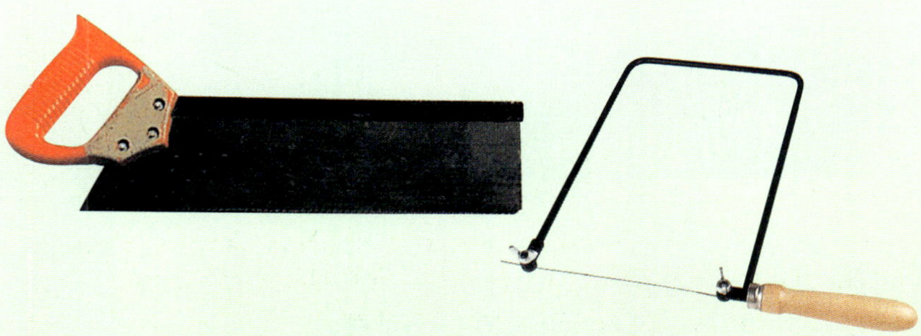

Autoevaluación
Para evaluar las tareas de la actividad, rellenad el recurso «Tabla de autoevaluación».

3

Máquinas

Si analizamos algunas tareas comunes como, por ejemplo, levantar un coche para cambiar una rueda, preparar la mezcla para obtener hormigón o abrir un agujero en la pared para introducir un taco, nos daremos cuenta de que resulta casi imposible hacerlo solo con la ayuda de las manos. Si para realizar las operaciones anteriores utilizamos un gato, una hormigonera y un taladro nos resultará más fácil y tendremos que hacer menos esfuerzo.

Las máquinas se diseñan y construyen con la finalidad de facilitar la vida a las personas, transformando la energía para que nos sea útil. En esta unidad analizaremos las máquinas, de las más sencillas a las más complejas, estudiaremos sus partes y cómo se clasifican, y realizaremos cálculos sencillos sobre el trabajo y la potencia que desarrollan.

Contenidos

- Máquinas. Clasificación y partes
- Trabajo, energía y potencia. Rendimiento
- Máquinas simples

AI

1. En la ilustración se puede apreciar una curiosa máquina. Responde las siguientes preguntas:

a) ¿Cuál es la función de esta máquina?
b) ¿De dónde obtiene la energía para funcionar?
c) ¿Por qué crees que en lugar de ruedas tiene patas?
d) ¿Crees que se mueve lentamente o es muy rápida? ¿Cómo conseguirías que se moviera más rápidamente?
e) ¿Qué partes diferenciarías en esta máquina?

Ejemplo

Un coche es una máquina que transforma energía química en trabajo útil. Se utiliza para el transporte y es una máquina dinámica, ya que en su interior tiene mecanismos que se mueven.

1. Máquinas: clasificación y partes

Podemos pensar en múltiples artefactos, desde los más simples a los más complejos, ingeniados por el ser humano con el objeto de realizar un determinado trabajo con el menor esfuerzo posible. A todos estos artefactos los llamamos **máquinas**.

Una máquina es un conjunto de elementos debidamente interconectados, capaces de transformar la energía en trabajo útil o que permiten transformar información.

MÁQUINA

i

Las formas de energía más usuales son:

- Energía eléctrica
- Energía mecánica
  - Energía cinética (de movimiento)
  - Energía potencial (de posición)
- Energía térmica
- Energía química
- Energía electromagnética
- Energía lumínica

1.1. Clasificación de las máquinas

Aunque existen diferentes criterios para llevar a cabo una clasificación de las máquinas, aquí utilizaremos los siguientes:

1. Según la transformación que se produzca: energética o de información.
2. Según el lugar de aplicación: en el hogar, en el transporte, en la industria, en la agricultura, etc.
3. Según tengan movimiento o no: dinámicas (como una batidora) o estáticas (como un teléfono).

Re

1. Dibuja una tabla con dos columnas. En una de ellas escribe el nombre de cinco máquinas de tu entorno y, en la otra, los problemas que resuelven.

Máquina	Problema que resuelve

An

2. Dibuja un diagrama de bloques como el de debajo para cada una de las transformaciones energéticas indicadas y escribe el nombre de una máquina que realice esta transformación.

1. energía química en energía calorífica
2. energía química en energía mecánica
3. energía eléctrica en energía calorífica
4. energía eléctrica en energía mecánica
5. energía eólica en energía eléctrica
6. energía térmica en energía mecánica

Energía química → Calentador de agua → Energía calorífica

1.2. Partes de las máquinas

Si nos centramos en las máquinas dinámicas, es decir, las que disponen de elementos móviles que transforman energía para facilitar un trabajo, se pueden encontrar partes comunes a la mayoría de ellas.

ODS 12 PRODUCCIÓN Y CONSUMO RESPONSABLES

En el consumo y la producción sostenible de máquinas se tiene que minimizar la degradación medioambiental y aumentar la eficiencia de recursos.

Elementos transmisores de movimiento
Son los mecanismos encargados de transmitir el movimiento y la fuerza del motor a las partes de la máquina que los aprovechan.

Motor
Es el elemento motriz que genera el movimiento en la máquina. La mayoría de los motores suelen ser térmicos o eléctricos.

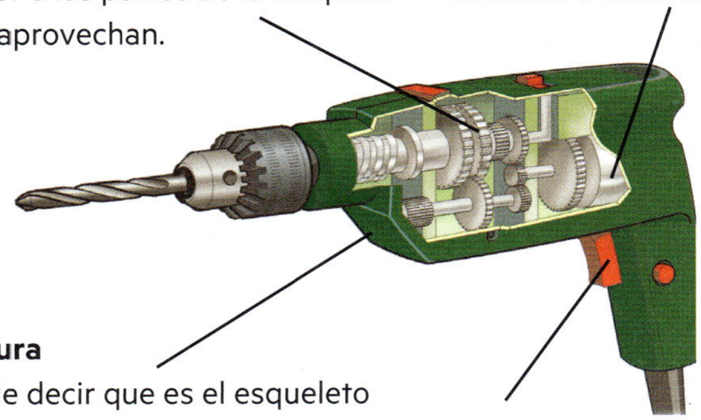

Estructura
Se puede decir que es el esqueleto de la máquina donde van sujetas las demás partes, además de proporcionarles protección.

Elementos de control
Son los encargados de poner en marcha y regular la máquina.

Re

3. Copia en tu cuaderno una tabla como la de debajo. Indica con un asterisco en las casillas correspondientes si las máquinas de la lista disponen de las partes descritas y contesta las siguientes preguntas:

Máquina	Estructura	Motor	Mecanismos	Elementos de control
Exprimidor				
Calentador de agua	*			*
Lavadora				
Vídeo				
Ordenador				
Secador de pelo				
Frigorífico				
Bicicleta				
Tostadora				
Coche				

a) ¿Qué diferencias hay entre las partes observadas en el calentador de agua y en la lavadora?

b) ¿Cuáles son las partes comunes a todas las máquinas? ¿Por qué?

c) ¿Qué transformación energética se produce en el calentador? ¿Hay alguna máquina de la tabla que haga la misma transformación?

d) ¿Qué partes diferencian una bicicleta de un coche?

An

4. Clasifica las máquinas de las imágenes según los criterios estudiados:

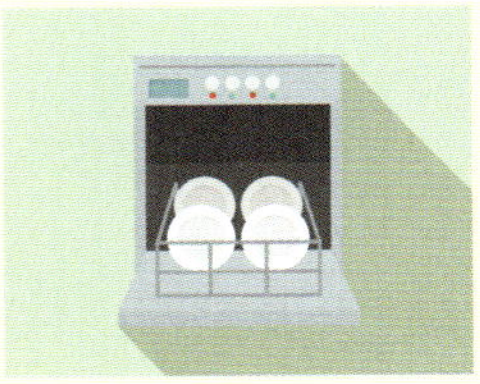

2. Trabajo, energía y potencia en las máquinas. Rendimiento

2.1. Trabajo, energía y rendimiento

En la imagen se aprecian dos formas de subir una caja sobre una mesa. Se puede interpretar que el trabajo realizado (o energía necesaria para subir la caja) es el mismo. Evidentemente, por la rampa se hace menos esfuerzo pero se recorre más distancia.

El trabajo (W) desarrollado por una fuerza que actúa sobre un cuerpo se obtiene multiplicando el valor de esa fuerza (F) por el desplazamiento (d) que se produce.

Así, el trabajo se puede calcular mediante la expresión:

$$W = F \times d$$

1 julio (J) = 1 newton (N) × 1 metro (m)

donde:

W = trabajo

F = fuerza

d = distancia

Las máquinas transforman energía en trabajo, pero no toda la energía que entra se transforma en trabajo útil ya que se producen pérdidas, es decir, las máquinas no tienen un rendimiento (h) del 100 % porque pierden energía.

El rendimiento (h) de una máquina es, por tanto, la relación entre el trabajo útil (W_u) y el trabajo consumido (W_c).

Diferencia entre trabajo y energía

Tanto el trabajo como la energía se miden en julios, pero el trabajo se asocia a «movimiento»; en cambio, la energía es «aquello» que se puede transformar en trabajo.

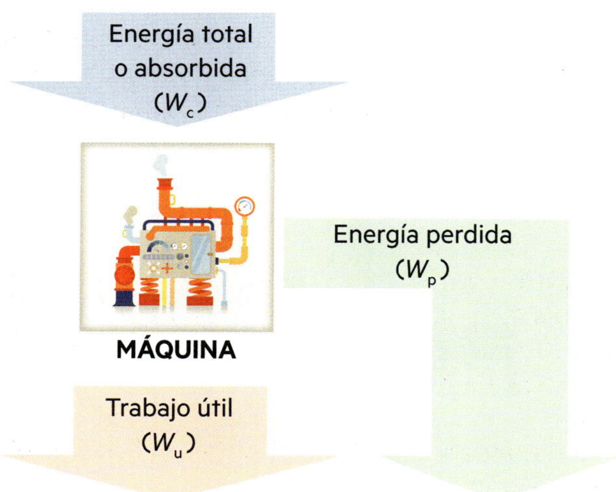

5. Un operario empuja una carretilla empleando una fuerza de 30 N a lo largo de 100 m. ¿Qué trabajo ha desarrollado?
6. Si para recorrer 1 km llevando la bolsa de la compra hacemos un esfuerzo de 50 N, ¿qué trabajo hemos realizado?
7. ¿Qué fuerza hemos de hacer para desplazar una caja 200 m sabiendo que el trabajo necesario para ese desplazamiento es de 40 000 J?
8. Durante una mañana, un montacargas absorbe 50 000 J de energía pero el trabajo que ha desarrollado es de 40 000 J. Calcula la energía que se ha perdido.

2.2. Potencia

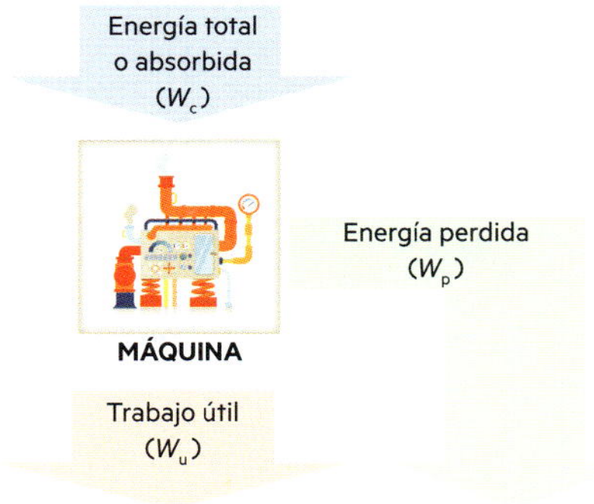

Imagina que para realizar un trabajo disponemos de dos máquinas, una tarda 1 minuto y la otra, 2 minutos. Es lógico pensar que la primera máquina es más potente que la segunda.

La potencia (P) es el trabajo realizado por unidad de tiempo.

Así, la potencia de una máquina viene dada por la expresión:

$$P = \frac{W}{t}$$

1 vatio (W) = 1 julio (J) / 1 segundo (s)

donde:

P = potencia
W = trabajo
t = tiempo

$$\eta = \frac{P_{\text{útil}}}{P_{\text{total}}} \cdot 100$$

$$P_{\text{total}} = P_{\text{útil}} + P_{\text{perdida}}$$

Ejemplo

Para levantar una caja a 1 metro de altura se ha de hacer una fuerza de 500 N. Una polea con un motor A tarda 5 segundos en subir la caja y otra polea con un motor B tarda 10 segundos.

a) ¿Qué trabajo realiza el motor A? ¿Y el B?

$W_A = W_B = F \cdot d = 500 \cdot 1 = 500$ J

b) ¿Cuál es la potencia útil de A? ¿Y la de B?

$P_{\text{útil A}} = W_A / t_A = 500 / 5 = 100$ W $\quad P_{\text{útil B}} = W_B / t_B = 500 / 10 = 50$ W

c) Si el motor *A* absorbe una potencia de 120 W, ¿cuál es su rendimiento?, ¿qué potencia se pierde?

$$\eta = \frac{P_{\text{útil A}}}{P_{\text{total A}}} \cdot 100 = \frac{100}{120} \cdot 100 = 83{,}33\,\%$$

$P_{\text{total}} = P_{\text{útil}} + P_{\text{perdida}}$, por lo que $P_{\text{perdida}} = P_{\text{total}} - P_{\text{útil}} = 120\text{ W} - 100\text{ W} = 20\text{ W}$

Otra unidad de potencia es el caballo de vapor, muy utilizado en automoción.

La equivalencia entre W y CV es:

1CV = 736 W

El trabajo *W* (*work*) se expresa en julios y no se ha de confundir con la potencia *P* que se expresa en vatios, W.

Rs

9. Un toro mecánico traslada ladrillos a un camión situado a 300 m de distancia. Si hace una fuerza de 500 N y tarda 30 s en llegar al camión...

a) ¿Qué trabajo ha realizado?

b) ¿Cuál es su potencia?

c) ¿Cuál es su potencia en caballos de vapor?

10. Una cinta transportadora hace una fuerza de 200 N para trasladar cajas a 10 m de distancia y tarda 4 s. Si la cinta se mueve gracias a un motor eléctrico de 700 W de potencia, calcula su rendimiento.

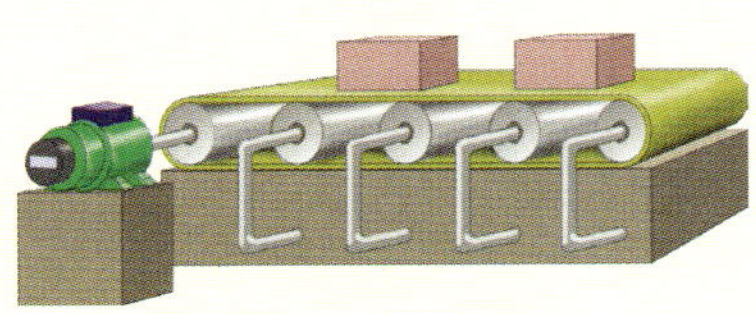

11. Un motor eléctrico absorbe una potencia de 2 500 W. Determina su rendimiento si la potencia útil es de 3 CV.

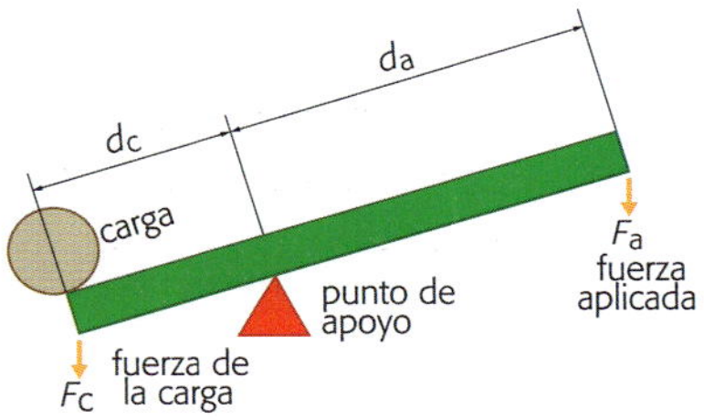

La palanca es una barra rígida que oscila en un punto de apoyo o fulcro.

3. Máquinas simples

En el curso anterior ya vimos los primeros mecanismos que utilizaron los humanos, las llamadas cinco máquinas simples: la rampa, la rueda, la polea, el tornillo y la palanca. A continuación estudiaremos más en profundidad algunas de ellas.

3.1. La palanca

Las **palancas** son unas barras rígidas que oscilan sobre un punto de apoyo. Dependiendo de dónde se encuentre situado ese punto, se pueden multiplicar pequeñas fuerzas para realizar grandes trabajos. La **ley de la palanca** se expresa del siguiente modo:

$$F_a \cdot d_a = F_c \cdot d_c$$

- d_a: Distancia entre la fuerza aplicada y el punto de apoyo. Se expresa en metros (m).
- F_a: Fuerza aplicada. Se expresa en newtons (N).
- F_c: Fuerza de la carga. Se expresa en newtons (N).
- d_c: Distancia entre la carga y el punto de apoyo. Se expresa en metros (m).

Según la posición del punto de apoyo se pueden distinguir palancas de primer grado, segundo grado o tercer grado.

Palancas de primer grado

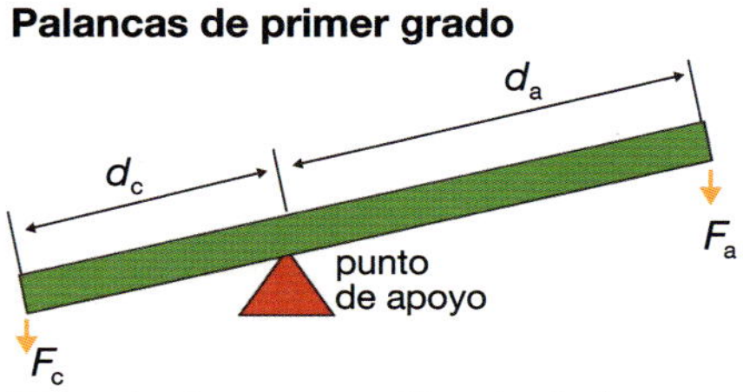

El punto de apoyo está entre la fuerza aplicada y la carga.

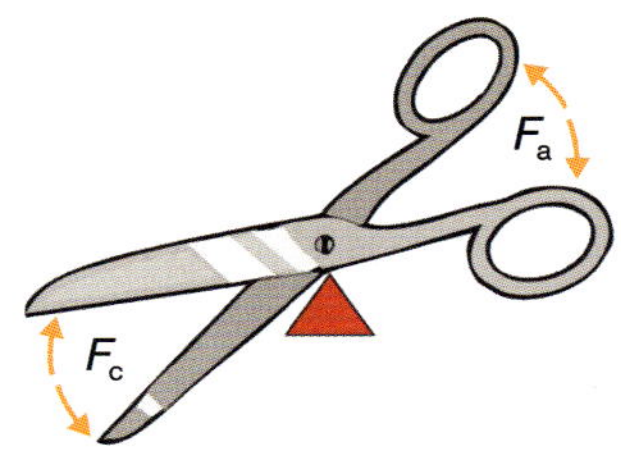

tijera

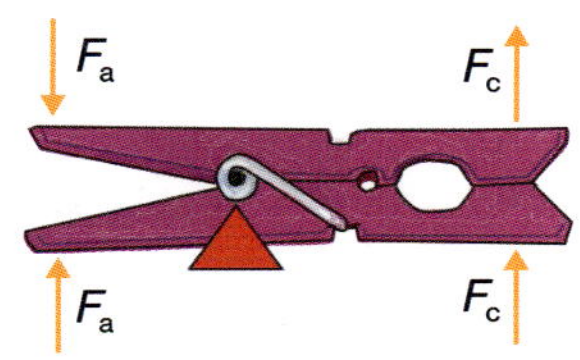

pinza

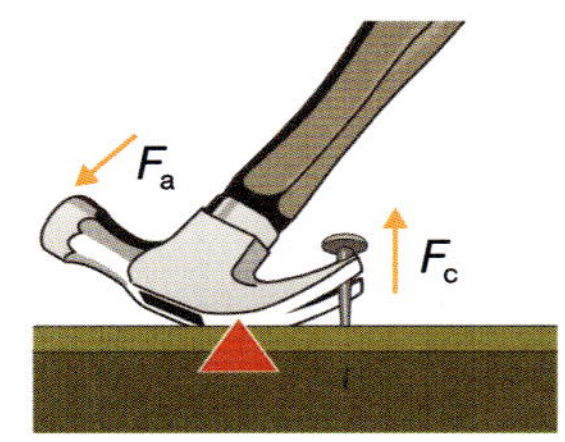

martillo

Palancas de segundo grado

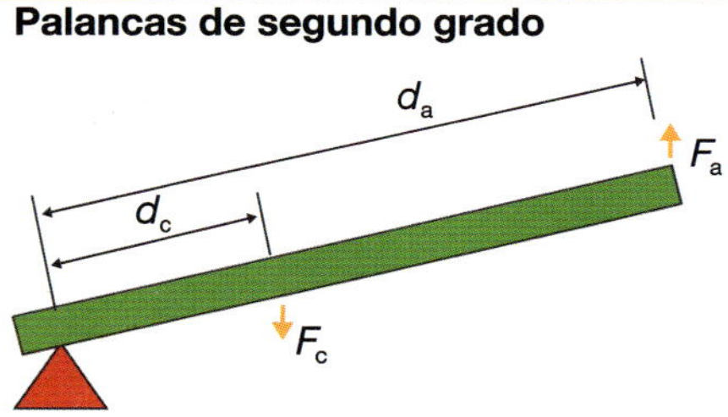

La carga está entre el punto de apoyo y la fuerza aplicada.

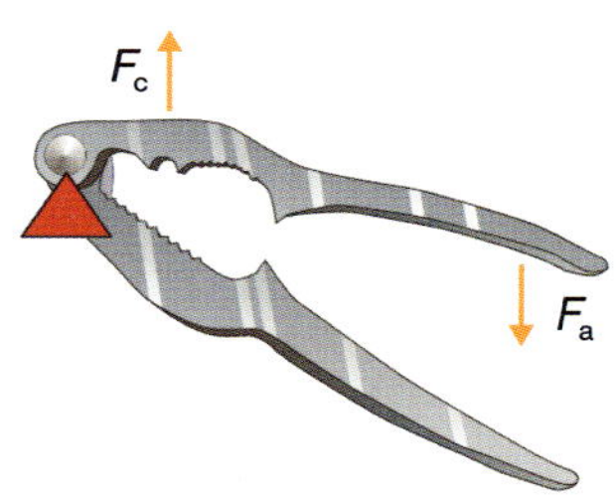

cascanueces

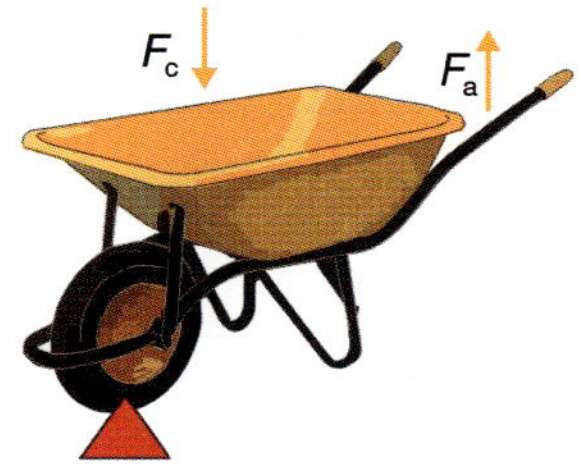

carretilla

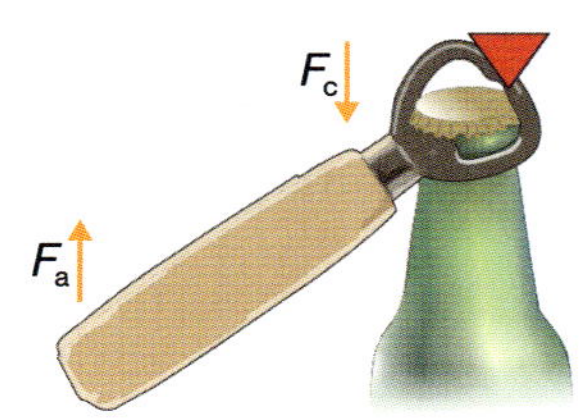

abridor

Palancas de tercer grado

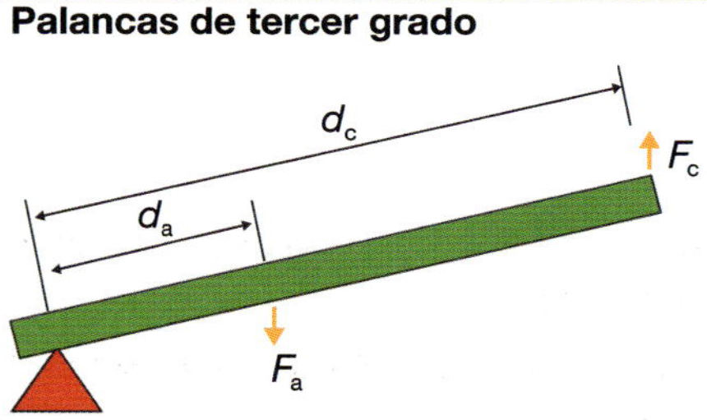

La fuerza aplicada está entre el punto de apoyo y la carga.

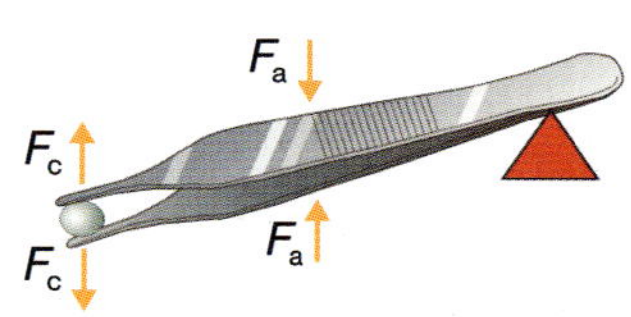

pinzas

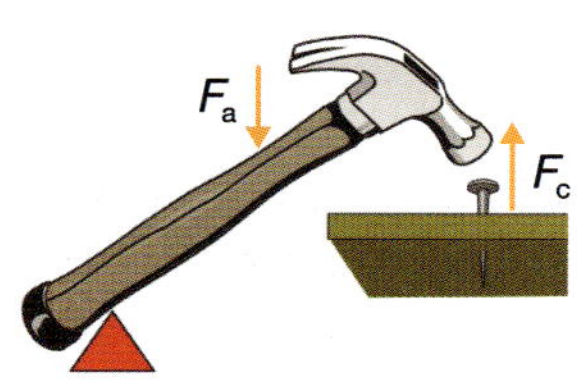

martillo

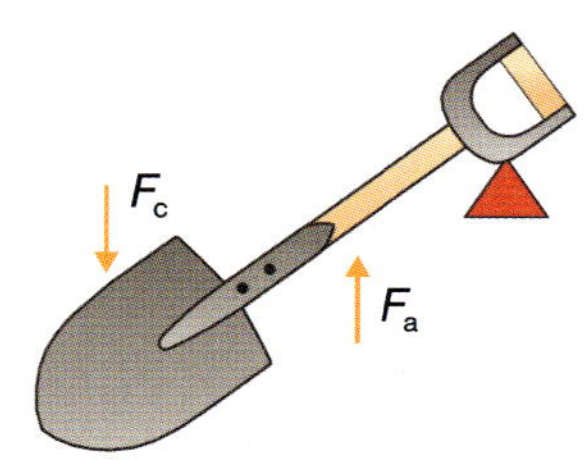

pala

3.2. El plano inclinado

Una utilidad muy importante del plano inclinado es que permite elevar cargas con poco esfuerzo. Es una máquina simple que ya se empleaba en la antigüedad, por ejemplo, en la construcción de las pirámides de Egipto.

Un **plano inclinado** consiste en una rampa o superficie plana que guarda una inclinación con la horizontal y que se utiliza para elevar una carga a una altura determinada.

La **ventaja mecánica** en las máquinas simples es la relación entre la fuerza de la carga y la fuerza aplicada.

Para subir una carga por el plano necesitamos realizar un trabajo:

$$W_1 = F_a \cdot L$$

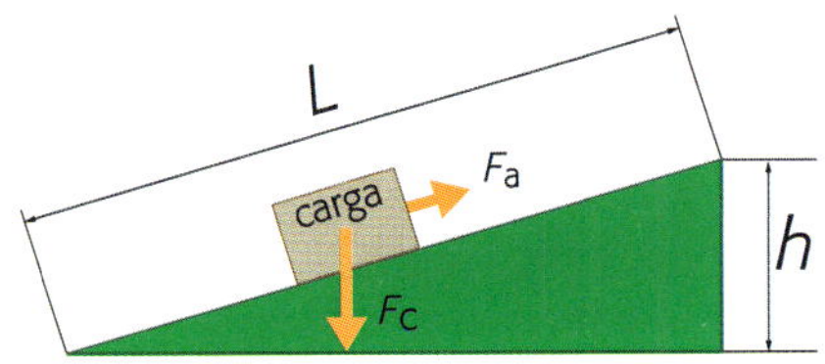

Si quisiéramos subir la carga a pulso desde el suelo a una altura *h*, el trabajo invertido sería:

$$W_2 = F_c \cdot h$$

Si consideramos que no hay rozamiento en el plano:

$W_1 = W_2$, es decir, $F_a \cdot L = F_c \cdot h$

por tanto, la fuerza que hay que realizar para subir la carga por el plano será:

$F_a = F_c \cdot h / L$, y el cociente, $i = F_c / F_a$, se denomina **ventaja mecánica**.

An

12. Observa los siguientes artefactos e identifica qué tipo de palancas son. Realiza un dibujo esquemático de las mismas indicando las fuerzas que intervienen y el punto de apoyo.

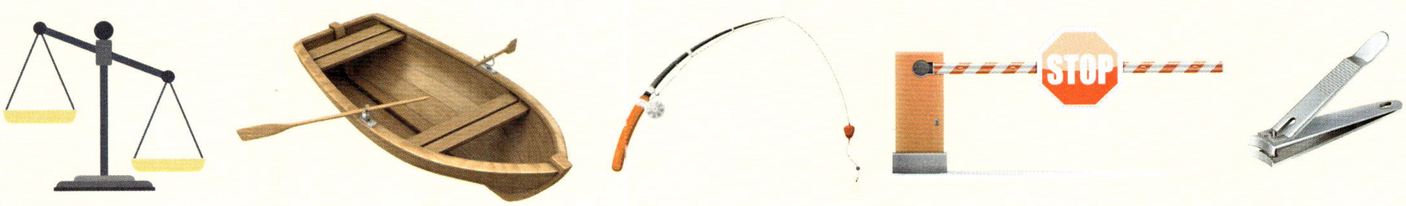

Rs

13. El peso de un niño, que se encuentra a 1 m del punto de apoyo de una palanca, genera una fuerza de 440 N. ¿Qué fuerza deberá realizar su hermana menor para levantar ese peso si se encuentra a 2 m del punto de apoyo?

14. Para levantar una piedra se ha de realizar una fuerza de 5 000 N, pero disponemos de una palanca que mide 2 m de longitud y colocamos el punto de apoyo a 25 cm de la piedra. ¿Qué fuerza deberemos hacer utilizando la palanca?

3.3. La rueda

Uno de los inventos más relevantes de nuestros antepasados es, sin lugar a dudas, la rueda. Las civilizaciones más antiguas ya utilizaban simples troncos de madera para transportar grandes cargas.

Con el paso del tiempo, la rueda se ha ido transformando hasta alcanzar su forma actual. Pero las ruedas no se utilizan únicamente para el transporte, sino que desde la antigüedad han tenido otras aplicaciones: el torno, la polea, la rueda hidráulica, etc.

Aplicaciones de la rueda.

3.4. La polea

La **polea** es una rueda con una ranura por la cual se hace pasar una cuerda o una correa que tiene por objeto elevar las cargas verticalmente.

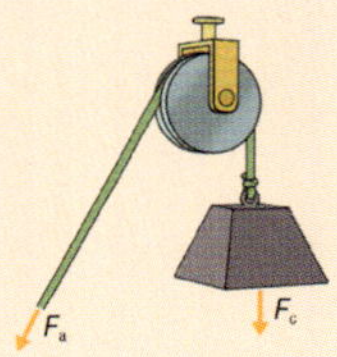 **Polea fija**	Se trata de una polea con una cuerda enrollada en la ranura. Por un lado queda suspendida la carga ($\boldsymbol{F_c}$) y por el otro hay que tirar de la cuerda para levantarla ($\boldsymbol{F_a}$). En estas poleas se cumple la ley de la palanca, ya que: $F_a \cdot r = F_c \cdot r$ Por lo que la fuerza aplicada, *Fa*, es igual a la fuerza de la carga. $F_a = F_c$
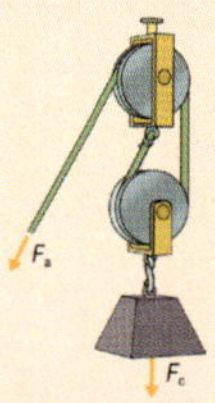 **Polea móvil**	La polea móvil está formada por dos poleas, una de ellas fija, mientras que la otra puede desplazarse verticalmente al subir y bajar la carga. Este tipo de polea permite elevar cargas con un menor esfuerzo que el aplicado. $F_a = \frac{F_c}{2}$ El hecho de tener dos poleas divide el esfuerzo por la mitad, como puede verse en la anterior expresión.
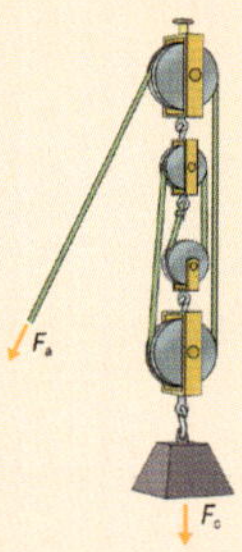 **Polipasto**	El polipasto es un montaje compuesto de poleas fijas y móviles. El número de poleas total ha de ser par, por lo que pueden ser dos poleas fijas y dos móviles, tres fijas y tres móviles, etc. Mediante la aplicación de fuerzas pequeñas se pueden elevar grandes cargas. $F_a = \frac{F_c}{2 \cdot n}$ n = número de poleas. A medida que se van añadiendo poleas al montaje se disminuye la fuerza aplicada.

3.5. El tornillo

El **tornillo** es una máquina simple que se basa en un plano inclinado enrollado sobre un cilindro.

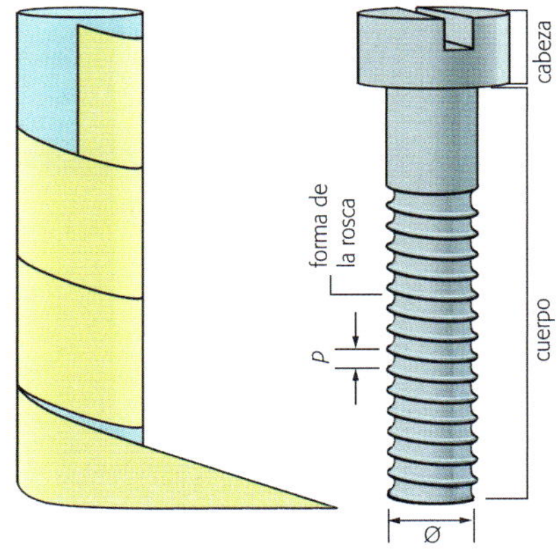

Una de las aplicaciones más importantes del tornillo es cuando se utiliza con una tuerca. Para que tuerca y tornillo se enrosquen perfectamente se ha de definir muy bien:

- El **paso** (*p*), que es la distancia entre los dientes.
- La **métrica** (métrica 2, M-2, métrica 3, M-3, etc.) que indica los milímetros que tiene de diámetro.

Cada vez que se da una vuelta al tornillo, la tuerca avanza una distancia correspondiente al paso.

Rs

15. Observa el taburete de la figura de la derecha:

a) Explica su funcionamiento.

b) Si el paso de rosca es de 5 mm, ¿cuánto se desplaza el asiento cada vez que se da una vuelta?

c) ¿Cuánto se desplaza el asiento al dar cinco vueltas?

d) ¿Cuántas vueltas al asiento deberían darse para que suba 10 cm?

16. Para levantar a pulso la carga de la figura, de 300 N:

a) ¿Qué fuerza (F_a) se debe aplicar y qué longitud de cuerda se necesita para subir la caja 2 m con una polea fija?

b) ¿Qué fuerza (F_a) se debe aplicar y qué longitud de cuerda se necesita para subir la caja 2 m con un polipasto formado por una polea fija y una móvil?

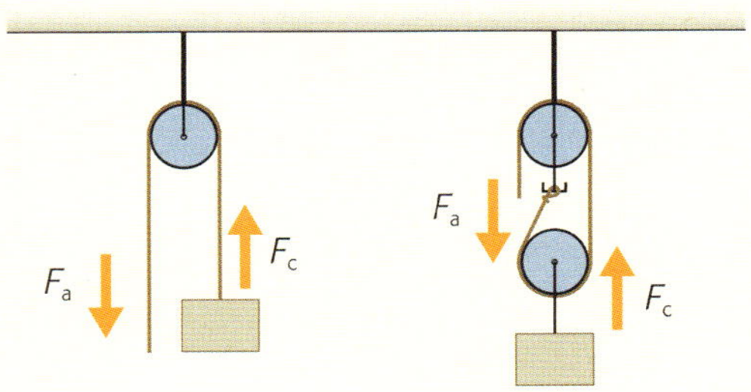

17. En el plano inclinado de la figura se quiere elevar una carga de 250 N. Calcula:

a) La fuerza necesaria, (F_a) para conseguirlo.

b) La ventaja mecánica (*i*) que se obtiene.

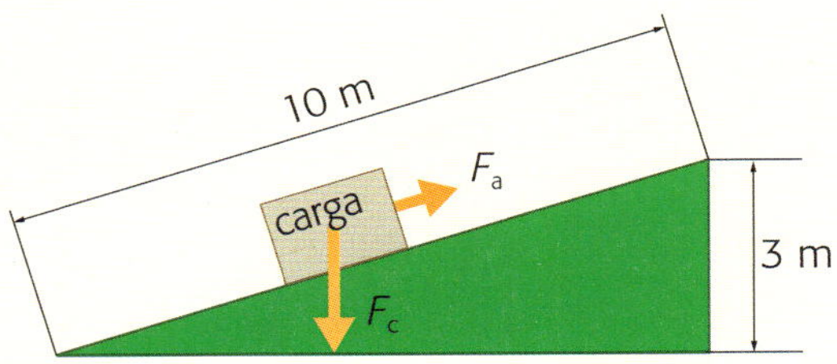

18. Tenemos que subir un objeto de 20 N a una altura de 10 m.

a) ¿Cuántos metros de cuerda habrá que utilizar y qué fuerza habrá que aplicar si disponemos únicamente de una polea fija?

b) ¿Y si disponemos de un polipasto de dos poleas fijas y dos móviles?

Ex

Comprobación de la ley de la palanca

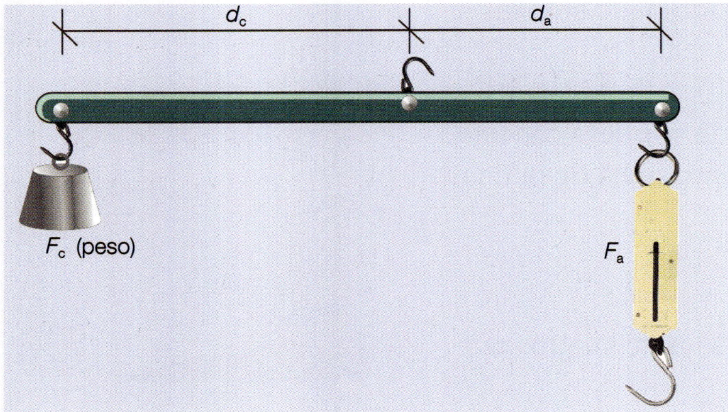

Materiales y utensilios
• barra metálica agujereada tipo Mecano • 1 dinamómetro • 1 regla graduada o un flexómetro • 1 balanza • objetos de diferente peso

Las palancas son máquinas simples que nos permiten reducir el esfuerzo que necesitamos para mover una carga. En esta experiencia comprobaremos esta afirmación mediante un montaje sencillo.

1. Realiza el montaje de la figura colocando el soporte superior a una distancia menor que la mitad de la barra.
2. Mide los brazos de la palanca d_c y d_a y rellena la tabla.
3. Coloca el objeto en el extremo izquierdo una vez que lo hayas pesado. Calcula la fuerza F_c. Recuerda que $F = m \cdot g$. Lleva el dato a la tabla.
4. Tira del dinamómetro hasta que se equilibre la barra (posición horizontal). Lleva también el dato de F_a a la tabla.
5. Comprueba que se cumple:

$$F_a \cdot d_a = F_c \cdot d_c$$

6. Repite la experiencia con otros objetos, tal y como hemos hecho anteriormente.

Objeto	F_a (N)	d_a (m)	F_c (N)	d_c (m)	$F_a \cdot d_a = F_c \cdot d_c$

Síntesis

Elabora tu propio resumen de la unidad, completando con las palabras clave los espacios en blanco.

1. Las máquinas son ________________ inventados por el ser humano con el objetivo de satisfacer sus necesidades con el menor ________________ posible.
2. Las máquinas se pueden clasificar según la ________________ que producen, según el lugar de ________________ y según tengan movimiento o no.
3. Las máquinas que tienen movimiento se llaman máquinas ________________ y en ellas se produce una transformación de la energía ________________ en energía útil.
4. Las partes principales de una máquina son su ________, el elemento motor, los elementos de transmisión y ________________ de movimientos y los elementos de control.
5. La potencia de una máquina viene dada por la relación entre el ________________ realizado y el tiempo empleado. El rendimiento de una máquina viene dado por la relación entre su potencia ________________ y la potencia total.
6. Las primeras ________________ se basaban en principios físicos elementales para ahorrar esfuerzos a las personas. Antiguamente, se las llamaba las ________ grandes y son, el plano inclinado, el tornillo, la palanca, la rueda y la polea.
7. Las ________________ son barras rígidas que oscilan sobre un punto de apoyo.
8. La ________________ mecánica de una máquina se obtiene dividiendo la fuerza de la carga y la fuerza aplicada.
9. Un plano ________________ es una máquina que se basa en la utilización de una superficie plana que guarda una inclinación con la horizontal.
10. Una polea móvil ________________ el esfuerzo que hay que realizar para elevar una carga dependiendo del ________________ de poleas de que dispone.

Parabras clave

trabajo, artefactos, transformación, ventaja, número, inclinado, absorbida, esfuerzo, dinámicas, palancas, aplicación, estructura, máquinas, útil, disminuye, cinco, disminuye

Recursos en red

Página web: «Simulador Relatran».

Los simuladores sirven para reproducir con el ordenador determinadas situaciones que se pueden producir en la realidad. Relatran es un simulador de mecanismos, creado por Jaume Dellunde, que se puede descargar libremente. Con él puedes realizar test y ejercicios, con diferentes grados de dificultad, sobre máquinas simples y mecanismos. Además, dispone de un simulador con el que podrás comprobar el funcionamiento de algunos mecanismos.

Entra en el programa y practica los conocimientos adquiridos en esta unidad.

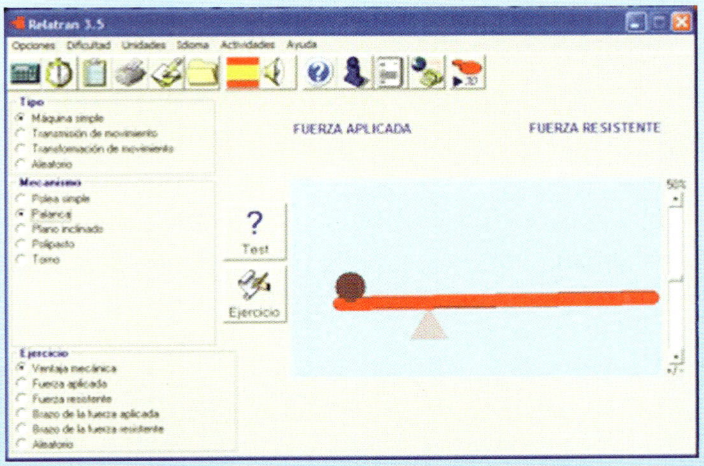

Actividades finales

1. Calcula el trabajo que hay que realizar para levantar un cuerpo que pesa 1200 N hasta una altura de 9 m.

2. Una persona empuja una maleta por una estación de ferrocarril una distancia de 20 m. Si el trabajo total que ha realizado es de 1200 J, ¿qué fuerza ha tenido que aplicar?

3. ¿De qué género son las siguentes palancas? Justifica tu respuesta utilizando un dibujo explicativo.

4. Observa la figura y determina:

   a) ¿A qué distancia se tiene que colocar la persona, si pesa 60 kg, para levantar la carga que pesa 100 kg?

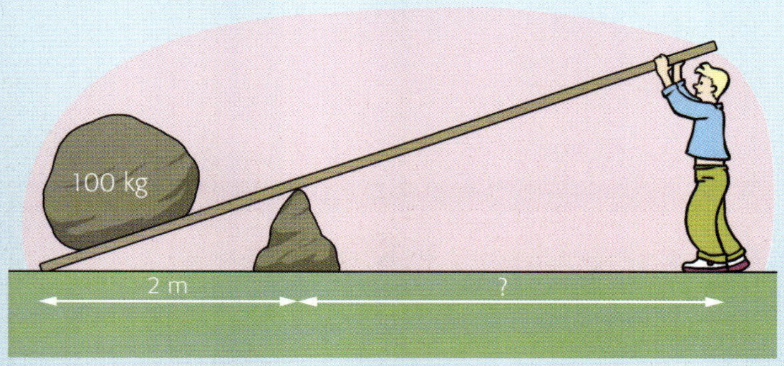

   b) Si la palanca mide 3 metros y el punto de apoyo está situado a 0,5 m de la carga, ¿con qué peso podremos levantar la carga?

5. Una grúa eleva una carga de 600 N desde el suelo hasta el cuarto piso de un edificio en construcción, en un tiempo de 3 segundos. Determina:

   a) El trabajo realizado, si la altura de cada piso es de 3 m.

   b) La potencia desarrollada en vatios y en caballos de vapor.

   c) El rendimiento, si el motor de la grúa absorbe una potencia de 800 W.

6. Observa el sacacorchos de la figura y señala de qué máquinas simples está formado.

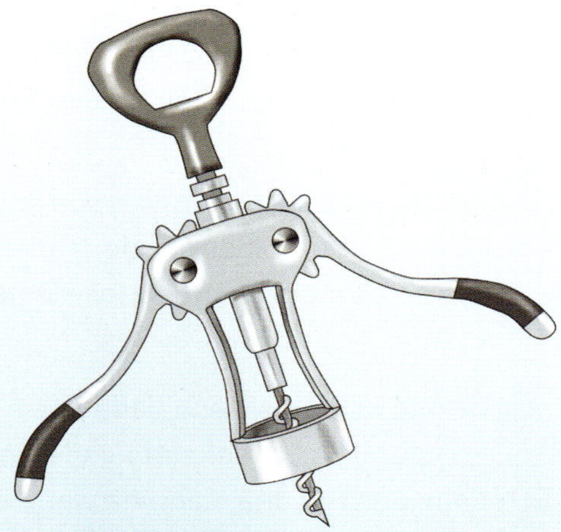

7. Si el sacacorchos de la actividad anterior está compuesto por alguna palanca, di a qué grado pertenece. Razona tu respuesta ayudándote de dibujos.

8. Di si se realiza un trabajo mecánico o no en las siguientes situaciones. Justifica tu respuesta.

   a) Un trabajador en una obra que sube un cubo lleno de hormigón con la ayuda de una polea.

   b) Una grúa que sube un mueble a un piso.

   c) Una compañera de clase que empuja un tabique del aula de Tecnología.

   d) Un muelle comprimido al que se le saca el pasador que lo sujeta y que empuja una caja.

   e) Un frigorífico que enfría los alimentos que hay en su interior.

   f) Una batidora que bate huevos.

   e) Adquirir entradas para un concierto.

9. ¿Cuál es el rendimiento de una máquina que no tiene pérdidas?

10. Analiza una llave inglesa y enumera las máquinas simples que la componen.

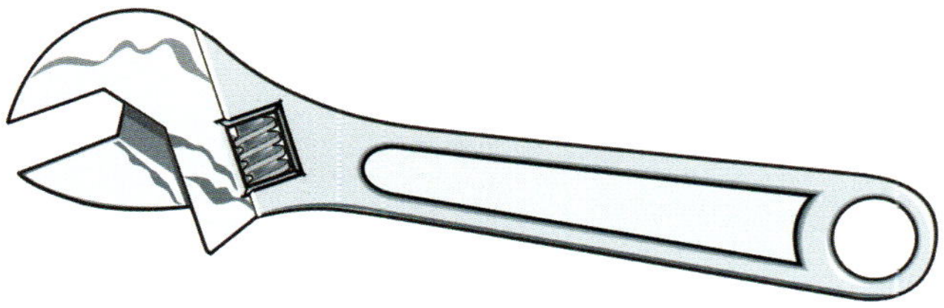

11. Un operario transporta un saco de cemento de 25 kg en una carretilla de 140 cm de longitud. Calcula la fuerza en newtons (N) que ha de realizar para mover el saco, si está situado a 60 cm de la rueda.

12. La figura representa una balanza romana. Responde las siguientes preguntas sobre esta máquina:

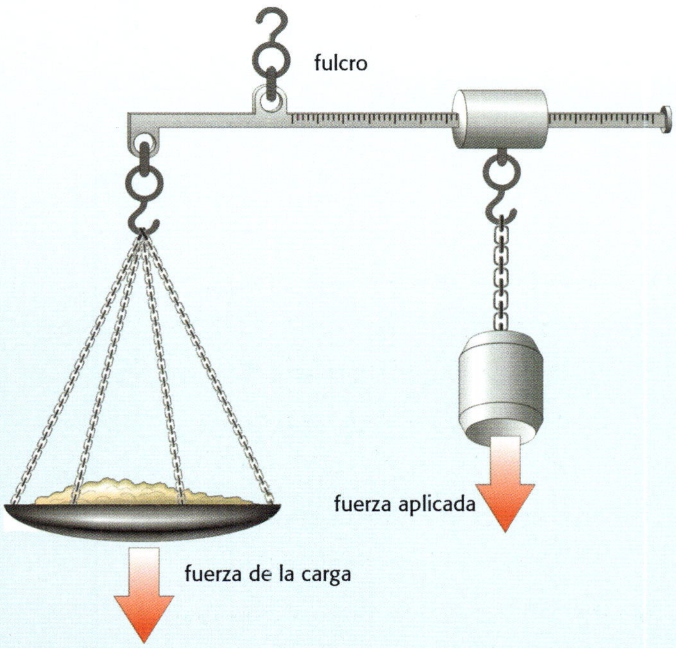

a) ¿Para qué sirve?

b) ¿En qué tipo de palanca se basa su construcción?

c) Explica su funcionamiento.

13. Si disponemos de un tornillo de rosca sencilla con paso de 1,2 mm, ¿cuánto avanzará la tuerca por cada vuelta completa?

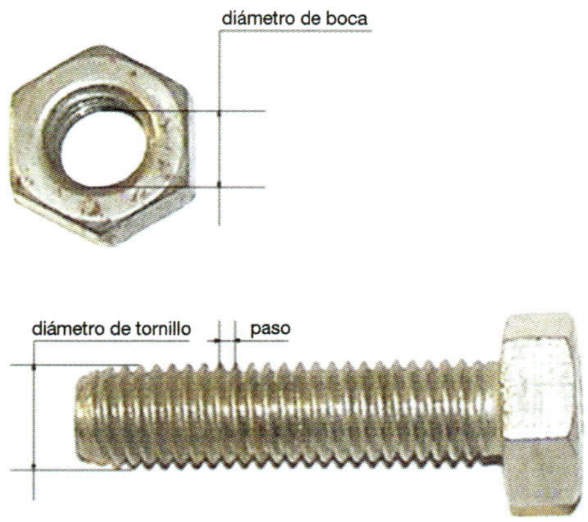

☐ 0,6 mm

☐ 12 mm

☐ 2,4 mm

☐ 1,2 mm

14. Un coche con motor de combustión tiene una potencia útil de 120 CV. Si su rendimiento es del 30 %, calcula:

a) La potencia total o absorbida en caballos de vapor y en kilovatios.

b) La potencia perdida.

c) Investiga en qué se pierde esta potencia.

Autoevalúa tus conocimientos de la unidad.

Situación de aprendizaje

Dos ejemplos de máquinas

Las máquinas son artefactos que ahorran esfuerzo a la hora de realizar un determinado trabajo. En las tareas siguientes se proponen actividades en torno a la utilización, en casos reales, de alguna de estas máquinas:

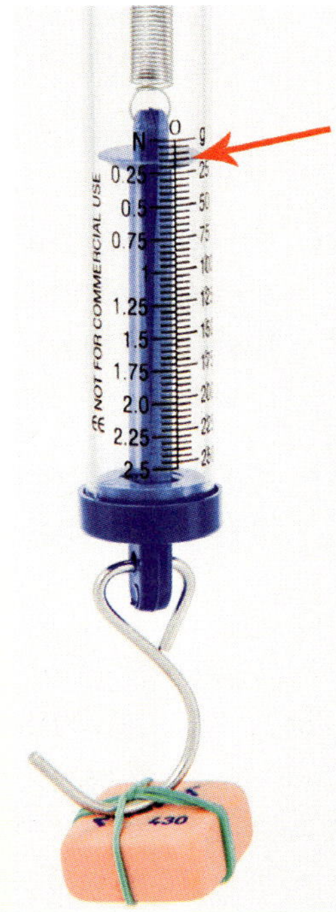

Tareas

Tarea 1. La ley de la palanca

Observa el montaje de la fotografía. En él, se han utilizado una regla de 30 cm y gomas de borrar para simular el funcionamiento de una palanca. Reprodúcelo.

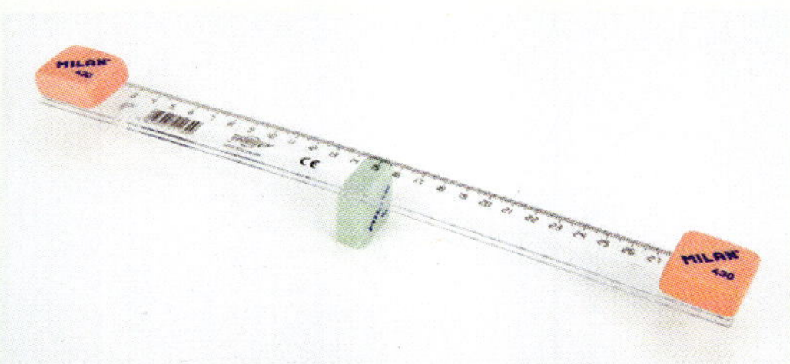

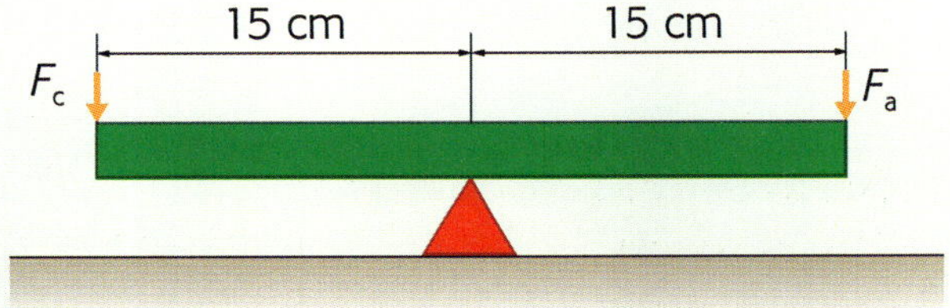

En la fotografía del dinamómetro se puede observar el peso (F) de la goma de borrar, que hay que anotar en la ficha de la actividad.

a) Como puedes observar en la fotografía superior, la regla está en equilibrio, dado que los brazos de la palanca tienen la misma longitud. Anota las distancias en la ficha.

Comprueba la ley de la palanca con las medidas tomadas.

$$F_a \cdot d_a = F_c \cdot d_c$$

Calcula, también, la ventaja mecánica (i).

b) Realiza el montaje de la figura y calcula el valor de la fuerza aplicada para que la palanca permanezca en equilibrio. Calcula, también, la ventaja mecánica.

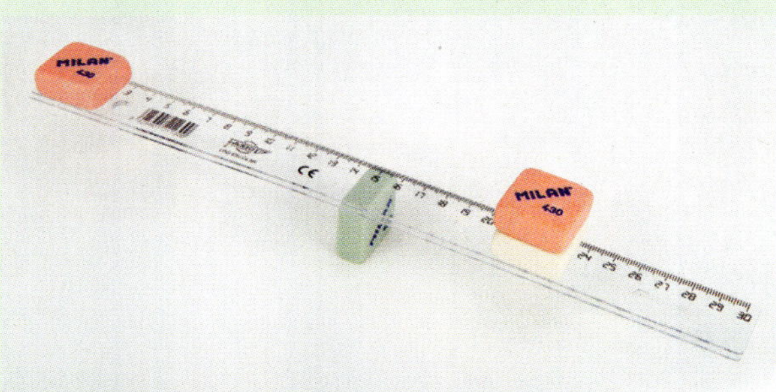

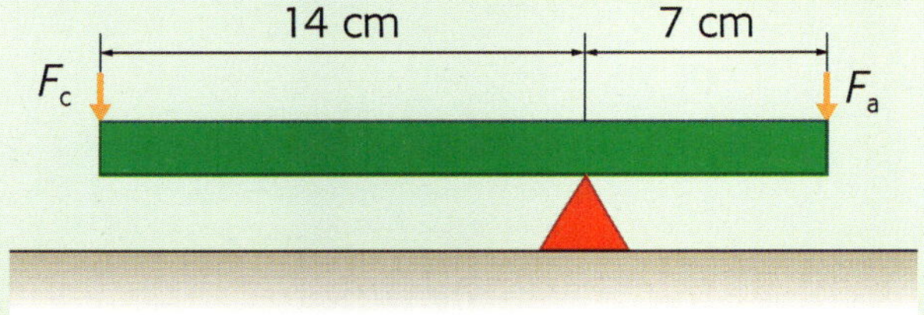

c) Realiza el montaje de la figura y calcula el valor del brazo de la fuerza aplicada para que la palanca se encuentre en equilibrio. Calcula, también, la ventaja mecánica y dibuja el diagrama de la palanca.

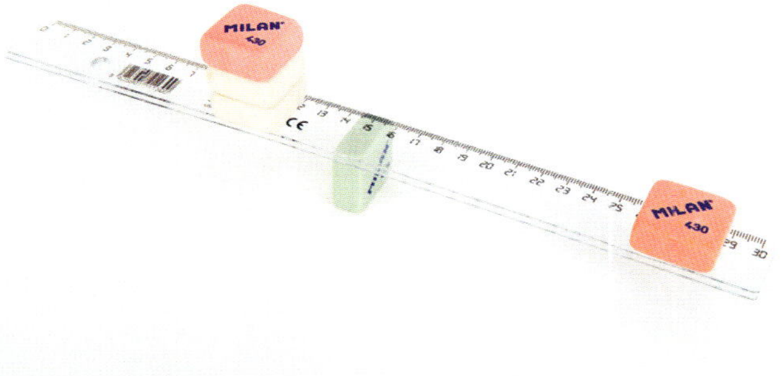

Autoevaluación
Para evaluar las tareas de la actividad, rellenad el recurso «Tabla de autoevaluación».

Tarea 2. El exprimidor de casa

Aunque quizá no reparemos en ello, tenemos en casa un buen grupo de máquinas que nos hacen la vida más llevadera. El aspirador, la lavadora, la secadora, el ordenador, el horno, la cocina; los pequeños electrodomésticos como la picadora, el exprimidor... Todos ellos nos ayudan a disminuir los esfuerzos del día a día. En esta actividad nos detendremos en el análisis del exprimidor.

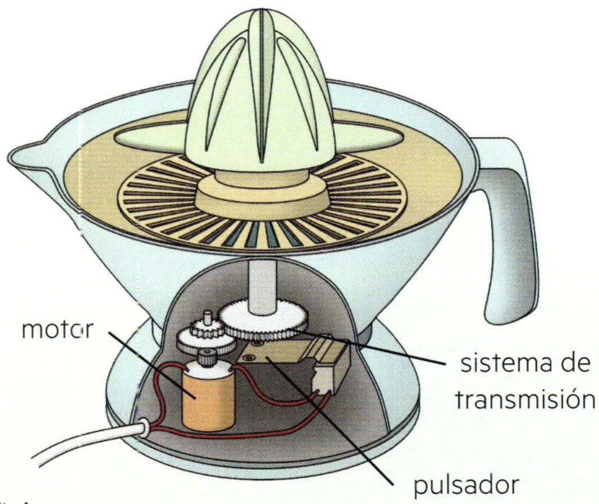

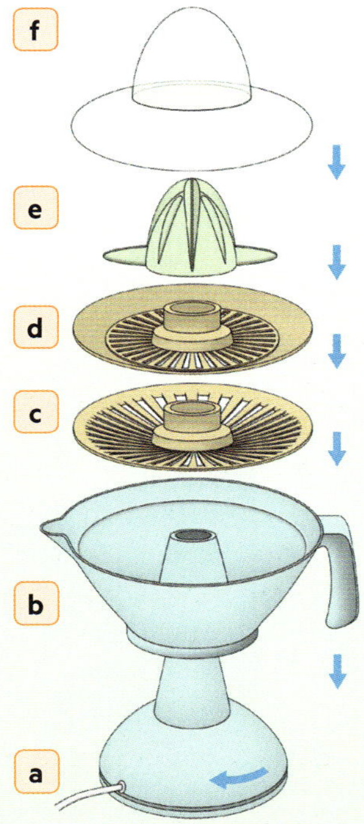

a) Observa la imagen de la derecha y anota en la ficha el nombre de cada una de las partes del exprimidor.

b) Atendiendo a la clasificación estudiada, clasifica el exprimidor según los tres criterios vistos.

c) En la web del fabricante se ofrece información sobre las características técnicas del producto. De ella extraemos los siguientes datos:

Color: blanco/gris cálido oscuro
Potencia: 25 W
Apto para lavavajillas: cubierta protectora, filtro, filtro metálico, cono, jarra.
Almacenamiento del cable: sí
Capacidad de la jarra: 0,6 l (graduada)
Número de filtros: 2
Número de conos: 2

- Determina la potencia útil ($P_{útil}$) considerando que el rendimiento (η) de la máquina es de un 90 %.
- Si tardamos un minuto en preparar un zumo, ¿qué trabajo útil ($W_{útil}$) habrá realizado la máquina?
- ¿Qué parte del exprimidor no se debe introducir en el lavavajillas? Justifica tu respuesta.
- ¿Qué significan los datos *número de filtros* y *número de conos*?

4

Mecanismos

Si observamos a nuestro alrededor, es difícil no encontrar máquinas y mecanismos que nos facilitan nuestro quehacer cotidiano. Los mecanismos son parte de las máquinas y tienen la función de transmitir y transformar el movimiento generado en ellas para ser aprovechado. Una bicicleta, que genera el movimiento en el eje de la corona, no podría funcionar si no transmitiera el movimiento generado a la rueda de atrás mediante una cadena y un piñón.

Contenidos

- Transmisión de movimientos
- Transformación de movimientos
- Elementos auxiliares

AI

1. Analiza la figura de la ilustración y contesta.

a) ¿Para qué sirve esta máquina?

b) Enumera los mecanismos que aparecen en ella.

c) Explica su funcionamiento.

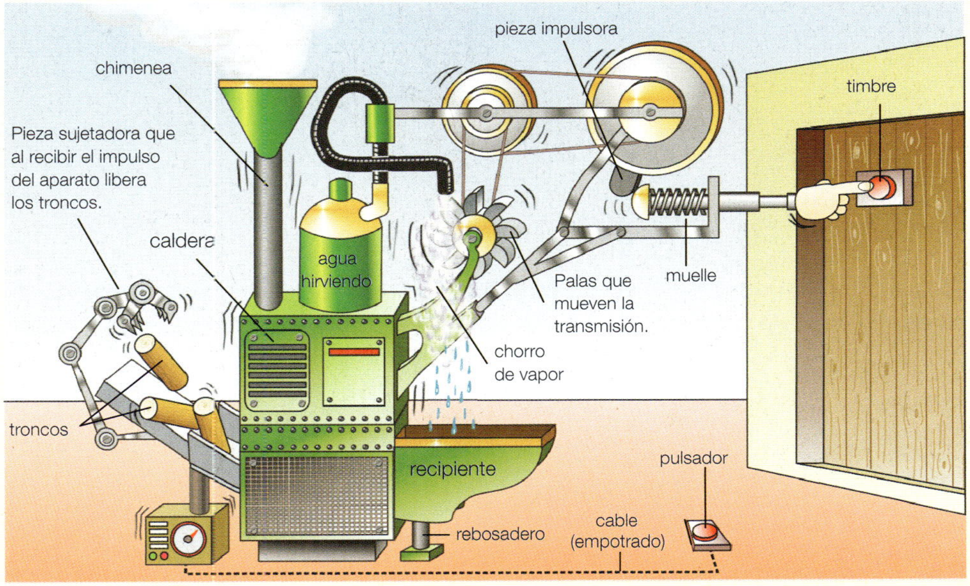

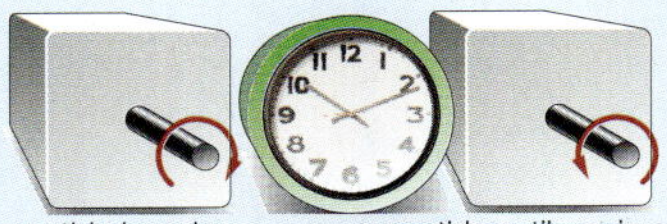

En movimientos circulares, la velocidad se suele expresar en **revoluciones por minuto** (rpm) y, el sentido de giro, según coincida o no con las agujas del reloj.

ODS 12 PRODUCCIÓN Y CONSUMO RESPONSABLES

Hay que disminuir, de manera sustancial, la generación de productos de rechazo mediante políticas de prevención, reducción, reciclaje y reutilización.

1. Transmisión de movimientos

En una máquina dinámica, los movimientos se transmiten a diferentes puntos de la misma. Para ello, son necesarios los mecanismos que se encargan de:

- transmitir los movimientos,
- modificarlos si fuera necesario.

Así, en una bicicleta, el movimiento generado en el pedal se transmite a la rueda mediante una cadena y ruedas dentadas, de manera que se pueden conseguir distintas velocidades con un mismo ritmo de pedaleo, es decir, se consiguen diferentes «relaciones de transmisión» entre el pedal y la rueda.

La **relación de transmisión** es la relación entre la velocidad del eje conducido (movimiento de salida) y el eje motriz (movimiento de entrada).

Relación de transmisión — $R_t = n_{cond.} / n_{motriz}$

- n_{motriz}: Velocidad motriz en rpm
- $n_{cond.}$: Velocidad conducida en rpm

Rs

1. Supongamos un mecanismo cuya rueda motriz es la pequeña, que gira a 200 rpm, y cuya rueda conducida es la grande, que gira a 50 rpm.

a) ¿Cual es la relación de transmisión?

b) Si tiene una manivela que gira a 800 rpm, ¿a qué velocidad girará la rueda conducida?

2. Calcula la relación de transmisión de los siguientes mecanismos. ¿A qué velocidad girarán los ejes conducidos si la velocidad de los ejes motrices es de 60 rpm?

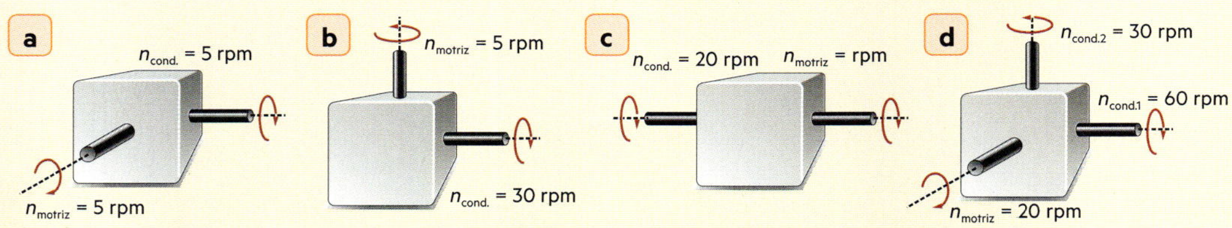

An

3. La caja de la figura contiene un mecanismo que transmite el movimiento desde las manivelas hasta el eje de salida. ¿Qué puedes decir respecto a las siguientes cuestiones?

a) Su velocidad.

b) El eje de giro.

c) El sentido de giro.

d) ¿Se trata de un mecanismo multiplicador o reductor?

e) Calcula la relación de transmisión.

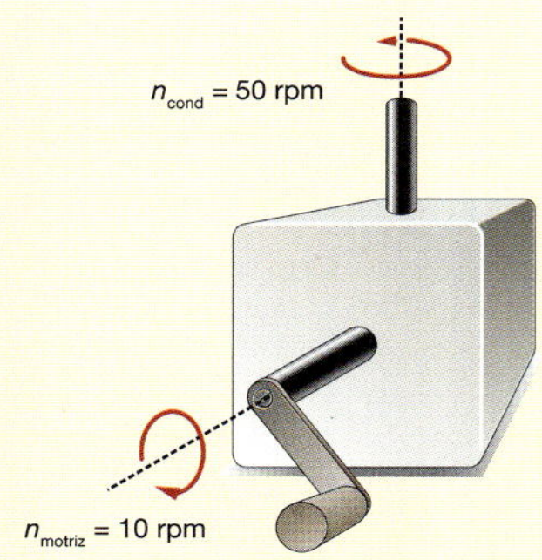

Un piñón es la rueda del menor número de dientes de un engranaje.

Las relaciones de transmisión de algunos mecanismos que se utilizan para transmitir los movimientos son:

Poleas y correas	**Cadenas**
Si la correa no se cruza, el sentido de giro no se invierte. Se utilizan cuando los ejes de giro no han de transmitir mucha fuerza y están bastante separados. 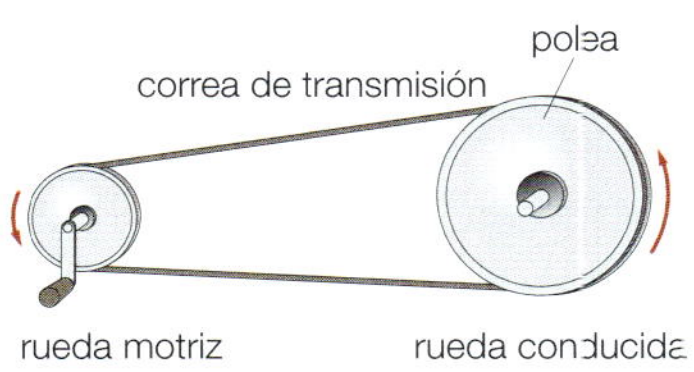 $R_t = \frac{D_{motriz}}{D_{cond.}}$	El sentido de giro no se invierte. Transmite grandes fuerzas aunque los ejes de giro son paralelos y no pueden estar muy separados. El número de dientes de una rueda dentada se representa con la letra Z. 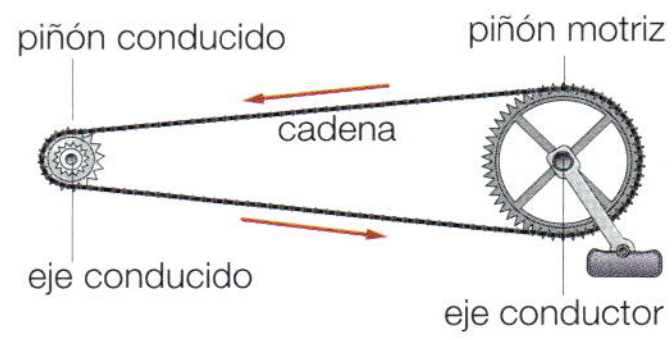 $R_t = \frac{Z_{motriz}}{Z_{cond.}}$
Engranajes rectos	**Engranajes cónicos**
Los ejes son paralelos. El sentido de giro se invierte. Se utilizan cuando los ejes de giro se encuentran a poca distancia y se han de transmitir grandes fuerzas. 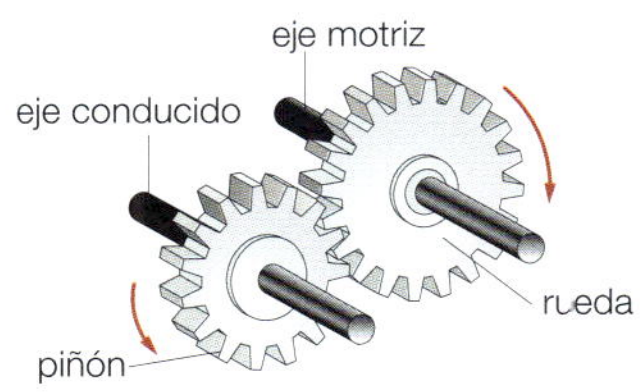 $R_t = \frac{Z_{motriz}}{Z_{cond.}}$	Las ruedas tienen forma cónica. Los ejes de giro están a 90°. Transmiten grandes esfuerzos. 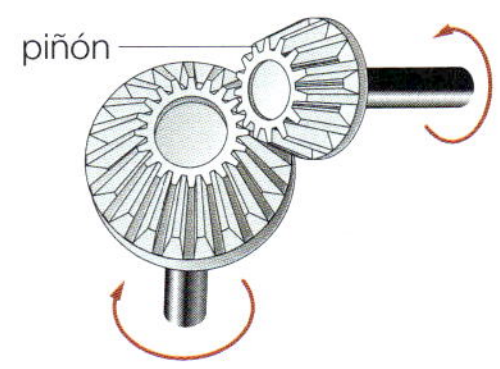 $R_t = \frac{Z_{motriz}}{Z_{cond.}}$

Rs

4. La polea del tambor de la lavadora de la figura mide 45 cm de diámetro y la polea del motor, 9 cm. Calcula la relación de transmisión y la velocidad del tambor cuando el motor gira a 450 rpm.

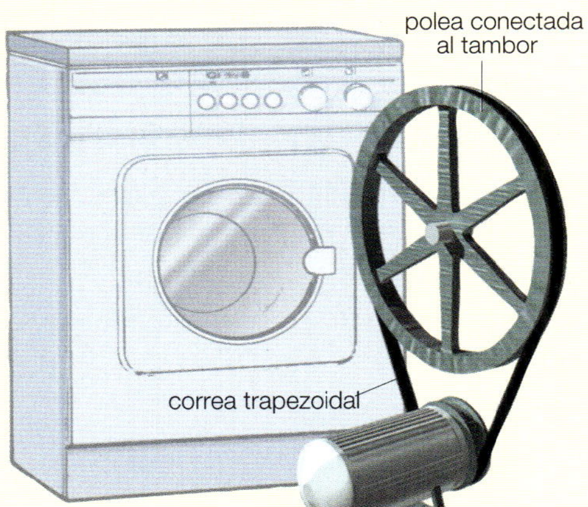

5. En un engranaje recto, el piñón hace de rueda motriz y gira a 1 000 rpm. Si el engranaje conducido gira a 250 rpm:

a) ¿Cuál es la relación de transmisión del mecanismo?

b) Si el piñón tiene 20 dientes, ¿cuántos tendrá la rueda conducida?

6. Observa las cuatro correas y poleas de debajo. Calcula sus relaciones de transmisión, la velocidad de las poleas conducidas si las motrices giran a 600 rpm y describe cómo son los movimientos.

a

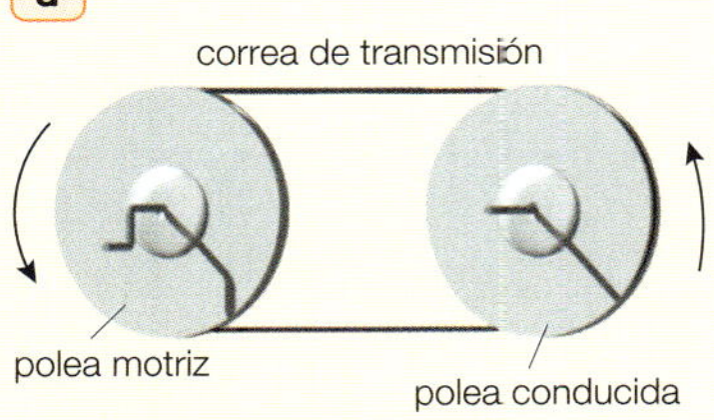

$D_{motriz} = 9$ cm

$D_{cond.} = 9$ cm

b

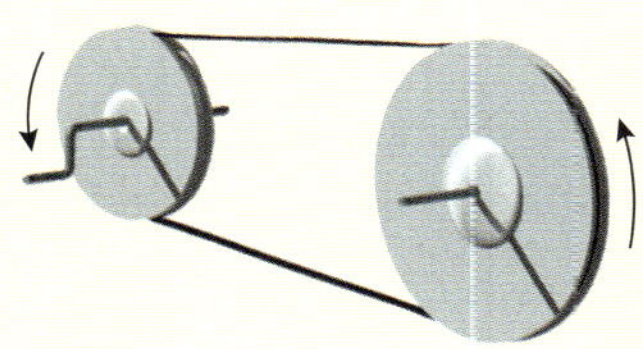

$D_{motriz} = 8$ cm

$D_{cond.} = 12$ cm

c

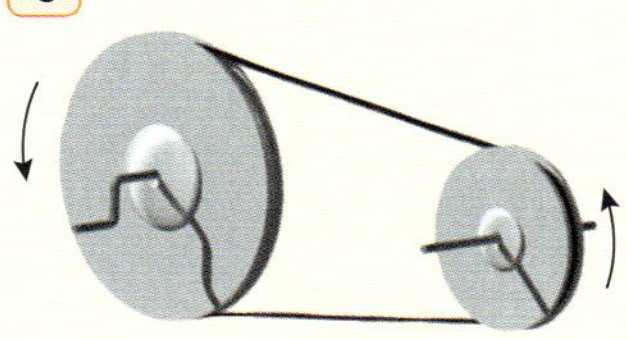

$D_{motriz} = 12$ cm

$D_{cond.} = 8$ cm

d

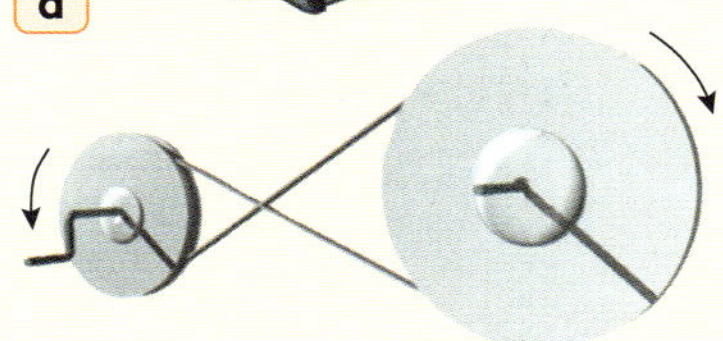

$D_{motriz} = 8$ cm

$D_{cond.} = 16$ cm

sistema de poleas múltiples (caja de velocidades)

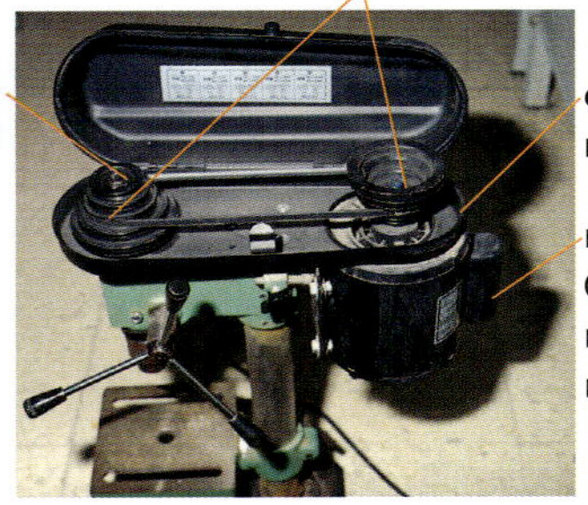

Árbol de poleas de un taladro de sobremesa.

Transmisión de una bicicleta.

Algunas aplicaciones usuales de los mecanismos son el árbol de poleas, las transmisiones de las bicicletas y las reductoras.

El **árbol de poleas** es una aplicación de la transmisión por poleas y correas. Variando la posición de la correa se pueden conseguir diferentes velocidades con un único motor, como sucede en el taladro de sobremesa. Un sistema similar lo utilizan las **transmisiones de las bicicletas**.

La **reductora** es un mecanismo que tiene la finalidad de reducir la velocidad de giro de los motores que, por lo general, suele ser muy rápida. Un sistema para construir una reductora consiste en unir dos engranajes sobre un mismo eje. Otro sistema es utilizar un tornillo sin fin.

Un **mecanismo es reversible** cuando la rueda motriz puede utilizarse como conducida o a la inversa.

Vídeo: «Experiencias con poleas».

Reducción de velocidad mediante engranajes	Reducción de velocidad mediante tornillo sin fin
 Suponiendo que la 1 es la rueda motriz y la 4 la conducida, se obtienen dos reducciones de velocidad R_{t12} y R_{t34}. Así, la relación de transmisión total viene dada por el producto de las dos: $R_t = R_{t12} \cdot R_{t34} = \frac{Z_1}{Z_2} \cdot \frac{Z_3}{Z_4}$	 Es un mecanismo formado por un tornillo y una rueda dentada en el cual solo se puede transmitir el movimiento del tornillo hacia la rueda. Si el tornillo tiene una sola entrada de rosca, la relación de transmisión viene dada por el número de dientes de la rueda. Se trata de un mecanismo no reversible. $R_t = \frac{1}{Z}$

Rs

7. Calcula las relaciones de transmisión de los siguientes sistemas. Indica a qué velocidad girarán las ruedas conducidas si las motrices giran a 1000 rpm.

a

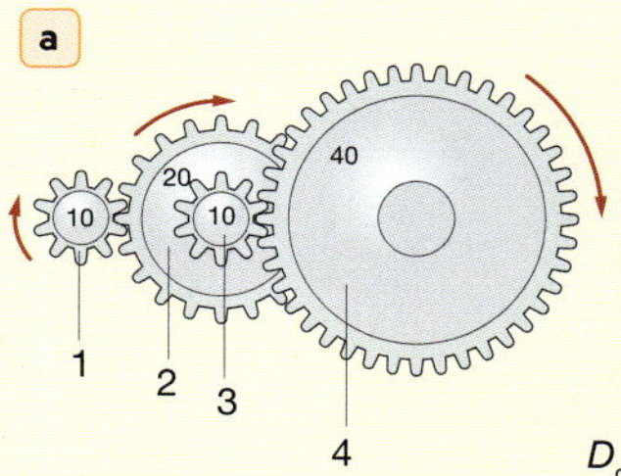

b

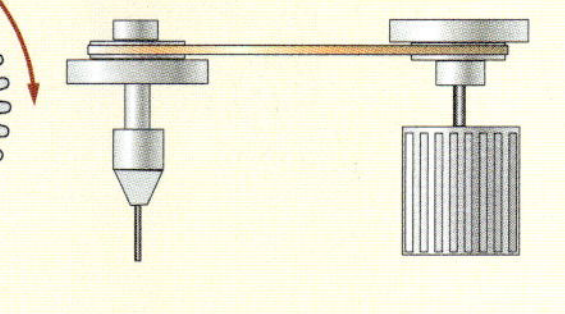

c

TI

1. El programa Yenka

A continuación vamos a utilizar el programa Yenka para comprobar el funcionamiento de diferentes mecanismos.

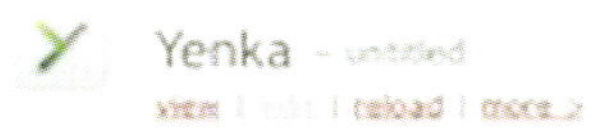

1. Entra en el programa y accede a *Technology* | *Gears*. Sitúate sobre la opción *Edit*, que te permitirá introducir elementos en el área de trabajo.
2. Abre la carpeta de objetos Objects y arrastra el motor de velocidad constante al centro del área de trabajo. Haciendo doble clic sobre él podrás indicar la velocidad de giro, que, en nuestro caso, será de 40 rpm.
3. Selecciona ahora un engranaje doble y sitúa una de las ruedas de forma que coincida con el eje del motor. Pon 10 dientes para el engranaje motriz (*Gear*) y 40 dientes para el engranaje conducido.
4. Observa los sentidos de giro de los tres elementos y sus velocidades. Para ver mejor el giro puedes variar la posición de visión del mecanismo.

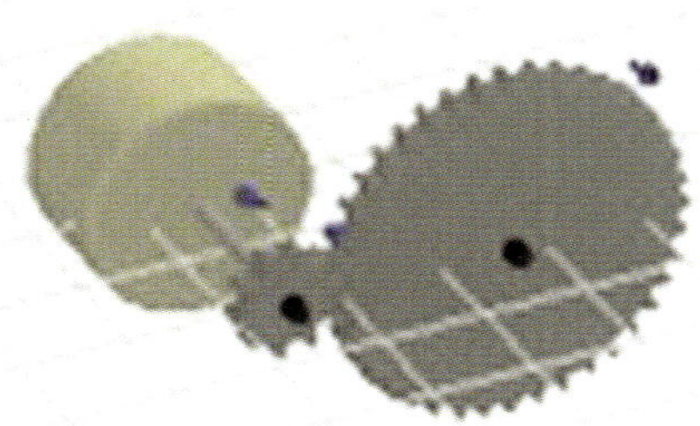

Página web: «Yenka».
Puede descargarse, de forma gratuita, una versión de prueba que dura quince días.

5. Calcula la relación de transmisión y la velocidad de la rueda conducida.
6. Guarda el mecanismo diseñado con el nombre **Reductora 1 Etapa**.

2. Montaje de dos motores

Realiza los dos montajes de las figuras, comprueba su funcionamiento y calcula la relación de transmisión y la velocidad de la rueda final si el motor gira a 120 rpm.

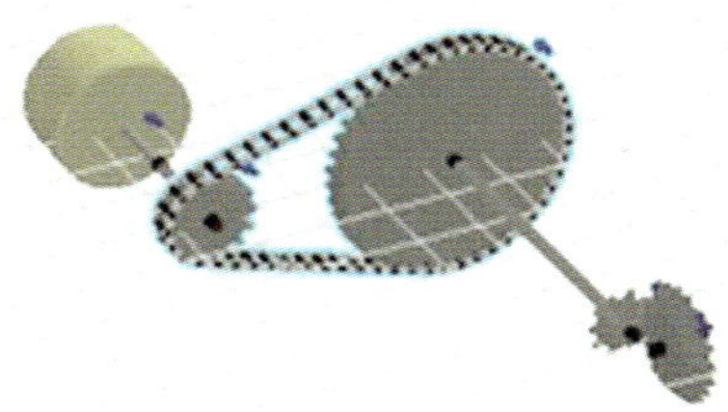

Z_1 = 15 dientes
Z_2 = 45 dientes
Z_3 = 10 dientes
Z_4 = 20 dientes

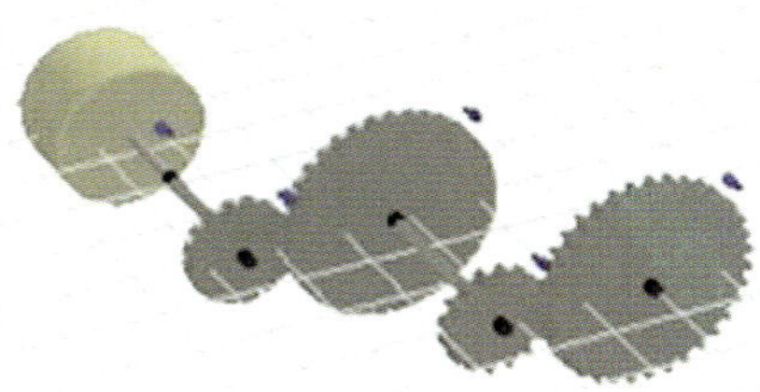

Z_1 = 16 dientes
Z_2 = 32 dientes
Z_1 = 16 dientes
Z_2 = 32 dientes

3. Diseño de un mecanismo

Mediante el programa de simulación Yenka, diseña un mecanismo que cumpla las siguientes condiciones:

- El movimiento debe empezar en un motor que gire a una velocidad de 400 rpm y terminar en una rueda dentada que gire a 10 rpm.
- El eje del motor ha de estar horizontal y el de la rueda conducida final, en posición vertical.
- Tienes que utilizar el menor número de elementos posible.
- No debe haber engranajes con más de 20 dientes.

Hay que aplicar programas sobre modalidades de consumo y producción sostenible de forma que se pueda lograr el uso eficiente de los recursos naturales.

2. Transformación de movimientos

Los mecanismos vistos hasta ahora se limitan a transmitir movimiento de un punto a otro pero sin variar el tipo de movimiento. Hay otras máquinas que, además de transmitir el movimiento, lo transforman de circular a rectilíneo o viceversa. Entre ellas destacan:

Piñón-cremallera

Se trata de un mecanismo reversible, ya que el elemento motriz puede ser tanto el piñón como la cremallera.

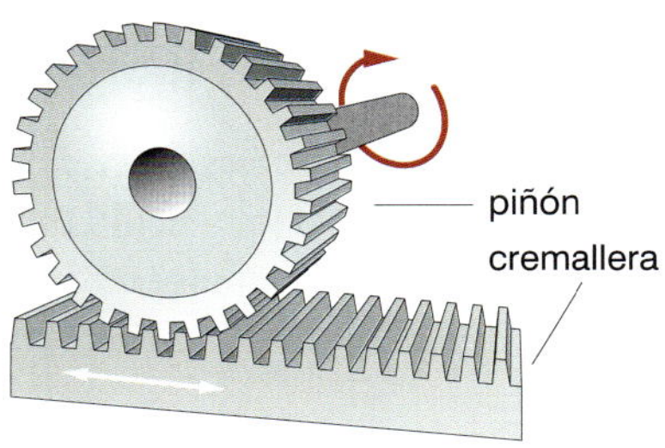

Biela-manivela

La manivela sujeta por un extremo gira arrastrando la biela y esta, a su vez, arrastra una pieza que se desplaza linealmente por una guía. Se trata de un mecanismo reversible.

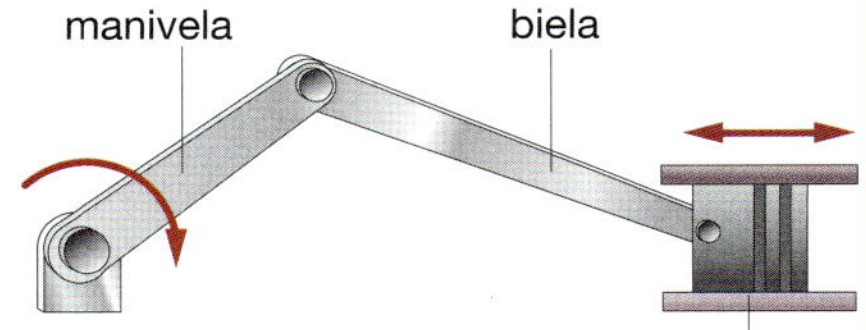

Leva

La leva gira de forma excéntrica y un seguidor está en constante contacto con ella. Este no es un mecanismo reversible, ya que el movimiento siempre se transmite de la leva hacia el seguidor.

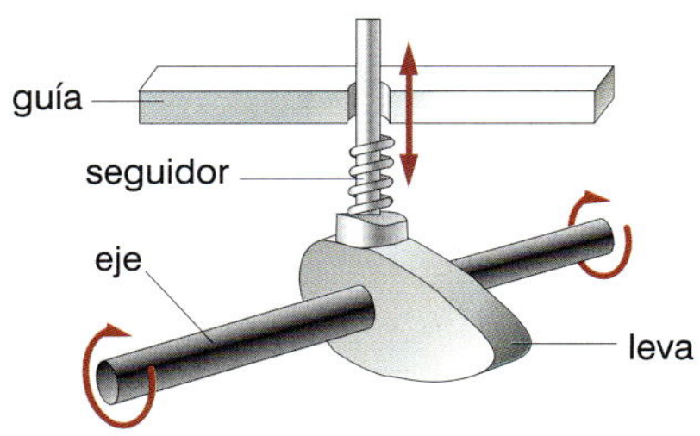

Tornillo-tuerca

Al girar la tuerca, el tornillo se desplaza linealmente. Por cada vuelta del tornillo la tuerca es desplazada a una distancia que corresponde con su paso.

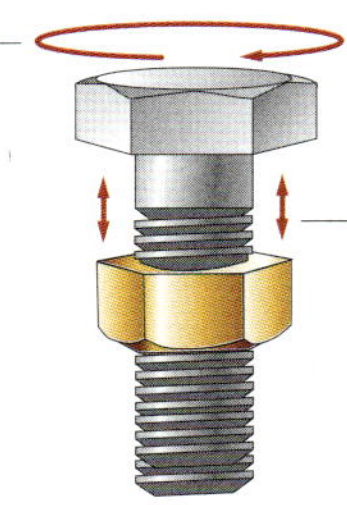

An

8. Observa los siguientes aparatos. Describe su uso y explica su funcionamiento identificando los mecanismos que intervienen.

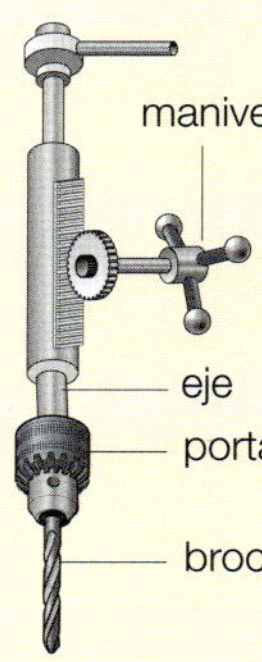

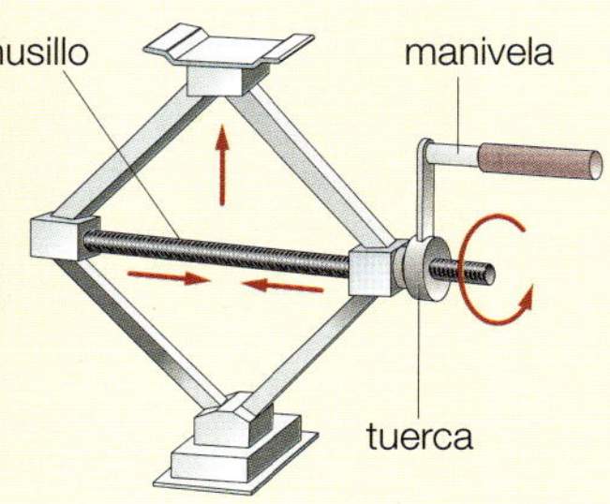

3. Elementos auxiliares

Las máquinas, además de los mecanismos vistos hasta ahora, tienen otros que cumplen otras funciones, como los **cojinetes** o el **trinquete**.

Los ejes son elementos cilíndricos sobre los que se montan ruedas, poleas u otros mecanismos. Si se desea que, por ejemplo, una rueda pueda girar libremente sobre un eje hay que intercalar un cojinete como los que aparecen en el margen.

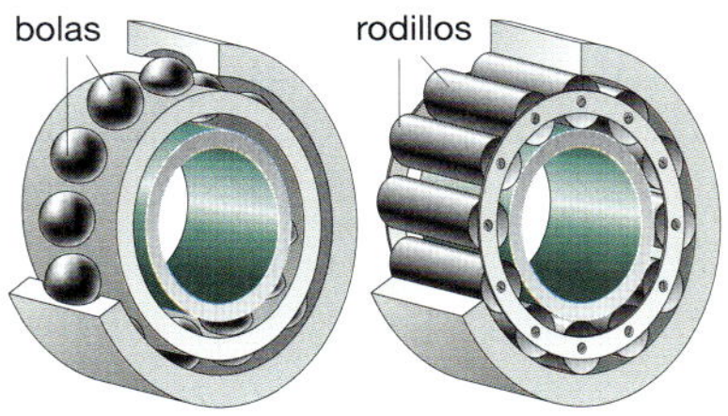

Cojinetes de bolas.

Cojinetes de rodillos.

El trinquete es un mecanismo que permite el giro de una rueda dentada en un solo sentido. En la figura del margen se puede ver cómo el trinquete, que es un elemento móvil, se encaja entre los dientes del engranaje gracias a la fuerza del muelle. La rueda de la figura solo puede girar en sentido horario.

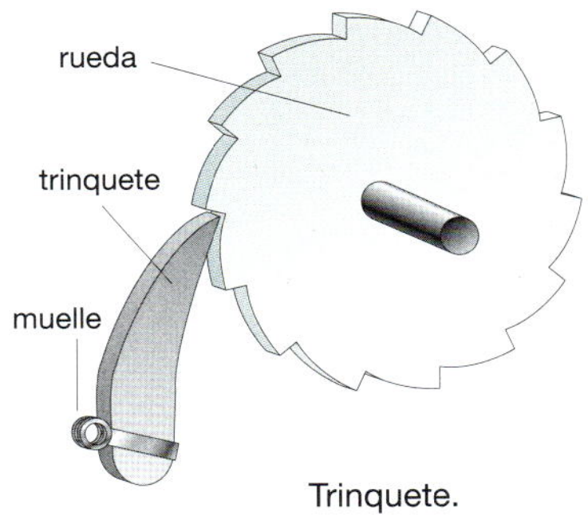

Trinquete.

An

9. En los dibujos de la derecha se puede apreciar una rueda y una llave combinada. Identifica los elementos auxiliares de que disponen y explica su función.
10. Observa la posición del trinquete en cada una de las figuras e indica:
    a) ¿Qué trinquetes están bien montados y permitirán el giro de la rueda en un solo sentido?
    b) ¿Qué pesos permanecerán en su posición sin bajar?

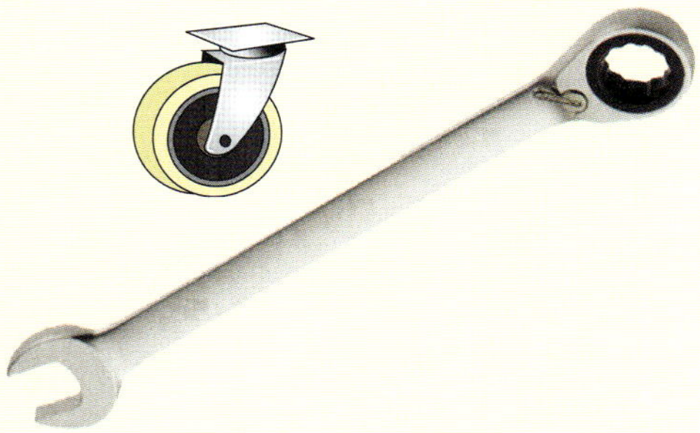

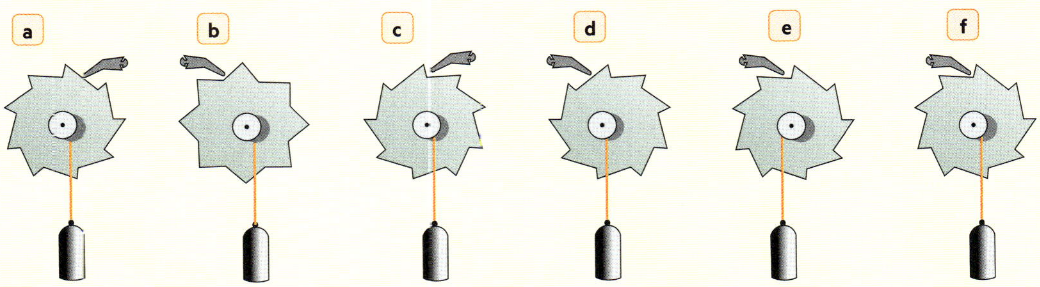

Re

11. Responde las siguientes cuestiones:

a) ¿En qué se diferencian los sistemas de transmisión de movimiento y los sistemas de transformación de movimiento?

b) Clasifica los siguientes elementos según sean de transmisión o de transformación de movimiento:

transmisión por cadena – biela-manivela – cigüeñal – leva – engranajes – tornillo sin fin – transmisión por correa

Transmisión de movimiento	Transformación del movimiento

Rs

12. Dado el sistema de engranajes de la figura:

A = 12 dientes

B = 36 dientes

C = 12 dientes

D = 48 dientes

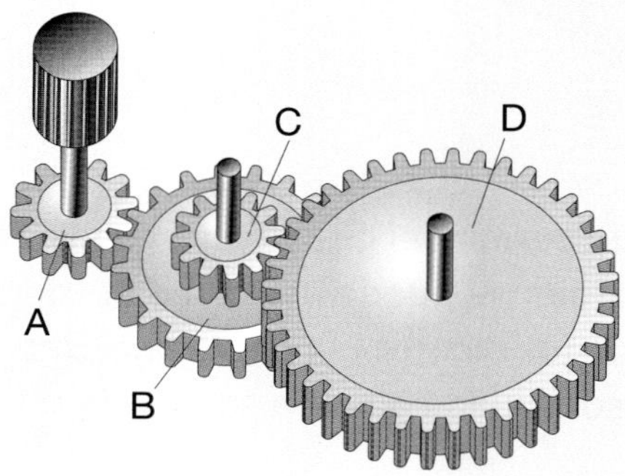

a) Calcula la relación de transmisión parcial y total.

b) Calcula la velocidad de la rueda A si la rueda D gira a 1000 rpm.

c) Indica el sentido de giro de la rueda D si la rueda A tiene sentido horario.

13. Completa las siguientes frases referidas a los mecanismos, escribiendo la palabra correcta en cada uno de los espacios en blanco:

cadena – circular – rueda – alejados – dientes – piñón-cremallera – invierte – rectilíneo – tornillo – dentadas

a) Los trenes de montaña utilizan un sistema de ________________ para superar las fuertes pendientes.

b) La leva transforma el movimiento ________________ en ________________ de vaivén.

c) En el tornillo sin fin, el movimiento solo se puede transmitir del ________________ hacia la ________________.

d) En los engranajes rectos, el sentido del giro se ________________ y la relación de transmisión se puede hallar relacionando el número de ________________ de las ruedas ________________.

e) El mecanimso de transmisión utilizado en las bicicletas es el de ________________. En este tipo de mecanismos, los ejes de giro pueden estar relativamente ________________.

Síntesis

Elabora tu propio resumen de la unidad, completando con las palabras clave los espacios en blanco.

1. Los ________________ se encargan de transmitir los ________________ y modificarlos si fuera necesario.

2. La relación de transmisión viene dada por la relación entre la ________________ de la rueda conducida y la de la rueda ________________.

3. Los mecanismos de transmisión no modifican el tipo de movimiento, mientras que los de transformación convierten el movimiento ________________ en lineal o viceversa.

4. El mecanismo de transmisión por ________________ se utiliza cuando los ejes de giro no han de transmitir mucha fuerza y están bastante ________________ .

5. En el mecanismo de transmisión por cadena, el sentido de ________________ no se invierte y se transmite el movimiento entre dos ruedas ________________ .

6. En los mecanismos de engranajes ________________ , los ejes de giro son ________________ y están a poca distancia. El sentido de giro se invierte.

7. Algunos mecanismos que transforman el movimiento son el tornillo, la biela-manivela, la ________________ o el piñón-cremallera.

8. En las máquinas hay unos elementos metálicos cuyo objetivo no es transmitir el movimiento. Son los ________________ o el trinquete, que garantiza que una ________________ dentada solo pueda girar en un sentido.

Parabras clave

motriz, leva, rueda, correa, movimientos, paralelos, dentadas, rectos, giro, mecanismos, separados, velocidad, circular, cojinetes

Recursos en red

Página web: «Simulador Relatran».

Los simuladores sirven para reproducir con el ordenador determinadas situaciones que se pueden producir en la realidad. Relatran es un simulador de mecanismos, creado por Jaume Dellunde, que se puede descargar libremente. Con él puedes realizar test y ejercicios, con diferentes grados de dificultad, sobre máquinas simples y mecanismos. Además, dispone de un simulador con el que podrás comprobar el funcionamiento de algunos mecanismos.

Entra en el programa y practica los conocimientos adquiridos en esta unidad.

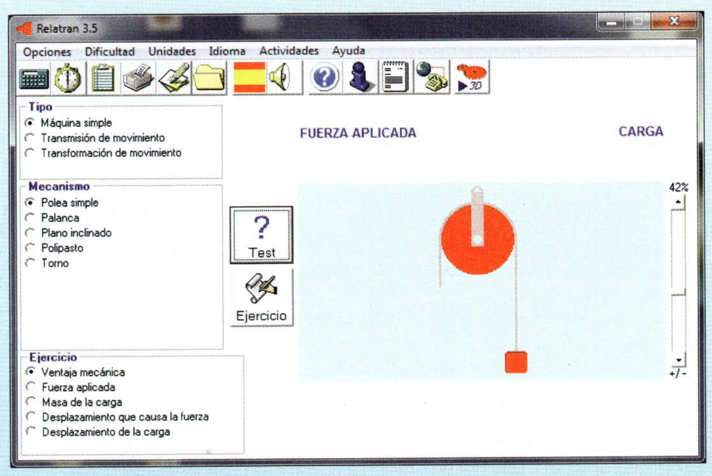

Actividades finales

1. Observa las poleas de la figura. Si queremos reducir la velocidad cuatro veces, ¿qué diámetro debe tener la polea conducida, si la motriz mide 6 cm?

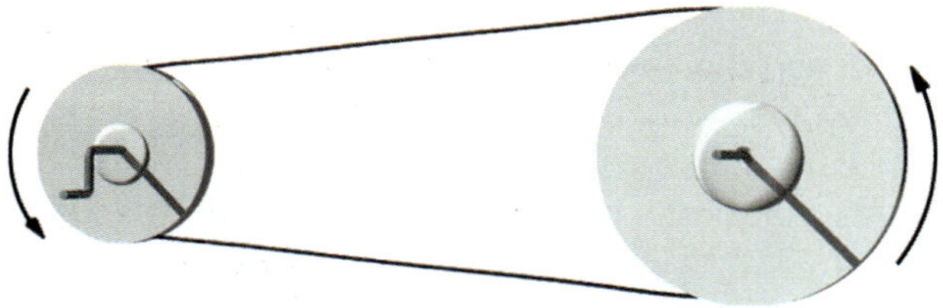

2. Un ciclista utiliza un plato de 60 dientes y un piñón de 15 dientes, como se observa en la figura:

a) Calcula la relación de transmisión.

b) Si el ciclista pedalea a 40 rpm, ¿a qué velocidad gira la rueda de la bicicleta?

c) ¿En qué tipo de terreno crees que está corriendo el ciclista?

3. Sabiendo que el eje motriz gira en sentido horario, ¿en qué sentido girará el último elemento?

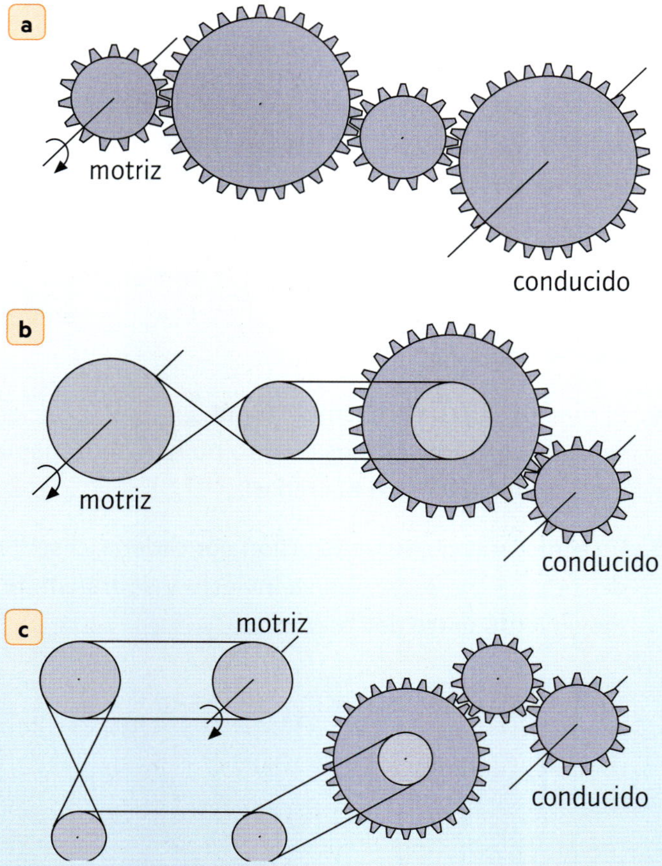

4. Copia y completa en tu cuaderno la siguiente tabla:

Tipo de engranaje	Características del movimiento de entrada	Características del movimiento de salida
Transmisión por correa		
Transmisión por cadena		
Engranaje recto		
Engranaje cónico	Es un movimiento circular.	Es un movimiento circular en el que el eje de giro ha variado 90°. Su velocidad depende del número de dientes de los engranajes.
Tornillo sin fin		
Piñón-cremallera		
Biela-manivela		
Leva		

5. Dados los siguientes sistemas de transmisión:

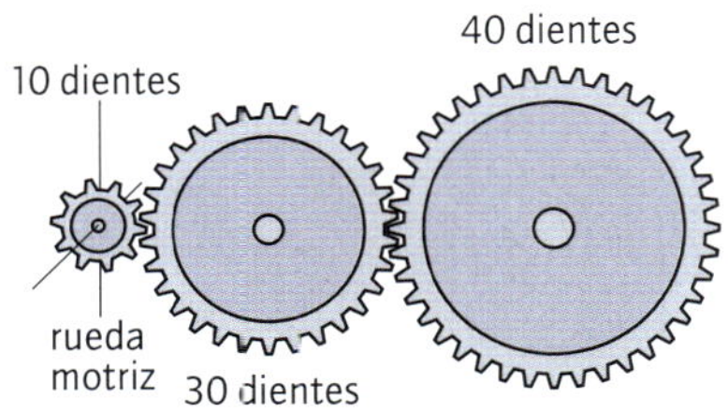

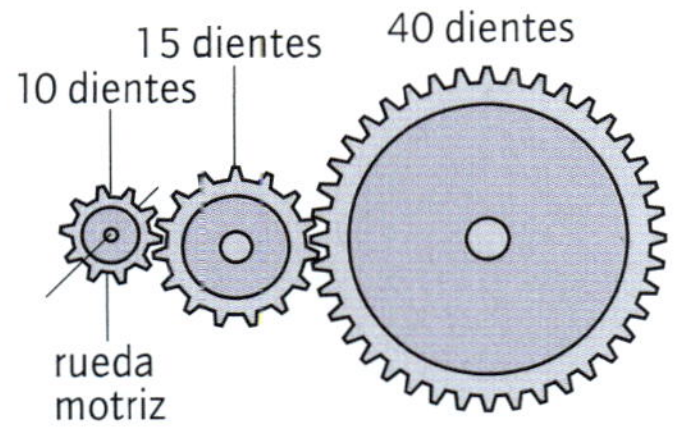

a) Calcula la relación de transmisión de ambos sistemas.

b) ¿Cuál de los dos sistemas tiene una relación de transmisión mayor?

c) ¿Para qué sirve la rueda del medio?

d) Si la rueda de 10 dientes gira a 120 rpm, ¿a qué velocidad girará la de 40 dientes?

6. Dado el sistema de engranajes de la figura:

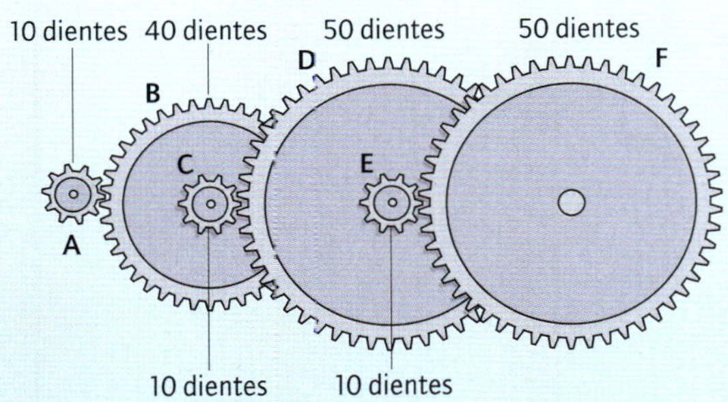

a) ¿Cuál es la relación de transmisión del sistema?

b) ¿Cuál es la velocidad de la rueda dentada F si la rueda A gira a 2000 rpm?

c) ¿Cuál será el sentido de giro de la rueda F si la rueda A gira en sentido antihorario?

Autoevalúa tus conocimientos de la unidad.

7. Demuestra matemáticamente por qué la relación de transmisión de la polea y la correa de la figura es:

$$R_t = \frac{D_1}{D_2} \cdot \frac{n_1}{n_2}$$

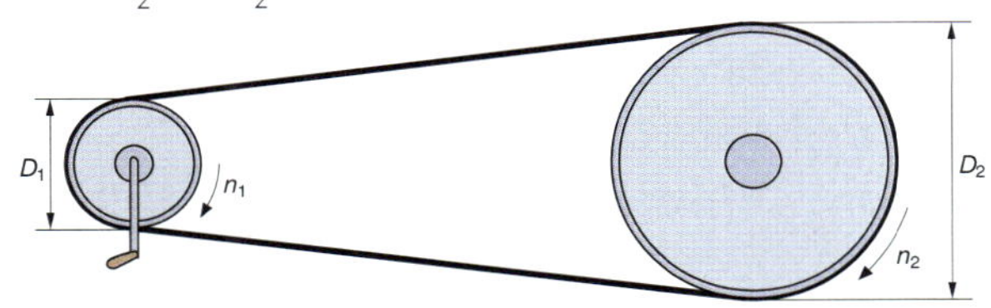

8. En el mecanismo de la figura, el motor gira a 1200 rpm y posee un reductor de ½. Calcula el desplazamiento de la cremallera en un minuto si el tornillo sin fin es de una entrada.

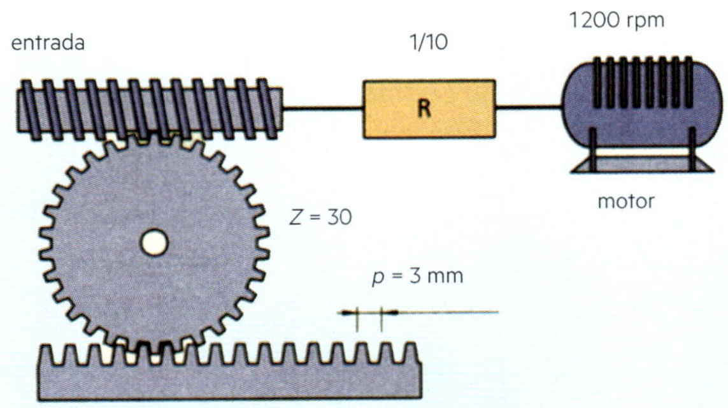

9. Identifica el tipo de engranajes de las figuras.

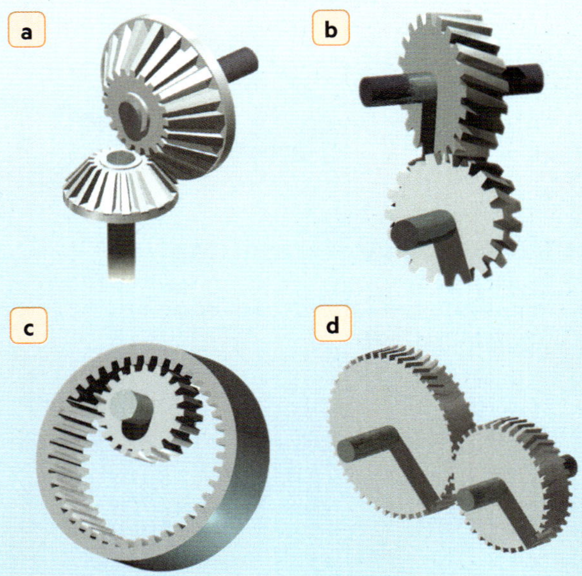

Situación de aprendizaje

Raúl, el ciclista

Raúl se acaba de comprar una nueva bicicleta de montaña con un único plato y 12 piñones. El diámetro de la rueda mide 72 cm.

Al ser una bicicleta monoplato, el número de marchas coincide con el número de piñones: doce (monoplato 1 × 12).

El plato tiene 32 dientes y los piñones 10, 12, 14, 16, 18, 21, 24, 28, 32, 36, 42 y 50 dientes, respectivamente.

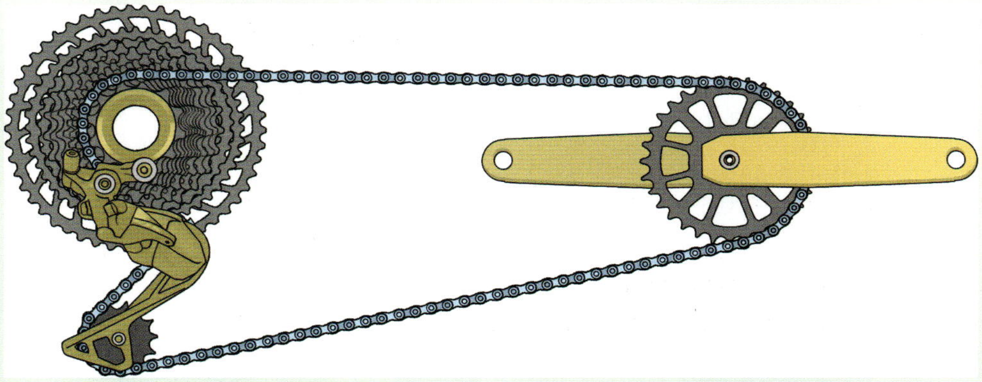

Tarea 1. Relación de transmisión

Completa la siguiente tabla, escribiendo en cada celda el valor de la *relación de transmisión* R_t entre el plato y el piñón correspondiente ($R_t = Z_{plato} / Z_{piñón}$).

	Piñón											
	10	**12**	**14**	**16**	**18**	**21**	**24**	**28**	**32**	**36**	**42**	**50**
Plato (32)	3,20											

Tarea 2. Velocidad de la rueda

a) ¿Cuántas vueltas completas dará la rueda cuando Raúl dé una pedalada utilizando el piñón más pequeño? ¿Y con el piñón más grande?

b) Si la rueda da dos vueltas completas por cada pedalada, ¿qué número de dientes tiene el piñón?

Tarea 3. Longitud de la circunferencia de la rueda

Determina la longitud (L) de la circunferencia de la rueda.

Tarea 4. Desarrollo de la transmisión

El *desarrollo de la transmisión* es la distancia recorrida por la bicicleta cada vez que Raúl da una vuelta completa con el pedal. Se calcula multiplicando la longitud (L) de la circunferencia de la rueda por la relación de transmisión ($Z_{plato} / Z_{piñón}$), es decir:

$$\text{Desarrollo} = (Z_{plato} / Z_{piñón}) \cdot L$$

Cuanto menor es el valor de la relación de transmisión, menos esfuerzo hay que hacer para avanzar, pero se recorre una menor distancia.

a) Para subir una pendiente pronunciada, Raúl lleva el piñón más grande. Determina la distancia que recorrerá la bicicleta al dar una pedalada completa.

b) En una zona llana, Raúl lleva el piñón más pequeño. Determina la distancia que recorrerá la bicicleta al dar una pedalada completa en estas condiciones.

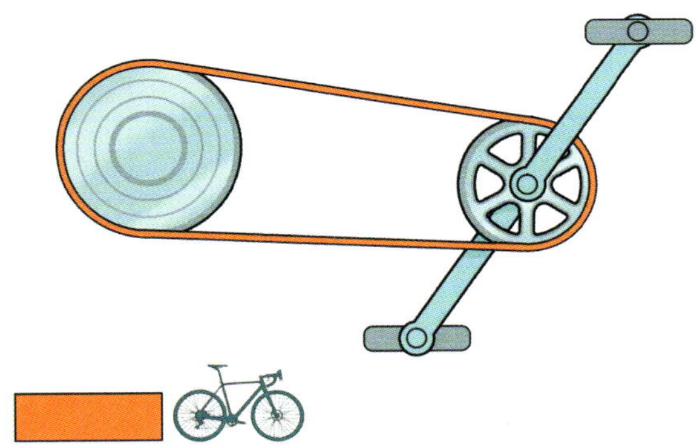

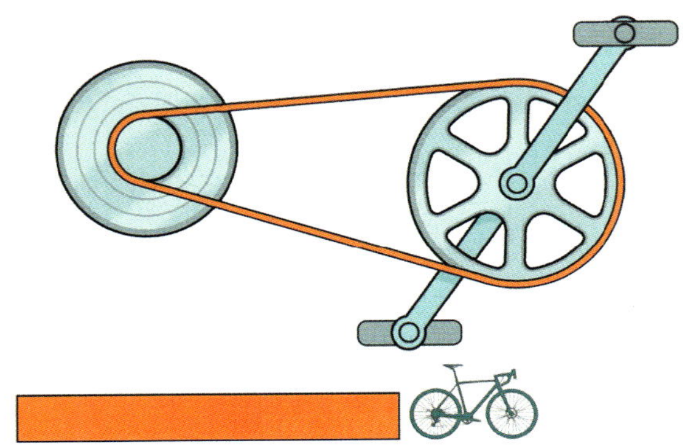

Tarea 5. Movimiento del pedal

Raúl ha salido con su bicicleta para realizar un trayecto corto por un terreno que le permite circular con un piñón que está ligeramente por encima de la zona intermedia.

¿Cuántas vueltas de pedal tendría que dar Raúl para recorrer 2 260 m con el piñón de 32 dientes?

Tarea 6. Movimiento de las ruedas

Para que la bicicleta de Raúl recorra 15,82 m, ¿cuántas vueltas tienen que dar sus ruedas?

Autoevaluación
Para evaluar las tareas de la actividad, rellenad el recurso «Tabla de autoevaluación».

5

Electricidad y magnetismo

La electricidad y el magnetismo son formas de energía que están estrechamente relacionadas entre sí y que se transforman fácilmente una en otra. Actualmente, los fenómenos eléctricos y magnéticos se estudian conjuntamente con el nombre de *electromagnetismo*.

Contenidos

- El circuito eléctrico
- Magnitudes eléctricas básicas
- Potencia y energía eléctrica
- Magnetismo
- Electromagnetismo
- El motor eléctrico
- Cambio del sentido de giro de un motor de corriente continua

AI

1. ¿Qué pasa si acercamos los polos del mismo signo de dos imanes?

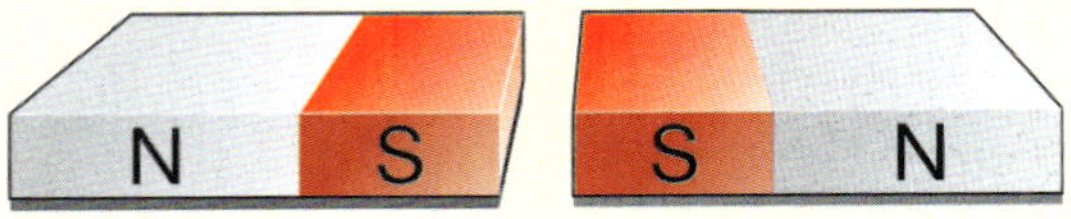

a) Se repelen.

b) Se atraen.

c) No ocurre nada.

2. Observa el circuito de la figura e indica las bombillas que se encenderán en cada uno de los siguientes casos:

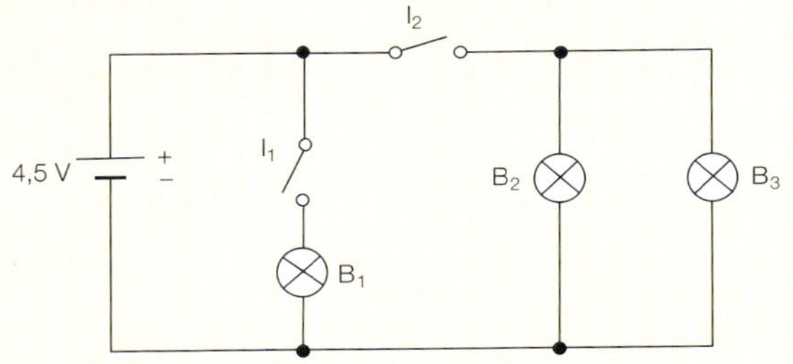

a) Cerramos el interruptor I_1 y el interruptor I_2 está abierto.

b) Cerramos el interruptor I_2 y el interruptor I_1 está abierto.

c) Cerramos los interruptores I_1 e I_2.

3. Un circuito eléctrico es...

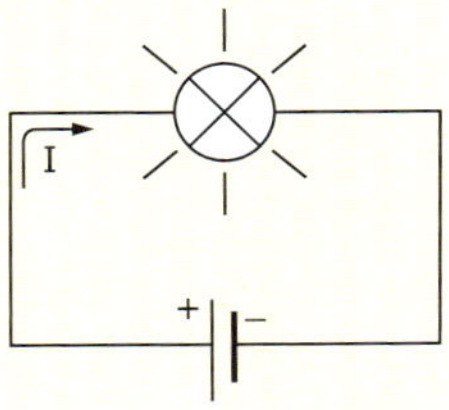

a) ... un aparato que produce energía eléctrica.

b) ... un conjunto de elementos conectados entre sí por los que circula la corriente eléctrica.

c) ... un aparato que transforma la corriente eléctrica en luz y calor.

La corriente eléctrica que circula a través de los componentes de un circuito puede ser de dos tipos:

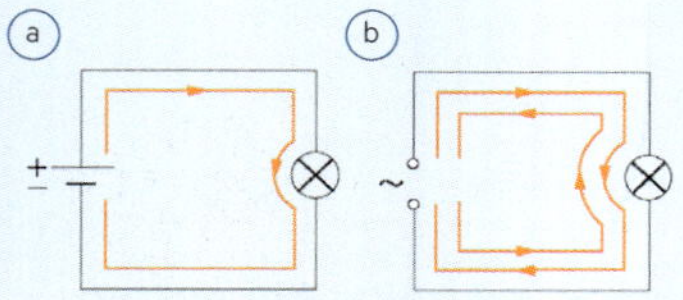

a) **Corriente continua (CC):** las cargas eléctricas circulan siempre en el mismo sentido. Es el caso de las pilas o las baterías.

b) **Corriente alterna (CA):** la circulación de las cargas eléctricas cambia de sentido cincuenta veces en un segundo. Este es el tipo de corriente que tenemos en casa.

Vídeo: «El circuito eléctrico». Puedes observar el montaje de un circuito eléctrico en este vídeo.

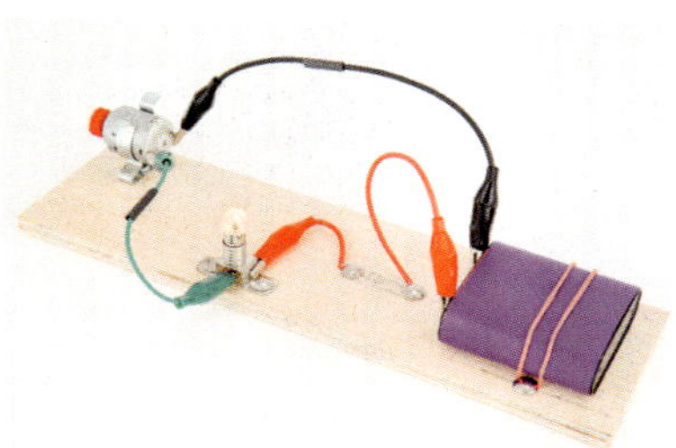

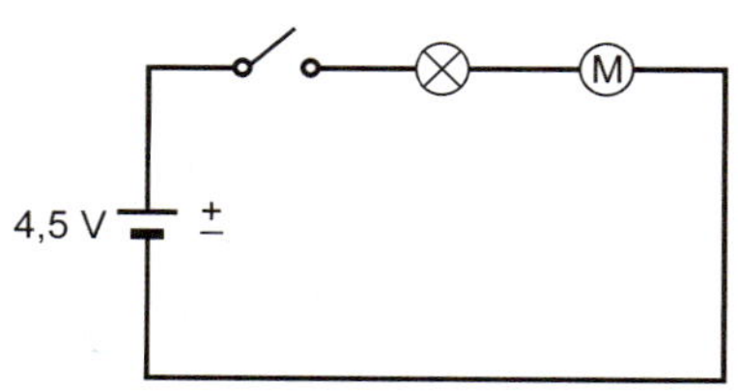

Circuito con lámpara y motor en serie.

1. El circuito eléctrico

El desplazamiento de las cargas eléctricas negativas (electrones) a través de elementos conductores produce una **corriente eléctrica**. Para que la corriente eléctrica pueda circular, los diferentes elementos han de estar conectados entre sí formando un circuito eléctrico.

Un **circuito eléctrico** es un conjunto de elementos conectados entre sí que forman un camino cerrado de manera que la corriente eléctrica puede circular por él.

En el circuito de la figura, la pila (generador) se encarga de suministrar la energía necesaria para impulsar las cargas eléctricas. Estas cargas salen de un terminal de la pila y llegan al otro a través de los cables de conexión (conductores), la lámpara (receptor) que emite luz y el motor (receptor) que gira.

1.1. Componentes de un circuito eléctrico

Los elementos o componentes mínimos necesarios para montar un circuito eléctrico sencillo son: un **generador**, los **conductores** y un **receptor**.

Existen otros dos tipos de componentes que se utilizan para controlar y proteger los circuitos:

- Dispositivos de control. Permiten abrir o cerrar el circuito a voluntad. Los más comunes son los interruptores, conmutadores y pulsadores.
- Dispositivos de protección. Evitan que los componentes del circuito sufran daños. Los más habituales son los fusibles.

1.2. Representación gráfica de un circuito

Para la representación gráfica de un circuito se utilizan los **esquemas**, donde cada uno de los componentes tiene asignado un **símbolo**. A continuación se muestran algunos de estos símbolos:

1.3. Tipos de conexión de receptores en un circuito

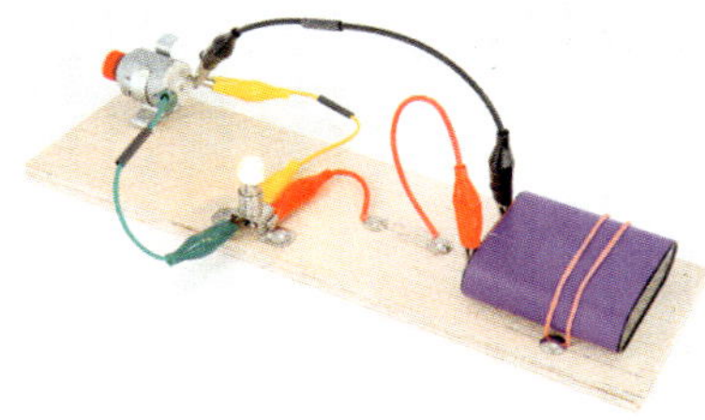

Los receptores que forman parte de un circuito eléctrico pueden estar conectados de distintas formas:

1. **Conexión en serie.** Cuando en un circuito los diferentes receptores están situados uno a continuación de otro de manera que circula la misma corriente eléctrica, decimos que están conectados en serie.
2. **Conexión en paralelo o derivación.** Los diferentes receptores de un circuito están conectados en paralelo cuando cada uno de ellos está conectado al polo positivo y al polo negativo de la pila, de tal manera que están alimentados por el mismo voltaje.
3. **Conexión mixta.** Cuando las conexiones de los receptores se hacen en serie y en paralelo decimos que el conjunto está en conexión mixta

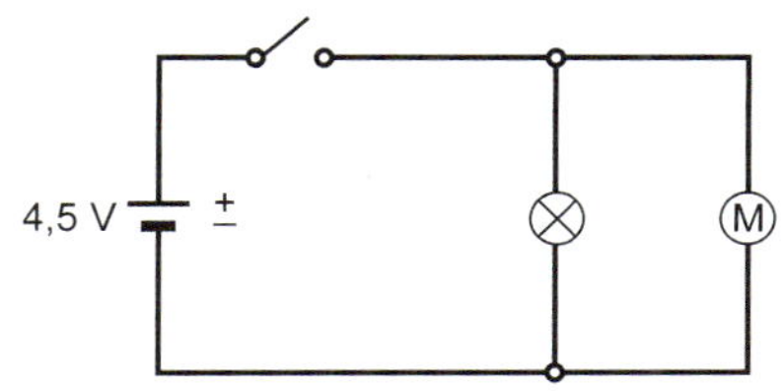

Circuito con lámpara y motor en paralelo.

An

1. Observa cada uno de los siguientes circuitos y responde:
   a) Indica qué circuito tiene las lámparas conectadas en serie, cuál las tiene en paralelo y cuál en acoplamiento mixto.
   b) Dibuja el esquema correspondiente a cada circuito.
   c) Estando cerrado el interruptor, ¿qué pasará en cada uno de los circuitos si se funde o se saca la lámpara que está más a la izquierda de la pila?
   d) Relaciona cada una de las características de funcionamiento de las lámparas con la forma de conexión a la que pertenecen: conexión en serie o conexión en paralelo.
      1. Cada lámpara está en contacto con los polos de la pila.
      2. Si se funde una lámpara, las otras dos dejan de iluminar.
      3. La tensión de alimentación del circuito se reparte entre las tres lámparas.
      4. Si se funde una lámpara, las otras dos continúan iluminando.
   e) Indica qué efectos de la corriente eléctrica se están produciendo en cada una de las lámparas de los diferentes montajes.

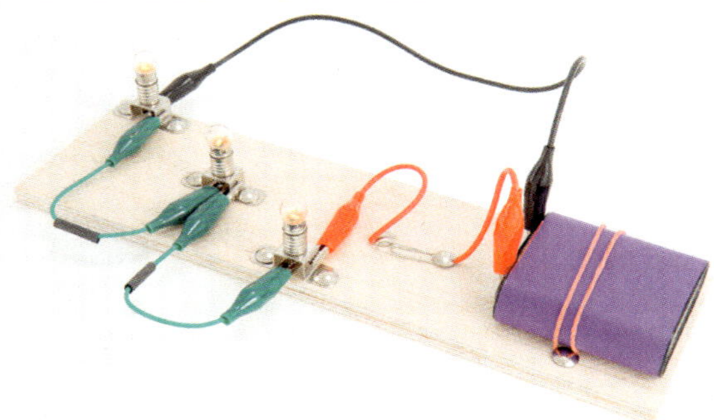

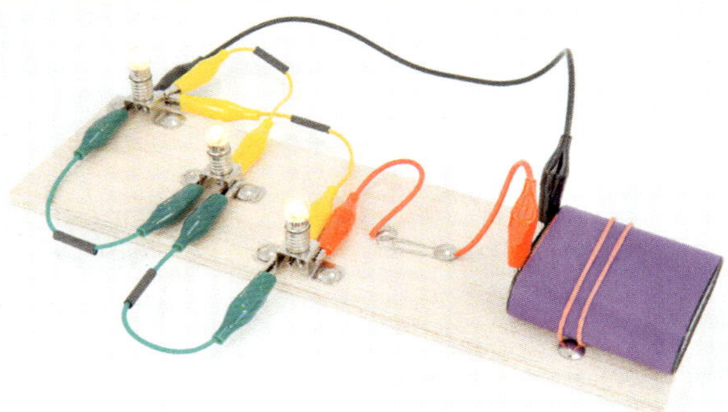

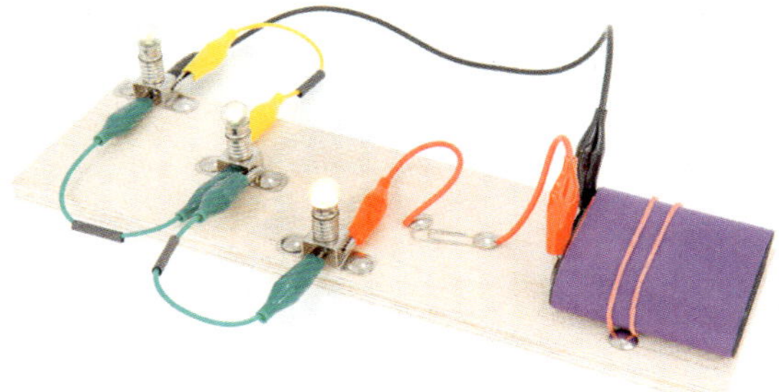

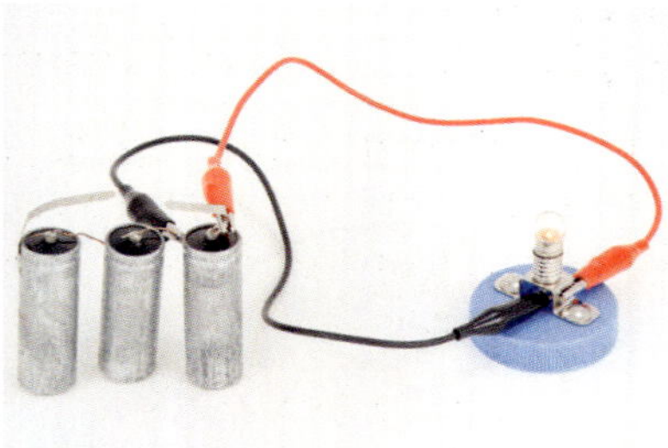

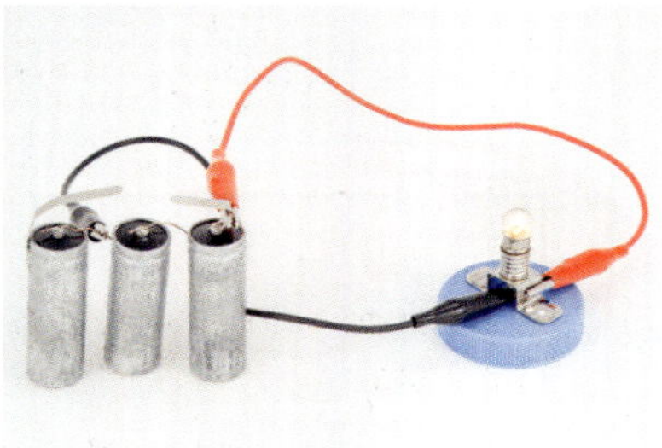

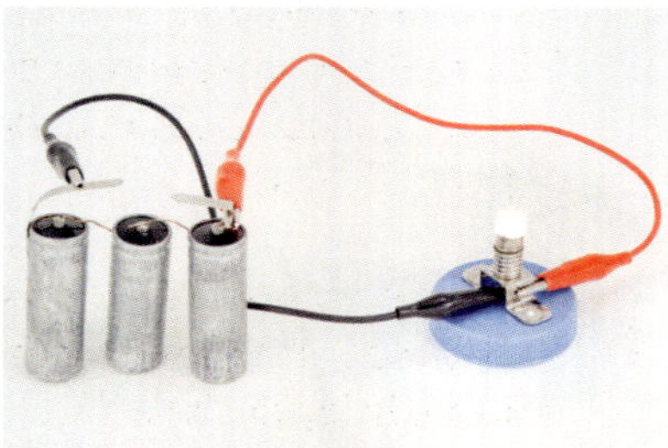

En el interior de una pila de petaca hay tres pilas de 1,5 voltios cada una conectadas en serie. Si las conectamos sucesivamente a una lámpara, observaremos que el aumento de la tensión hace que la lámpara ilumine más, es decir, se incrementa la intensidad de corriente. Por tanto se cumple la ley de Ohm.

El físico alemán Georg Simon Ohm (1789-1854).

2. Magnitudes eléctricas básicas

Para analizar el efecto de la circulación de las cargas eléctricas por los circuitos, se utilizan diversas magnitudes.

Hay tres magnitudes eléctricas básicas que conviene tener en cuenta en un circuito eléctrico: la tensión o voltaje, la intensidad de corriente y la resistencia.

Tensión o voltaje: Es la energía mediante la cual las cargas eléctricas son impulsadas desde el generador. Su unidad de medida es el voltio (*V*) y su símbolo es *V*.

La tensión se mide con un instrumento llamado **voltímetro**. Debe conectarse en paralelo con los puntos del circuito cuya tensión se quiere medir.

Intensidad de corriente: También llamada *corriente eléctrica*, es la cantidad de cargas eléctricas que pasan por un punto cualquiera del circuito en un segundo. Su unidad de medida es el amperio (A) y su símbolo es *I*.

Para medir la intensidad de corriente se utiliza un **amperímetro**, que se ha de conectar en serie con los componentes del circuito, ya que de este modo la corriente eléctrica pasará a través de él.

Resistencia eléctrica: Es la dificultad que ofrecen los elementos del circuito al paso de la corriente eléctrica. Su unidad de medida es el ohmio (Ω) y su símbolo es *R*.

La resistencia eléctrica de un receptor se puede determinar con un aparato llamado **ohmímetro**. Para ello es necesario desconectar el elemento que se desea medir.

La ley de Ohm

A principios del siglo XIX, el físico alemán Georg Simon Ohm estudió la relación existente entre las magnitudes eléctricas básicas. Esta relación se conoce con el nombre de **ley de Ohm** y dice:

La intensidad de corriente eléctrica que circula por un circuito es directamente proporcional a la tensión aplicada e inversamente proporcional a la resistencia del circuito.

La ley de Ohm puede formalizarse mediante la siguiente expresión matemática:

$$I = \frac{V}{R}$$

Donde:

I = intensidad de corriente expresada en amperios (A)
V = tensión, que se mide en voltios (V)
R = resistencia, medida en ohmios (Ω)

3. Potencia y energía eléctrica

Otras magnitudes eléctricas que conviene tener en cuenta son la potencia y la energía.

3.1. Potencia eléctrica

La **potencia eléctrica** es la capacidad que tiene un receptor para transformar cierta cantidad de energía en un tiempo determinado. Su unidad de medida es el **vatio** (W), aunque habitualmente se utiliza el **kilovatio** (kW), que equivale a 1000 W.

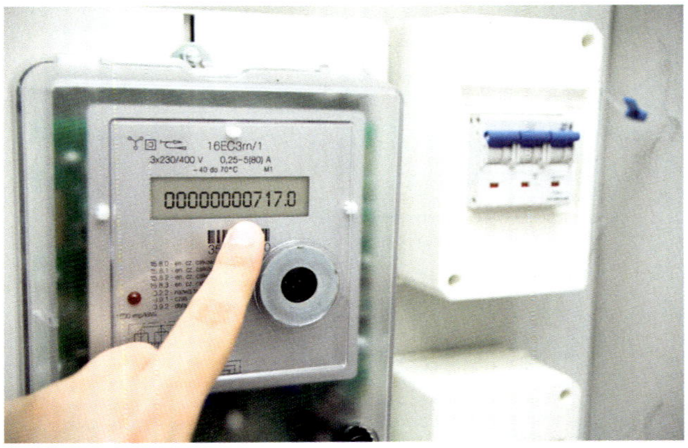

La potencia de un receptor está relacionada con la tensión de alimentación y la intensidad de corriente mediante la expresión:

$$P = V \cdot I$$

donde: *P*, es la potencia en vatios (W) *V*, la tensión en voltios (V) e *I*, la intensidad en amperios (A).

3.2. Energía eléctrica

La cantidad de **energía eléctrica** transformada en un receptor es directamente proporcional a la tensión aplicada, a la intensidad de corriente que circula en él y al tiempo de paso de la corriente. La unidad de medida es el **vatio-hora** (Wh), aunque se utiliza casi exclusivamente el **kilovatio-hora** (kWh), que equivale a 1000 Wh.

La expresión de la energía eléctrica viene dada por:

$E = V \cdot I \cdot t$ o bien $E = P \cdot t$

donde: *E*, es la energía eléctrica expresada en vatios-hora (Wh), *P*, la potencia en vatios (W) y *t* el tiempo en horas (h).

Ejemplo

En el circuito de la figura, el amperímetro marca 0,5 A y el voltímetro 4,5 V. Queremos determinar:

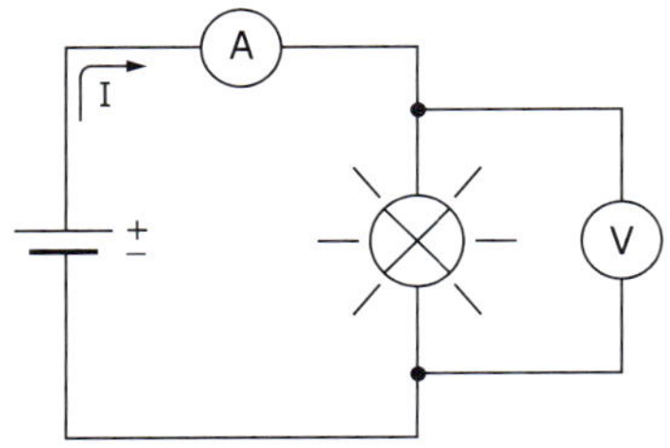

a) La resistencia eléctrica de la lámpara.

b) La potencia eléctrica que tiene la lámpara.

c) La cantidad de energía disipada cuando está iluminada durante 2 horas.

a) La resistencia de la lámpara se puede determinar mediante la ley de Ohm:

$$I = V / R$$

de donde:

$$R = V / I = 4{,}5\ V / 0{,}5\ A = 9\ \Omega$$

b) La potencia eléctrica de la lámpara será:

$P = V \cdot I = 4{,}5\ V \cdot 0{,}5\ A = 2{,}25\ W$

c) La energía disipada será:

$E = P \cdot t = 2{,}25\ W \cdot 2\ h = 4{,}5\ Wh$

Comprobación de la ley de Ohm

Mediante un montaje sencillo, como el representado en la fotografía, podemos comprobar experimentalmente la ley de Ohm.

1. Coloca un clip en cada uno de los extremos de los tres cables para facilitar la conexión a los componentes del circuito (opcionalmente, las conexiones entre los cables y los clips pueden soldarse). También se pueden utilizar directamente cables de cocodrilo.
2. Coloca una mina de portaminas sobre la hoja de papel y sujeta los extremos con una estrecha franja de cinta adhesiva.
3. Realiza el montaje de la fotografía y cierra el circuito poniendo en contacto los dos clips libres. Observa si se ilumina la bombilla.
4. Manteniendo fijo uno de los clips en un extremo de la mina (no cubierto por el aislante), separa el otro clip desplazándolo sobre la barra de grafito. Observa el nivel de luminosidad de la bombilla cuando los clips hacen contacto en puntos próximos de la mina (poca resistencia eléctrica) y cuando se alejan uno del otro (mayor resistencia eléctrica).

Por tanto, analizando la expresión de la ley de Ohm: $I = V / R$ y dado que en la realización de esta experiencia la tensión de la pila es constante (4,5 V), podemos decir:

a) En un circuito, cuando la resistencia eléctrica es pequeña, la intensidad de la corriente (nivel de iluminación de la bombilla) es ____________________.

b) En un circuito, cuando la resistencia eléctrica es grande, la intensidad de corriente (nivel de iluminación de la bombilla) es ____________________.

c) Si accidentalmente se rompe la mina, ¿qué ocurriría en el circuito?

d) Dibuja el esquema del circuito.

Ex

Materiales y utensilios
• portalámparas y bombilla de 3,5 V – 4,5 V
• cables de conexión
• clips
• pila de petaca (4,5 V)
• mina de portaminas (barra de grafito)
• hoja de papel
• cinta adhesiva
• tijeras

Comprobación de la ley de Ohm. Iluminación máxima.

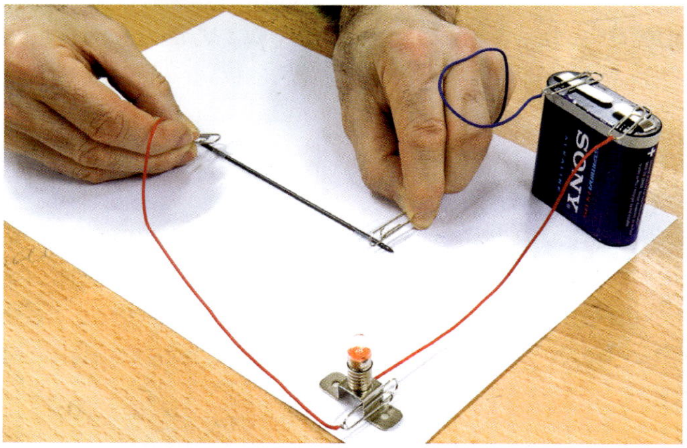

Comprobación de la ley de Ohm. Iluminación mínima.

Vídeo: «La ley de Ohm».
Puedes verificar la ley de Ohm a través de dos experiencias que encontrarás en este vídeo.

Rs

2. Determina la magnitud que falta en cada uno de los siguientes circuitos:

a

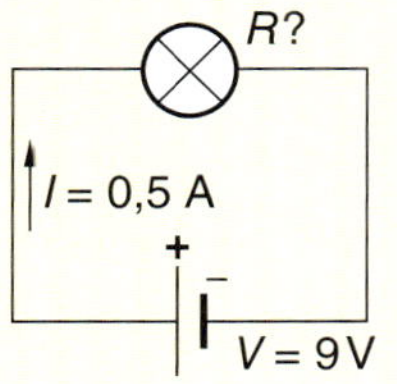

b

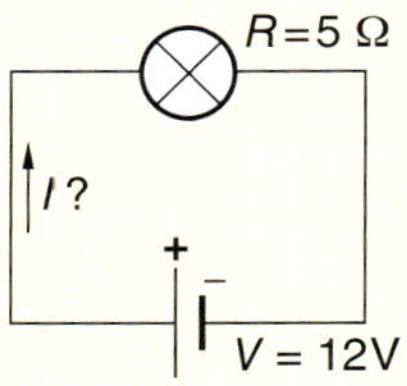

c

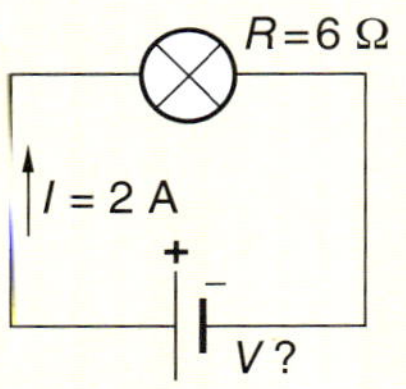

3. Una plancha eléctrica tiene la siguiente inscripción: 220 V – 1000 W.

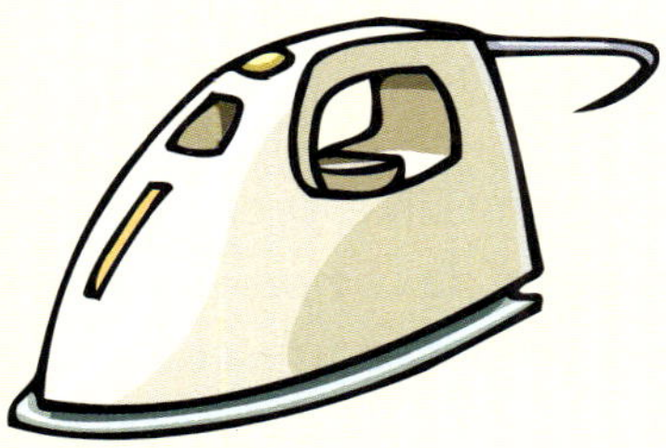

a) ¿Qué significado tienen estos datos?

b) ¿Qué intensidad de corriente circula cuando la plancha está en funcionamiento?

c) ¿Cuál es el valor de la resistencia de la plancha?

d) ¿Qué cantidad de energía desprende en media hora de funcionamiento?

4. Un circuito eléctrico está formado por un motor, cuya resistencia interna es de 48 Ω, una pila de 12 V, un interruptor y los conductores.

a) Dibuja el esquema del circuito y coloca en él los datos del problema.

b) Calcula la intensidad de corriente que circula por el motor cuando el interruptor está cerrado.

5. Una tostadora de pan está conectada a la tensión de 220 V y tiene una resistencia eléctrica de 90 Ω.

Determina:

a) La potencia eléctrica de la tostadora.

b) La energía eléctrica consumida en su funcionamiento durante 1 minuto.

6. Un ventilador eléctrico tiene una resistencia interna de 30 Ω y está conectado a la tensión de 220 V. Si sabemos que ha funcionado durante 3 horas, determina la energía consumida en este tiempo.

7. Una bombilla está conectada a la tensión de red de 220 V durante 30 minutos. Si la intensidad de corriente que circula por el filamento de la bombilla es de 2 A, determina la cantidad de energía consumida.

8. Una lavadora de 2 000 W de potencia está conectada a la tensión de red de 220 V. Determina:

a) La intensidad de corriente que circula.

b) La energía consumida durante 2 horas de funcionamiento.

c) El coste de la energía consumida si el precio del kilovatio/hora es de 10 céntimos de euro.

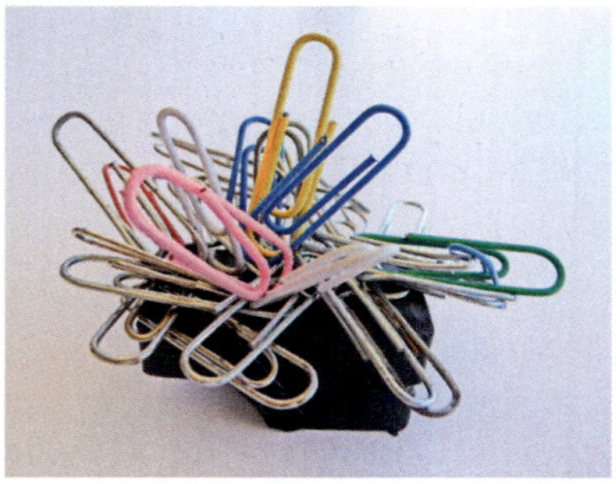

Magnetita.

4. Magnetismo

Hace unos dos mil años, en Magnesia, una región de la actual Turquía, se descubrieron unas piedras que tenían la propiedad de atraer el hierro. Algunos siglos más tarde, los sabios chinos se percataron de que, suspendiendo estas piedras de un hilo, siempre se orientaban en la misma dirección, y construyeron brújulas sencillas que ayudaban a los marinos a orientarse en los mares.

Los antiguos llamaron a estos materiales *magnéticos* (es decir, 'procedentes de Magnesia') **imanes**, y a la fuerza invisible que ejercían sobre otros materiales, **magnetismo**.

Los imanes atraen el hierro y todos los materiales que lo contienen. Tienen dos polos, el polo norte y el sur, y es en ellos donde se concentra el máximo poder de atracción.

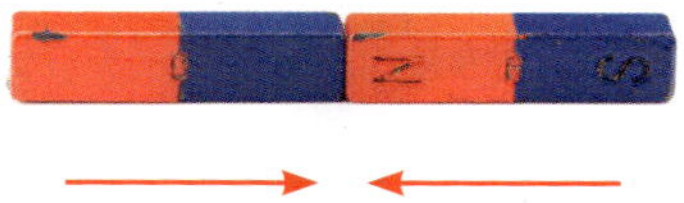

atracción

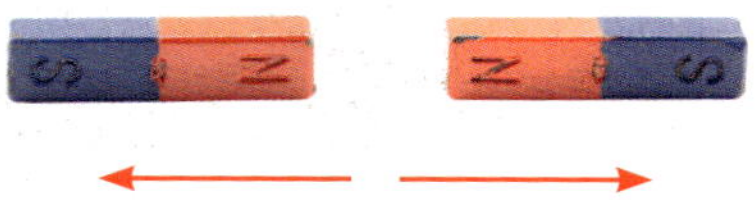

repulsión

Polos opuestos se atraen; polos iguales se repelen.

El imán de herradura es una barra de imán doblada de modo que sus extremos estén próximos.

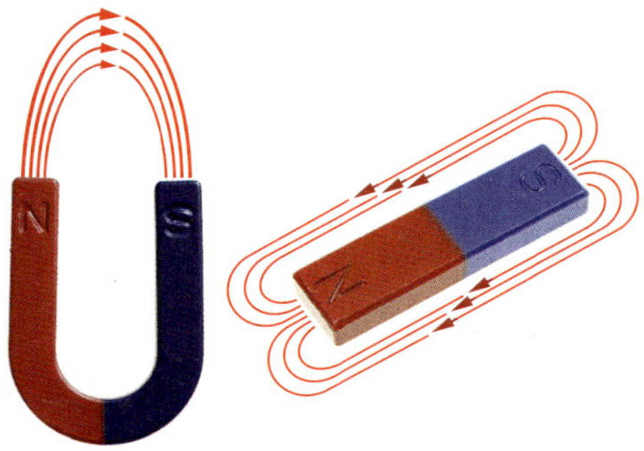

Líneas de campo magnético en un imán recto y en un imán de herradura.

La zona cercana al imán en la que actúa la fuerza invisible que este emite se llama **campo magnético**.

Ahora bien, como el campo magnético es invisible, suele representarse mediante unas líneas cerradas denominadas *líneas de campo*, que muestran la forma y el sentido del campo. Estas líneas salen del polo norte, entran en el polo sur y se cierran por el interior del imán.

Ex

Reúne diferentes objetos como por ejemplo: clips, chinchetas, monedas, hoja de papel, trozo de papel de aluminio, regla de plástico, mina de portaminas, llave, etc. Acerca un imán a cada uno de los objetos y observa cuáles son atraídos y cuáles no. Anótalo en una tabla como la siguiente y responde las cuestiones planteadas:

Objetos atraídos	Objetos no atraídos

a) ¿Qué característica tienen todos los objetos atraídos por el imán?

b) ¿Es posible que un mismo objeto aparezca en las dos columnas de la tabla? ¿Por qué?

c) Si dos objetos de la columna de la izquierda se atraen entre sí, ¿cuál de las siguientes afirmaciones es cierta a propósito de uno de los objetos?

- Es de plástico.
- Es un imán.
- Es de aluminio.

5. Electromagnetismo

El electromagnetismo trata de las relaciones entre el magnetismo y la electricidad. Podemos distinguir fundamentalmente dos casos:

1. Creación de un campo magnético a partir de una corriente eléctrica.
2. Creación de una corriente eléctrica a partir del desplazamiento de un campo magnético.

Vídeo: «Creación de un campo magnético a partir de una corriente eléctrica». Puedes verificar la experiencia de Oersted a través de este vídeo.

5.1. Creación de un campo magnético a partir de una corriente eléctrica

Cuando se hace circular una corriente eléctrica por un hilo conductor se crea un campo magnético a su alrededor.

El físico danés Hans Christian Oersted descubrió que, cuando circula corriente eléctrica por un hilo conductor, se modifica la orientación de la aguja imantada de una brújula próxima. Por tanto, podemos deducir que **la corriente eléctrica** que circula por un conductor crea un **campo magnético** a su alrededor, es decir, se comporta como un imán.

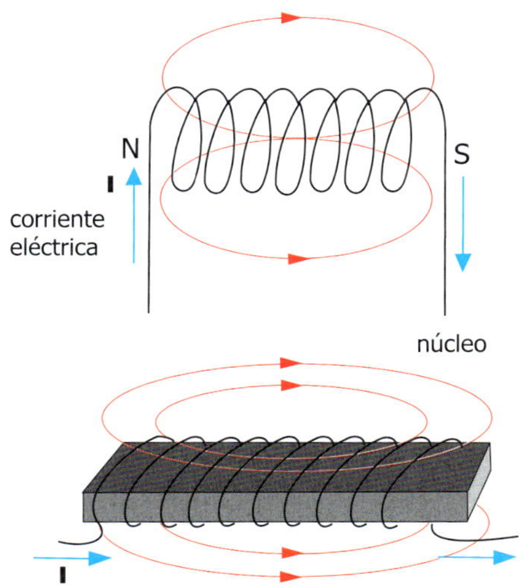

A continuación se representa el experimento de Oersted. En la fotografía de la izquierda, se puede observar que la posición de la aguja de la brújula es paralela al hilo. Al conectar la pila a los extremos del hilo, la aguja se desvía notablemente hasta situarse perpendicular al conductor.

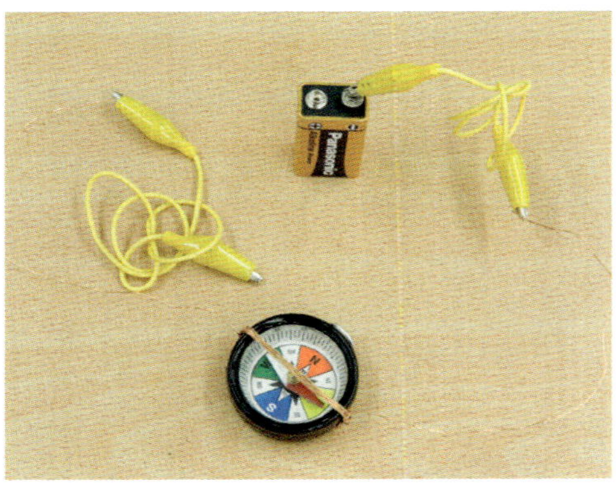

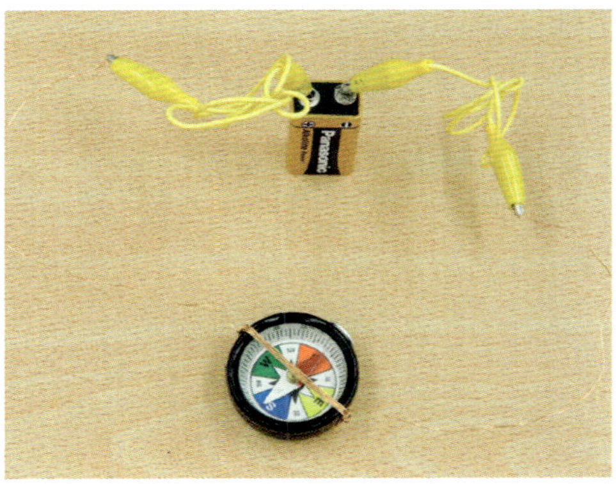

Una aplicación basada en este hecho se produce con un dispositivo llamado **electroimán**.

Un electroimán es un imán temporal constituido por una barra de hierro (núcleo) sobre la que se enrolla un hilo conductor. Cuando circula corriente por el hilo, se crea un campo magnético y hace que el núcleo se comporte como un imán.

Los electroimanes se utilizan en los motores y alternadores eléctricos, en los zumbadores y timbres, en máquinas que mueven grandes masas de materiales férricos, etc.

An

9. Observa la fotografía e indica dónde está situado el electroimán. Describe el proceso que sigue la grúa para amontonar los residuos metálicos.
¿Es posible recoger todo tipo de materiales metálicos con este dispositivo? ¿Por qué?

Construcción de un electroimán

A continuación, te proponemos la creación de un electroimán que, más adelante, podrás utilizar en la construcción de un zumbador mediante la hoja de una sierra de marquetería.

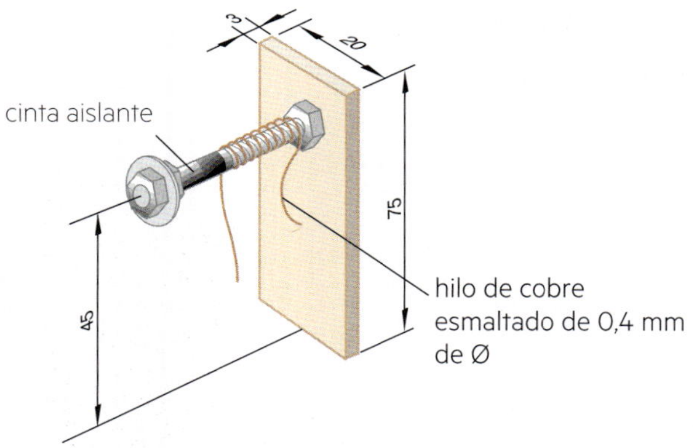

Electroimán.

1. Corta la chapa o DM que hará de soporte del electroimán y perfórala con la broca del 4.
2. Sujeta el tornillo al soporte y atornilla dos tuercas en el extremo libre con una arandela en medio.
3. Con la cinta aislante, recubre el cuerpo del tornillo.
4. Ve dando vueltas de un extremo a otro con el hilo de cobre procurando que las espiras queden tan ordenadas como sea posible. Deberás conseguir que ambos extremos queden al lado del soporte.
5. Rasca los extremos del hilo de la bobina para eliminar el aislante de barniz.
6. Conecta los extremos a una pila.
   - ¿Qué sucede si acercas clips al electroimán?
   - ¿Y si desconectas la pila?

Vídeo: «El electroimán». Puedes comprobar el funcionamiento de un electroimán en este vídeo.

Ex

Materiales y utensilios
• 15 m de hilo de cobre esmaltado de 0,4 mm de Ø
• 1 tornillo M4 de 40 mm
• 2 arandelas
• 3 tuercas M4
• cinta aislante
• chapa o DM de 3 mm de 20 × 75
• destornillador
• llave fija del 4
• broca del 4

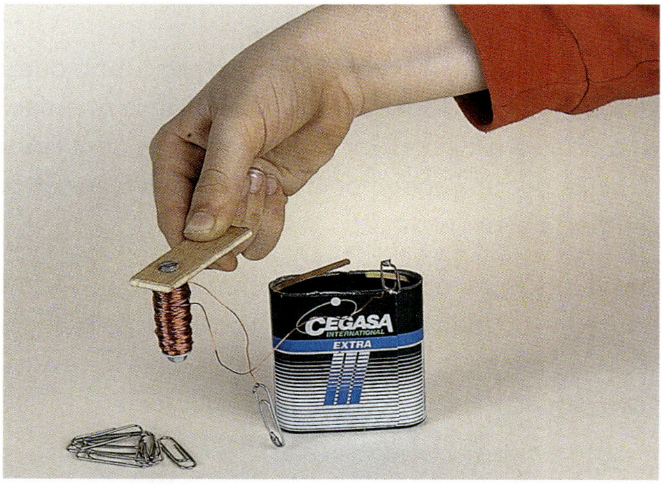

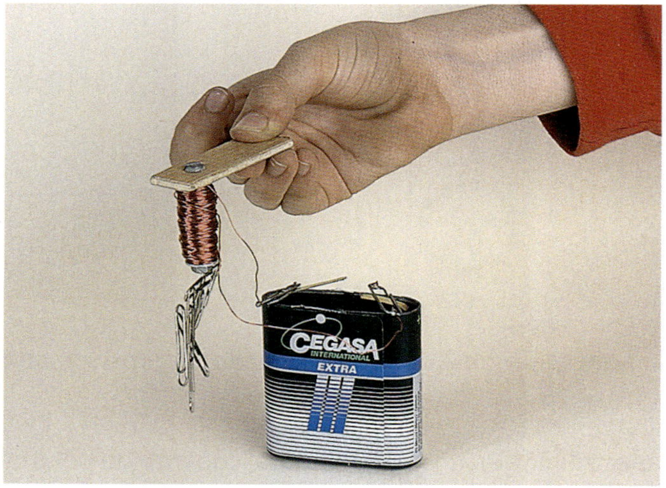

5.2. Creación de una corriente eléctrica a partir del desplazamiento del campo magnético

Vídeo: «Creación de una corriente eléctrica». Puedes verificar la experiencia de Faraday en este vídeo.

Michael Faraday descubrió que cuando se desplaza un imán por el interior de una bobina se genera en ella una corriente eléctrica. Por tanto, el campo magnético variable de un imán en movimiento crea una corriente eléctrica. Este fenómeno se conoce como **inducción electromagnética**, y la corriente que se produce en la bobina recibe el nombre de **corriente inducida**. Esta corriente también se crea cuando la bobina se mueve y el imán está en reposo.

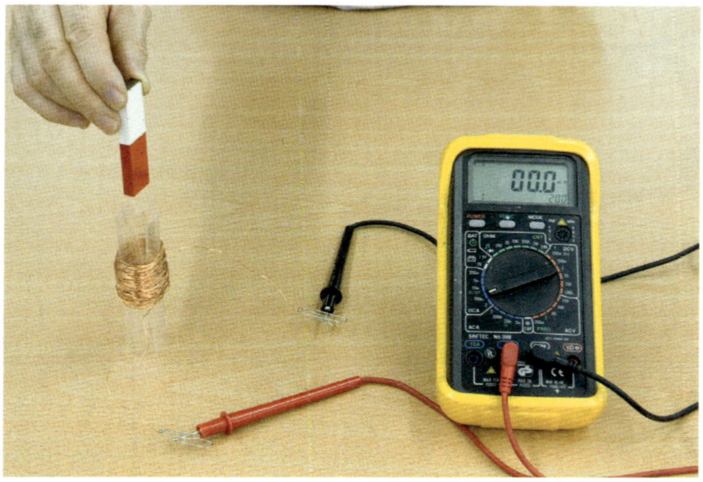

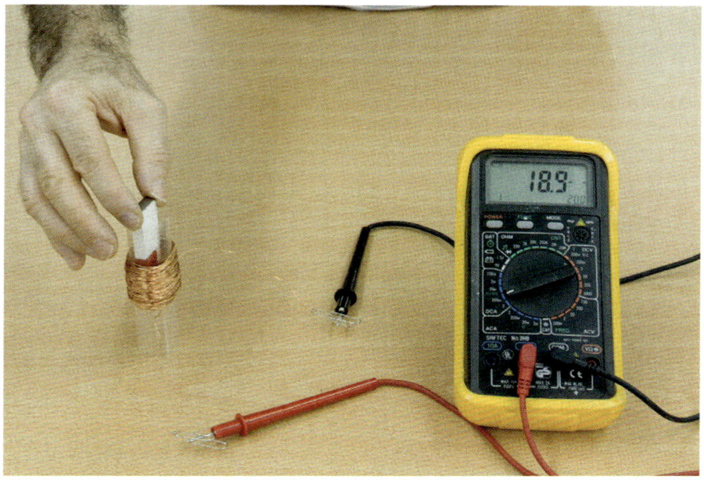

An

10. Observa las fotografías anteriores que hacen referencia al experimento de Faraday y completa los espacios en blanco con las siguientes palabras clave:

multímetro – bobina – imán – contrario – reposo – extraer

a) Mientras el imán está en ________________, no se crea corriente eléctrica inducida en la ________________.

b) Cuando introducimos el ________________ en el interior de la bobina, aparece una corriente eléctrica positiva que es detectada por el ________________.

c) Al ________________ el imán del interior de la bobina se obtendrá una corriente eléctrica de sentido ________________ a la anterior.

11. Indica si son ciertas o falsas cada una de las siguientes afirmaciones:

a) La inducción electromagnética es un fenómeno que consiste en la generación de una corriente eléctrica a partir del movimiento entre un imán y un hilo conductor.

b) El fenómeno de la inducción electromagnética solo se produce cuando se mueve el imán y la bobina permanece inmóvil, pero no si el imán está fijo y se mueve el solenoide.

c) La variación del campo magnético que atraviesa las espiras de la bobina da lugar a una corriente inducida en las propias espiras de este.

ODS 7 ENERGÍA ASEQUIBLE Y NO CONTAMINANTE

Hay que garantizar, a corto plazo, el acceso universal a una energía asequible, segura, sostenible y moderna, para mejorar las condiciones de vida de una parte considerable de la humanidad.

6. El motor eléctrico

Los motores eléctricos se basan en el movimiento giratorio de unas espiras con corriente eléctrica en un campo magnético.

> Un motor eléctrico es una máquina que transforma la energía eléctrica en energía mecánica al girar el eje del motor.

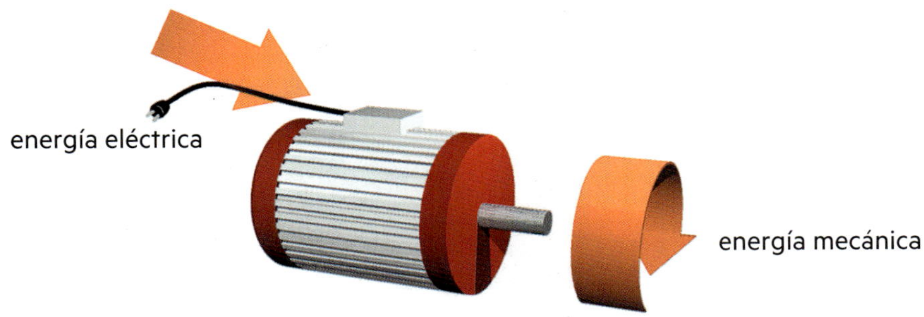

6.1. Partes de un motor eléctrico

Un motor eléctrico consta de tres partes principales: el estátor, el rotor y el conjunto colector-escobillas.

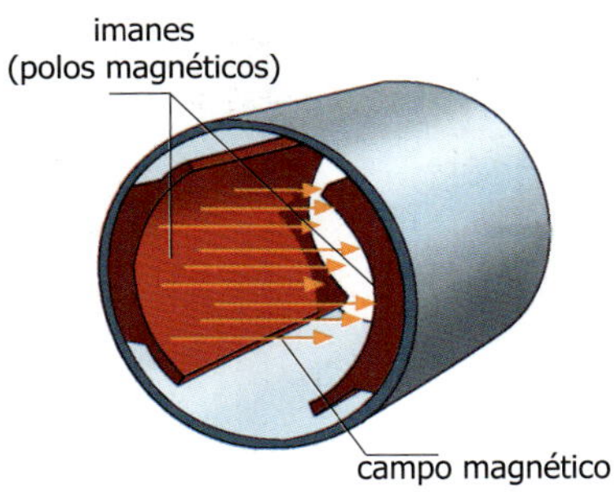

1. El **estátor** es la parte fija del motor. Tiene forma de cilindro hueco y en él se disponen los imanes o electroimanes (polos magnéticos) que generan el campo magnético.
2. El **rotor** es la parte móvil que gira. Tiene forma cilíndrica y se sujeta gracias a su eje. Este cilindro tiene unas ranuras en las que se introducen bobinas de cobre que al ser recorridas por la corriente eléctrica crean otro campo magnético.
3. Los extremos de las bobinas se unen al **colector** formado por láminas de cobre que se desplazan sobre las **escobillas** conectadas a la tensión de alimentación.

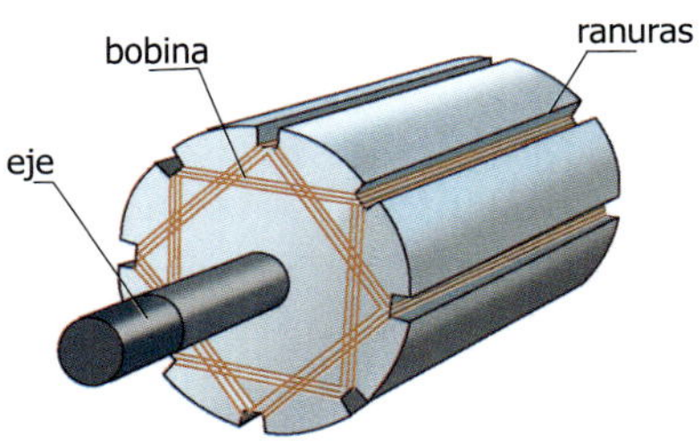

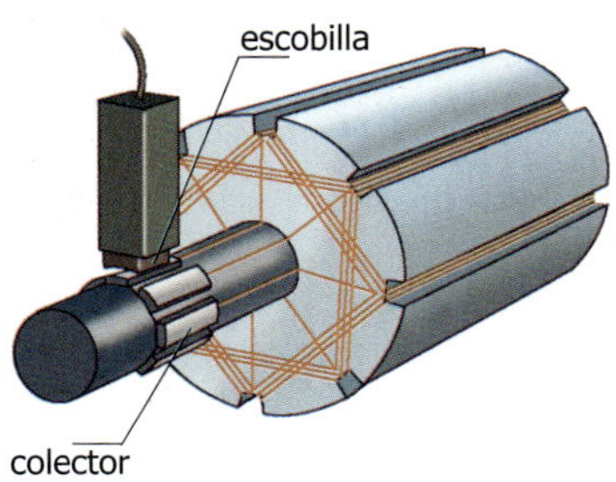

Re

12. En la figura se muestra el montaje de un motor eléctrico. En él se puede apreciar un ventilador, que suelen llevar los motores a partir de un cierto tamaño. El ventilador evita que el motor se caliente demasiado.

Relaciona las partes señaladas en la figura con los nombres correspondientes.

motor – carcasa – escobilla – imán – eje – cable de alimentación – ventilador – colector – bobina

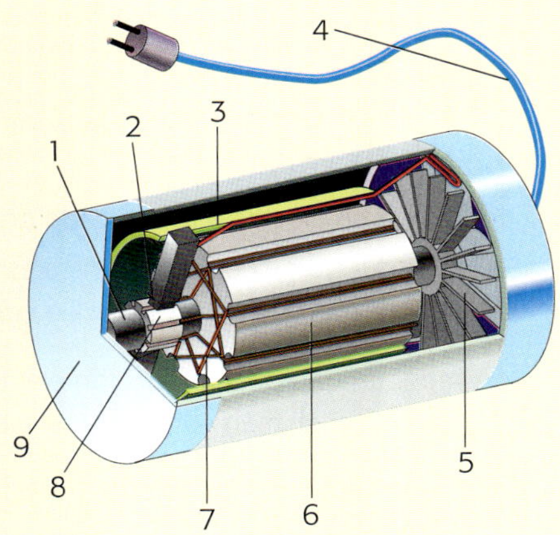

6.2. Funcionamiento de un motor eléctrico

Tal como hemos explicado en los apartados anteriores, cuando por un conductor eléctrico circula una corriente, se genera un campo magnético.

Si dicho conductor se halla a su vez dentro de un campo magnético, tendremos dos campos magnéticos en un mismo espacio. Al igual que sucede con dos imanes, se originarán dos fuerzas que tenderán a producir un movimiento.

La figura inferior de la izquierda representa un motor eléctrico elemental. La corriente llega a la espira a través de las escobillas y el colector, creando el segundo campo magnético. Los dos campos magnéticos interactúan haciendo girar la espira.

En realidad, el rotor del motor está formado por muchas bobinas, y cada una de las bobinas por muchas espiras. Este hecho lo podemos comprobar en la figura inferior de la derecha, que representa un rotor con dos bobinas y un estátor con electroimanes en lugar de imanes.

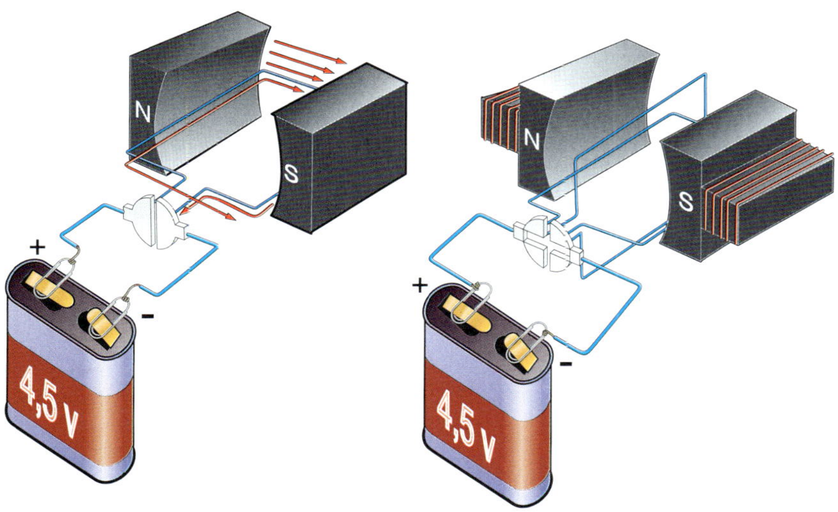

Motor elemental con una y dos bobinas.

Muchos motores son reversibles, es decir, si los hacemos girar generan electricidad. Esto es posible gracias a que cuando un conductor se mueve dentro de un campo magnético se genera una corriente.

Así, las **dinamos** o **alternadores** son máquinas que transforman energía mecánica en eléctrica. Su construcción es similar a la de los motores, pero en lugar de obtener un movimiento, se tiene que hacer girar el eje.

Linterna con dinamo.

Re

13. En la siguiente figura, identifica con ayuda de los números:

a) La corriente.

b) El campo magnético creado por el hilo de corriente

c) El campo magnético creado por los imanes.

d) El movimiento del conductor.

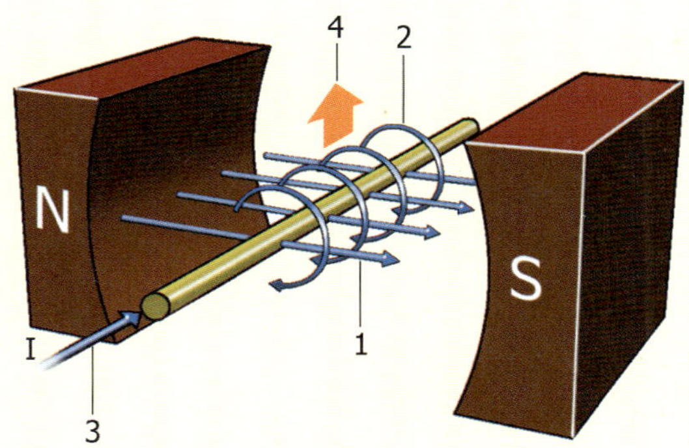

7. Cambio del sentido de giro de un motor de corriente continua

Muchas veces interesa cambiar el sentido de giro en un motor eléctrico, como por ejemplo en un coche teledirigido, en una puerta automática, en una grúa, en un ascensor, etc. Cuando los motores se conectan a un polo positivo y uno negativo, solo hay que invertir la polaridad para invertir el sentido de giro.

Los dibujos inferiores muestran cuatro sistemas para invertir el sentido de giro de pequeños motores de corriente continua. Todos ellos invierten la polaridad del motor.

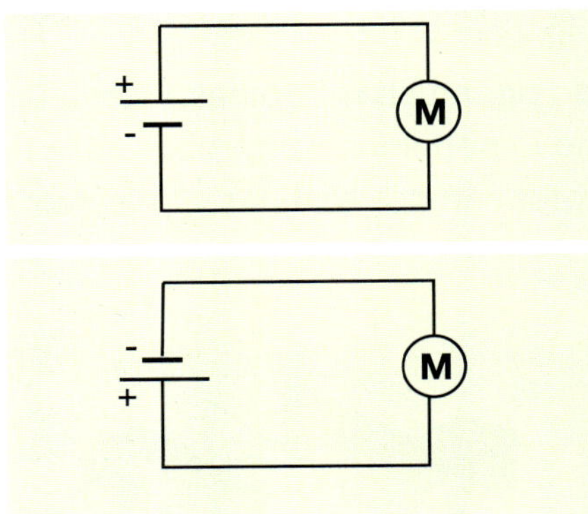

Manual.

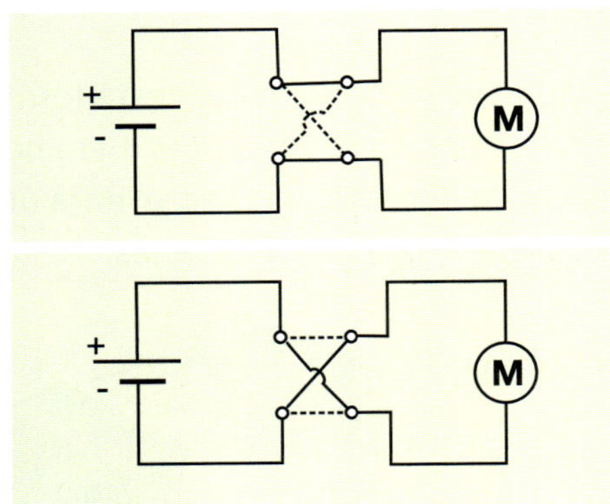

Con conmutador de cruzamiento.

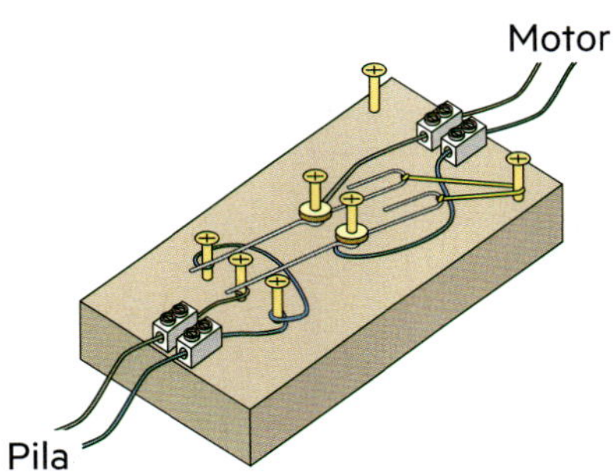

Conmutador de cruzamiento casero.

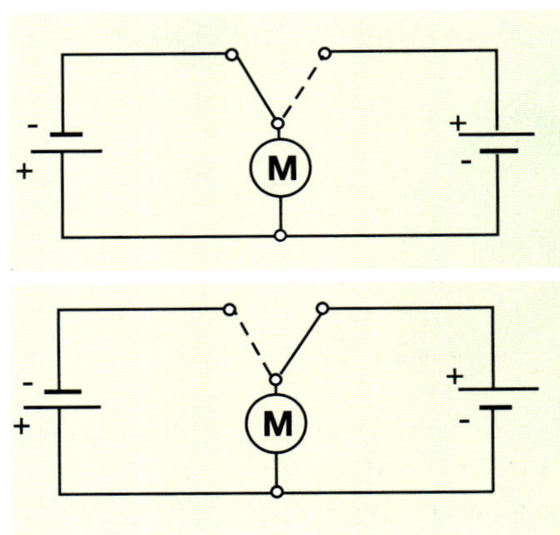

Con conmutador.

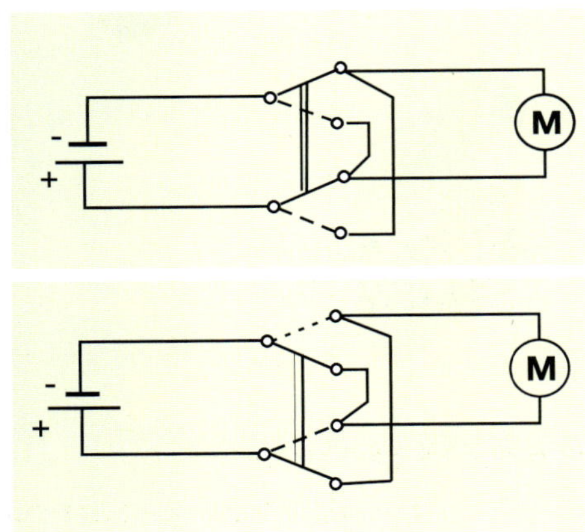

Con doble conmutador.

An

14. El siguiente esquema muestra un circuito que invierte el sentido de giro. Explica cómo funciona, detallando la función del interruptor y la del conmutador de cruzamiento.

15. Observa el circuito con dos pilas. ¿Cómo conseguirías detener el motor? Dibuja el esquema y explícalo.

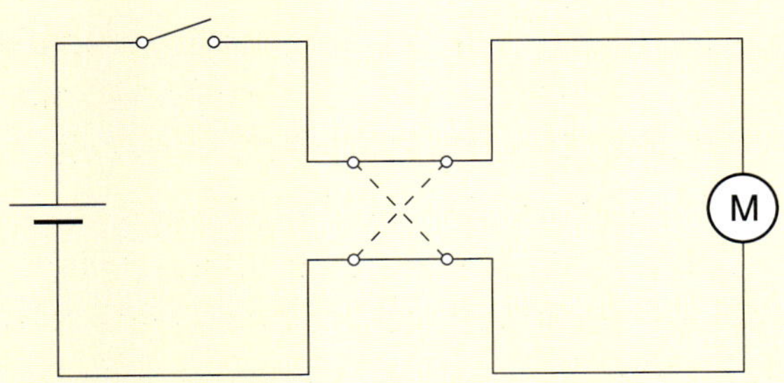

Síntesis

Elabora tu propio resumen de la unidad, completando con las palabras clave los espacios en blanco.

1. Un circuito eléctrico es el camino ______________ , formado por un conjunto de elementos enlazados, por el cual circulan las cargas eléctricas.
2. La ______________ eléctrica es la energía mediante la cual las cargas eléctricas son impulsadas desde el generador.
3. La cantidad de cargas eléctricas que pasan por un ______________ cualquiera del circuito en un segundo se denomina ______________ de corriente eléctrica.
4. La resistencia eléctrica es la ______________ que ofrecen los diferentes elementos del circuito al paso de la corriente eléctrica.
5. La ley de ______________ dice que la intensidad de corriente que circula por un circuito es ______________ proporcional a la tensión aplicada e inversamente proporcional a la resistencia del circuito.
6. Cuando se hace circular una ______________ eléctrica por un hilo conductor se crea un campo ______________ a su alrededor.
7. Un motor eléctrico es una ______________ que transforma la energía eléctrica en energía ______________ en su eje. Un generador, en cambio, transforma la energía mecánica en energía ______________.

Parabras clave

máquina, corriente, tensión, dificultad, Ohm, magnético, intensidad, mecánica, eléctrica, directamente, cerrado, punto

Recursos en red

Página web: «Simulador eléctrico PhET».

La Universidad de Colorado pone a nuestra disposición interesantes animaciones relacionadas con la electricidad y el magnetismo.

Entra en la web y haz clic en *Simulations on line*.

- Puedes comenzar con el kit de construcción de circuitos y elegir el idioma. Aquí podrás implementar circuitos sencillos, comprobar su funcionamiento, visualizar su diagrama esquemático o medir el valor de las magnitudes eléctricas básicas.
- Activa, ahora, la ley de Ohm. Si una de las magnitudes es constante, a medida que vayas variando una de las otras dos, podrás comprobar qué ocurre con la tercera magnitud.

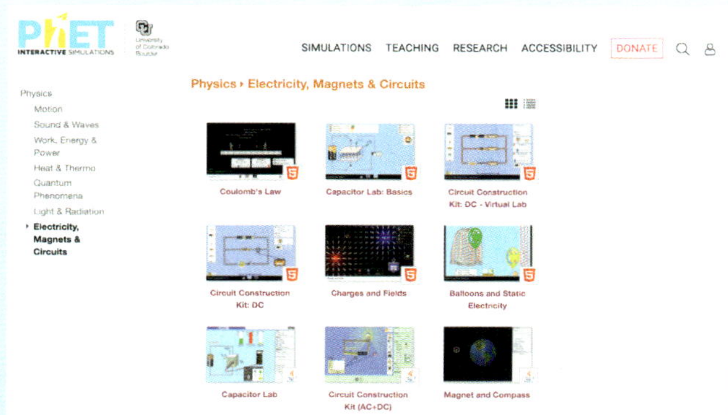

- Entra en la experiencia de Faraday (creación de una corriente eléctrica a partir del desplazamiento de un campo) y podrás observar la creación de una corriente eléctrica con el desplazamiento del imán en las proximidades de un solenoide.
- También puedes simular el funcionamiento de un generador, la variación de la resistencia de un conductor en función de la naturaleza del mismo y de sus dimensiones, etc.

Actividades finales

1. Copia el esquema inferior en tu cuaderno y responde:

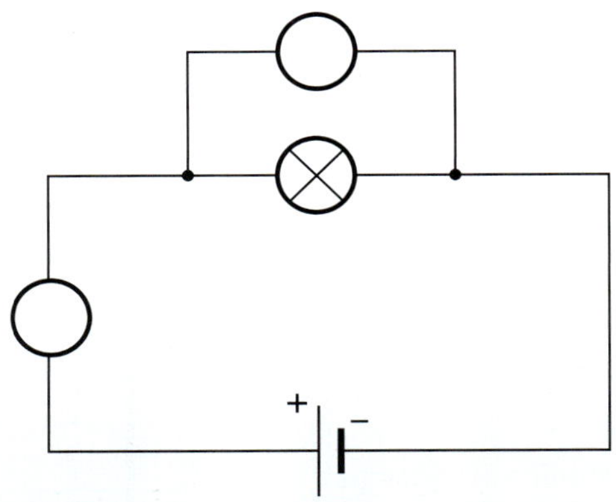

a) ¿Cómo se llaman los instrumentos utilizados para medir la diferencia de potencial y la intensidad de corriente de un circuito?

b) ¿Cómo se ha de conectar cada uno de estos instrumentos al circuito?

c) Identifícalos en la figura y escribe el símbolo en su lugar correspondiente.

2. La bombilla del faro de un coche tiene una resistencia de 6 Ω. Calcula la tensión entre los extremos si circula una intensidad de corriente de 2 A. Determina también la potencia eléctrica del faro.

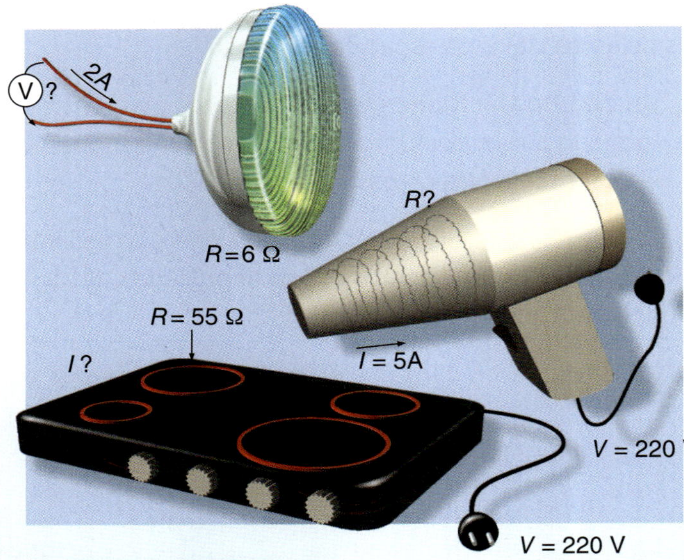

3. Un fogón de una cocina eléctrica tiene una resistencia de 55 Ω. Calcula la intensidad de corriente que circulará por su interior cuando se conecte a una tensión de 220 V.

4. Por el interior de la resistencia de un secador de pelo circula una intensidad de corriente de 5 A, conectado a una tensión de 220 V. Determina el valor de la resistencia.

5. Calcula el valor de la magnitud que falta en cada uno de los siguientes circuitos:

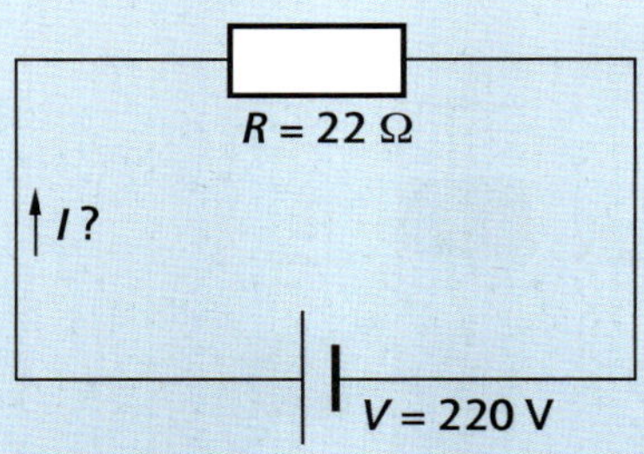

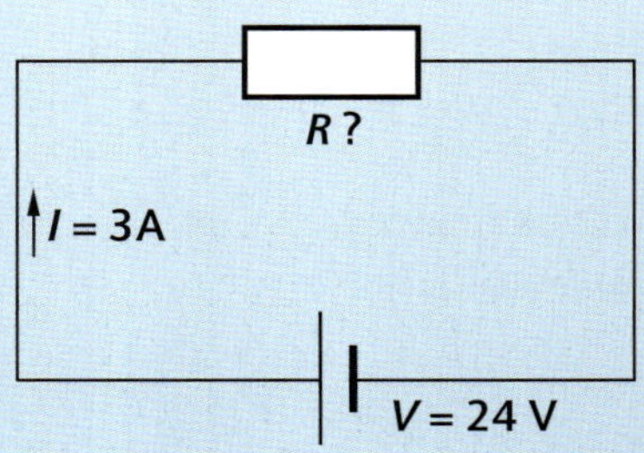

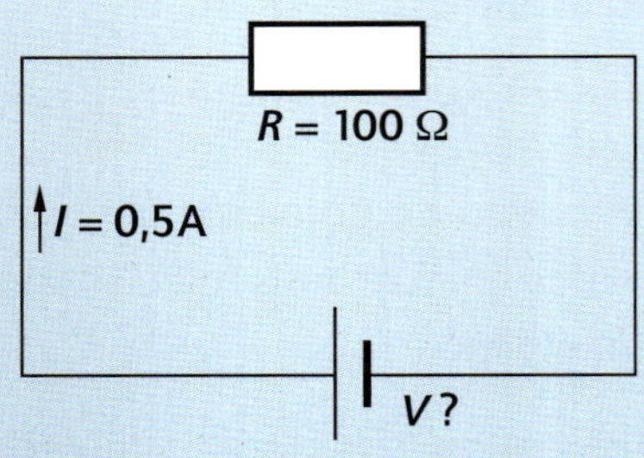

6. **Experiencia. El barco magnético**

Con esta experiencia comprobarás si el campo magnético producido por un imán atraviesa el agua.

Materiales y herramientas
• lámina de corcho o plastilina • cartulina • chinchetas • recipiente de plástico • clip • palo • imán • cúter

1. Coge un trozo de corcho o de plastilina y dale la forma del casco de un barco.
2. Coloca un clip en la parte de debajo. Si la embarcación es de corcho, sujeta el clip con las chinchetas.
3. Monta una vela para que se parezca más a un barco. Puedes simularla con el palo y un trozo de cartulina.
4. Llena el recipiente de plástico con un poco de agua y colócalo sobre cuatro puntos de apoyo para que puedas pasar la mano por debajo.

Mejora el diseño de la embarcación para que pueda desplazarse con más facilidad. Indica las mejoras que has hecho.

Autoevalúa tus conocimientos de la unidad.

7. En el gráfico, aparecen representadas las variaciones de la intensidad de corriente (I) cuando se aplican valores de tensión (V) a tres circuitos con diversas resistencias (R_1, R_2, R_3).

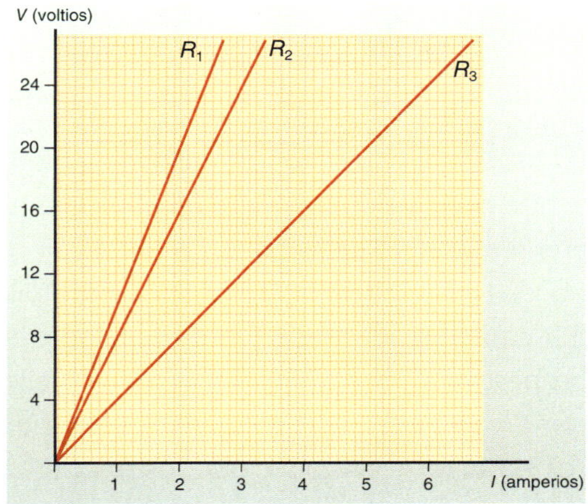

R_1

V (voltios)	4	8	12	16	20	24
I (amperios)						

R_2

V (voltios)	4	8	12	16	20	24
I (amperios)						

R_3

V (voltios)	4	8	12	16	20	24
I (amperios)						

a) Copia las tablas en tu cuaderno y complétalas para cada una de las resistencias.

b) ¿Qué valores tienen las resistencias R_1, R_2 y R_3?

c) Dibuja los esquemas de los tres circuitos colocando cada uno de los voltímetros y un amperímetro.

d) Fíjate en una tensión, por ejemplo 20 V, y observa el valor de las tres intensidades. ¿Cuándo es mayor la intensidad? ¿Por qué?

e) Fíjate en la intensidad, por ejemplo 2 A, y observa el valor de las tres tensiones. ¿Cuándo es mayor la tensión? ¿Por qué?

f) ¿Crees que existe alguna relación entre la pendiente de las rectas y el valor de las resistencias?

La ley de Ohm

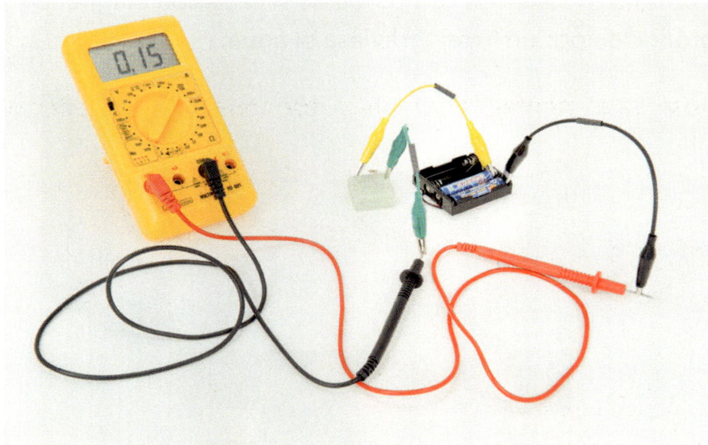

El **multímetro**, también llamado *polímetro* o *tester*, es un instrumento de medida que engloba, entre otras, las funciones del voltímetro, del amperímetro y del ohmímetro.

Mediante dos sencillos circuitos, medimos la intensidad de corriente que circula por cada uno de ellos cuando aplicamos diferentes valores de tensión. La variación de tensión de cada circuito se puede obtener colocando pilas en serie de 1,5 V cada una. Las medidas de tensión e intensidad nos las proporcionan dos multímetros; uno de ellos funcionando como voltímetro y el otro como amperímetro. Los receptores están representados por dos resistencias de valores R_1 y R_2.

Aumentamos el voltaje, añadiendo una pila para cada medición, hasta llegar a los 6 V (cuatro pilas en serie). Para cada valor de tensión anotamos la medida del amperímetro.

A continuación, se muestran los dos circuitos y la tabla de valores correspondientes a cada uno de ellos.

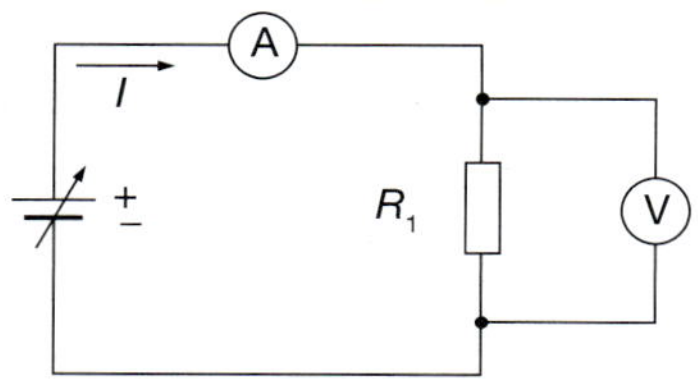

Resistencia R_1

Tensión (V)	1,5	3	4,5	6
Intensidad (mA)	75	150	225	300

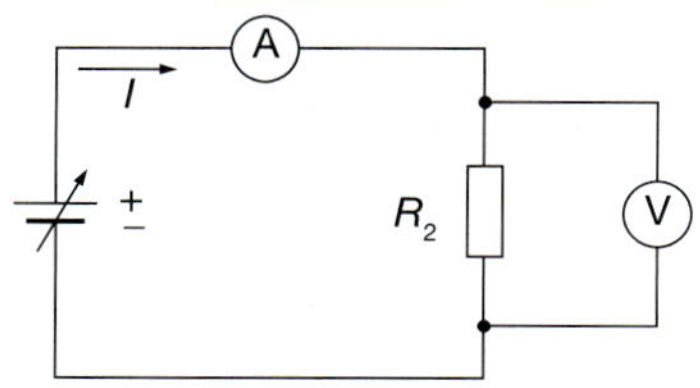

Resistencia R_2

Tensión (V)	1,5	3	4,5	6
Intensidad (mA)	37,5	75	112,5	150

Tareas

1. En una hoja de papel milimetrado, realiza la representación gráfica de cada tabla.
2. Calcula los valores de las resistencias R_1 y R_2.
3. ¿Qué ocurre con la intensidad en cada una de las gráficas a medida que aumenta la tensión? ¿Por qué?
4. Fíjate en un valor de tensión, por ejemplo de 4,5 V, y observa el valor de las dos intensidades. ¿Para qué valor de resistencia es mayor la intensidad? ¿Por qué?
5. Fíjate en una intensidad, por ejemplo 150 mA, y observa el valor de los dos voltajes. ¿Cuándo es mayor la tensión? ¿Por qué?
6. Completa los espacios en blanco.

   La intensidad de ______________ que circula por cada uno de los circuitos depende de la ______________ aplicada y de su resistencia. Así, cuando la resistencia es constante, si aumenta el voltaje también ______________ la intensidad. Por tanto, en cada par de lecturas de los multímetros se cumple la expresión matemática de la ley de ______________ .

Campo magnético creado por una bobina

Vídeo: «El campo magnético». Puedes observar la creación de un campo magnético en una bobina en este vídeo.

Observa el montaje siguiente y responde las cuestiones planteadas:

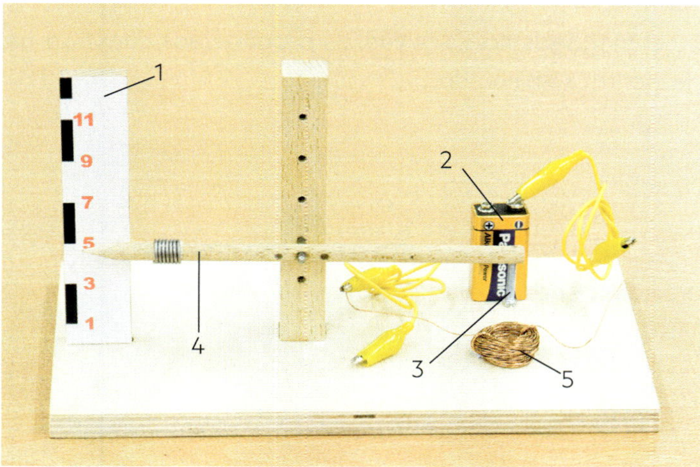

Tareas

1. Identifica cada uno de los elementos numerados en las fotografías superiores: pila, bobina, regla, tornillo de acero y balancín.
2. ¿Qué pasa cuando conectamos la pila a la bobina?
3. Si cambiamos el tornillo de acero, situado en el extremo del balancín, por una varilla de aluminio, ¿obtendremos los mismos efectos que en el apartado anterior? Razona tu respuesta.
4. ¿Qué podemos medir con la regla?
5. Analiza el siguiente diagrama de bloques correspondiente a la transformación energética que se produce en los diferentes elementos del montaje cuando se conecta la pila a la bobina. Completa el diagrama colocando cada término en el recuadro correspondiente.

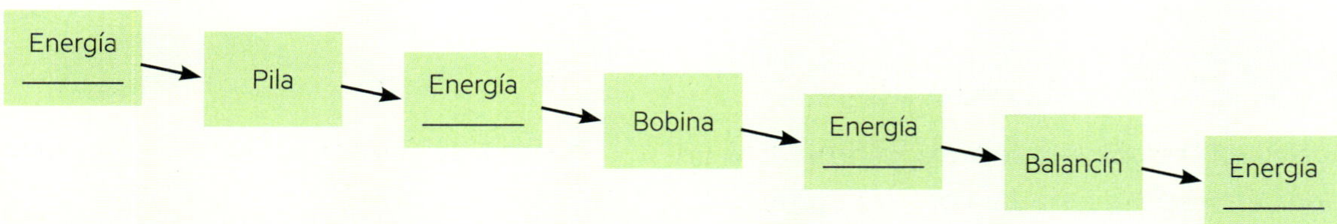

6. Si la resistencia eléctrica de la bobina es de 1,56 Ω, calcula el valor de la corriente que circula por ella.
7. Determina la energía disipada en la bobina durante un minuto de funcionamiento.

Autoevaluación
Para evaluar las tareas de la actividad, rellenad el recurso «Tabla de autoevaluación».

Trabajo cooperativo

Grupos: parejas

Altavoz

Encargo

En este reto vamos a explorar los fenómenos de la electricidad y el magnetismo. Para ello, os proponemos construir un altavoz con materiales de uso cotidiano que transformará energía eléctrica en sonido.

Proceso

Tarea 1. Altavoz elemental

Esta primera tarea consiste en construir un altavoz elemental para comprender su funcionamiento.

Material
• soporte para dos pilas AA o AAA (portapilas) • dos pilas AA o AAA • pinza de madera (de las de tender la ropa) • cinco pinzas de cocodrilo • diodo led • vaso de plástico grande • entre 3 y 4 metros de hilo de cobre esmaltado • imán redondo

a) En primer lugar, montaréis el elemento de control del circuito. Para ello, debéis sujetar un cable con pinza de cocodrilo en la parte inferior de la pinza de madera y otro en la parte superior, tal y como se aprecia en la imagen.

b) A continuación, construiréis una bobina con el hilo de cobre esmaltado. Medid el diámetro del imán y enrollad una hoja de papel de manera que quede un diámetro mayor que el del imán, la utilizaréis para enrollar el hilo. Los dos terminales del hilo han de ir enrollados a la bobina y alineados tal y como se muestra en la fotografía.

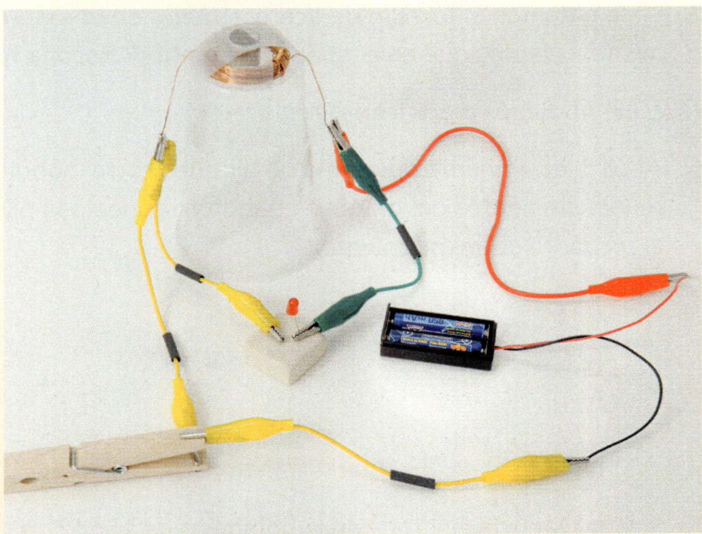

c) Una vez construida la bobina, colocadla, centrada, en la parte inferior del vaso y sujetadla con cinta adhesiva. Ahora desprended el esmalte de los extremos del hilo con unas tijeras o un cúter en la zona de contacto con las pinzas de cocodrilo.

d) El imán ha de ir situado en el centro de la bobina y sujetado con cinta adhesiva. El conjunto de vaso, bobina e imán permanente constituye el amplificador o altavoz.

e) Ahora, montad el resto del circuito añadiendo el diodo led y la alimentación de las pilas.

f) Al presionar la pinza para hacer clics, podréis comprobar el destello del led y el movimiento del imán.

Tarea 2. Representación y funcionamiento del circuito

Autoevaluación y coevaluación
Para evaluar las tareas de la actividad, rellenad el recurso «Tablas de autoevaluación y coevaluación».

Cuando la corriente eléctrica circula por la bobina se crea un campo magnético a su alrededor que interacciona con el campo magnético creado por el imán permanente. Esto da lugar al movimiento del imán que, al golpear sobre el vaso, origina ondas sonoras que se dispersan en el aire.

a) Observad el movimiento del imán al clicar sobre la pinza de madera y escuchad el sonido. ¿Qué tipo de conexión hay entre la bobina y el led?

b) Dibujad el esquema del circuito completo utilizando la simbología adecuada.

Tarea 3. Medida del campo magnético con la placa micro:bit

En esta tarea, utilizaréis el sensor de la placa micro:bit para que en la matriz de ledes se muestre el valor del campo magnético creado en la bobina al circular corriente a través de ella.

a) Implementad el programa creado en MakeCode y cargadlo en la placa micro:bit.

b) Retirad el imán permanente del centro de la bobina y comprobad el valor del campo magnético con la placa micro:bit. Este valor coincidirá con el campo magnético de la Tierra en esta zona del planeta.

c) Presionad sobre la pinza de madera y comprobad ahora el valor del campo magnético en el entorno de la bobina. ¿Ha aumentado o ha disminuido? ¿Se puede cuantificar este valor?

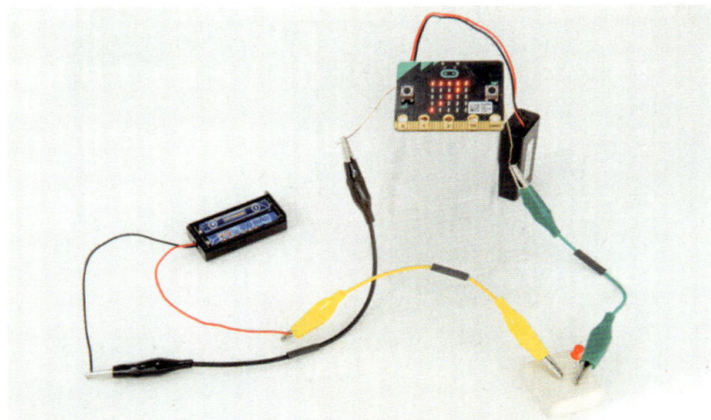

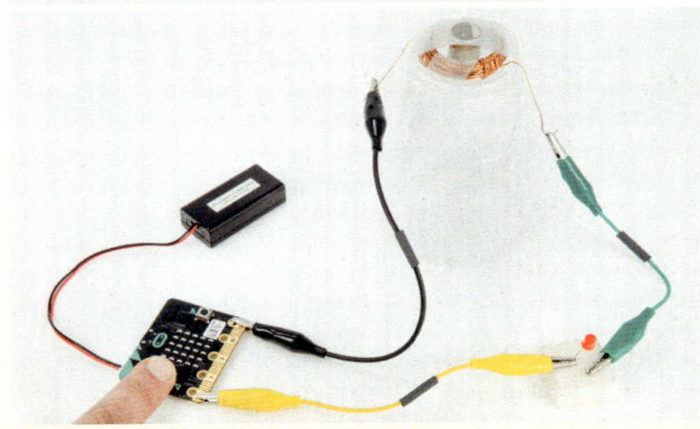

Cierre

Ahora, utilizaremos la placa micro:bit para comprobar el funcionamiento del altavoz. Podéis aprovechar el montaje anterior, pero sin la pinza de madera, pues ahora el elemento de control que manejaréis será el pulsador A de la placa. Además, el tipo de conexión entre el led y la bobina será diferente al montaje anterior tal y como podéis comprobar en la imagen.

a) Implementad el programa de la imagen en MakeCode y cargadlo en la placa.

b) Conectad la placa micro:bit a los mismos cables que utilizasteis anteriormente en la pinza de madera. El positivo de las pilas ha de ir al conector P0 y el negativo al conector GND de la placa.

c) Presionad el pulsador A de la placa y acercad el oído al vaso si no podéis escuchar el tono.

d) ¿Qué tipo de conexión hay entre la bobina y el led?

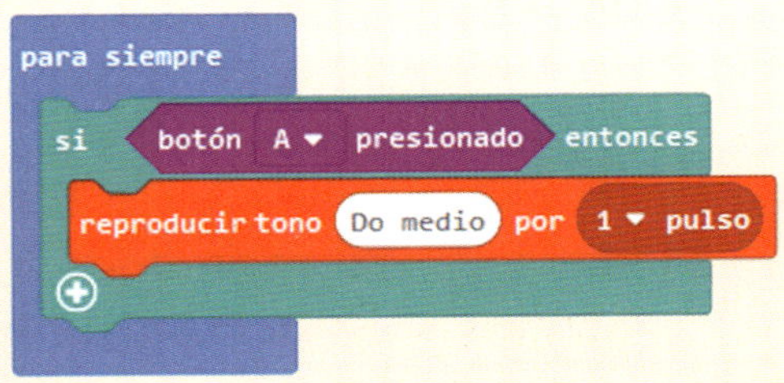

Ampliación STEAM

Conectad unos auriculares a la placa para poder oír el tono producido al presionar el pulsador A.

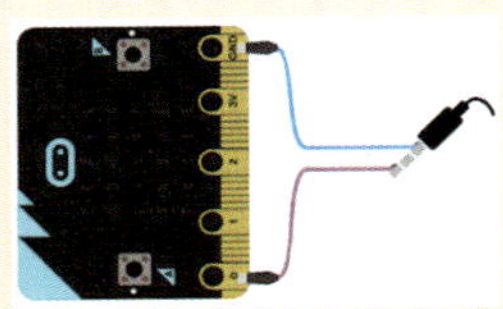

6

La energía y su transformación

Uno de los grandes éxitos de la humanidad ha sido el progreso en **la utilización de las distintas formas de energía**. Así, el motor de un coche toma la energía química del combustible, o un motor eléctrico la energía eléctrica, y la transforman en movimiento.

La creciente demanda de energía provoca el agotamiento progresivo de las fuentes energéticas, que se encuentran en la Tierra en cantidades limitadas, además de la contaminación que estas generan. Así pues, un gran reto de la sociedad actual es conseguir nuevas fuentes de energía que sean inagotables y contaminen menos el medio ambiente.

Contenidos

AI

1. En su funcionamiento normal, el taladro transforma la energía eléctrica que recibe en otra forma de energía. Identifica y justifica qué tipo de energía proporciona.
   a) eléctrica
   b) mecánica
   c) química

2. Los motores de los aviones, barcos o vehículos terrestres utilizan, habitualmente, la energía de productos derivados del petróleo. Según las reservas disponibles y su nula capacidad de regeneración, se puede decir que el petróleo se encuentra en la Tierra en cantidades:
   a) limitadas
   b) ilimitadas
   c) inagotables

   Justifica la respuesta escogida.

Las máquinas transforman una forma de energía que reciben en su entrada en otra forma de energía que proporcionan a la salida.

Energía de entrada

↓

MÁQUINA

↓

Energía de salida

1. La energía y sus diferentes manifestaciones

Para interpretar los cambios que se producen continuamente en nuestro entorno, se utiliza el concepto de energía.

> La energía es la capacidad de los cuerpos para realizar un trabajo y producir cambios o transformaciones en ellos mismos o en otros cuerpos. Generalizando, el concepto de energía se define como la capacidad de hacer funcionar las cosas. La unidad de energía es el julio (J).

Así, por ejemplo, el viento puede hacer girar una veleta o las palas de un aerogenerador, por eso decimos que el viento tiene energía.

1.1. Manifestaciones o formas de energía

Energía mecánica	Energía eléctrica	Energía química
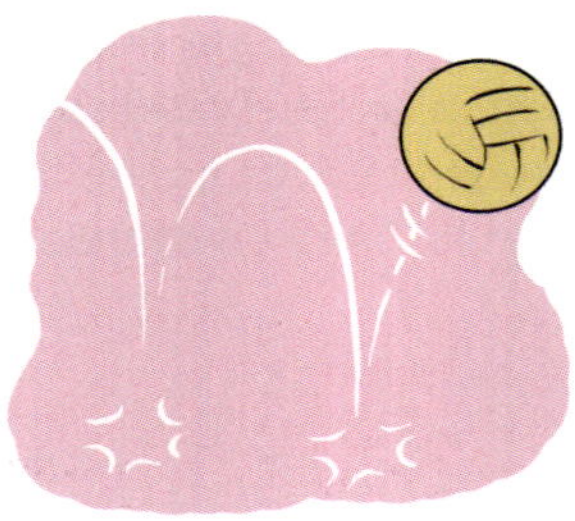		
Es la energía que posee un cuerpo debido a su posición (energía potencial) o a su movimiento (energía cinética).	Es una energía cómoda y muy difundida debido a sus posibilidades de transformación (calor, luz, movimiento…).	Se obtiene después de una transformación química. Por ejemplo, al quemar combustibles se ponen en funcionamiento todo tipo de vehículos.
Energía térmica	**Energía electromagnética**	**Energía nuclear**

Es la energía que se transmite en forma de calor de un cuerpo a otro de menor temperatura.	Es la energía que transportan las ondas electromagnéticas (luz, ondas de radio y televisión, etc.).	Es la energía que se libera en las reacciones que tienen lugar en los núcleos atómicos.

2. Fuentes de energía

Las **fuentes de energía** son aquellos recursos de la naturaleza que pueden proporcionar energía en alguna de sus formas.

Las fuentes de energía se suelen clasificar, según las reservas disponibles, en:

1. **Renovables.** Se consideran inagotables y, por tanto, se puede recurrir a ellas de forma permanente. Por ejemplo, el sol, el agua o el viento.
2. **No renovables.** Sus reservas son limitadas y disminuyen a medida que las consumimos. Por ejemplo, el petróleo, el carbón o el gas natural.

ODS 7 ENERGÍA ASEQUIBLE Y NO CONTAMINANTE

La obtención de energía a partir de fuentes renovables es mucho más respetuosa con el medioambiente que la que procede de las no renovables.

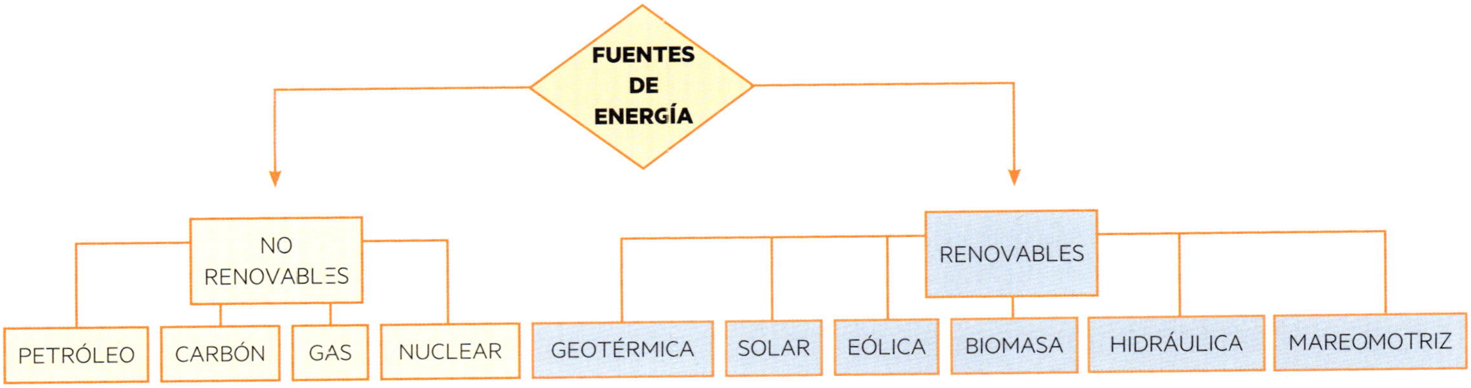

An

1. La energía se puede transformar, es decir, puede pasar de unas formas a otras. Así, por ejemplo, el motor de una lavadora transforma la energía eléctrica en energía mecánica, una estufa eléctrica transforma energía eléctrica en energía térmica…

   Completa los diagramas de bloques correspondientes a las transformaciones energéticas de cada ilustración.

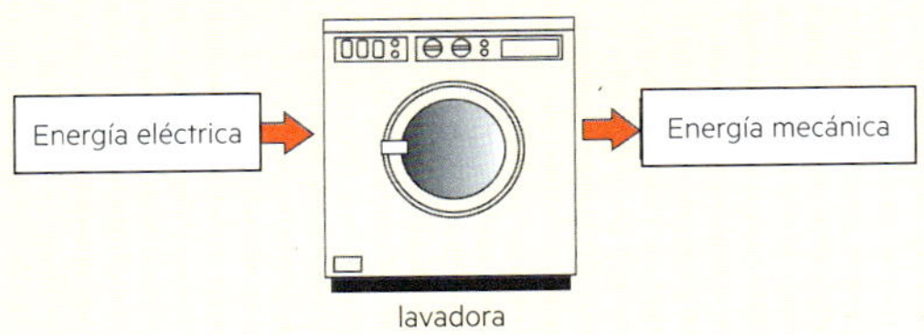

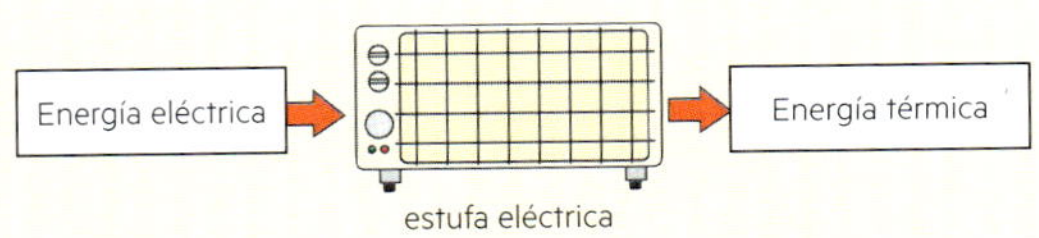

1

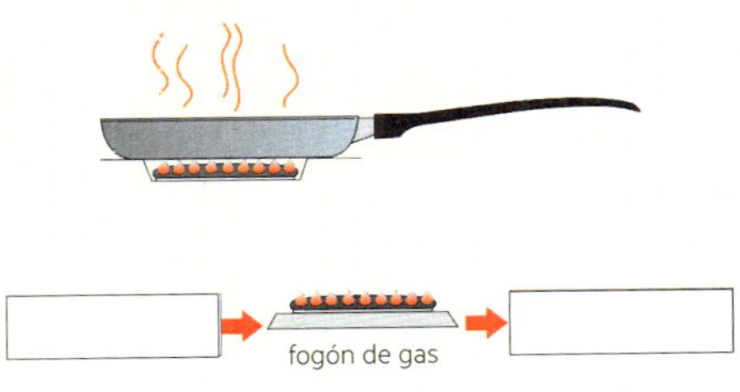

2

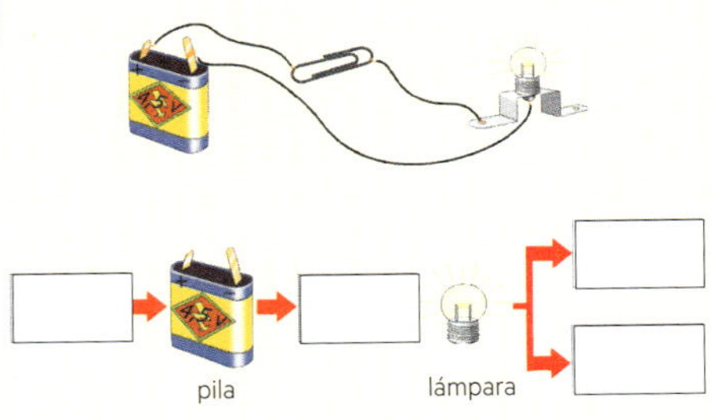

¿A qué tipo de fuente de energía corresponde el gas natural? ¿Qué tipo de forma energética hace funcionar los electrodomésticos?

ODS 12 PRODUCCIÓN Y CONSUMO RESPONSABLES

El desarrollo e innovación tecnológico hace posible que cada día se utilicen más las fuentes energía renovables. Este desarrollo tecnológico también hace posible que la energía se aproveche más cuando se transforman para su consumo.

3. Abastecimiento y consumo energético

Recuerda que las **fuentes de energía** son los recursos de la naturaleza que proporcionan alguna forma de energía. En la tabla, puedes observar la clasificación de las fuentes de energía en renovables y no renovables.

La energía no se consume tal como la obtenemos de la naturaleza, sino que experimenta unos procesos de transformación que permiten transportarla y utilizarla.

energía primaria = energía que se obtiene de la naturaleza sin ninguna transformación

energía final = energía ya transformada para utilizar en los puntos de consumo

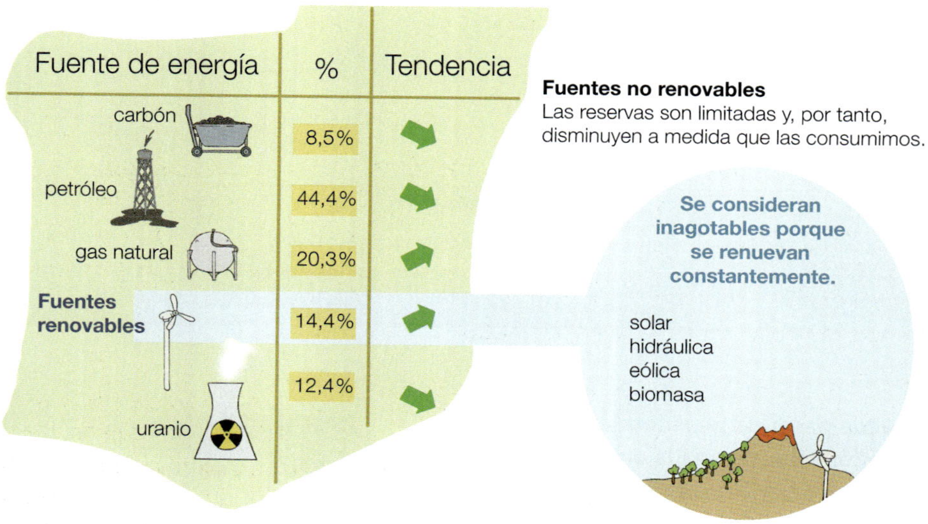

Por ejemplo, el petróleo se extrae del yacimiento, se transporta hasta las refinerías a través de oleoductos o buques de carga y, posteriormente, una vez obtenidos los productos finales (gasolinas, gasóleos, etc.), se distribuyen a los puntos de consumo.

El consumo de energía primaria en el mundo, y España no es una excepción, depende mayoritariamente de las fuentes no renovables (ver la ilustración superior). La tímida subida del consumo de energías renovables sugiere que es necesario desarrollar políticas energéticas para potenciar este sector.

Sectores	2013	2016	2019
transportes	37,4 %	41,7 %	37,9 %
industrias	29,2 %	23,5 %	23,0 %
otros	32,9 %	34,8 %	39,1 %

Uso de energía final por sectores.
Fuente: Instituto para la Diversificación y Ahorro de la Energía (IDAE).

En cuanto al uso de la energía final, podemos observar que el transporte es el sector que más consume, aunque con una ligera tendencia a la baja. En segundo lugar, se sitúa el sector industrial, que muestra una tendencia al alza, mientras que los sectores residencial, del comercio, etc., presentan unos valores fluctuantes. Una de las formas de energía final más utilizada en la actualidad es la energía eléctrica.

Re

2. ¿Qué diferencia hay entre energía primaria y energía final?
3. Clasifica las figuras según se trate de energía primaria o energía final.

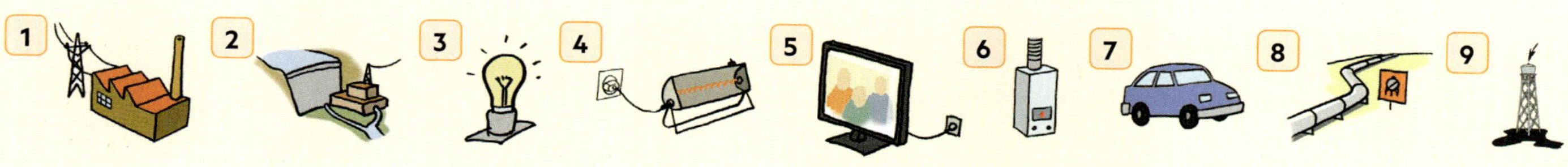

4. La central eléctrica

Casi sin darnos cuenta, en muchas de nuestras actividades diarias utilizamos la energía eléctrica. Preparamos zumos con el exprimidor o tostadas en la tostadora eléctrica, nos duchamos probablemente con la luz encendida y, si utilizamos un calentador eléctrico, el agua caliente también la obtenemos a partir de la energía eléctrica.

Esta energía se obtiene de unas instalaciones denominadas **centrales eléctricas**, cuyo objetivo es transformar una determinada energía primaria en energía eléctrica.

En la mayoría de las centrales, para producir la energía eléctrica se realizan varias transformaciones energéticas: primero de energía primaria a energía mecánica cinética y, de esta, a energía eléctrica.

Esta situación queda reflejada en el siguiente diagrama de transformaciones energéticas:

Las centrales térmicas convencionales utilizan combustibles fósiles para su funcionamiento y por eso contaminan.

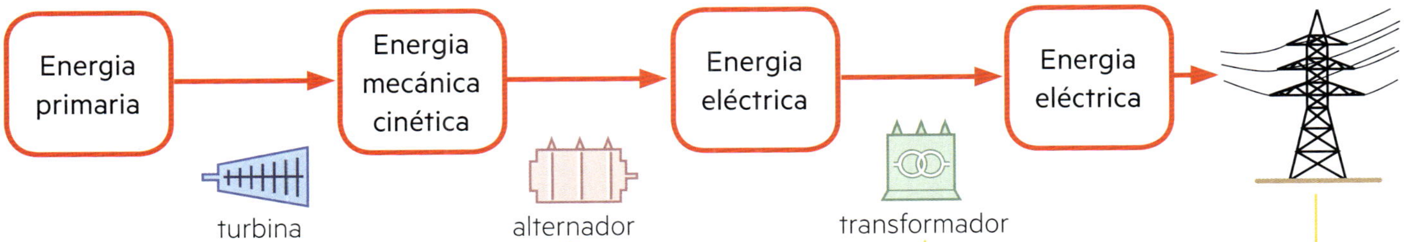

Las **turbinas** son las máquinas que transforman la energía primaria en energía mecánica cinética y son movidas por agua, vapor de agua, gas, etc.

Los **alternadores** transforman en energía eléctrica la energía cinética producida por las turbinas. El conjunto de turbina y alternador se denomina *turboalternador*.

Los **transformadores** convierten la energía eléctrica producida en energía eléctrica que puede ser utilizada por receptores con diferentes tensiones.

La energía eléctrica generada en las centrales se **transporta** al lugar de consumo mediante las **líneas de transporte y distribución**.

An

4. Observa la tabla de tipos de centrales y responde a las siguientes preguntas:

a) ¿Cómo se han clasificado los tipos de centrales?

b) ¿Cuáles son más respetuosas con el medioambiente?

c) ¿Qué combustibles pueden utilizar las centrales térmicas convencionales?

d) ¿Qué tipo de centrales energía renovables son las más antiguas?

e) ¿Qué tipo de centrales de energía renovables se pueden ver más cuando se recorre un país?

Centrales de energía primaria no renovable		
Tipo	Nombre	Energía primaria
térmicas	térmicas convencionales	carbón fuel gas natural
	nucleares	uranio plutonio
Centrales de energía primaria renovable		
Tipo		Energía primaria
hidráulicas		energía potencial y cinética del agua
solares		energía de las radiaciones solares
eólicas		energía del viento
mareomotrices		energía de las olas y las mareas
geotérmicas		energía de la temperatura del interior de la Tierra

5. Las centrales térmicas convencionales

Las centrales térmicas convencionales utilizan como energía primaria combustibles fósiles, como el carbón y el gas, o algún producto derivado del petróleo, como el fuel.

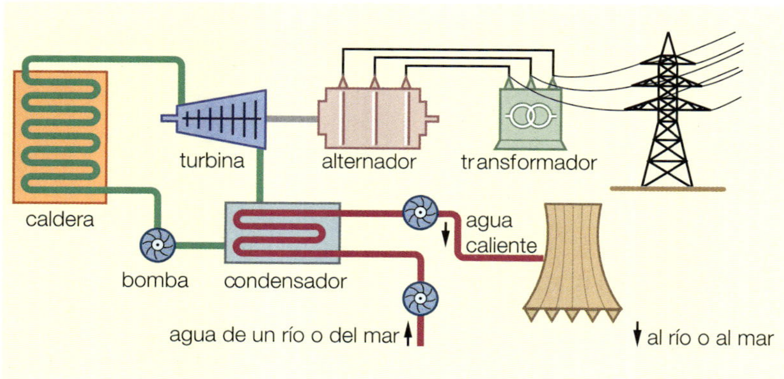

Esquema simplificado de una central térmica.

El funcionamiento de estas centrales se basa en la transformación del agua en vapor en el interior de una **caldera**. Este vapor, que se genera a presiones muy altas, es conducido por tuberías hasta la **turbina**. El vapor choca contra los álabes de la turbina y provoca un movimiento rotatorio en su eje. Así se consigue dotar al rotor del alternador –cuyo eje, como hemos visto, está acoplado al de la turbina– con un movimiento de giro que produce una corriente alterna en sus bornes.

Para entender mejor el funcionamiento de las centrales, se suelen representar mediante unos esquemas simplificados donde se aprecian las partes fundamentales y, también, los diferentes circuitos.

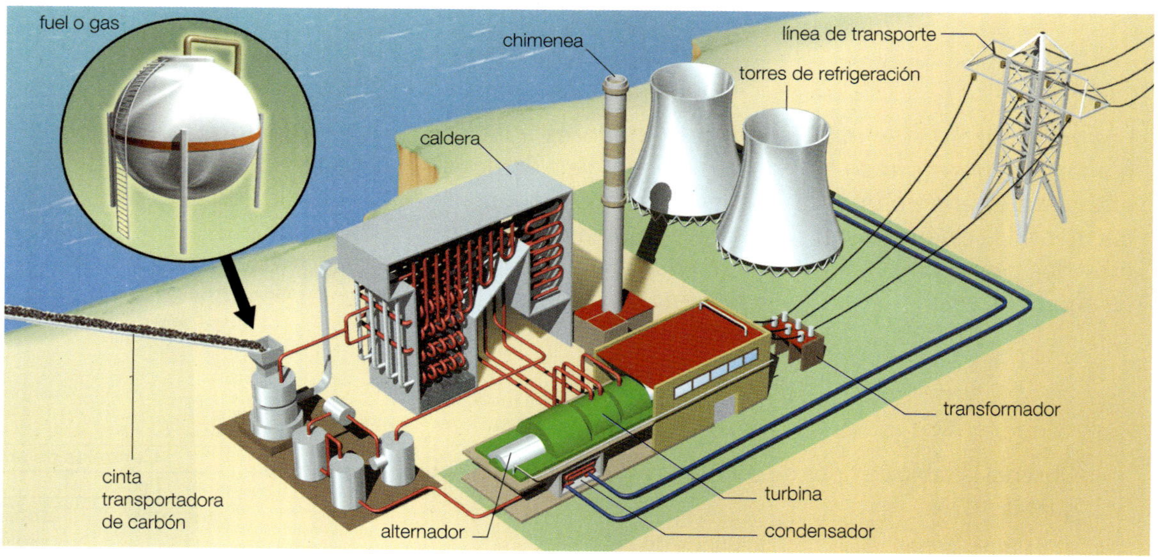

Partes de una central térmica convencional.

An

5. Observa el esquema simplificado de una central térmica y explica qué sucede con el vapor de agua a la salida de la turbina.

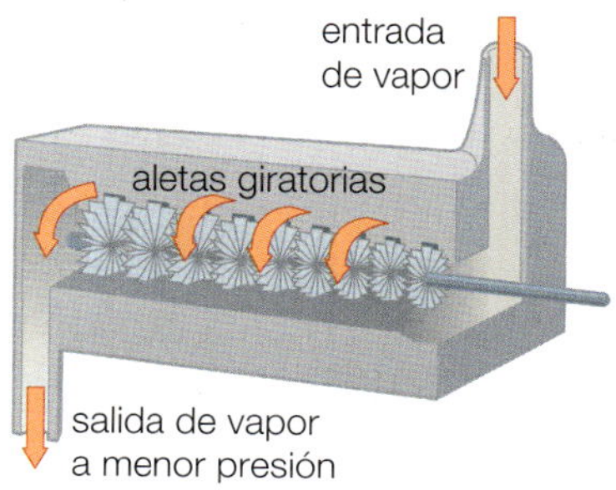

Re

6. Anota en tu cuaderno las partes de una central térmica y explica la función de cada una.
7. Observa el dibujo de la turbina y explica cómo funciona.

6. Las centrales nucleares

Las centrales nucleares utilizan la energía existente en la masa de los átomos para producir energía eléctrica. Funcionan de manera análoga a las centrales térmicas convencionales, aunque en este tipo de instalaciones la energía calorífica, en vez de provenir de la combustión de carbón, petróleo o gas, procede de la fisión de los átomos de uranio que tiene lugar en el **reactor**.

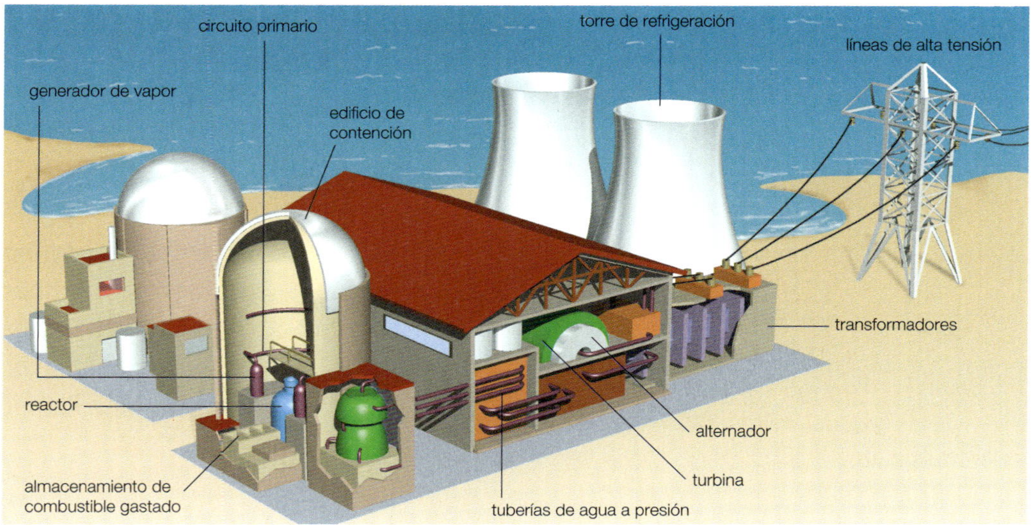

Partes de una central nuclear.

El elemento principal de las centrales nucleares es el reactor, que suple la caldera de las centrales térmicas convencionales. El refrigerante, que circula por el reactor, adquiere una temperatura aproximada de 300 °C (*circuito primario*). Este fluido se hace pasar por el **generador de vapor**, donde calienta otro circuito con agua y produce vapor (*circuito secundario*).

A partir de este momento podemos decir que el funcionamiento es semejante al de las centrales térmicas convencionales, considerando que el circuito de condensación es aquí el *circuito terciario*.

Cuando los núcleos de algunos átomos grandes se rompen en dos mitades, aproximadamente iguales, liberan una gran cantidad de energía en forma de calor. La escisión de un núcleo atómico se denomina fisión nuclear.

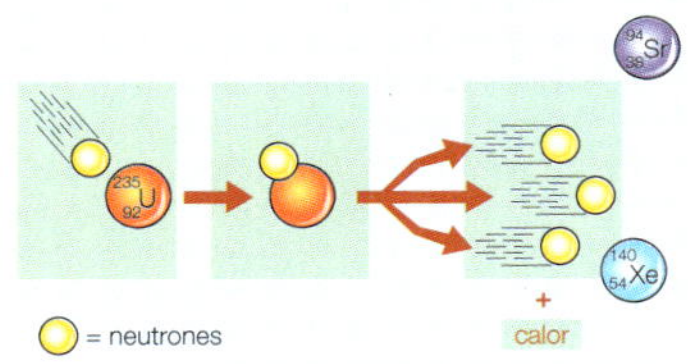

Re

8. ¿Qué diferencia hay entre las centrales térmicas convencionales y las nucleares?

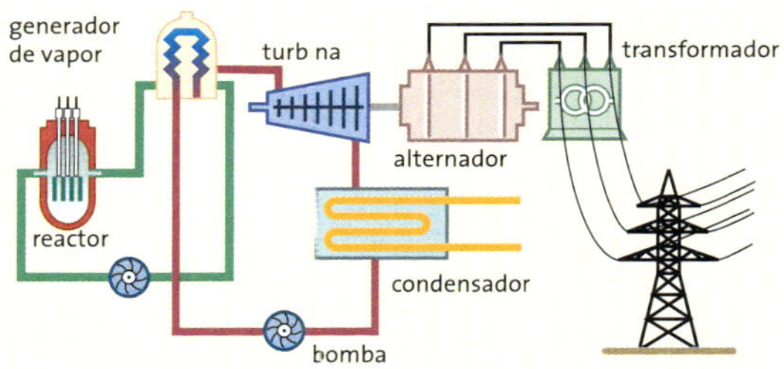

Esquema de una central nuclear de agua a presión.

An

9. Explica el funcionamiento de la central nuclear a partir del esquema simplificado.
10. Copia y completa el siguiente diagrama de bloques, en el que se representan las transformaciones energéticas que tienen lugar en una central térmica nuclear y los elementos que hacen posible esas transformaciones:

	Energía calorífica		Energía mecánica: cinética de rotación	Energía eléctrica
Combustible	____________	Generador de vapor	____________	____________

ODS 7 ENERGÍA ASEQUIBLE Y NO CONTAMINANTE

Con cada año que pasa, la generación eléctrica con energías renovables va aumentando en detrimento de las no renovables.

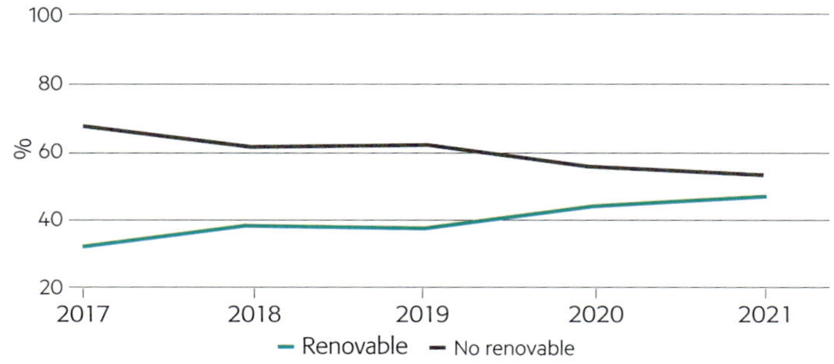

Evolución de la generación eléctrica peninsular renovable y no renovable (%). Fuente: Red Eléctrica de España (REE).

7. Producción a partir de energías renovables

Las energías no renovables (es decir, las obtenidas a partir de los combustibles fósiles), y la energía nuclear son las fuentes de energía que más se utilizan en la actualidad.

Sin embargo, algunos países, más concienciados con los problemas medioambientales que provoca el uso de combustibles fósiles, han invertido esta tendencia dando más importancia a la utilización de energías renovables, también llamadas **energías alternativas**.

7.1. Centrales hidráulicas

El funcionamiento de estas centrales se basa en el aprovechamiento de la energía del agua de los ríos. Para ello, se eleva el nivel del agua, generalmente con una **presa**, a fin de obtener energía potencial. El agua embalsada se hace bajar por una **tubería forzada**, de modo que la energía potencial se convierte en energía cinética. Cuando el agua llega a la **turbina**, mueve los álabes y genera un movimiento de rotación en su eje. Ese movimiento de rotación se transmite al **alternador** y se genera energía eléctrica en los bornes.

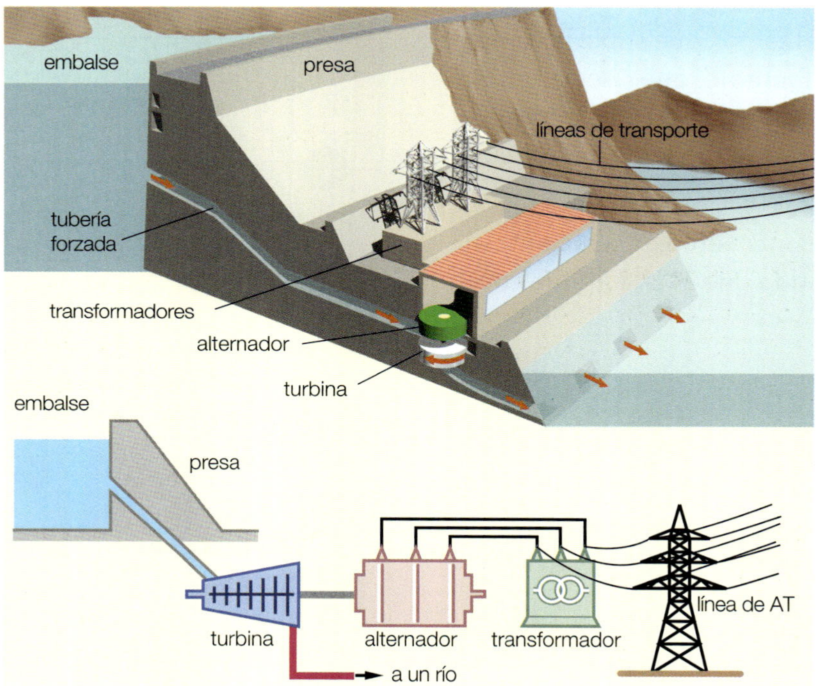

Central hidroeléctrica y esquema simplificado.

An

11. ¿Qué semejanzas encuentras entre esta central y la térmica convencional?

12. Copia y completa el diagrama de bloques siguiente, en el que se representan las transformaciones energéticas que tienen lugar en una central hidráulica y los elementos que hacen posible esas transformaciones:

Energía potencial del agua	→		→	Energía cinética de rotación	→	
____________		Tubería forzada		____________		Alternador

7.2. Centrales solares térmicas

En este tipo de centrales, el calor obtenido para convertir el agua en vapor lo aporta el Sol en vez de los combustibles fósiles.

Hay dos tipos de centrales solares térmicas:

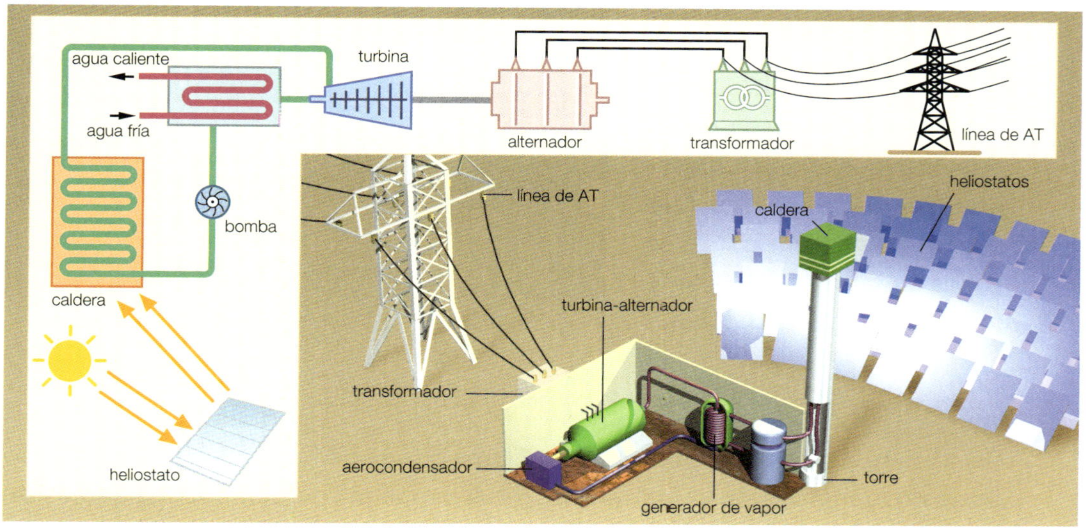

Central solar de torre central y esquema simplificado de la central.

- **Centrales solares de torre central**

En estas centrales, el sistema de captación se basa en **heliostatos** (grandes espejos) que reflejan la radiación solar en el receptor, una **caldera** situada en la **torre**. El fluido calentado se hace pasar por un **generador** de vapor, donde se produce el vapor necesario para mover la **turbina**. Este movimiento se transmite al alternador para generar energía eléctrica. Los heliostatos disponen de un sistema automático capaz de seguir la trayectoria del sol.

- **Centrales solares de colectores distribuidos**

Estas centrales funcionan recogiendo la energía térmica del sol en unos colectores (*espejos parabólicos*) por los que pasa un fluido que eleva su temperatura. Este incremento de temperatura genera el vapor que, mediante depósitos e intercambiadores de calor, hace girar en última instancia el turboalternador.

An

13. Con la ayuda del esquema de la central solar de torre, elabora un esquema simplificado de una central solar térmica de colectores distribuidos teniendo en cuenta los elementos que la constituyen.
14. Si un heliostato tiene una superficie aproximada de 4 m^2 y la media de energía solar que llega a la superficie terrestre es de unos 900 W/m^2, ¿cuántos heliostatos y qué superficie se necesitan para disponer de una potencia de 5 MW en la central?

Campo de heliostatos.

Placa fotovoltaica.

Parque eólico.

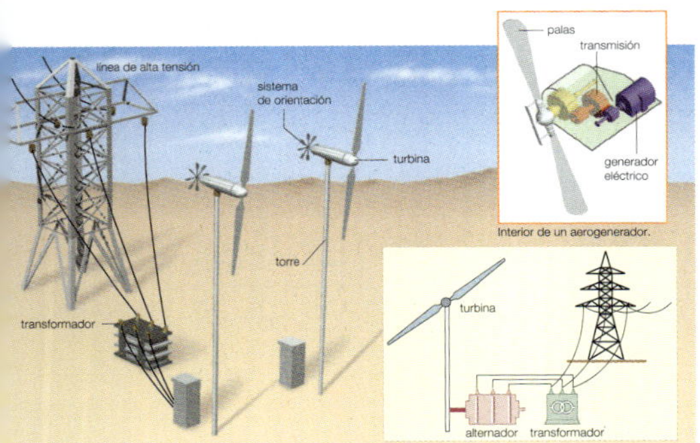

Central eólica y esquema simplificado.

7.3. Centrales fotovoltaicas

Son las únicas que no necesitan convertir la energía primaria en energía mecánica para producir luego energía eléctrica en un alternador. Este tipo de instalaciones transforman directamente la luz solar en energía eléctrica mediante las células fotovoltaicas.

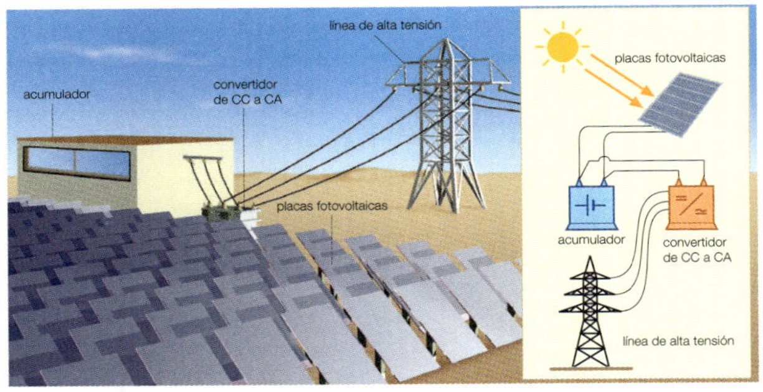

Central fotovoltaica y esquema simplificado.

La corriente continua generada se almacena en un **acumulador** eléctrico. En la fase siguiente se transforma en corriente alterna, mediante un convertidor de CC a CA.

7.4. Energía eólica

Es la energía producida por el viento. El uso que se ha hecho de esa energía a lo largo de la historia de la humanidad, en los molinos de viento o los barcos de vela, por ejemplo, nos da una idea de la importancia que ha tenido en tiempos pasados.

En la actualidad, el aprovechamiento de la energía eólica se centra en el bombeo del agua de los pozos y en la producción de energía eléctrica. La producción de energía eléctrica a partir de la fuerza del viento se hace en las **centrales eólicas**. Estas instalaciones están formadas básicamente por un conjunto de **aerogeneradores** o molinos de viento.

Cuando el viento mueve las palas del aerogenerador, se produce un movimiento de rotación en el eje de la turbina. Un **sistema de transmisión** multiplica las vueltas del eje y, al mismo tiempo, transmite el movimiento de giro al eje del **alternador**, que genera energía eléctrica.

El **aerogenerador**, que está situado a una cierta altura del suelo y soportado por una torre, debe estar constantemente orientado en dirección perpendicular al viento, lo que se consigue con un **sistema de orientación**.

An

15. ¿Copia y completa el siguiente diagrama de bloques, en el que se representan las transformaciones energéticas que tienen lugar en una central solar de torre y los elementos que hacen posible esas transformaciones:

Energía calorífica de las radiaciones solares	→		→	Energía cinética del vapor	→		→	Energía eléctrica
____________		Caldera		____________		Turbina		____________

16. Haz una lista de las partes de un aerogenerador e indica la función de cada una.

7.5. Energía geotérmica

La **energía geotérmica** está presente en el interior de nuestro planeta en forma de calor. La existencia de ese calor se conoce desde siempre y se manifiesta por la diferencia de temperatura que se puede observar cuando se hace una perforación en el terreno a una cierta profundidad.

Una **central geotérmica** consigue también la energía eléctrica de la producción de vapor. Se inyecta agua por un tubo hasta la profundidad necesaria para que la temperatura del interior de la Tierra la convierta en vapor, que es extraído, finalmente, por otro tubo.

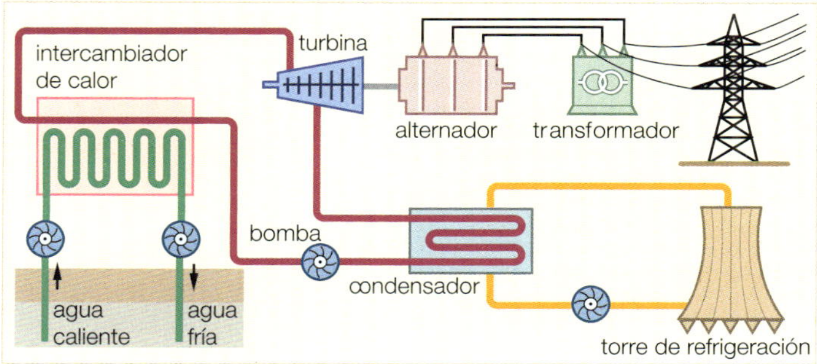

Esquema simplificado de una central geotérmica.

7.6. Energía mareomotriz

Otra fuente energética muy poco utilizada, pero de recursos prácticamente inagotables, es el mar. Aunque hay varias formas de aprovecharla (energía de las mareas, energía de las olas y diferencias térmicas entre las diferentes capas), la energía proveniente de las mareas es la que actualmente tiene cierta implantación.

Las **mareas** son movimientos de subida y de bajada del nivel del agua del mar provocados por la fuerza de la gravedad que el Sol y la Luna ejercen sobre la Tierra. En algunos litorales, el desnivel de las mareas es a menudo de varios metros entre la bajamar y la pleamar.

Para extraer esa energía se construye una **presa** en un lugar que geográficamente lo permita (un estuario, una bahía, etc.). Durante la pleamar se almacena el agua en el interior del río y se aprovecha la energía potencial que se adquiere al pasar agua por las **conducciones**, donde hay colocados grupos **turboalternadores** reversibles. De este modo, durante la bajamar se origina un movimiento de la masa de agua en sentido inverso.

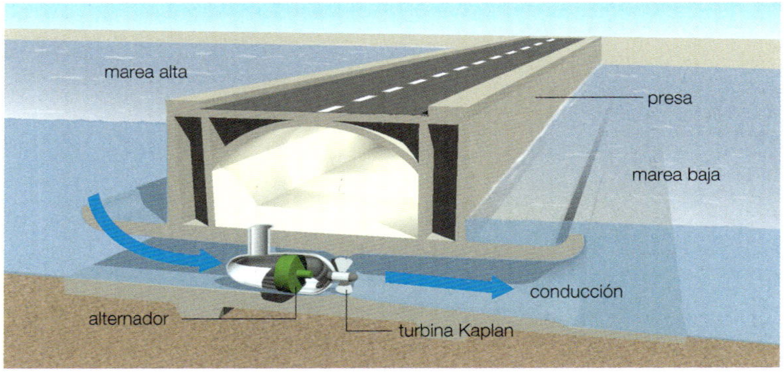

Central mareomotriz.

An

17. Copia y completa el siguiente diagrama de bloques, en el que se representan las transformaciones energéticas que tienen lugar en una central geotérmica y los elementos que hacen posible esas transformaciones:

Energía calorífica del interior de la Tierra → [ ] → Energía cinética del vapor → [ ] → Energía eléctrica

________ Intercambiador ________ Turbina ________

18. ¿Qué origina el movimiento de rotación en la turbina de una central mareomotriz?

Las tensiones que se generan en los alternadores de las centrales, no superiores a 30 kV, son transformadas en tensiones muy altas (entre 220 kV y 400 kV) para poderlas transportar. Las máquinas encargadas de hacer esta transformación son los transformadores, que, además de estar situados en las centrales, como hemos visto anteriormente, también se ubican en las subestaciones de transformación y distribución para volver a reducir la tensión hasta 220/380 V.

La REE

La empresa encargada de gestionar el transporte y la distribución de la energía eléctrica en España es REE (Red Eléctrica de España).

8. Transporte y distribución de la energía

La energía producida en las centrales eléctricas no se puede almacenar en grandes cantidades, de modo que hay que generar en cada momento la cantidad precisa que se necesita. El hecho de que utilicemos el ordenador o conectemos la luz de nuestra habitación implica que en el mismo instante una central eléctrica produce la electricidad necesaria.

Para que la energía generada llegue a los **centros de consumo** se utilizan las **líneas de transporte y distribución**.

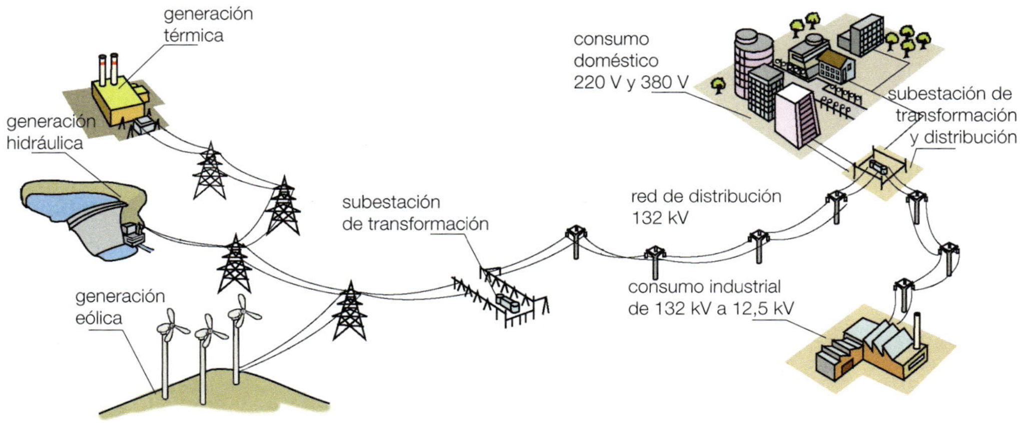

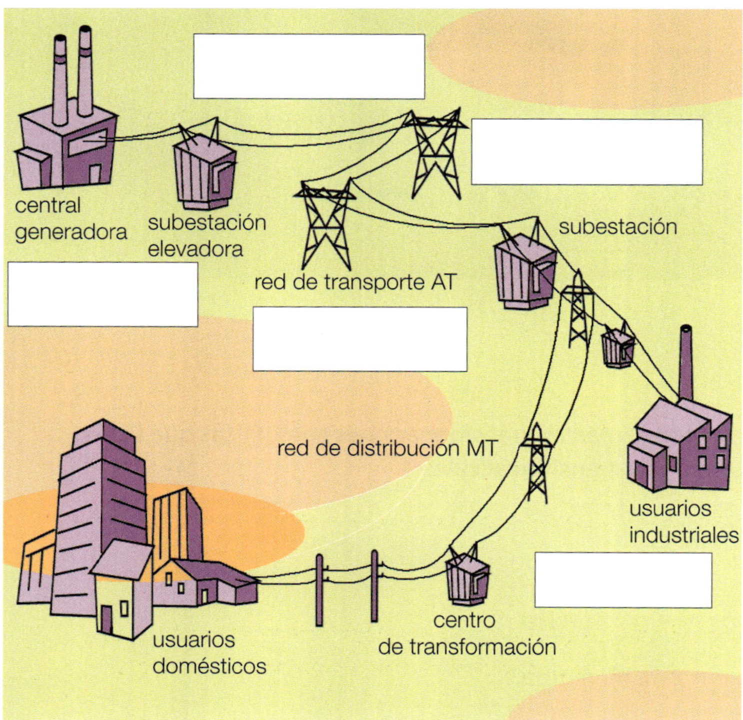

19. Observa la figura superior y responde las siguientes preguntas:

a) ¿Qué pasaría si dejara de operar la central eólica por falta de viento?

b) Si en un momento determinado los centros de consumo necesitaran una potencia de 200 MW y las centrales estuvieran produciendo, entre las tres, 350 MW con el siguiente reparto:

- térmica 180 MW
- hidráulica 50 MW
- eólica 75 MW

¿Cómo habría que actuar? Justifica tu respuesta.

20. ¿Completa el esquema de la izquierda colocando las siguientes palabras en el lugar correspondiente:

aumenta – genera – distribuye – disminuye – transporta

9. Tratamiento de residuos

Teniendo en cuenta la peligrosidad de los residuos radiactivos para los seres humanos y para el medio, hacer una buena gestión de ellos es tan importante o más que la producción de energía eléctrica.

En las centrales nucleares se producen diferentes tipos de residuos.

Tipo de residuos	Se generan en...	Descripción
residuos de alta actividad	centrales nucleares	Estos residuos están formados por el combustible consumido y los residuos generados en el proceso.
residuos de baja y media actividad	centrales nucleares, hospitales, industria y centros de investigación	Están formados sobre todo por trapos de limpieza, filtros e impurezas de los diferentes circuitos, piezas de instalaciones, etc.

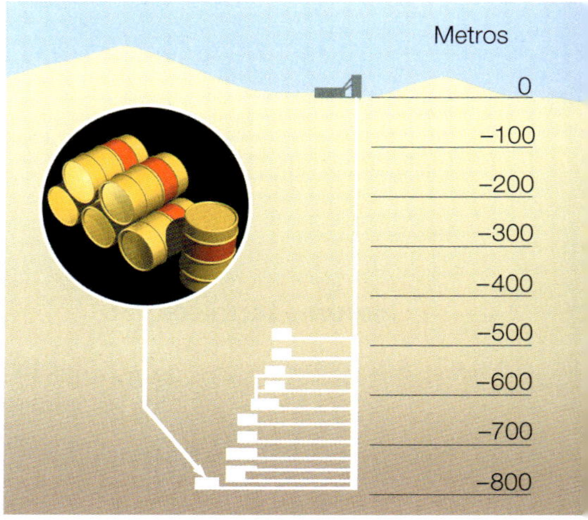

Confinamiento de residuos radiactivos de alta actividad.

- **Tratamiento de residuos de alta actividad**

Estos residuos se almacenan en las piscinas de las centrales durante un cierto tiempo, con el objetivo de que disminuya la radiactividad. Pasado este periodo, son transportados a las plantas de almacenamiento definitivo donde tiene lugar el **confinamiento**, que consiste en almacenar los residuos en capas geológicas profundas, interponiendo barreras que eviten que los productos radiactivos pasen al entorno humano. La radiactividad de estos residuos puede llegar a durar 4 000 años.

- **Tratamiento de residuos de baja y media actividad**

Como tienen una actividad menor, con una duración de unos 300 años, el tratamiento que se hace es diferente. El confinamiento tiene lugar en instalaciones en superficie o subterráneas a poca profundidad.

Las centrales nucleares contaminan mínimamente durante la generación de electricidad. Su gran problema es la radioactividad de los residuos radiactivos que es muy peligrosa y tarda muchos años en desaparecer.

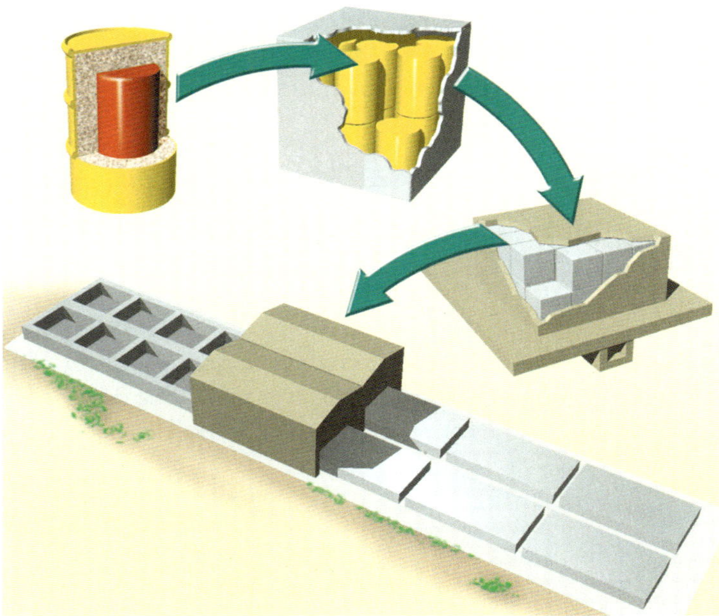

Planta de residuos radiactivos de baja y media actividad de El Cabril (Córdoba).

Re

21. ¿Qué efectos medioambientales provocan los residuos gaseosos de las centrales térmicas convencionales?
22. ¿Qué significa el término confinamiento en el tema que nos ocupa?

An

23. Busca información sobre el Centro de Almacenamiento de El Cabril y explica su gestión de los residuos.

10. Motores térmicos

Los motores térmicos aprovechan la energía térmica producida al quemar un combustible para transformarla en energía mecánica.

A continuación se muestra un esquema de clasificación de los motores térmicos.

Motores térmicos	De combustión interna	De combustión externa
Alternativos	• Motores de cuatro tiempos: motores de explosión (coches), motores diésel (camiones y coches)  • Motores de dos tiempos: motores de explosión (motos), motores diésel (barcos) 	• Máquinas de vapor 
Rotativos	• Motores a reacción (aviones) 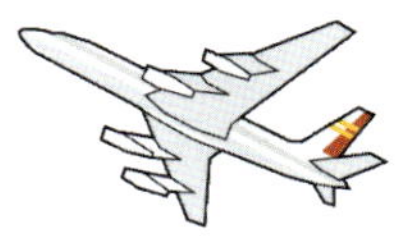	• Turbinas 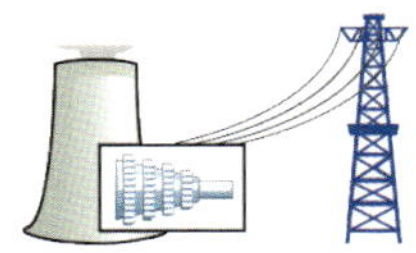

En realidad, un motor térmico toma la energía química almacenada en un combustible y la transforma en energía térmica y esta, a su vez, es empleada para producir el movimiento.

MOTOR TÉRMICO

En los motores térmicos de **combustión externa** el combustible se quema fuera del motor, mientras que en los de **combustión interna** el combustible se quema en su interior.

Los motores térmicos **alternativos** llevan un émbolo (o pistón) que produce un movimiento rectilíneo alternativo y un mecanismo de biela-manivela que transforma el movimiento alternativo en movimiento circular. En cambio, los motores térmicos **rotativos** producen directamente el movimiento de rotación.

An

24. El proceso de quemar un combustible se conoce con el nombre de *combustión*. Para que esta pueda realizarse son necesarios varios elementos. Relaciona, en la tabla de debajo, los elementos necesarios para llevar a cabo una combustión con su descripción correspondiente. Indica en el dibujo, además, cada uno de los elementos que intervienen en la combustión.

Elementos	Descripción
Combustible	Elemento que aporta calor para iniciar la combustión. Por ejemplo: la llama de una cerilla, una chispa, etc.
Comburente	Materia capaz de arder. Por ejemplo: madera, carbón, gas, gasolina, etc.
Fuente de calor	Sustancia que mantiene la combustión, que suele ser el oxígeno del aire.

11. La máquina de vapor

La máquina de vapor aprovecha la fuerza expansiva del vapor de agua que se obtiene mediante la utilización de un combustible y la transforma en energía mecánica. Con la invención de este ingenio se consiguió mover trenes, barcos, máquinas en las industrias e, incluso, los primeros automóviles.

El esquema de funcionamiento de una máquina de vapor se muestra en la figura que acompaña la actividad. En ella se pueden observar los principales elementos que la componen: la caldera, el motor y el mecanismo de transformación de movimiento.

En la caldera se genera el vapor de agua mediante la utilización de un combustible, normalmente carbón. El vapor es conducido al interior del cilindro del motor provocando el desplazamiento del émbolo (o pistón) en dos sentidos:

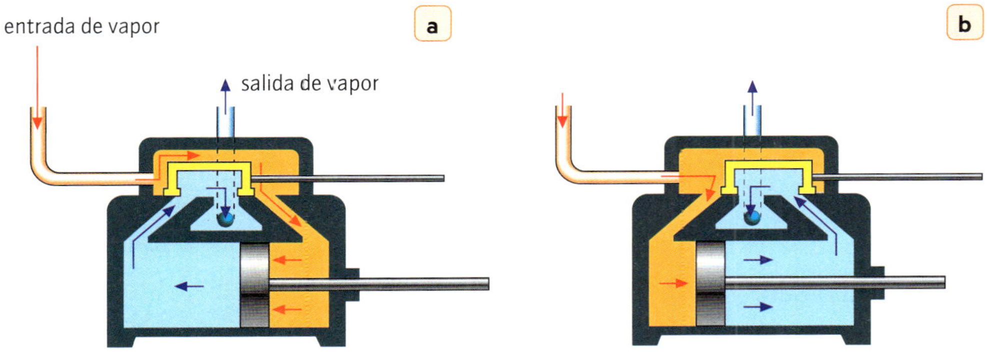

El mecanismo de transformación de movimiento convierte el movimiento rectilíneo (traslación) del émbolo en movimiento circular (rotación), mediante un mecanismo de biela-manivela.

Partes del motor de una máquina de vapor moderna.

a) El vapor a alta presión penetra por el orificio de entrada y, gracias al distribuidor, llega a la parte derecha del cilindro. El émbolo es desplazado hacia la izquierda y expulsa el vapor de la parte izquierda, que sale por el orificio de salida.

b) Al cambiar el distribuidor de posición, el vapor que continúa penetrando por el orificio de entrada llega a la izquierda del cilindro y empuja el émbolo hacia la derecha. Su desplazamiento obliga al vapor de la parte derecha a salir por el orificio de salida.

An

25. Observa el siguiente esquema de funcionamiento de una máquina de vapor. Anota en los recuadros las transformaciones energéticas que se producen y explica detalladamente el funcionamiento de cada una de las partes de la máquina.

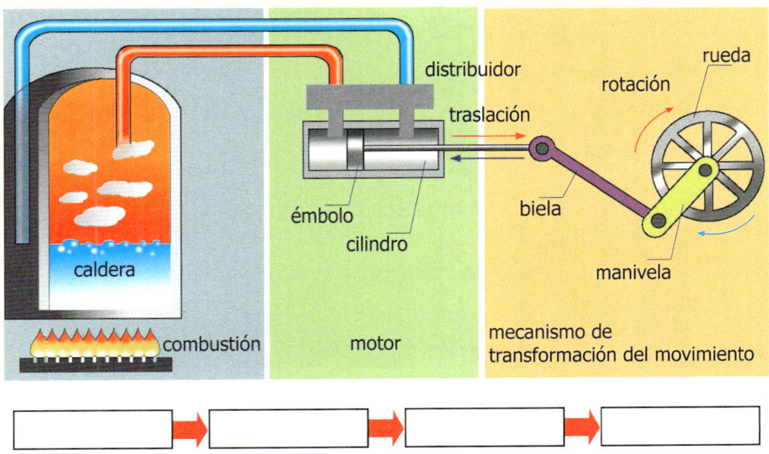

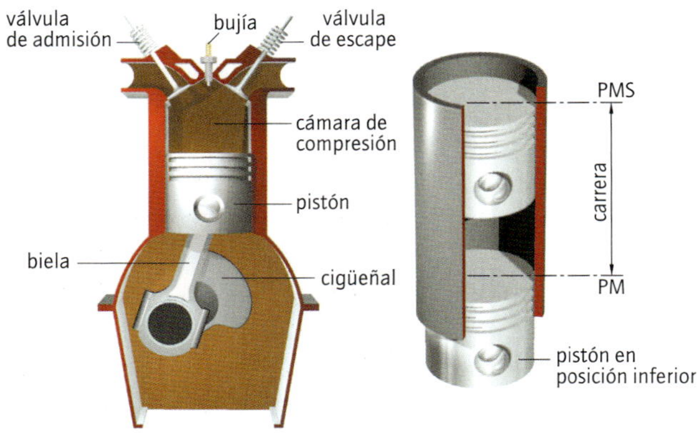

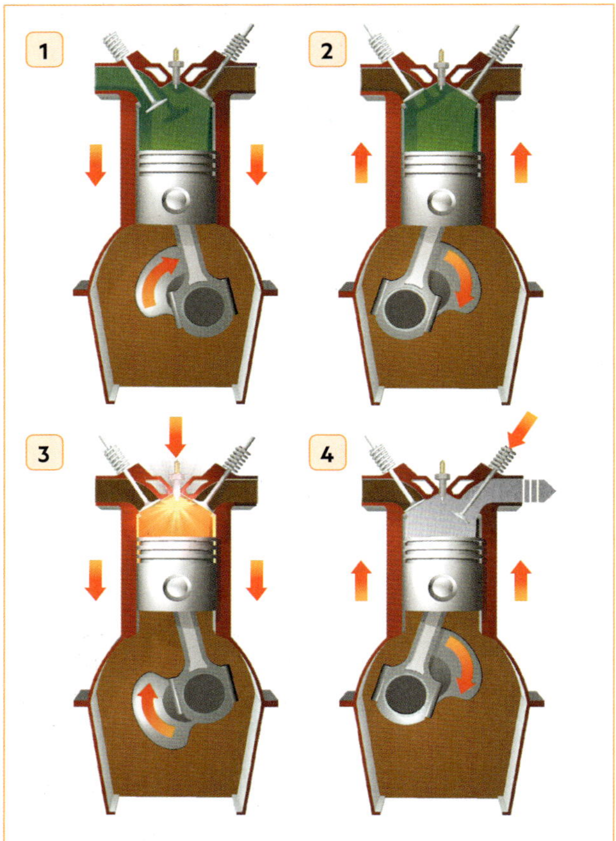

12. Motor de cuatro tiempos

Uno de los motores de combustión interna más utilizados es el motor de cuatro tiempos, que se halla en la gran mayoría de los coches.

Los motores de cuatro tiempos emplean generalmente la gasolina como combustible y, mediante el mecanismo de biela-manivela, transforman el movimiento lineal alternativo del pistón en movimiento circular, como en las máquinas de vapor.

Se llaman de cuatro tiempos porque un ciclo completo de funcionamiento consta de cuatro fases claramente diferenciadas.

1. **Admisión.** Al poner el motor en marcha, el pistón, que se encuentra en la parte superior del recorrido (PMS), baja hasta la parte inferior del cilindro (PMI). La válvula de admisión se abre y entra la mezcla de aire y gasolina en el cilindro.

2. **Compresión.** El pistón se encuentra en la parte inferior del cilindro (PMI) y comienza a subir. La válvula de admisión se cierra, el pistón sube de nuevo hasta el PMS y comprime la mezcla (gasolina y aire), quedando alojada en la cámara de compresión.

3. **Explosión-expansión.** Cuando la mezcla está muy comprimida, la bujía desprende una chispa provocando la explosión de dicha mezcla. Los gases producidos en la explosión mueven el pistón desde el PMS hasta el PMI. Es la única fase en la que se produce trabajo.

4. **Escape.** El pistón, que vuelve a subir desde el PMI hasta el PMS, empuja los gases de la combustión hacia el exterior por la válvula de escape, que ahora está abierta.

Re

26. Indica si son verdaderas o falsas cada una de las siguientes afirmaciones:

a) El cigüeñal da cuatro vueltas por cada ciclo completo de funcionamiento.

b) La biela con el cigüeñal transforman el movimiento lineal en circular.

c) El pistón o émbolo produce dos movimientos (o carreras) en cada ciclo.

d) La bujía está alojada en la parte superior de la cámara de compresión.

e) El motor de cuatro tiempos se llama así porque tiene cuatro válvulas.

f) Las válvulas de admisión y escape pueden estar abiertas a la vez.

13. Motores híbridos y eléctricos

Los coches híbridos tienen dos motores de distinta naturaleza, uno de cuatro tiempos (gasolina o diésel) y otro eléctrico. En función del tipo de coche, los motores podrán utilizarse independientemente o en conjunto.

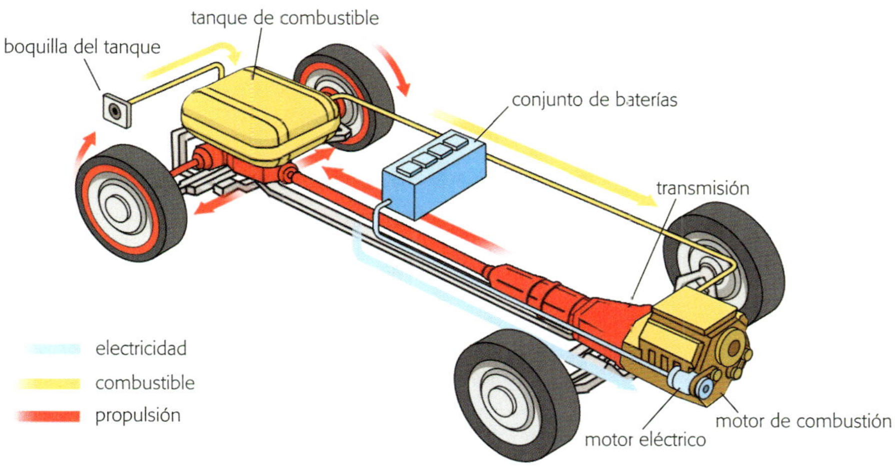

A diferencia de los coches con motor de combustión, los coches eléctricos no funcionan con gasóleo o gasolina sino con electricidad. La carga se almacena en una batería cuya capacidad determina la autonomía del vehículo, es decir, la distancia que puede recorrer con una carga completa.

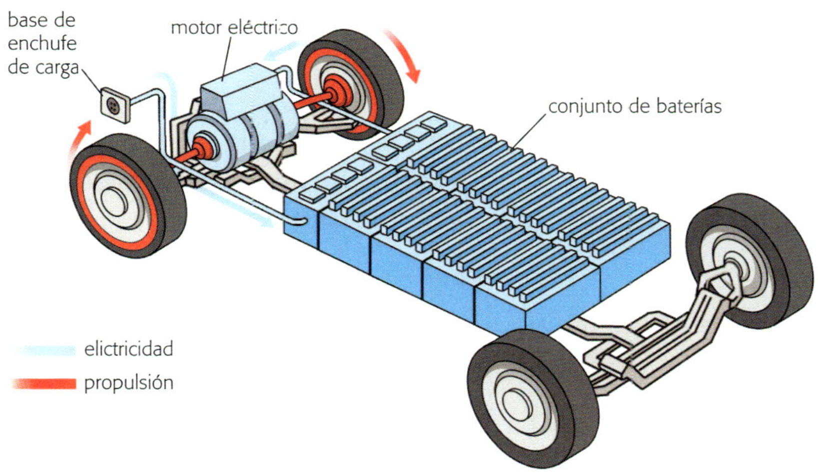

An

29. En la fotografía se pueden observar los distintivos ambientales que la DGT adjudica a los vehículos en función de sus emisiones. Investiga qué significado tiene cada uno de ellos.

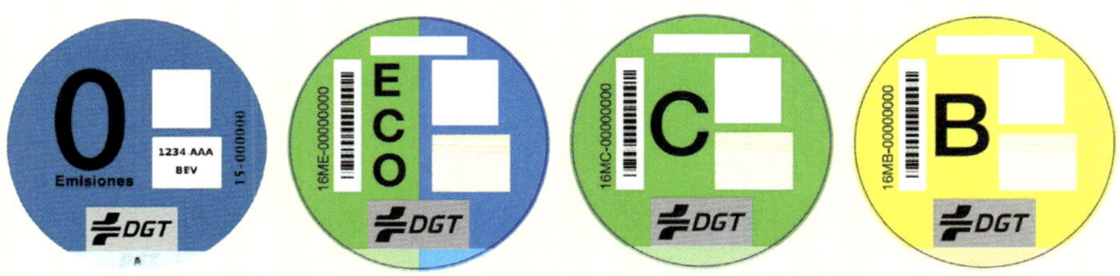

ODS 7 ENERGÍA ASEQUIBLE Y NO CONTAMINANTE

La combustión producida en los motores térmicos contamina el aire. Un motor diésel emite, principalmente, óxidos de nitrógeno (NOx) y partículas (PN, el número de partículas que se emiten), además de CO_2. Mientras que el CO_2 tiene una repercusión directa en el efecto invernadero, los NOx y las partículas tienen un efecto directo en la salud de las personas que los respiran.

An

27. ¿Cuál es el objetivo de favorecer el uso de vehículos alternativos en vez de los que tienen motores térmicos?

28. Para que un coche eléctrico sea más eficiente que uno con motor diésel, ¿dónde habría que realizar la carga?

14. Los motores de reacción

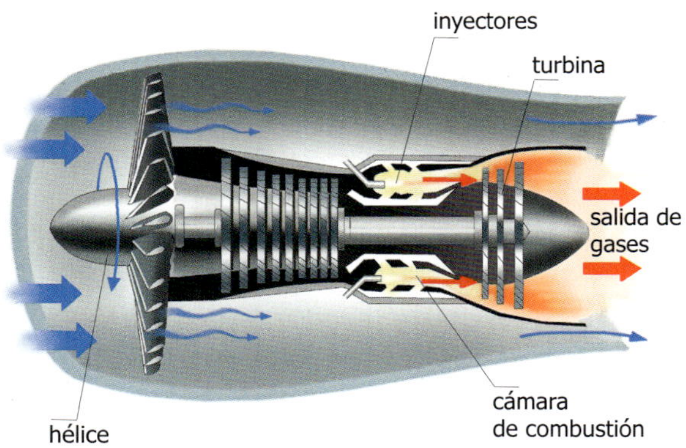

Gracias a los motores de reacción, la industria aeronáutica fabrica aviones con los que se puede volar a mayor velocidad y de forma segura. Estos motores tienen en su parte delantera una gran hélice que, al girar, introduce aire en el motor. El aire se encuentra con un compresor que le aumenta la presión al comprimirlo. A continuación, el aire comprimido entra a gran presión en la cámara de combustión, donde, a través de unos inyectores, se introduce el combustible (queroseno).

En esta cámara se produce una combustión continua, y los gases obtenidos, a altísimas temperaturas, se expanden y salen por la parte posterior a gran velocidad, impulsando el avión hacia delante.

15. La turbina de vapor

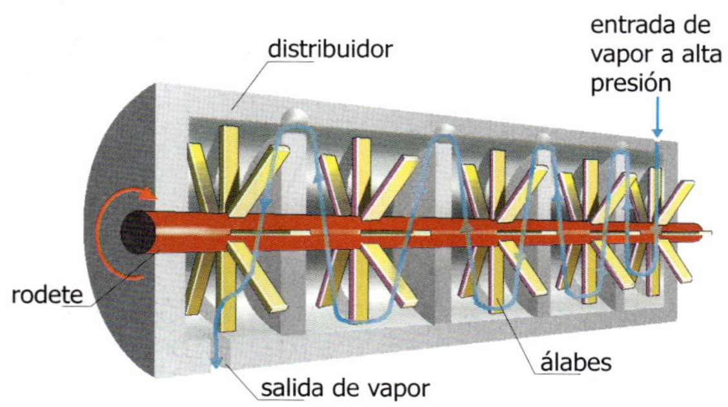

La turbina de vapor es una máquina que utiliza el vapor obtenido al calentar agua mediante un combustible fósil o con la utilización de materiales nucleares. El vapor es transmitido a gran presión sobre una rueda. Generalmente, la utilización de estas máquinas se lleva a cabo en las centrales eléctricas.

La turbina de vapor consta, fundamentalmente, de dos partes: una fija, llamada **distribuidor**, y otra móvil, llamada **rodete**. Este va provisto en su superficie de unas palas o álabes que reciben el vapor de agua que circula por el distribuidor.

Las turbinas suelen disponer de varias ruedas, que trabajan en distintas etapas según la presión del vapor circulante: grandes diámetros para bajas presiones y pequeños diámetros para altas presiones.

Re

30. Completa el diagrama de bloques correspondiente a las transformaciones energéticas que se producen para que funcione la turbina de vapor en una central eléctrica que quema combustibles fósiles.

[ ] → [ ] → [ ] → [ ]

COMBUSTIBLE — CALDERA — VAPOR — RODETE

31. Observa y completa el esquema de la figura, indicando si se trata de motores de combustión interna o externa y si son máquinas alternativas o rotativas.

La turbina de vapor → es un motor de combustión → [ ]

El motor a reacción → es un motor de combustión → [ ]

ambas máquinas son → [ ]

Síntesis

Elabora tu propio resumen de la unidad, completando con las palabras clave los espacios en blanco.

1. La energía se puede manifestar en varias ________, por ejemplo, energía mecánica, eléctrica, química o térmica.
2. Las ________ de energía son aquellos recursos de la naturaleza que pueden proporcionar energía en alguna de sus formas. Se suelen clasificar en ________, cuando se consideran inagotables, y en ________, cuando se pueden extinguir.
3. Los motores térmicos transforman la energía ________ en energía térmica y esta en energía ________. Estos motores pueden ser de combustión ________ o de combustión externa, así como ________ o alternativos.
4. En los motores de cuatro tiempos, la combustión se produce por la ________ de una mezcla de aire y combustible que tiene lugar en la ________ de combustión.
5. Los aviones no emplean gasóleo como carburante porque a grandes alturas la temperatura del aire es muy baja y el combustible se ________. Por eso utilizan ________ que soporta hasta –220 °C sin congelarse.
6. La turbina es una máquina ________ que transforma la energía potencial y cinética del agua, del vapor o de un gas en energía ________.
7. El funcionamiento de las centrales ________ se basa en la transformación del agua en vapor en el interior de una caldera.
8. El ________ es el elemento principal de una central nuclear. En él se lleva a cabo una reacción de ________ controlada para extraer el calor generado.
9. En las centrales ________, la energía potencial acumulada en el embalse se transforma en energía cinética cuando el agua baja hasta la turbina por la tubería forzada.
10. En las centrales solares de torre central se utilizan los ________ para recoger las radiaciones solares. Los rayos recogidos se reflejan en una caldera situada en la torre.
11. La producción de energía eléctrica a partir de la fuerza del viento se lleva a cabo en las centrales ________. Los encargados de hacer esta conversión son los ________.

Parabras clave

renovables, eólicas, interna, mecánica, fisión, heliostatos, no renovables, térmicas, congelaría, rotativa, mecánica, rotativos, aerogeneradores, reactor, hidroeléctricas, formas, explosión, fuentes, química, cámara, queroseno

Recursos en red

Página web: «Fundación Endesa».

Entra y navega en la web de la Fundación Endesa para conocer sus contenidos. Entra en el apartado de *Educación | Endesa Educa* y entra en esa sección. En el apartado *Recursos didácticos*, selecciona *Generación | Centrales convencionales* y realiza las siguientes actividades:

1. Lee el texto y di por qué se utiliza el término *convencionales.*
2. Haz la actividad interactiva colocando cada elemento en el lugar correspondiente hasta que la central comience a funcionar.
3. Entra en las diferentes centrales y realiza las actividades interactivas que te indique el profesor o profesora.

Actividades finales

1. **¿Por qué las energías renovables se llaman también *energías alternativas*?**

2. **Indica a qué tipo de central corresponden las siguientes afirmaciones:**

a) Gracias a la fuerza de gravedad del Sol y la Luna podemos obtener energía.

b) El sistema de orientación es indispensable para que funcione correctamente.

c) Esta central necesita convertir la corriente continua en corriente alterna.

d) Los heliostatos se orientan constantemente.

e) Por un tubo inyecta agua y por otro sale vapor.

f) Convierte la energía potencial en energía cinética.

3. **Elabora un esquema simplificado de una central mareomotriz y describe su funcionamiento.**

4. **La figura representa un sistema de aprovechamiento de la energía solar de baja temperatura como los que se instalan en las viviendas. Obsérvalo y explica cómo funciona.**

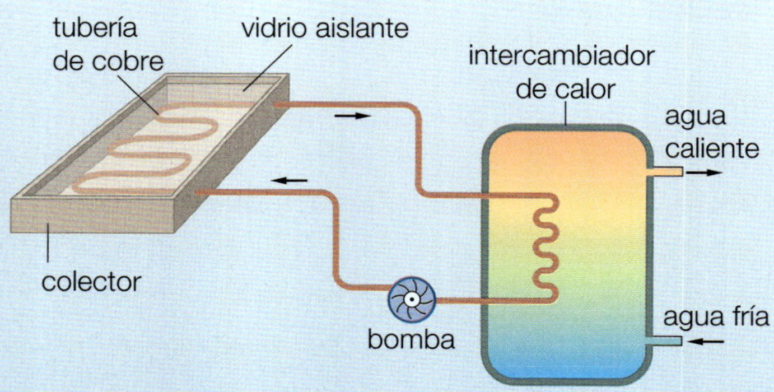

5. **Indica si las siguientes afirmaciones son verdaderas o falsas:**

a) Actualmente, la energía eólica se aprovecha solo para generar energía eléctrica.

b) Podemos comparar las paletas de un aero-generador con los álabes de una turbina.

c) El número de vueltas del eje de la turbina disminuye para poder mover el aerogenerador.

d) El aerogenerador no necesita un sistema de orientación.

e) Los parques eólicos se sitúan en lugares donde el viento tiene unas características determinadas de velocidad y continuidad.

6. **Las centrales térmicas eléctricas aprovechan entre el 30 % y el 40 % de la energía que se les suministra. Es decir, entre el 70 % y el 60 % se pierde.**

En el diagrama se muestra dónde tienen lugar estas pérdidas en una central térmica convencional y el valor que tienen.

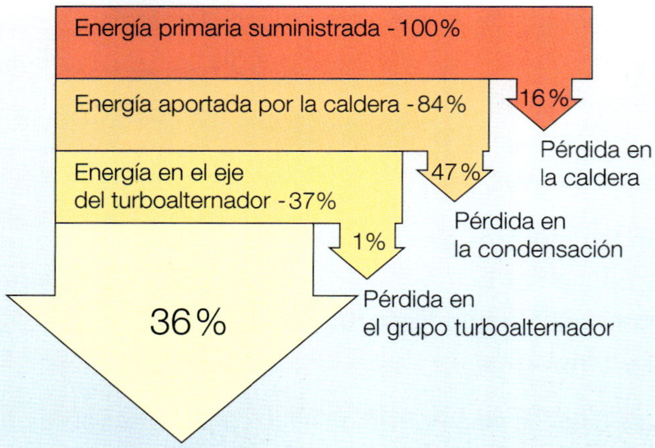

a) Completa el siguiente esquema para una central nuclear:

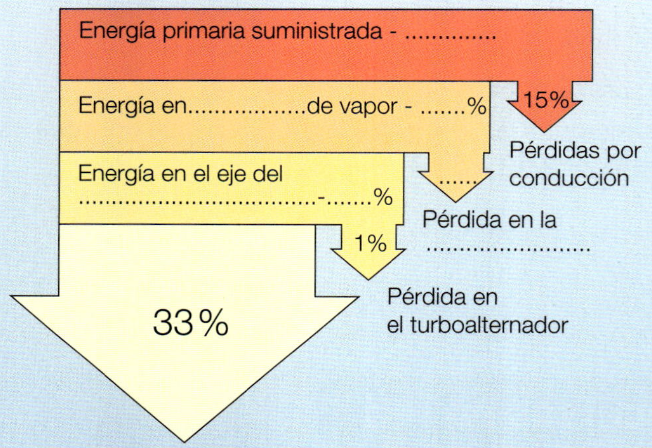

b) Haz un diagrama parecido para una central hidráulica.

c) ¿Por qué en las centrales hidráulicas el rendimiento (alrededor del 85 %) es mucho más alto?

7. **Describe brevemente la función que realiza la caldera y el mecanismo de biela-manivela en una máquina de vapor.**

8. Di si son verdaderas o falsas estas afirmaciones:

a) La unidad de energía es el newton (N).

b) El petróleo es una fuente de energía renovable.

c) La fuente de energía que proviene del viento es renovable.

d) Un motor de cuatro tiempos se llama así porque tiene cuatro fases.

9. Explica, mediante un diagrama de bloques, las transformaciones energéticas que se producen en cada uno de los siguientes aparatos:

10. Si se desea cargar biocombustible en un coche con motor diésel, ¿qué tipo de biocarburante se debería utilizar? ¿Y si el motor es de gasolina sin plomo?

Autoevalúa tus conocimientos de la unidad.

11. ¿Qué pasaría si cubriésemos con un cuenco una vela encendida? Razona tu respuesta.

12. Copia en el cuaderno de Tecnología el siguiente esquema y relaciona las tres columnas:

	central térmica	
motor de combustión interna	motocicleta	alternativo
	barco	
	avión	
	locomotora antigua	
	camión	
motor de combustión externa	central nuclear	rotativo
	automóvil	

Situación de aprendizaje

La espiral de papel

Una vivienda está equipada con una caldera que proporciona agua caliente. La caldera utiliza gas natural como combustible. Cuando la calefacción esté en marcha, te proponemos colocar sobre un radiador, bien caliente, un sencillo montaje que de inmediato comenzará a dar vueltas.

Para realizar el montaje, dibuja sobre un papel una línea espiral como la representada en la figura y recórtala con unas tijeras. Coloca el centro de la espiral sobre la punta de un lápiz bien afilado y apoya el extremo sin afilar sobre un trozo de plastilina, de manera que el montaje sea estable.

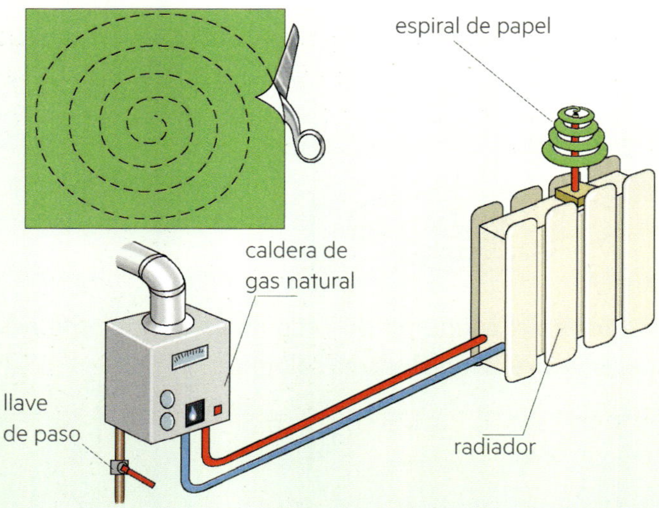

Autoevaluación
Para evaluar las tareas de la actividad, rellenad el recurso «Tabla de autoevaluación».

Tareas

1. Según las reservas disponibles, ¿a qué fuente de energía corresponde el combustible utilizado en la caldera?

2. Completa en los siguientes diagramas de bloques las transformaciones energéticas correspondientes a la caldera y la espiral de papel.

3. Un operario de la empresa suministradora de gas anota la lectura actual del contador, que marca 7 629 m^3. Hace exactamente dos meses, el mismo contador marcaba 7 572 m^3.

a) ¿Cuál ha sido el consumo de gas, en metros cúbicos, en ese periodo?

b) Expresa el resultado anterior en otra unidad de energía: kWh (kilovatio hora). Para ello has de tener en cuenta el llamado coeficiente de conversión: 1 m^3 = 11,805 kWh.

c) Calcula el importe del consumo de los dos meses sabiendo que el precio de 1 kWh es de 0,1129 €/kWh.

La eficiencia energética

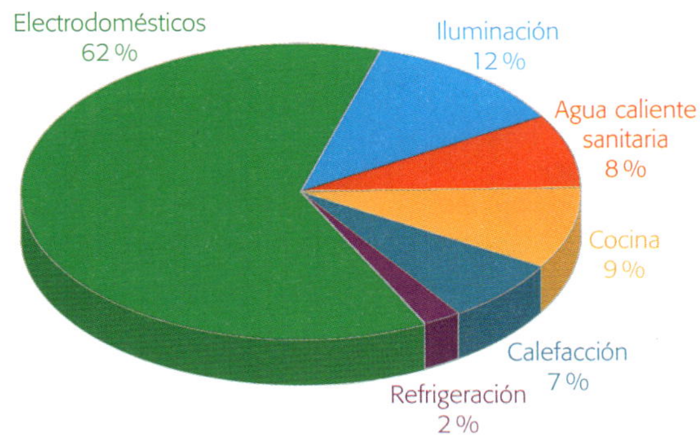

Fuente: Ministerio para la Transición Ecológica.

El Instituto para la Diversificación y el Ahorro de Energía (IDAE) es un organismo del Ministerio para la Transición Ecológica que tiene como objetivo fomentar la eficiencia energética e incentivar el desarrollo de las energías renovables en el Estado español. Según el IDAE, la energía que consumen las familias representa alrededor del 36 % del consumo energético total de España, y se reparte entre el 17 % en el coche y el 18,5 % en el hogar.

Por usos, el consumo de los hogares españoles está encabezado por los electrodomésticos, como podemos observar en el gráfico de sectores. Si toda la energía que consumieran las familias fuera eléctrica, en un hogar medio, con un consumo aproximado de 4 000 kWh, el reparto sería el que se muestra en el gráfico. Teniendo en cuenta que mucha de la energía eléctrica que consumimos la obtenemos a partir de combustibles fósiles, cuando ahorramos electricidad en nuestra casa, contribuimos a ser más eficientes energéticamente.

Las diez reglas de oro del ahorro eléctrico

1. Apaga las luces cuando salgas de la habitación.
2. Utiliza bombillas de bajo consumo.
3. Utiliza la ducha en lugar de la bañera.
4. No dejes la nevera abierta.
5. No dejes el televisor, el ordenador y otros aparatos eléctricos en espera.
6. Aprovecha toda la capacidad de la lavadora, el lavavajillas y la secadora.
7. No dejes el ordenador o el televisor encendidos si no los estás utilizando.
8. Utiliza electrodomésticos con etiqueta de eficiencia energética A+ o A++.
9. No regules la temperatura del termostato por encima de los 21 °C en invierno ni por debajo de los 24 °C en verano.
10. Si tienes la calefacción o el aire acondicionado encendidos, no abras puertas ni ventanas.

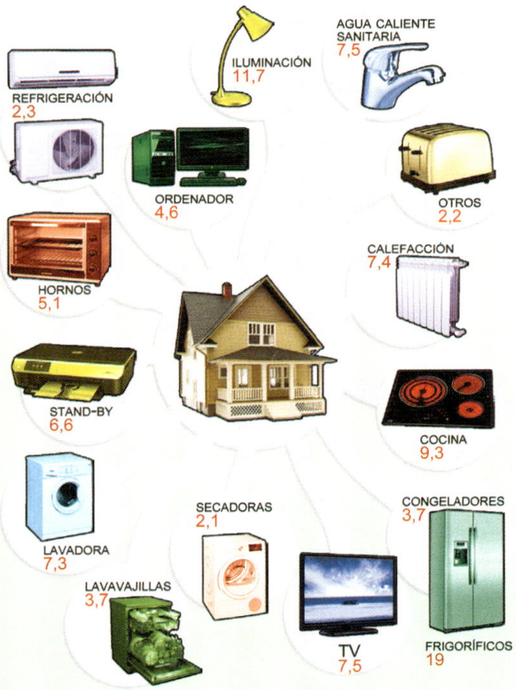

Tareas

1. Si el precio de la electricidad es de 0,1129 €/kWh y una familia media ahorrara el 20 % de la energía que consume, ¿qué ahorro económico anual le representaría?
2. Según el diagrama de sectores, ¿en qué uso se gasta más energía en los hogares españoles? ¿En cuál se gasta menos? ¿Por qué crees que ocurre esto?
3. En la lista se apuntan las diez reglas de oro para el ahorro eléctrico. Léelas detenidamente y escribe cinco reglas de ahorro para la iluminación y cinco para el frigorífico.
4. El automóvil es el mayor consumidor de energía de las familias. Escribe cinco reglas de ahorro para el uso del coche que nos permitan ser más eficientes energéticamente.

Trabajo cooperativo

Grupos: parejas

Impacto medioambiental de la producción de energía eléctrica

Encargo

El impacto ambiental de la electricidad que llega a nuestros hogares depende mayoritariamente de las fuentes energéticas que se han utilizado para su generación.

Muchas centrales eléctricas utilizan combustibles fósiles para su funcionamiento. El uso de fuentes de energía no renovables como el carbón, el petróleo o el gas natural produce problemas de contaminación, ya que expulsan gases a la atmósfera cuando se queman. El más abundante es el dióxido de carbono (CO_2), causante de gran parte de la intensificación del efecto invernadero, que hace aumentar la temperatura media del planeta. Otros gases emitidos al quemar combustibles contienen nitrógeno o azufre, que, en contacto con el agua de la atmósfera, originan la **lluvia ácida**, que contamina los ecosistemas y provoca la corrosión de monumentos, entre otros efectos.

Se conoce como **huella de carbono** la cantidad de gases de efecto invernadero (GEI) emitidos de forma directa o indirecta por la actividad humana. Esta huella se mide en gramos, kilogramos o toneladas de CO_2 emitidos a la atmósfera. La huella de carbono en la producción de electricidad con energías renovables es inapreciable si la comparamos con la huella de la producción que se realiza con combustibles fósiles.

Así pues, organizados en parejas, os planteamos el reto de analizar el impacto medioambiental derivado de la quema de combustibles fósiles en la producción de energía eléctrica.

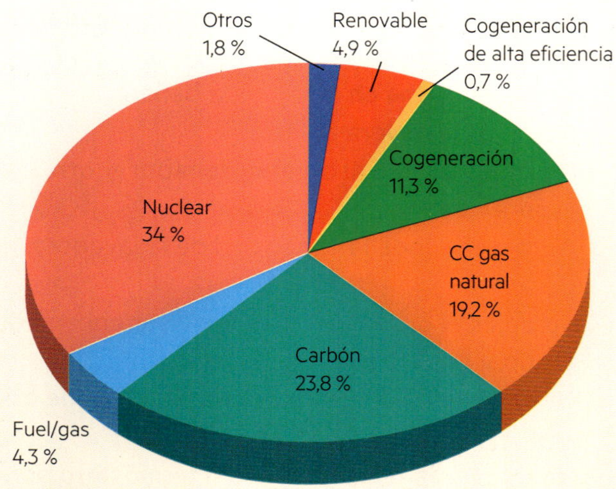

Gráfico que muestra el origen de la electricidad, extraído de una factura eléctrica típica.

Tarea 1. El efecto invernadero y la lluvia ácida

Esta primera tarea consiste en en buscar información y responder a las siguientes preguntas.

a) ¿En qué consiste la intensificación del efecto invernadero?

b) ¿Cuál es el principal gas que causa ese efecto?

c) ¿Qué consecuencias tiene el efecto invernadero?

d) ¿Qué es la lluvia ácida?

e) Cita algún efecto provocado por la lluvia ácida.

Tarea 2. Fuentes que se utilizan en la producción de energía eléctrica

Observa el gráfico del origen de la electricidad que incorpora una factura eléctrica y responde:

a) ¿Cuáles son las fuentes de energía que abastecen en mayor proporción un hogar típico en España? ¿Y las que lo hacen en menor proporción?

b) ¿Qué porcentaje de energía eléctrica proviene de la nuclear?

c) Calcula el porcentaje de energía eléctrica obtenida a partir de combustibles fósiles (carbón, petróleo y gas natural).

- Factor de emisión de contenido de carbono (kilogramo de dióxido de carbono por kilovatio/hora): 0,41.
- El valor de la huella de carbono se obtiene multiplicando el dato del consumo de energía por el correspondiente factor de emisión.

d) ¿Crees que deja más huella de carbono la producción de electricidad con gas natural o con fuentes renovables? Razona tu respuesta.

Tarea 3. Huella de carbono en el consumo de energía eléctrica

Para medir el impacto ambiental se utilizan letras que van desde A (mínimo) hasta G (máximo). Teniendo en cuenta que el valor medio nacional corresponde al nivel D (0,26 kg/kWh), determina:

a) Las emisiones de dióxido de carbono del tipo D, si la energía eléctrica consumida en una vivienda en un mes es de 307 kWh.

b) Las emisiones de dióxido de carbono del tipo F, correspondiente a la factura dada (0,41 kg/kWh) del mismo consumo del apartado anterior.

Cierre

El calentamiento global es un problema que hay que controlar, y por ello es necesario medir las temperaturas en diferentes puntos del planeta. Con dos placas Micro:bit simularemos un sistema de control de temperatura de dos puntos alejados.

Las dos placas Micro:bit estarán conectadas por radio. La primera, que actúa como emisora, lee la temperatura y la transmite a la segunda Micro:bit, que actúa como receptora. Si la temperatura es igual o inferior a 23 grados se mostrará el icono de una sonrisa en su matriz de ledes. Cuando la temperatura ambiente sea superior a 23 grados, se encenderá un led, que conectaremos entre los pines P1 y GND de la placa receptora. Por tanto, habrá que crear dos códigos, uno para la placa emisora y otro para la receptora.

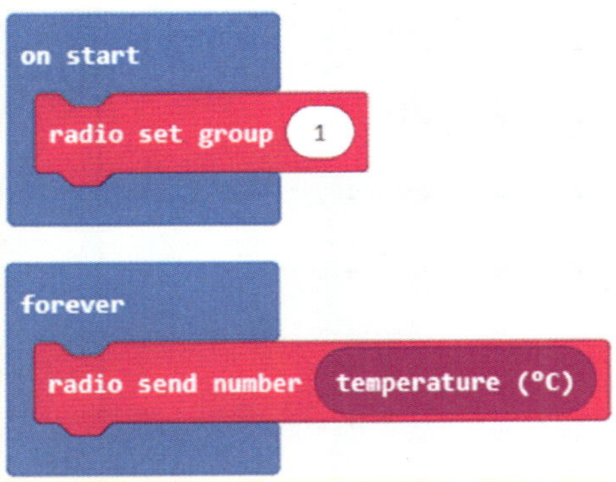

Programa en la Micro:bit receptora.

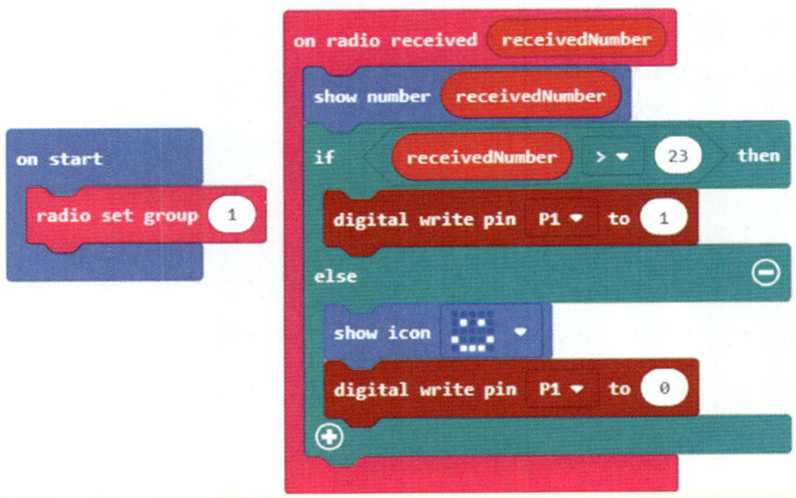

Programa en la Micro:bit emisora.

Ampliación STEAM

Modificad el programa de la placa receptora para que, cuando la temperatura supere un determinado valor, además de iluminar el led, se active una alarma, cuyo sonido podréis comprobar con unos auriculares.

Autoevaluación y coevaluación
Para evaluar las tareas de la actividad, rellenad el recurso «Tablas de autoevaluación y coevaluación».

7 Control eléctrico y electrónico

Si miramos a nuestro alrededor veremos diversos aparatos y sistemas que funcionan de manera automática. La mayoría de ellos disponen de circuitos electrónicos que controlan su funcionamiento. En esta unidad, analizaremos algunos componentes electrónicos que se utilizan en este tipo de circuitos y explicaremos montajes básicos de control para, por ejemplo, dirigir el sentido de circulación de la corriente, controlar su intensidad, regular la humedad del suelo, etc.

Contenidos

AI

1. Para regular la intensidad luz de una lámpara se puede utilizar:
   a) Un interruptor.
   b) Un pulsador.
   c) Un potenciómetro.
2. Los diodos led, entre otros usos, sirven para:
   a) Iluminar.
   b) Emitir sonidos.
   c) Calentar.
3. Las resistencias eléctricas que se utilizan en circuitos de control:
   a) Facilitan el paso de la corriente eléctrica.
   b) Limitan el paso de la corriente eléctrica.
   c) Evitan el paso de la corriente eléctrica.

1. Componentes electrónicos

Los componentes electrónicos suelen ir soldados a placas con circuitos impresos.

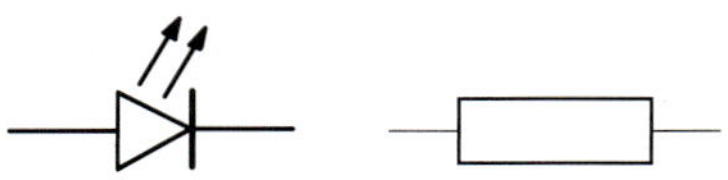

En los esquemas electrónicos se utilizan símbolos para representar, por ejemplo, el diodo led o la resistencia.

El relé es otro de los elementos muy utilizados en el control eléctrico y electrónico.

Cuando se implementan circuitos con la finalidad de llevar a cabo acciones de control como, por ejemplo, abrir y cerrar la puerta de un aparcamiento, manejar un juego mediante radiocontrol, regular la temperatura del sistema de calefacción de una vivienda, etc., se utilizan componentes eléctricos y electrónicos. Esos componentes se hallan interconectados y, generalmente, dan lugar a la fabricación de circuitos integrados.

Algunos de los elementos comunes de los circuitos son las resistencias, los condensadores, los diodos, los transistores, etc., y, para conectarlos, se suelen consultar unos esquemas que utilizan unos símbolos normalizados. En la siguiente imagen pueden verse algunos de esos esquemas electrónicos: dos transistores, un potenciómetro, un diodo, dos diodos led, dos resistencias eléctricas, un condensador, un circuito integrado y un receptor de infrarrojos.

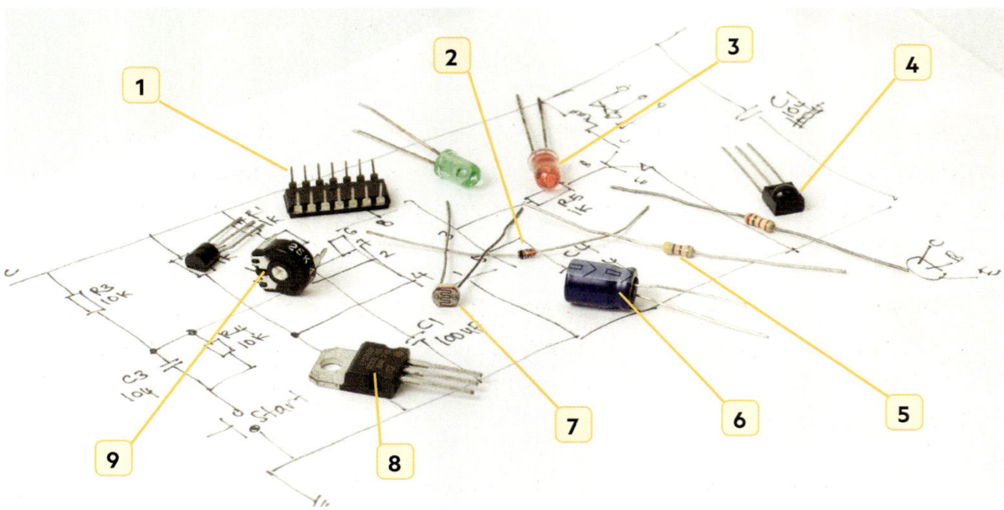

Re

1. **Completa los espacios vacíos del siguiente texto con el nombre de los elementos electrónicos que se indican en la fotografía e indica el número que les corresponde.**

diodos – transistores – led – integrados – resistencias – LDR – potenciómetros – condensadores – infrarrojos

a) Los diodos __________ únicamente dejan pasar la corriente en un sentido y, cuando lo hacen, emiten luz.

b) Las __________ eléctricas vienen con unos anillos de colores para identificar su valor.

c) Los __________ suelen incorporar tres conexiones, son de color negro y los hay de diferentes formas.

d) Los circuitos __________ tienen múltiples patas para su conexión y existe una gran diversidad de ellos.

e) Los __________ son pequeños y solo dejan pasar la corriente en un sentido.

f) Los __________ son resistencias ajustables. Suelen tener forma de disco e incorporar tres patas para su conexión.

g) Los __________ acumulan energía eléctrica, suelen ser cilíndricos e incluyen dos patas de conexión.

h) La resistencia __________ varía con la luz y es plana con dos conexiones.

i) El receptor de __________ capta ondas electromagnéticas de determinadas frecuencias. Suele ser plano de color negro y lleva tres conexiones.

2. **Los robots y las placas de control que utilizas poseen componentes electrónicos. Enumera los que recuerdes.**

2. La placa protoboard

Antes de conectar definitivamente un circuito electrónico es necesario comprobar su funcionamiento y ajustar los componentes si fuese necesario. Para facilitar esta tarea se utilizan las placas protoboard, que permiten conectar y desconectar los elementos de una manera muy sencilla: simplemente insertando los contactos en los orificios de la placa.

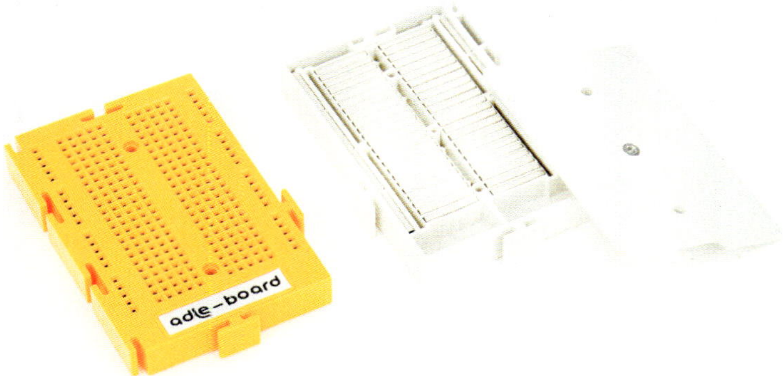

Jumpers o cables Dupont. Los hay machos, hembras o mixtos, y de diferentes longitudes.

Existen diferentes modelos y tamaños de placas protoboard, pero en todos ellos los orificios se agrupan formando filas y columnas, de tal forma que los pertenecientes a una fila o una columna pueden formar parte de un mismo contacto. Conocer esto es fundamental para montar circuitos en la placa.

- En la protoboard de la imagen derecha todos los orificios de la fila con raya de color rojo forman parte de un mismo contacto. Si en uno de ellos se conecta un polo positivo todos tendrán la misma polaridad. Lo mismo sucede con los de color azul.
- En la protoboard amarilla se muestra la parte posterior destapada para poder observar los contactos. Hay dos columnas que van de un extremo a otro que se suelen utilizar para el polo positivo y el negativo. En las filas centrales, cada grupo de cinco orificios pertenece a un mismo contacto.

An

3. Observa la placa protoboard inferior que lleva conectados un interruptor, una resistencia y un diodo led. Describe cómo se han realizado las conexiones y dibuja el esquema electrónico utilizando los símbolos correspondientes.

Ex

Conexiones de la placa protoboard

Coge una placa protoboard, dos trozos de cable y un multímetro que te indique cuándo hay conductividad. Comprueba qué orificios de la placa pertenecen a un mismo contacto. Después, dibújala de modo que se vean claramente los orificios que están interconectados.

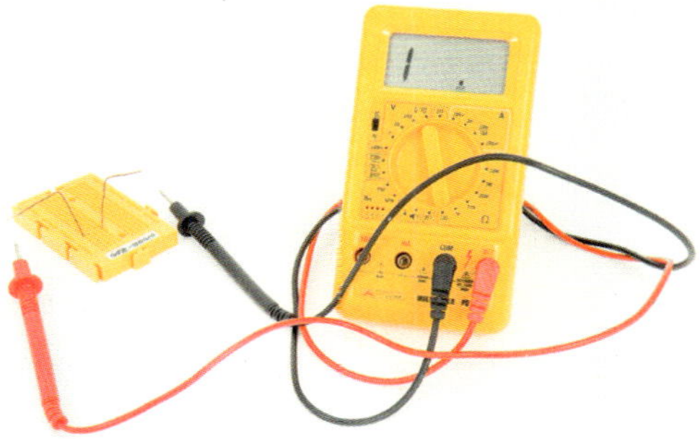

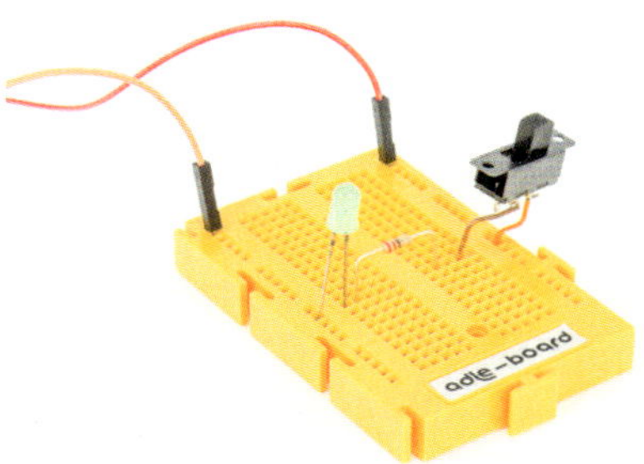

3. Resistencias fijas

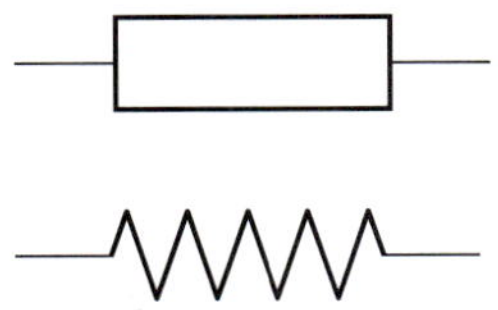

Símbolos de la resistencia.

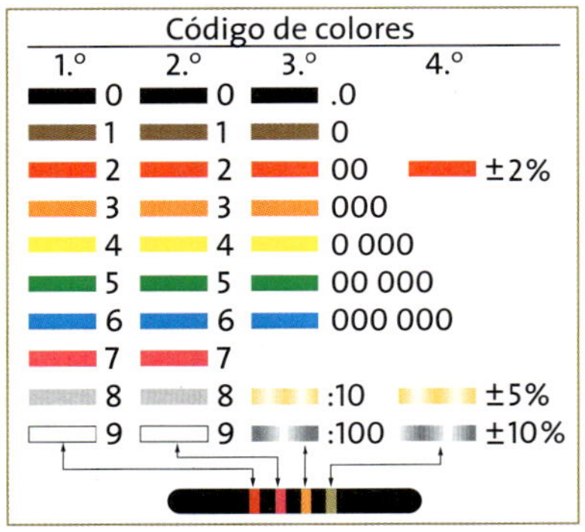

Existen varios tipos de resistencias, y las más comunes son las denominadas resistencias fijas cerámicas. Son los componentes más usados en los circuitos electrónicos, y su finalidad es la de limitar la corriente que circula por un circuito, así como dividir la tensión del mismo. La unidad que mide la resistencia eléctrica es el ohmio (Ω) pero también se utiliza un múltiplo, el kΩ (1 kΩ = 1000 Ω). Cuanto mayor sea el valor de la resistencia menor será la corriente eléctrica que podrá atravesarla.

Los valores de las resistencias son fijos y, para diferenciarlas, se utiliza un código de colores, como puede observarse en la tabla. Cada franja de color tiene un valor y un significado determinado:

- el color de los dos primeros anillos representa los dos primeros números,
- el color del tercero representa el número de ceros que se han de añadir,
- el cuarto anillo indica la tolerancia, es decir, el margen de error que tiene la resistencia respecto a su valor nominal.

Ejemplo

Resistencia 120 Ω
1.ª franja: marrón 1
2.ª franja: roja 2
3.ª franja: marrón 0 (número de ceros que deben añadirse a la 1.ª y a la 2.ª cifra) 120

Por tanto, el valor será de 120 Ω

4.ª franja. Oro ± 5 %; $\frac{5 \times 120}{100} = 6\ \Omega$

Es decir, esta resistencia puede variar entre 120 − 6 = 114 Ω y 120 + 6 = 126 Ω

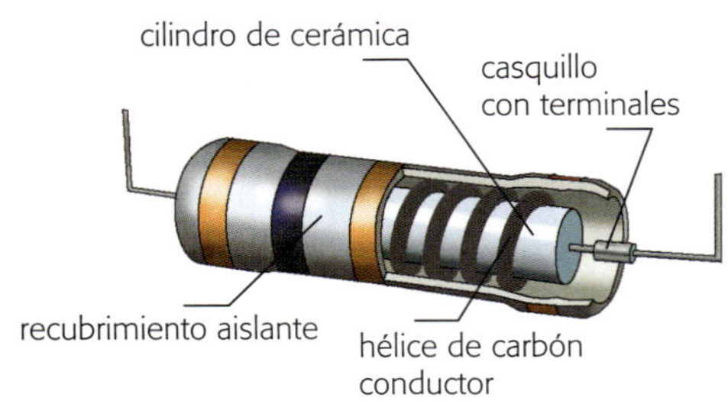

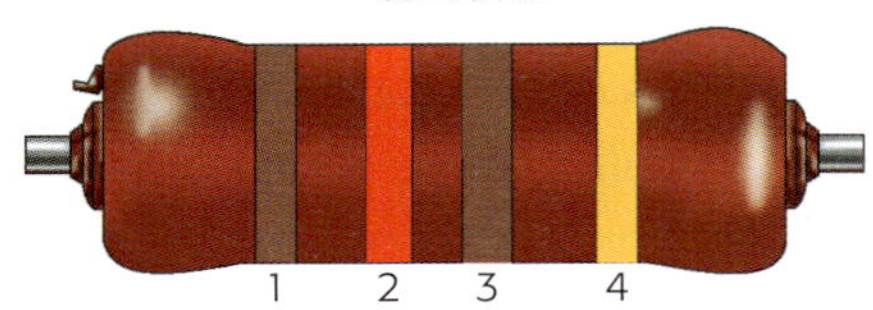

El tamaño de la resistencia está relacionado con la potencia que es capaz de disipar. A mayor tamaño, mayor potencia.

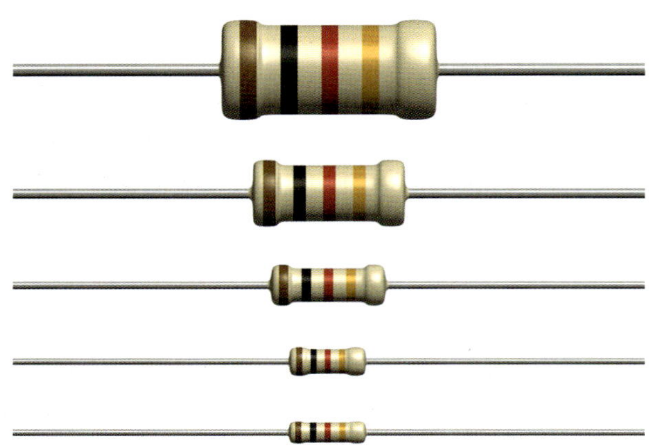

Prácticas: «Resistencias».

4. Observa la imagen de las resistencias. Indica su valor nominal y sus valores máximos y mínimos.
5. ¿Cuántos ohmios son 5,7 kΩ? ¿Cuántos kiloohmios son 42 800 Ω?

4. El diodo y el diodo led

Los diodos están compuestos por materiales semiconductores como el silicio y el germanio. A efectos de transmitir la corriente eléctrica, estos materiales presentan un comportamiento intermedio entre conductores y aislantes. A veces no conducen la corriente eléctrica y, por tanto, son aislantes, pero si cambian las condiciones se convierten en conductores.

Existen diferentes tipos de diodos, pero en todos ellos se distinguen dos partes, el ánodo y el cátodo. Según a qué polaridad de la pila se conecte cada uno de ellos, el diodo conducirá o no la corriente eléctrica.

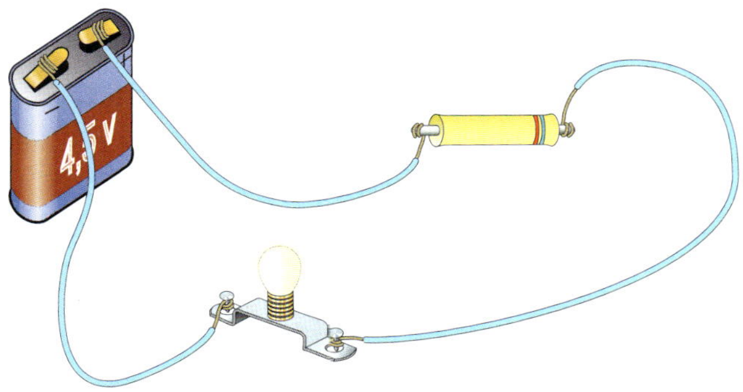

Polarización directa
Se produce cuando el polo positivo de la pila se conecta al ánodo y el negativo al cátodo. En este caso, el diodo se comporta como conductor y deja pasar la corriente eléctrica.

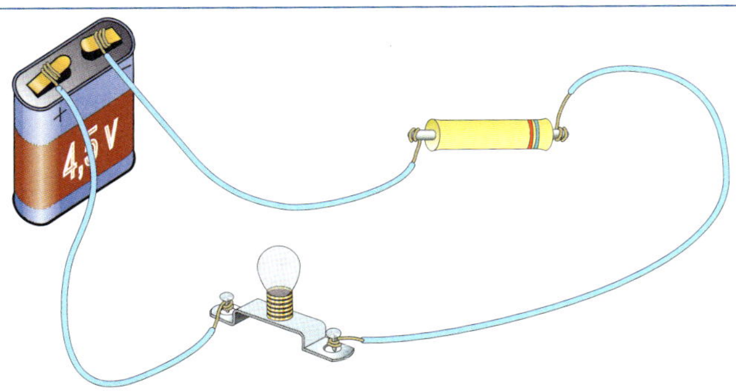

Polarización inversa
Se produce cuando se conecta el polo negativo de la pila al ánodo y el positivo al cátodo. En este caso, el diodo se comporta como aislante y no deja pasar la corriente eléctrica.

El diodo led debe su nombre a la sigla inglesa *light emitting diode*, 'diodo emisor de luz'. Al igual que los otros diodos, el led permitirá el paso de la corriente eléctrica a través de él cuando esté polarizado directamente, entonces emitirá luz. Los led funcionan con tensiones muy pequeñas, por lo que habrá que conectar una resistencia en serie que limite el paso de la corriente para que no se queme.

Los led se fabrican con material transparente encapsulado con diferentes colores. Los hay de varios tamaños, 3 mm y 5 mm, y el ánodo es la conexión larga. Se utilizan fundamentalmente para señalización e iluminación.

Re

6. ¿Cuál es la diferencia entre un diodo y un led?
7. ¿Por qué motivo se suele poner una resistencia en serie con un diodo?
8. ¿Cómo se identifica el ánodo en un diodo? ¿Y en un diodo led?

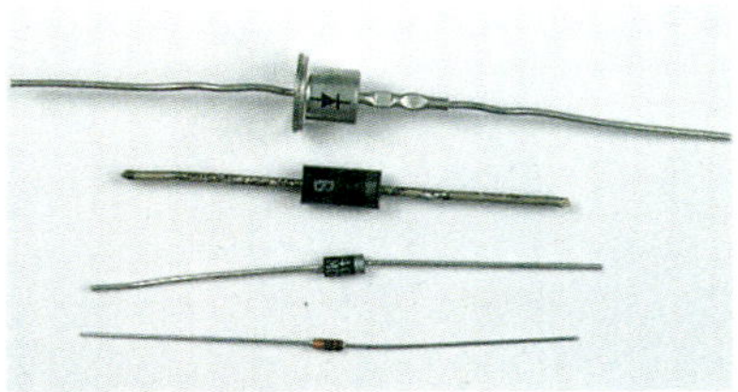

Diversos diodos.

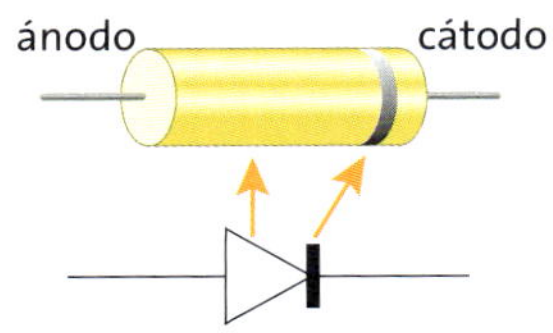

Símbolo del diodo.

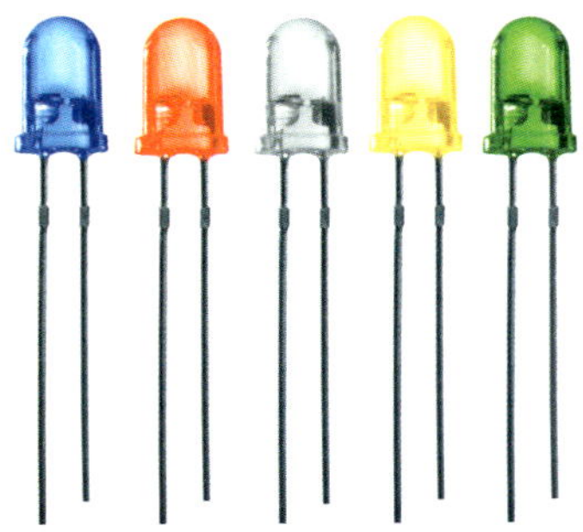

Diodos led.

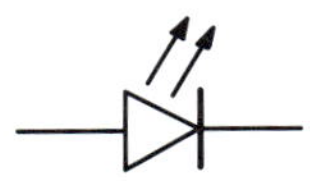

Símbolo del diodo led.

Prácticas: «Diodos».

Rp

9. Si el diodo deja pasar la corriente cuando el ánodo está conectado al polo positivo, ¿se iluminará el led de la figura? Dibuja el esquema eléctrico utilizando los símbolos adecuados.

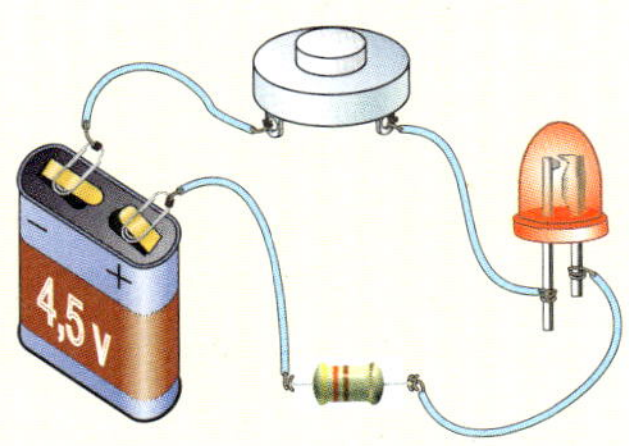

5. Resistencias variables

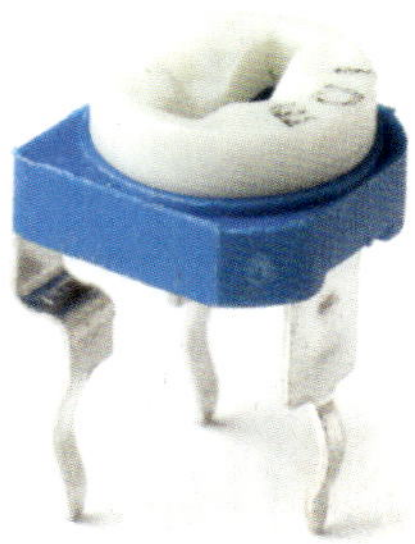

Potenciómetro.

Otro tipo de elementos resistivos muy empleados en los circuitos eléctricos y electrónicos son las resistencias variables. Estos componentes suelen utilizarse para regular la corriente eléctrica en los circuitos. Son los siguientes:

- **Potenciómetros**

Un potenciómetro es una resistencia variable cuyo valor se puede ajustar al girar un eje central, o bien al desplazar un contacto móvil o cursor que oscila entre cero y un valor máximo. Entre sus aplicaciones más comunes se encuentran la regulación de volumen o luminosidad.

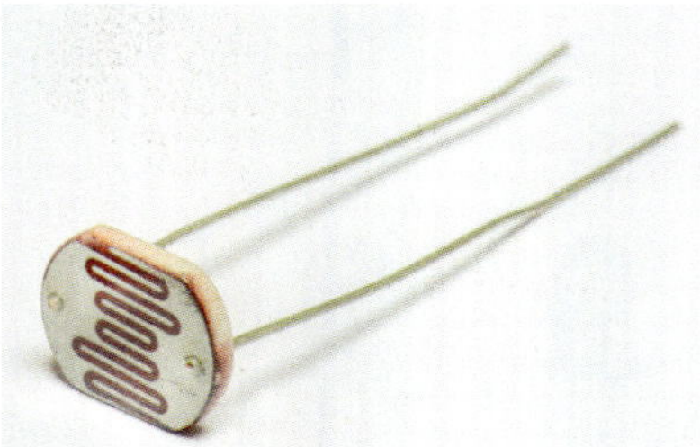

Resistencia LDR.

- **Resistencia dependiente de la luz o LDR**

En una resistencia LDR (*light dependent resistor*) su valor cambia en función de la luz que incide sobre ella. Si aumenta la cantidad de luz disminuye ese valor, de modo que, por la ley de Ohm, al disminuir la resistencia aumenta la corriente eléctrica. Se utiliza para automatizar el encendido de luces, alarmas, detección de objetos y personas, etc.

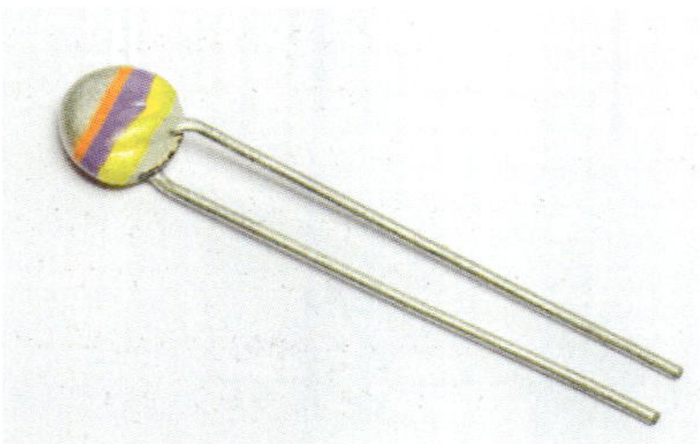

Resistencia NTC.

Prácticas: «Potenciómetro».

- **Resistencias variables con la temperatura**

En estas resistencias cambia el valor según la temperatura a la que son sometidas.

Pueden ser de dos tipos:

- **NTC**, la resistencia disminuye cuando aumenta la temperatura (coeficiente negativo de temperatura).
- **PTC**, la resistencia aumenta cuando aumenta la temperatura (coeficiente positivo de temperatura).

SÍMBOLOS DE RESISTENCIAS VARIABLES			
Potenciómetros	LDR	NTC	PTC
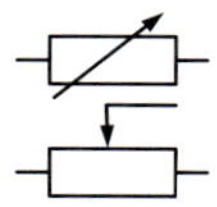	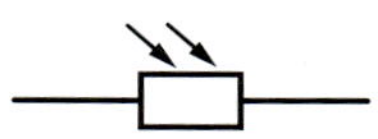	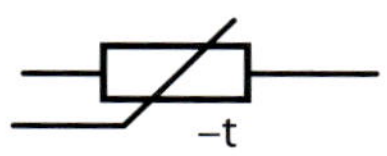	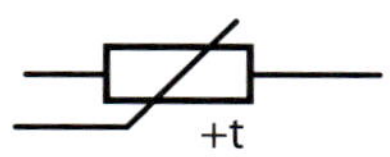

Re

10. ¿Qué hace cambiar el valor de las resistencias variables descritas?

11. ¿Qué usos pueden tener las resistencias que varían con la temperatura?

12. ¿Qué resistencia utilizarías para que, al aumentar la temperatura, aumente también la corriente que circula por ella? Razona tu respuesta.

Rp

13. Observa el circuito de la imagen y describe qué ocurrirá al hacer girar el eje central. Dibuja el esquema eléctrico utilizando los símbolos adecuados.

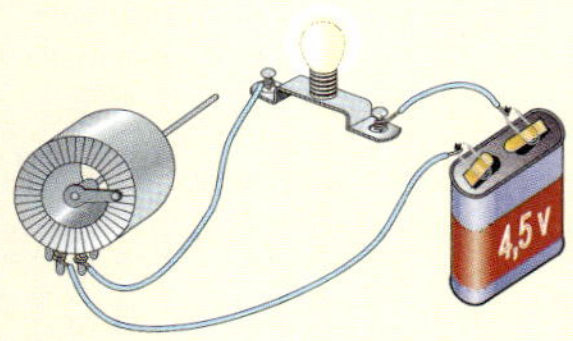

6. El transistor

Un transistor está formado por la unión de tres semiconductores. Según la disposición de estos, puede haber dos tipos de transistores: PNP y NPN. Cada uno de los tres semiconductores se une a un terminal que permite conectar el componente al circuito. Cada uno de los terminales tiene un nombre específico: emisor, base y colector. Como el diodo, el transistor ha de estar correctamente polarizado para que su funcionamiento sea correcto.

Se puede considerar que en un transistor hay integrados dos circuitos: un circuito de mando y otro de utilización. Una de las formas de trabajo de los transistores es similar a la de los interruptores: los dos contactos serían el emisor y el colector, y el elemento de control que permitiría la conexión y desconexión sería la corriente que llega a la base del transistor.

Observa el circuito: al cerrar el interruptor *S*, se origina una pequeña corriente en el circuito de mando (I_b), que entra por la base y sale por el emisor. La base posibilita el paso de una corriente mucho más elevada en el circuito de utilización (I_c), que circula entre el colector y el emisor y consigue que la bombilla se ilumine. La resistencia *R*, que se coloca en la base, evita que el transistor se queme.

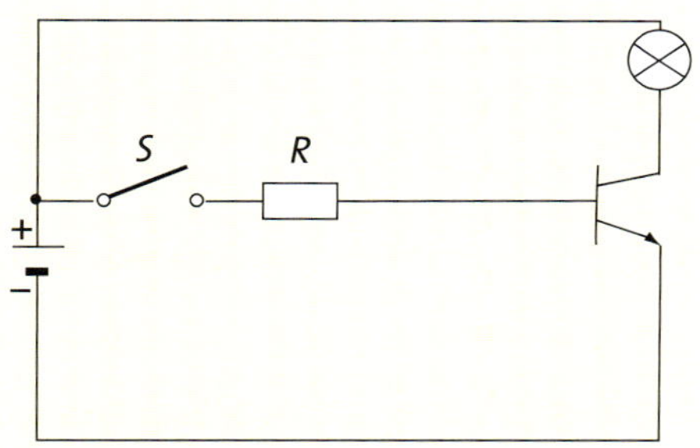

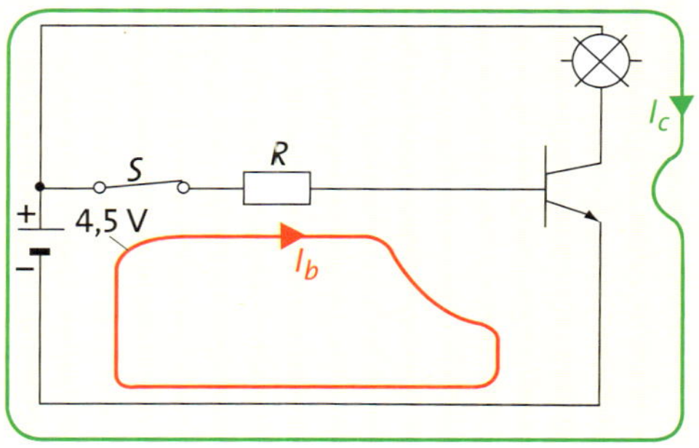

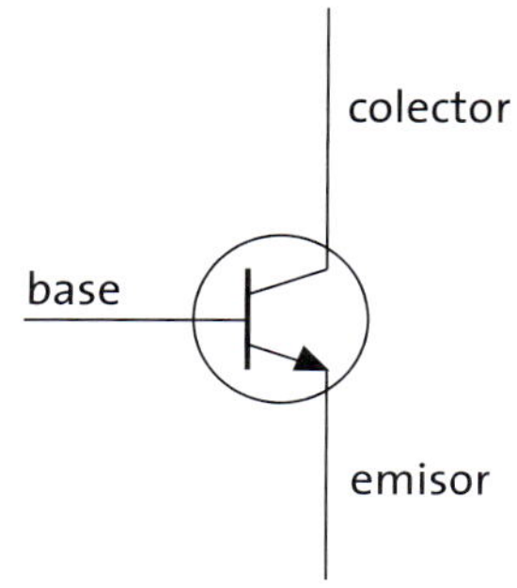

Símbolo del transistor NPN.

ODS 12 PRODUCCIÓN Y CONSUMO RESPONSABLES

La fabricación de componentes electrónicos es muy importante por los sectores a los que abastece. Fabricación de PC, electrodomésticos, automóviles, etc., dependen de que la producción de estos componentes se realice de forma responsable y sostenible.

Prácticas: «Transistor».

Ex

Control del alumbrado público

Se trata de simular la conexión y desconexión del alumbrado público en el orto y en el ocaso del sol.

Observa el circuito. Su funcionamiento es el siguiente:

1. Parte de la corriente que baja por el potenciómetro se desvía hacia la resistencia de 1 kΩ y otra parte pasa por la LDR.
2. Al oscurecer, aumenta el valor de la resistencia LDR, por lo que aumentará la corriente que irá hacia la base del transistor.
3. Al llegar más corriente a la base del transistor, este la dejará pasar entre el colector y el emisor, iluminándose el led.
4. Mediante el potenciómetro se puede regular la sensibilidad de la LDR, para activar una mayor o menor iluminación.

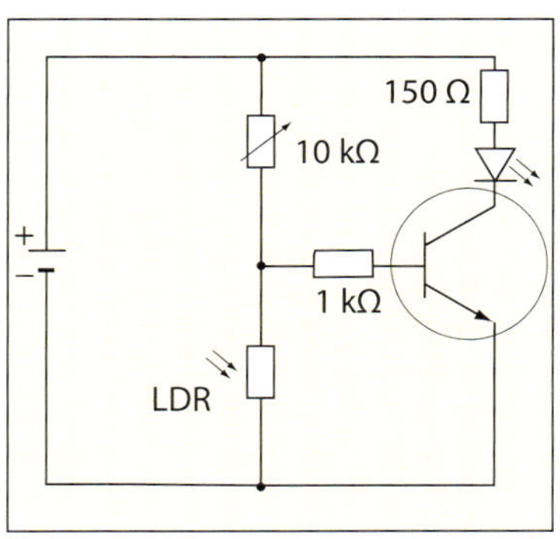

Monta el circuito sobre la placa protoboard. Si conectas las luces del aula y no haces sombra con la mano, la resistencia de la LDR disminuirá y el led dejará de iluminar.

El **relé** es un elemento electromagnético que sirve para abrir y cerrar circuitos. Se compone, básicamente de bobina y contactos.

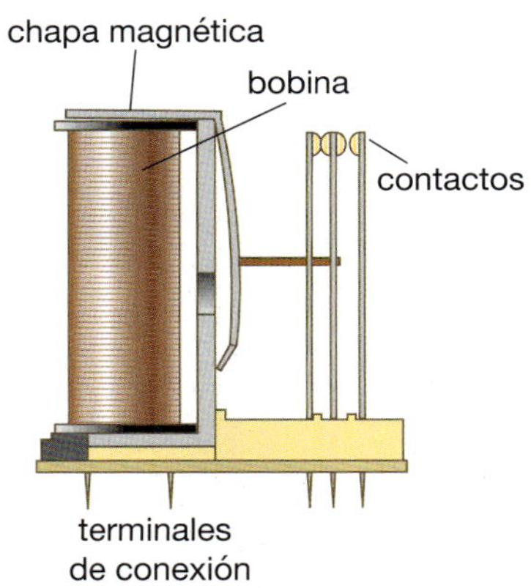

Relé.

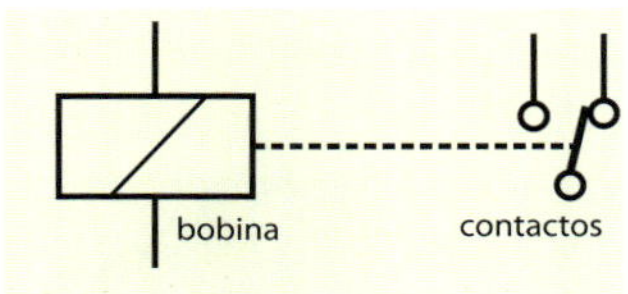

un circuito con conmutador

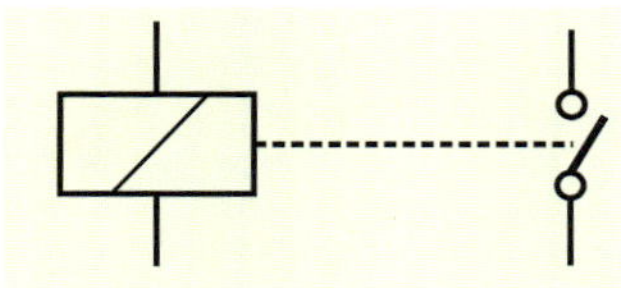
un circuito con interruptor

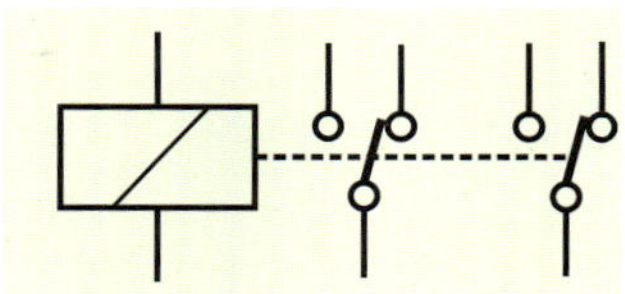
dos circuitos con conmutador

Símbolos de relés.

14. Elabora el esquema de accionamiento de una bombilla mediante un relé de un circuito con interruptor, utilizando solamente una pila.

7. El relé

Cuando pasa una corriente eléctrica por la **bobina** se crea un campo magnético que atrae una pequeña chapa que, a su vez, arrastra mecánicamente los contactos. Los **contactos** pueden ser interruptores o conmutadores. Los relés que disponen de más de un juego de contactos se llaman **relés de dos circuitos**, **tres circuitos**, etc.

Podríamos decir, por tanto, que un relé puede emplearse como interruptor para cerrar y abrir circuitos en diferentes condiciones.

La gran ventaja del control mediante la utilización de relés es que el circuito de la bobina está separado eléctricamente del circuito de utilización, con lo que podemos alimentarlos con tensiones diferentes. El **circuito de la bobina o de mando** puede hacerse funcionar con una pequeña tensión, mientras que en el circuito de utilización la tensión suele ser más alta y recibe el nombre de **circuito de potencia**.

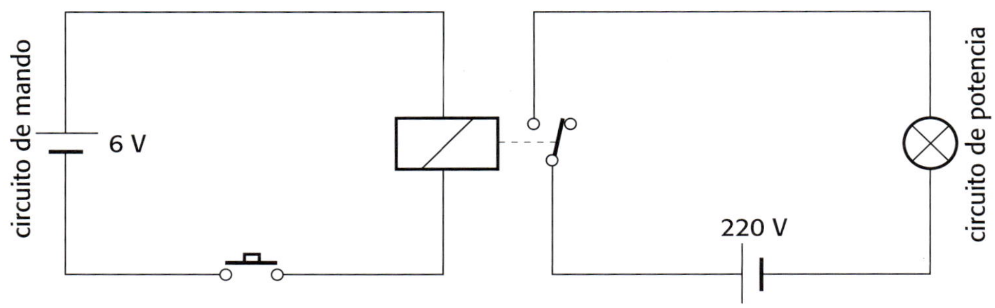

Esquema de un relé que controla una bombilla.

Lo que normalmente usamos en el circuito de mando para controlarlo son los **pulsadores**. Fundamentalmente, se distinguen dos tipos, en función de que los contactos se encuentren abiertos o cerrados en reposo. Los primeros se llaman pulsadores **normalmente abiertos** (NA), y los segundos, pulsadores **normalmente cerrados** (NC).

Si analizamos los circuitos de la figura inferior, podemos comprobar que, para accionar la bobina, utilizamos un pulsador NA. Pero el problema de este circuito radica en el hecho de mantener presionado el pulsador mientras queramos que la lámpara permanezca encendida. Para evitar este problema, usaremos el circuito de realimentación.

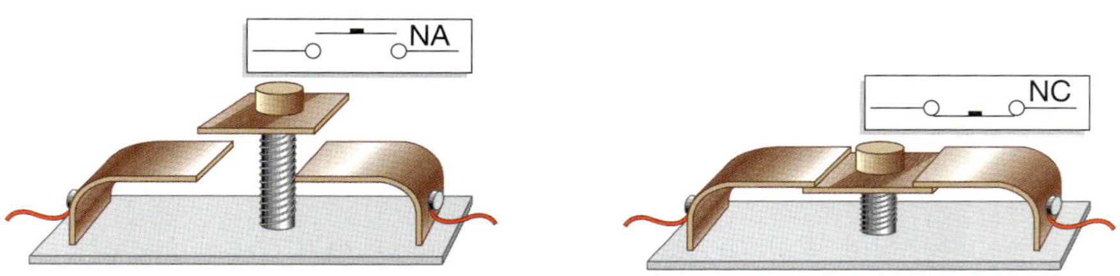

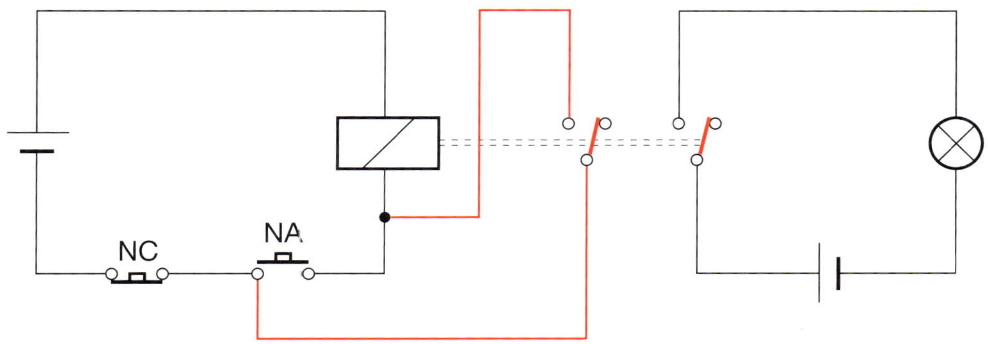

Esquema de un relé realimentado.

El circuito indicado en color rojo se llama *circuito auxiliar de realimentación*. Como podemos ver en la figura, cuando la bobina se active, el polo negativo quedará conectado al borne correspondiente mediante los contactos del primer circuito del relé, aunque se haya dejado de presionar el pulsador.

Con el fin de controlar la parada del circuito, debemos añadir un pulsador NC, que interrumpirá el paso de la corriente y, por tanto, hará que no llegue a la bobina.

Rs

15. Calcula la corriente que circulará por el circuito de la figura superior con los siguientes datos, que corresponden a la bobina.

Tensión: $V = 12$ V

Resistencia: $R = 280\ \Omega$

Re

16. Explica el funcionamiento de cada uno de los siguientes circuitos:

a

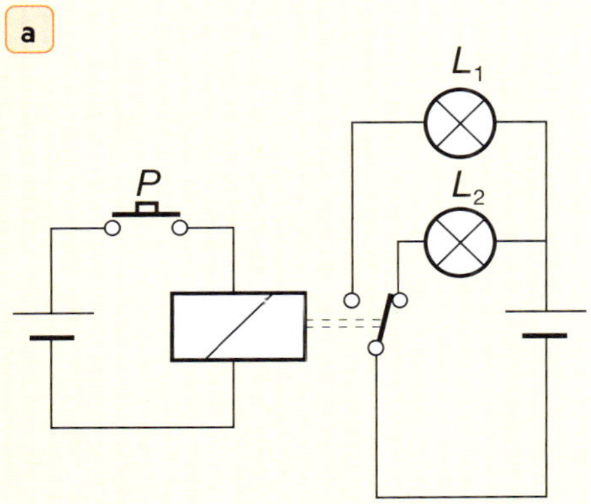

b

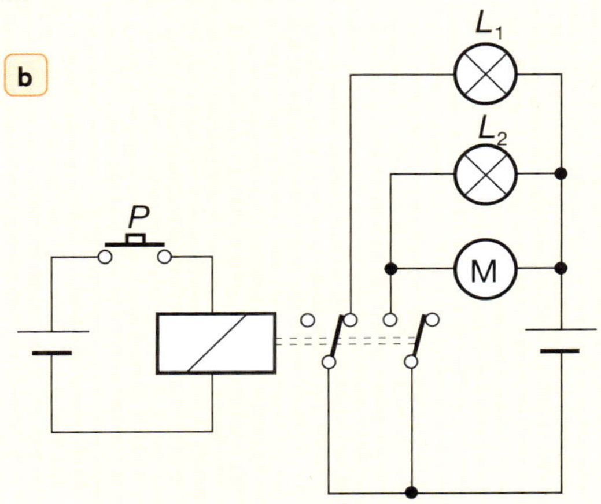

17. Si un relé como el de la fotografía superior tiene ocho contactos, ¿de qué tipo de relé se trata? Justifica tu respuesta.

Prácticas: «Tinkercad».

AUTODESK TINKERCAD

Con la aplicación Tinkercad podrás practicar simulando el funcionamiento de circuitos.

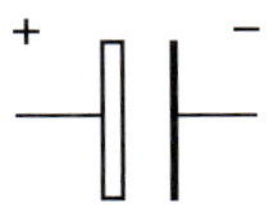

Símbolo de un condensador polarizado.

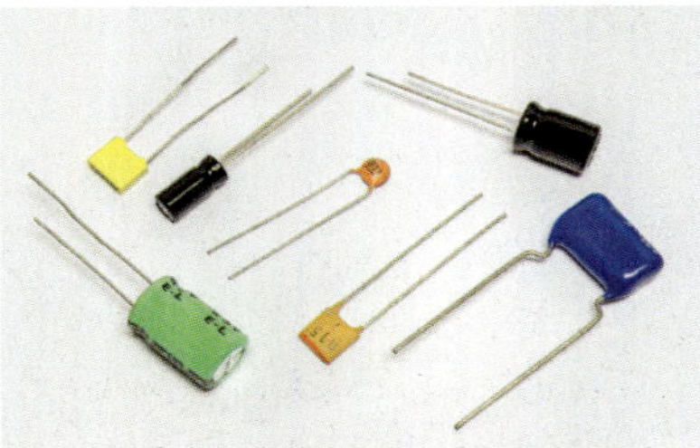
Diferentes tipos de condensadores.

8. Condensadores

El condensador está formado por dos placas metálicas (llamadas *armaduras*) separadas entre sí por un material aislante (dieléctrico). A cada placa se le une un terminal para la conexión al circuito.

La función del condensador consiste en almacenar cargas eléctricas y cederlas en el momento deseado. Cuando se aplica una tensión entre las armaduras no hay circulación de corriente entre ellas ya que lo impide el dieléctrico, pero se produce una acumulación de carga eléctrica. Cuando las armaduras se ponen en contacto por medio de un circuito externo, se produce la descarga a través de este circuito.

La capacidad de un condensador mide las cargas eléctricas que es capaz de almacenar a un voltaje determinado y su unidad es el faradio (F) pero como es una unidad muy grande se suelen utilizar submúltiplos:

- milifaradio (mF) → 1mF = 10^{-3} F
- microfaradio (μF) → 1μF = 10^{-6} F
- nanofaradio (ηF) → 1ηF = 10^{-9} F
- picofaradio (pF) → 1pF = 10^{-12} F

Ex

Carga y descarga de un condensador

Para ver el funcionamiento del condensador, analizaremos el proceso de carga y descarga que se produce en los montajes que vienen a continuación. Utilizaremos los componentes de la tabla de la derecha.

Materiales

- condensador de 2 200 microfaradios
- 2 resistencias R_1 de 1 kΩ y R_2 de 150 Ω
- pila de petaca de 4,5 V o fuente de alimentación
- diodo led

Proceso de carga

Conectamos los componentes tal como se indica a continuación:

En la posición del conmutador indicada a la izquierda, el condensador se carga prácticamente de forma instantánea. La resistencia R_1 se coloca para limitar la corriente y evitar, así, el desgaste prematuro de la pila.

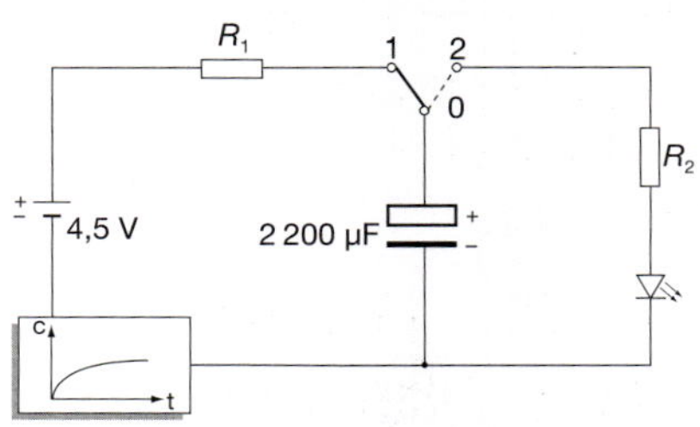

Proceso de descarga

Ahora, ponemos el conmutador en la otra posición y el diodo led comenzará a iluminar. Disminuirá progresivamente su brillantez y se apagará en pocos segundos.

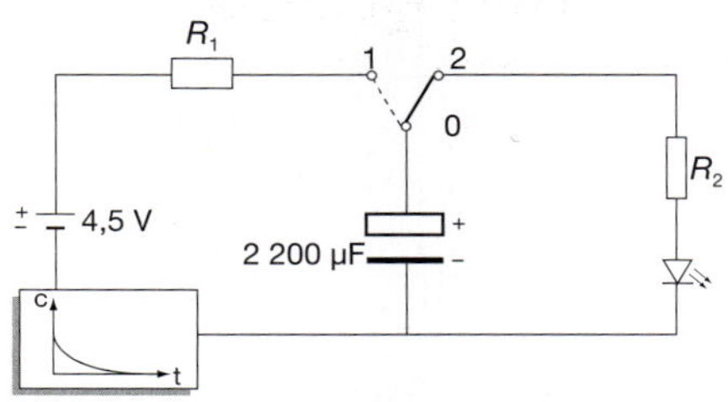

Síntesis

Elabora tu propio resumen del tema, completando los espacios vacíos con las palabras clave.

1. Cuando implementamos circuitos, utilizamos componentes eléctricos y __________ con la finalidad de llevar a cabo diferentes acciones de __________.

2. Podemos distinguir dos tipos de resistencias eléctricas: fijas y __________.

3. Las resistencias fijas más comunes son las denominadas resistencias __________. Para su identificación se utiliza el __________ de colores.

4. Las resistencias variables suelen utilizarse para regular la corriente eléctrica en los circuitos. Se distinguen los siguientes tipos: __________, resistencias dependientes de la luz (__________) y resistencias variables con la temperatura (NTC y PTC).

5. Un diodo __________ es un componente electrónico que emite __________ cuando es recorrido por una corriente eléctrica.

6. Los __________ están formados por la unión de tres semiconductores y poseen tres terminales: emisor, __________ y colector.

7. El __________ está formado por dos placas metálicas denominadas armaduras y separadas entre sí por un material aislante que se llama __________.

8. El __________ es un componente electromagnético que sirve para abrir y cerrar circuitos. Se compone básicamente de __________ y contactos.

9. Las placas __________ permiten conectar y desconectar los elementos de una manera muy sencilla para __________ los circuitos electrónicos.

Parabras clave

protoboard, condensador, código, variables, potenciómetros, bobina, control, cerámicas, LDR, base, transistores, led, probar, luz, dieléctrico, relé, electrónicos

Recursos en red

Página web: «Yenka».

Existen diferentes simuladores de circuitos electrónicos. Uno de los más adecuados para aprender es el Yenka. Hay versiones de prueba gratuitas que se pueden descargar para diferentes plataformas.

Una vez instalado, para poder simular circuitos electrónicos deberás acceder a la web y, en *Technology | Electronics*, buscar los componentes. Una vez localizados, arrástralos y conéctalos. Con el botón derecho del ratón podrás modificar sus propiedades.

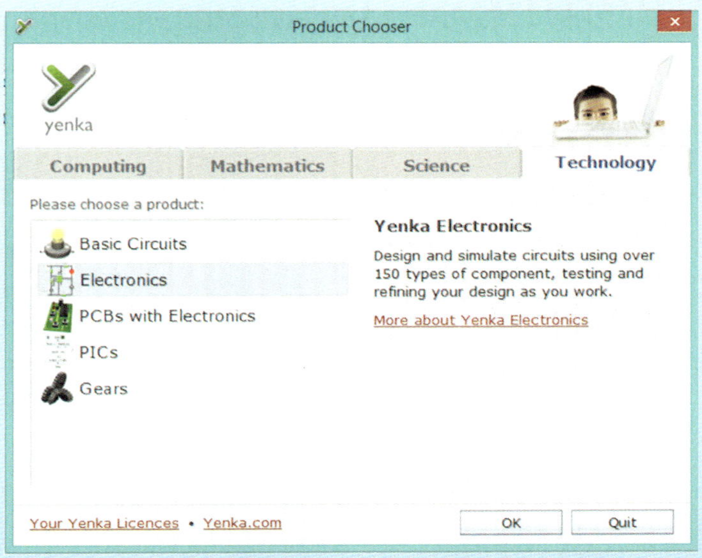

Actividades finales

1. Observa la imagen de la fotografía y responde las siguientes preguntas:

a) Indica el nombre de los componentes numerados.

b) ¿Para qué sirve el soldador eléctrico?

c) Hay dos relés. ¿De qué tipo son?

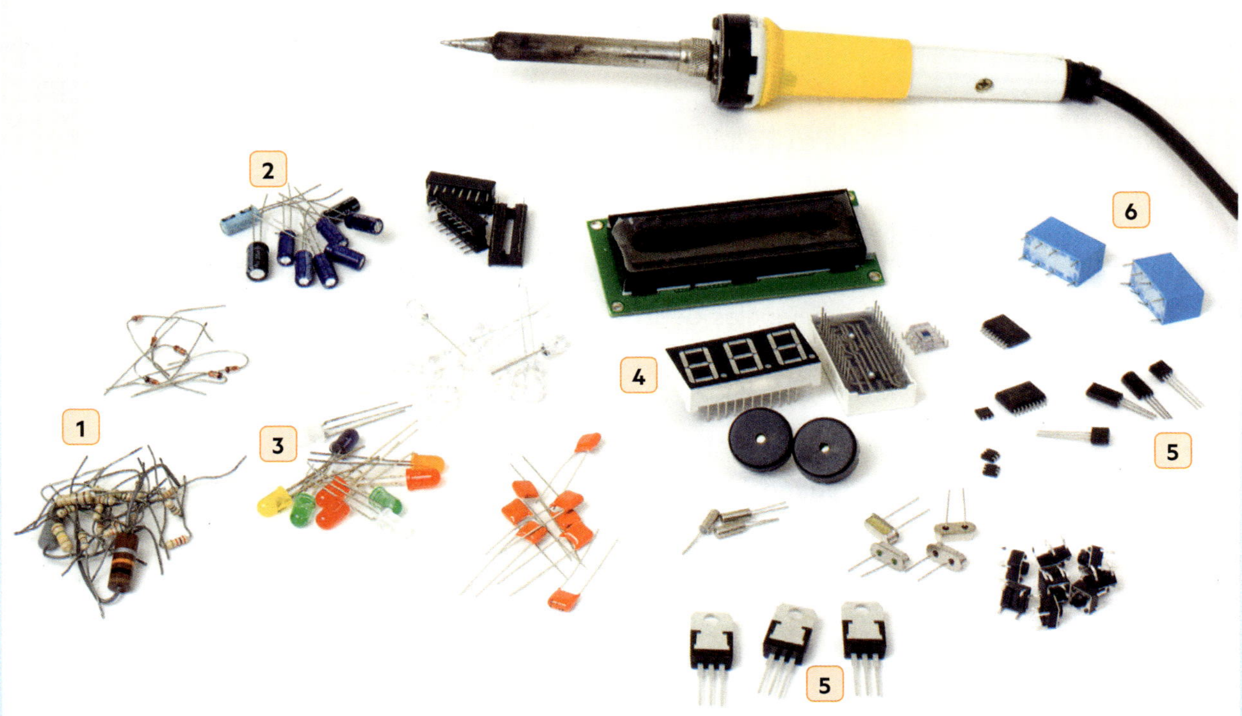

2. Observa el circuito y di qué ledes se iluminarán: D_1, D_2 o los dos a la vez. Realiza el montaje y compruébalo en funcionamiento.

Si no se iluminan los dos diodos, ¿qué deberías hacer para que lo hagan? Compruébalo sobre una placa protoboard.

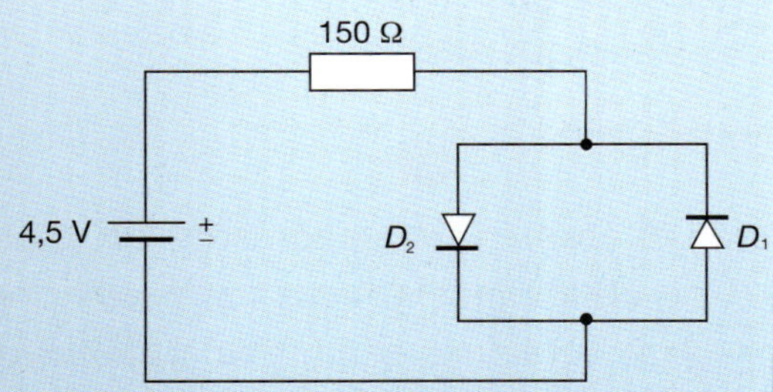

3. Observa el circuito de la figura elaborado con el programa Yenka y responde.

a) Indica el nombre y la función de todos los componentes que aparecen.

b) ¿Habrá algún led encendido?

c) ¿Cómo están polarizados los diodos?

d) Describe el funcionamiento del circuito.

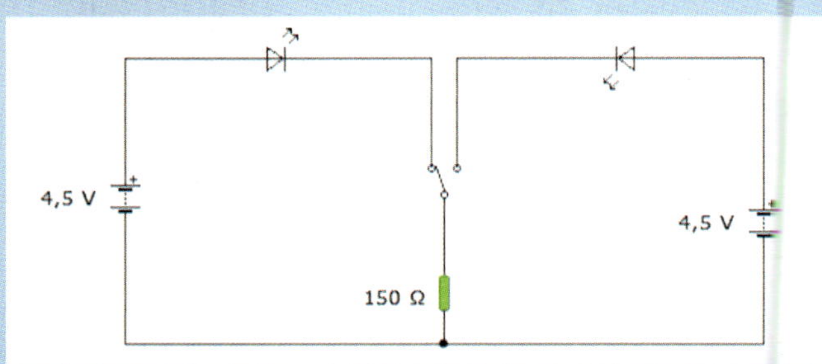

4. Observa el circuito de la figura elaborado con el programa Yenka y responde.

a) ¿Funciona igual que el circuito anterior?

b) ¿Qué diferencias observas?

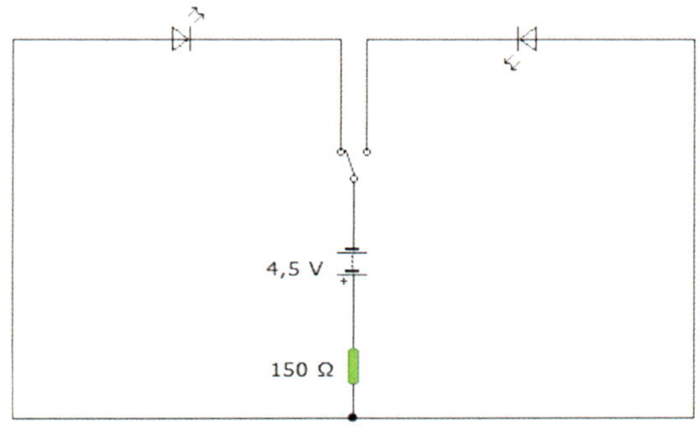

5. Observa los circuitos de las figuras, elaborados con el programa Yenka, en las que se utiliza un potenciómetro. ¿Qué diferencia hay entre uno y otro?

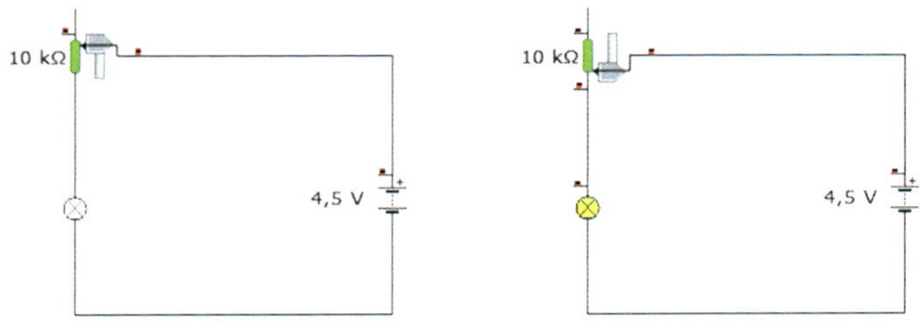

6. Observa el circuito de la figura elaborado con el programa Yenka y responde.

a) ¿Cómo se llaman los dos circuitos que se pueden distinguir y a qué tensión funcionan?

b) ¿Qué elementos tienen?

c) ¿Qué sucede si no accionas el pulsador?

d) ¿Qué sucede si lo accionas?

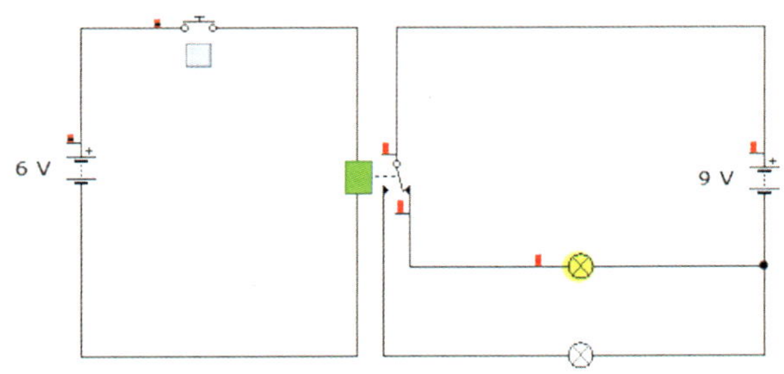

7. Observa el circuito de la figura.

a) ¿En qué situación sonará el zumbador? ¿Por qué?

b) ¿Qué función realiza el transistor?

c) Describe una posible aplicación del circuito.

d) Realiza el montaje correspondiente y comprueba su funcionamiento.

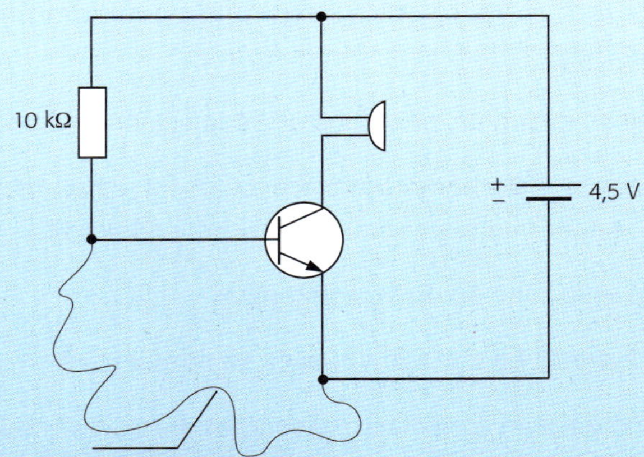

Autoevalúa tus conocimientos de la unidad.

Situación de aprendizaje

Análisis de circuitos

Circuito A. Control de sentido de la corriente

En el circuito de la figura, podemos identificar el sentido de la corriente mediante la iluminación o no del diodo led. Observa detenidamente la fotografía y realiza las tareas que se plantean a continuación:

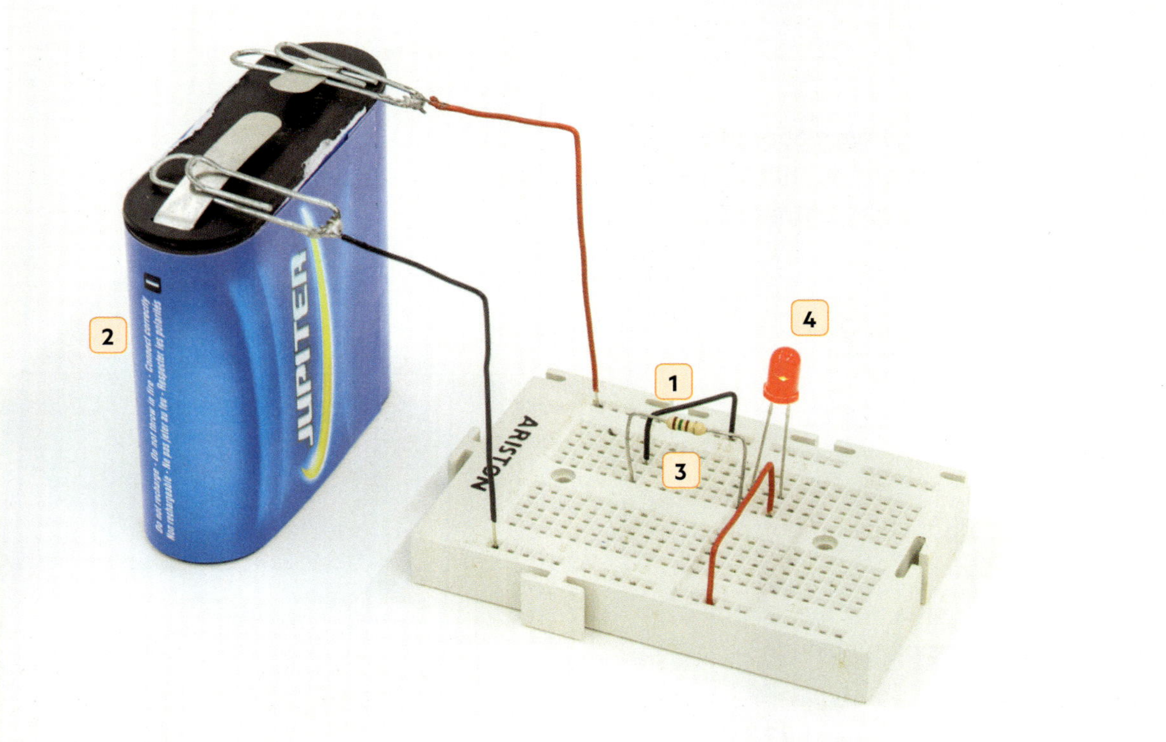

Tareas

1. Completa la siguiente tabla escribiendo el nombre del componente que corresponde a cada número de identificación (el cable 1 hace la función de interruptor).
2. Dibuja el esquema eléctrico correspondiente a la fotografía.
3. Si la resistencia tiene los colores marrón, verde, marrón y dorado, ¿cuáles son sus valores máximo y mínimo?
4. ¿Cuál es la función de la resistencia?
5. Si el led está encendido, ¿cuál es su pata larga?
6. ¿Cómo debería conectarse el componente 4 para que esté polarizado inversamente? Dibuja el esquema correspondiente para esta situación.

Número de identificación	Nombre del componente
1	
2	
3	
4	

Circuito B. Regulación de la luminosidad del diodo led

En el circuito de la figura, podemos regular la intensidad luminosa de un diodo led. Observa detenidamente las ilustraciones y realiza las tareas planteadas.

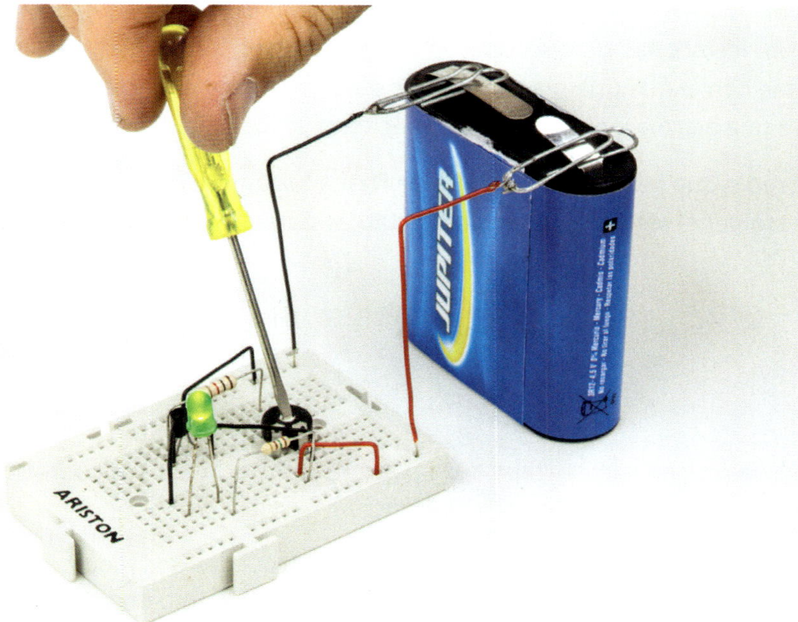

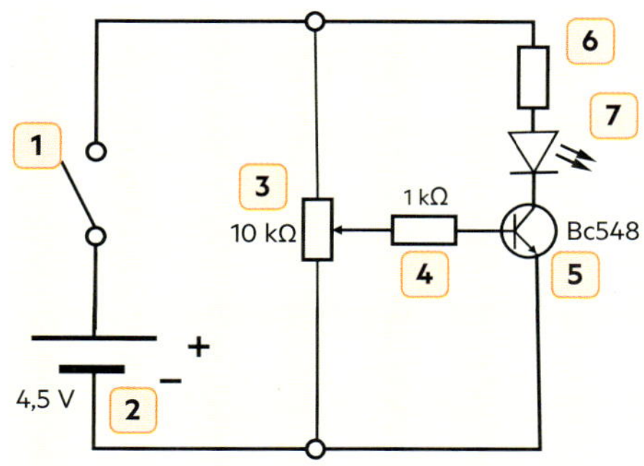

Tareas

1. Completa la siguiente tabla escribiendo el nombre del componente que corresponde a cada número de identificación.
2. Escribe el código de colores que corresponde al componente 4, si el valor de la tolerancia es del 5 %. Determina, además, el valor máximo y mínimo del componente.
3. ¿En qué posición deberá encontrarse el cursor del componente 3 para que la iluminación del led sea mínima o nula?
4. ¿En qué posición se ha de ajustar el componente 3 para que la lámpara ilumine al máximo?
5. Ahora, sustituiremos los componentes 6 y 7 por un pequeño motor de corriente continua. Dibuja el esquema del circuito que nos permita variar la velocidad de ese motor.

Número de identificación	Nombre del componente
1	
2	
3	
4	
5	
6	
7	

Autoevaluación
Para evaluar las tareas de la actividad, rellenad el recurso «Tabla de autoevaluación».

Situación de aprendizaje

Trabajo cooperativo

Grupos: parejas

Comunicación por radio

Encargo

A algunos niños les cuesta apagar la luz por las noches porque quieren alargar la diversión. Este reto consiste en que, organizados en parejas, diseñéis un programa con el que una placa Micro:bit detecte la luz y conecte con otra placa, situada fuera del dormitorio, para avisar mediante una alarma visual cuando se enciende la luz en el dormitorio.

La placa Micro:bit tiene un dispositivo de radio que permite conectarse de forma inalámbrica con otras placas mediante la tecnología de radiofrecuencia. Antes de resolver el reto, realizaremos dos tareas para comprobar cómo dos placas se pueden comunicar por radio.

Tareas

Tarea 1. El botón presionado

Se trata de crear un código que permita visualizar, en la matriz led de la placa receptora, la letra del botón que se ha presionado en la placa emisora. Así pues, será necesario utilizar dos placas Micro:bit.

Hay que crear dos códigos, uno para la placa emisora y otro para la receptora. Para que las dos placas se puedan comunicar entre sí, tienen que estar en el mismo grupo de comunicación (se puede elegir un número entre 0 y 255).

a) Introduce el código correspondiente para las placas emisora y receptora, y comprueba su funcionamiento.

Placa emisora

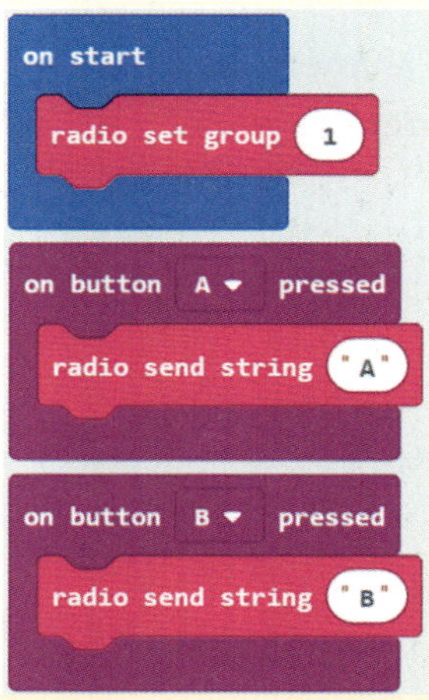

Placa receptora

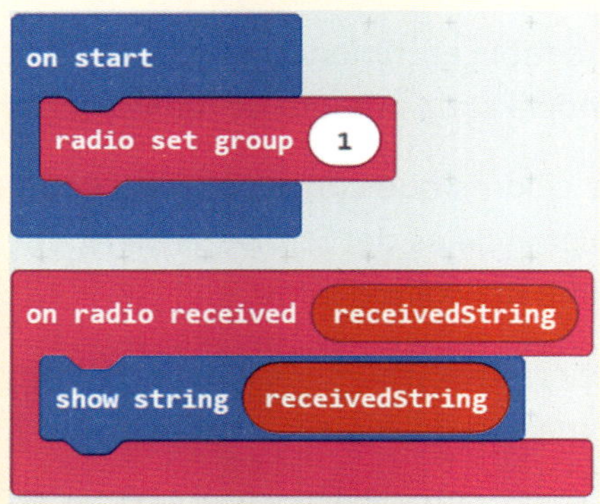

b) La batería de una placa se agotará si tiene muchos leds encendidos. ¿Cuál es la fracción de leds de la matriz que se han activado para mostrar la letra A? ¿Y para la letra B?

c) Modifica el programa anterior para mostrar que se han pulsado los dos botones a la vez.

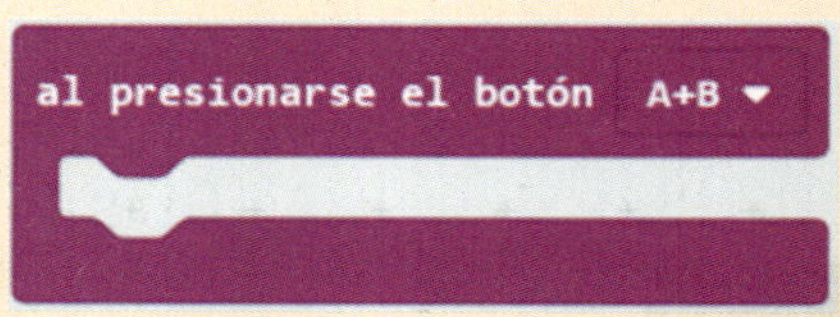

Tarea 2. Teletransporte de tortugas

El programa consiste en que al agitar una placa Micro:bit se envía la palabra TORTUGA a la otra placa, y esta, cuando recibe el mensaje de radio, muestra el icono de una tortuga en su matriz led. Por lo tanto, cada una de las placas puede ser emisora y receptora.

a) Introduce el código que se muestra a continuación en cada una de las dos placas Micro:bit y comprueba su funcionamiento.

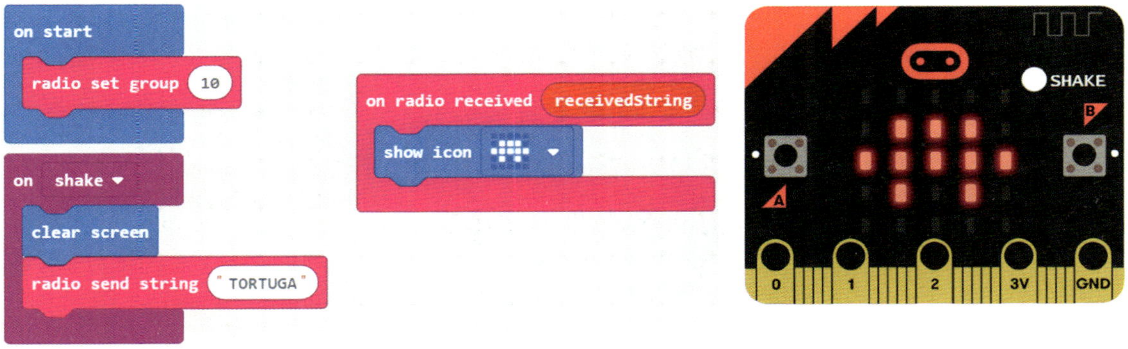

b) ¿Cuántas imágenes de tortugas están visibles a la vez?

c) ¿Qué porcentaje de ledes de la matriz se han activado para mostrar el icono de la tortuga?

d) Implementa el programa anterior en Python.

Cierre

Se utilizarán dos placas Micro:bit, la emisora enviará el valor del sensor de luz, la placa receptora evaluará ese valcr y, si es mayor que 50, mostrará un icono y hará sonar una alarma.

Introduce el código correspondiente en las placas emisora y receptora.

Describe brevemente el comportamiento de cada una de las placas y comprueba su funcionamiento.

Placa emisora

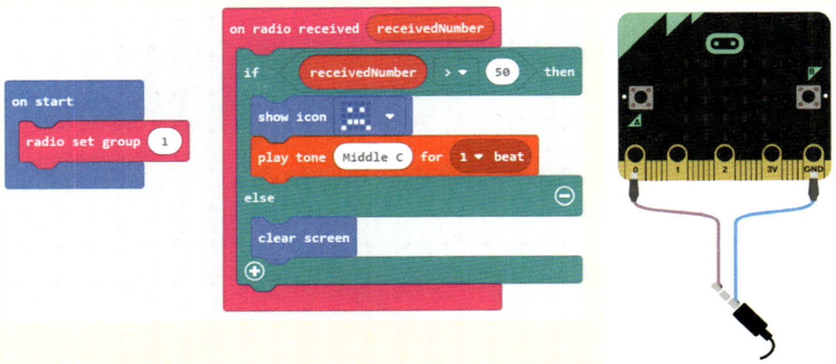

Placa receptora

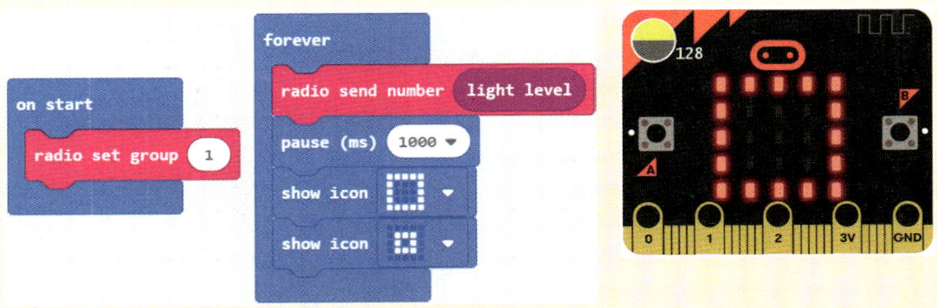

Ampliación STEAM

Modifica los programas anteriores utilizando otros iconos de la biblioteca o bien que hayan sido diseñados por vosotros.

Autoevaluación y coevaluación
Para evaluar las tareas de la actividad, rellenad el recurso «Tablas de autoevaluación y coevaluación».

8

Digitalización del entorno personal de aprendizaje (II)

La irrupción de Internet en nuestras vidas ha sobrepasado todas las expectativas que teníamos de la red cuando nació hace algunos años. Es difícil imaginar muchas de las actividades que realizamos, tanto de trabajo como de ocio, sin la presencia de equipos informáticos asociados al uso de Internet: ordenadores, tabletas digitales, teléfonos inteligentes, *smartwatch*, etc.

Actualmente, escribir textos, crear presentaciones, hojas de cálculo, etc., va más allá de lo que hace algún tiempo entendíamos que eran estas herramientas ofimáticas. Hoy día, varias personas, ubicadas en diferentes lugares y en tiempo real, pueden estar trabajando en un mismo documento, y después colgar el trabajo en una web para que la vea todo el mundo, o bien compartirla con quien decidan.

Contenidos

- Hardware y software
- Internet
- Producción de contenidos

AI

1. Observa la imagen e identifica, al menos, cinco componentes de hardware que aparecen en la ilustración.
2. Entre los siguientes elementos de un equipo informático, identifica los que corresponden al hardware y los que corresponden al software: impresora, webcam, Windows, memoria USB, Instagram, Google Docs, Prezzi, placa base, Kahoot.
3. Debatid en gran grupo la siguiente afirmación: «Las tecnologías de la información y la comunicación han supuesto un avance importante en nuestra sociedad y, por tanto, en el mundo educativo».

Recuerda que los componentes de un ordenador se agrupan en **unidad central** y **periféricos**. En la unidad central se alojan todos los componentes internos, principalmente la **placa base**.

1. Hardware y software

Un equipo informático consta de dos partes básicas, el hardware y el software. Los componentes físicos como el ratón, el teclado, la pantalla, etc., que podemos ver y tocar, forman parte del hardware. Para poder manipular los componentes físicos y que cumplan su función, los equipos informáticos necesitan incorporar una serie de programas, a los que nos referimos como software.

1.1. Componentes de hardware

La placa base es un circuito impreso sobre el que van conectados todos los dispositivos o elementos del ordenador.

Teclado

Es un periférico de entrada que actualmente se conecta a los puertos USB, aunque las placas base dispongan de la entrada PS/2.

Monitor

Periférico de salida. Los más modernos tienen una conexión tipo DVI, aunque todavía nos encontramos la VGA en las placas.

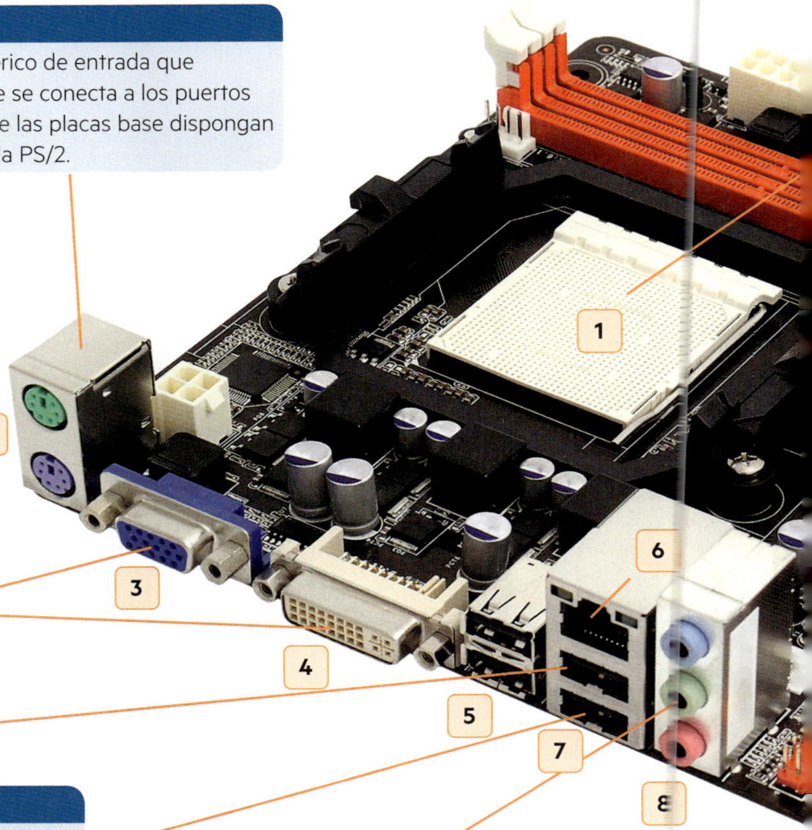

Ratón

El ratón o *mouse* se conecta a un puerto USB y forma parte de los periféricos de entrada.

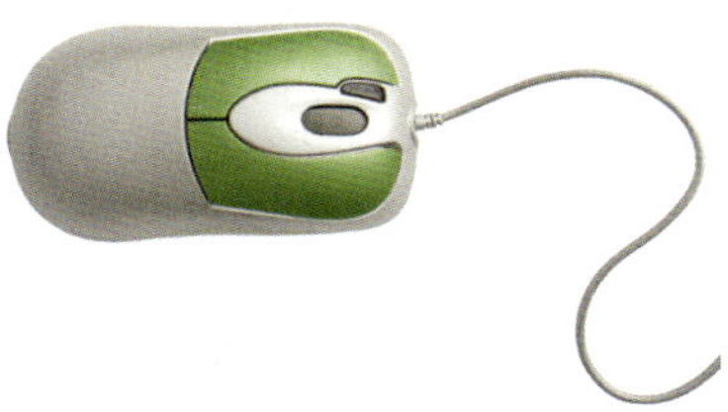

Impresora

Es un periférico de salida que se conecta a un puerto USB.

Altavoces

Se conectan a los *jack* 3,5˝ que utilizamos para dispositivos de entrada o salida de audio.

An

1. ¿Por qué crees que las memorias RAM y el microprocesador van alojados en zócalos incrustados en la placa base?
2. Observa la placa de la fotografía y contesta.
   a) ¿Dónde se conectaría el micrófono?
   b) ¿Cuántas placas de memoria RAM se pueden conectar a la placa base de la fotografía?

Microprocesador

Para instalar el procesador se utiliza un zócalo (*socket*). Este elemento se calienta mucho, por lo que suele llevar encima un disipador y un ventilador.

Fuente de alimentación

Es un componente muy importante de un PC, ya que alimenta a todos los demás dispositivos del mismo.

1. Microprocesador
2. PS/2
3. VGA
4. DVI
5. HDMI
6. Ethernet
7. USB
8. *Jack* 3,5˝
9. Alimentación
10. Ranuras RAM
11. Ranura PCI
12. Conector SATA

Memoria RAM

Memoria principal del ordenador que almacena los datos con los que se está trabajando en ese instante. Es de tipo volátil, es decir, se pierde cuando se desconecta el PC.

Disco duro

Es el dispositivo de almacenamiento por excelencia. Cada vez se utilizan más los de tipo sólido (SSD) por su mayor rapidez en la gestión de datos.

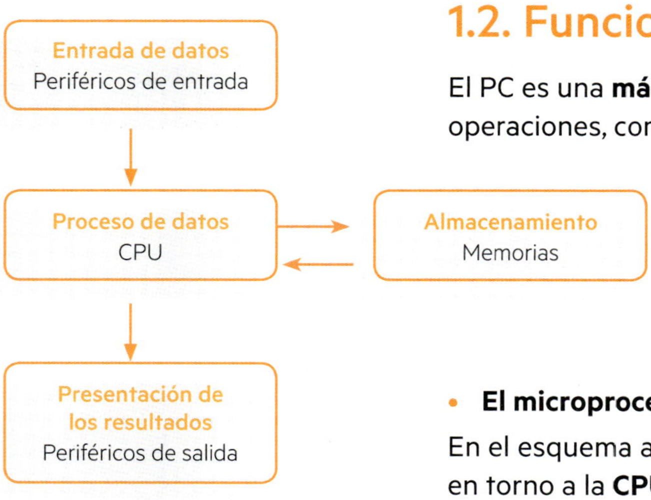

1.2. Funcionamiento del ordenador

El PC es una **máquina** muy versátil que nos permite realizar un gran número de operaciones, como, por ejemplo, escribir una carta, enviarla a un amigo que reside en el extranjero, ordenar una lista de compañeros en una base de datos, retocar una fotografía, almacenar cualquier tipo de información, etc.

Cualquier tarea que realiza el ordenador puede resumirse en el proceso siguiente:

- **El microprocesador**

En el esquema anterior podemos ver que el funcionamiento del ordenador gira en torno a la **CPU**.

Los elementos más importantes de la CPU son la **unidad de control (UC)** y la **unidad aritmético lógica (ALU)**. Las dos están integradas en un mismo chip conocido como **procesador** o **microprocesador**. La ALU se limita a realizar todas las operaciones matemáticas, mientras que la unidad de control hace el resto del trabajo del procesador.

De una manera muy simplificada, la rutina que sigue el procesador es la siguiente:

1. La unidad de control lee en la memoria las instrucciones de los programas.
2. Toma datos de la memoria o bien de los periféricos.
3. Utiliza la ALU para hacer cálculos.
4. Devuelve los resultados de las operaciones a la memoria o a los periféricos.

La característica principal es su **velocidad**, que viene dada en GHz y representa el número de operaciones que puede realizar en un segundo.

El procesador está conectado a la memoria y a los periféricos mediante los **buses**, compuestos por un grupo de cables o circuitos, por los que la información circula en forma de 0 y 1.

Recuerda que la CPU o **Unidad Central de Proceso** es el cerebro del ordenador. Controla las diferentes partes del sistema y las memorias que guardan la información.

Estas **máquinas** tan potentes son solo capaces de trabajar combinando los dígitos 0 y 1, es decir trabajan en **código binario**. Los ordenadores están construidos a base de circuitos digitales que solo reconocen estas dos posiciones. Todos los datos que recibe un ordenador han de ser transformados en 0 y 1 (digitalizados), o codificados en código binario para poder ser procesados por la CPU.

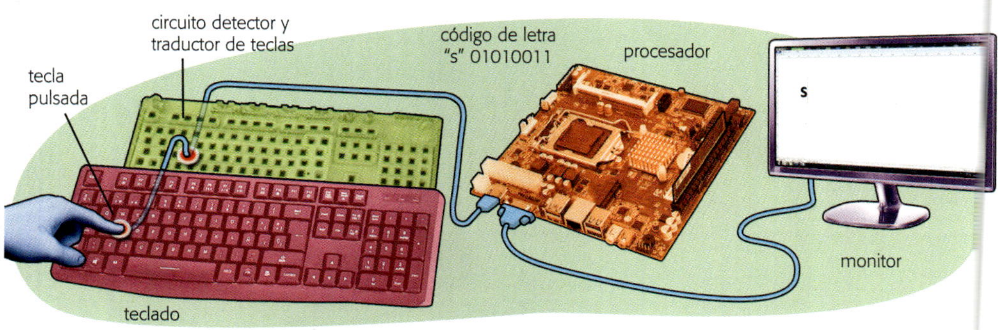

Codificación de la información.

- **Las memorias**

Son unos componentes que se utilizan para almacenar los datos que emplea el ordenador. Hay dos tipos de memorias: la interna y la externa. La **memoria interna** está formada por unos chips directamente conectados con el procesador, y la **externa**, por unos dispositivos que necesitan un adaptador para ser conectados al procesador.

Para cuantificar la capacidad de memoria, se utiliza una unidad denominada **byte**, compuesta por ocho bits, es decir, un conjunto de ocho ceros y unos.

0	1	0	0	1	1	0	1

Aunque la unidad básica de información es el byte, se trata de una unidad pequeña, ya que para almacenar una letra o una cifra (carácter) se necesita, como mínimo un byte. Los múltiplos más comunes del byte son el **kilobyte** (kB), el **megabyte** (MB), el **gigabyte** (GB), el **terabyte** (TB), etc.

Memoria externa

Dispositivos de almacenamiento
Discos duros
Disquetes
CD-DVD

Memoria interna

RAM
ROM-BIOS
Caché

An

3. Observa la figura de codificación de la información de la página anterior y explícala.

Las características de la memoria RAM quedan recogidas en la siguiente tabla:

Nombre	Forma	Descripción
RAM (Acrónimo de *Random Access Memory*, memoria de acceso aleatorio).	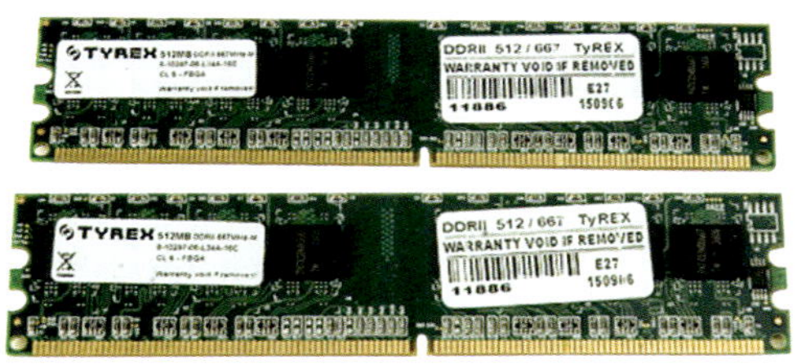	Es la **memoria principal** del ordenador, en la que se guardan los datos que el ordenador está utilizando en ese instante. Es una **memoria volátil**, es decir, se pierde cuando se desconecta el ordenador. Son placas impresas con chips que se conectan en las ranuras DIM de la placa base. La cantidad de memoria necesaria depende de las características de los programas que se utilicen.

En apartados siguientes verás las demás memorias.

Re

4. ¿Recuerdas qué significan las siglas PC?
5. Nombra las dos partes que tiene la CPU y di qué significan sus siglas.
6. ¿Cuáles son las funciones de la ALU y de la unidad de control?
7. ¿Con qué podemos comparar los buses en un circuito eléctrico?

Rs

8. Suponiendo que cada letra ocupa dos bytes, calcula cuánta memoria necesitarías para almacenar:
   a) tu nombre
   b) tu apellido
   c) un texto de 1000 caracteres
9. Completa el siguiente cuadro:

Byte	kB	MB	GB
	1048578		
		2048	

1.3. Instalación de aplicaciones y mantenimiento básico

Una de las operaciones más comunes en el mantenimiento del equipo es instalar y desinstalar programas. El proceso de instalación de una aplicación dependerá del sistema operativo que se utilice.

TI

1. Instalar una aplicación

Problema: Se trata de instalar la aplicación de escritorio de la última versión de Scratch. Los archivos de instalación suelen ser **install.exe** o **setup.exe**.

Página web: «Scratch».

1. Entra en la web de Scratch. En la parte inferior de la pantalla, puedes seleccionar tu sistema operativo e iniciar la descarga haciendo clic en *Direct download*.

2. Finalizada la descarga, puedes acceder al archivo que encontrarás en la carpeta de *Descargas* de tu ordenador.

3. Haz doble clic sobre el archivo y se mostrará un asistente que te dará las instrucciones para llevar a cabo la instalación. En la pantalla final, haz clic en *Terminar*.

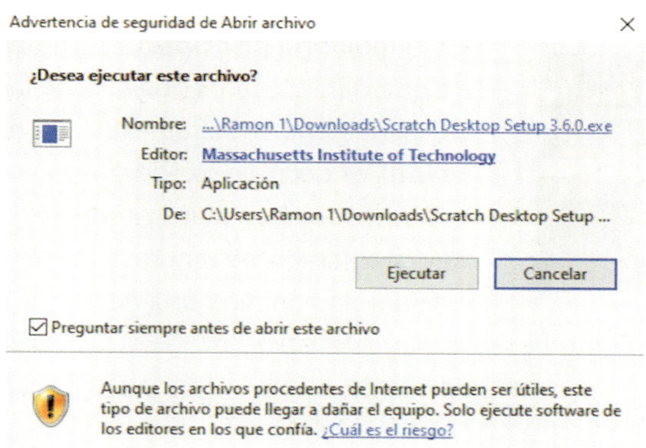

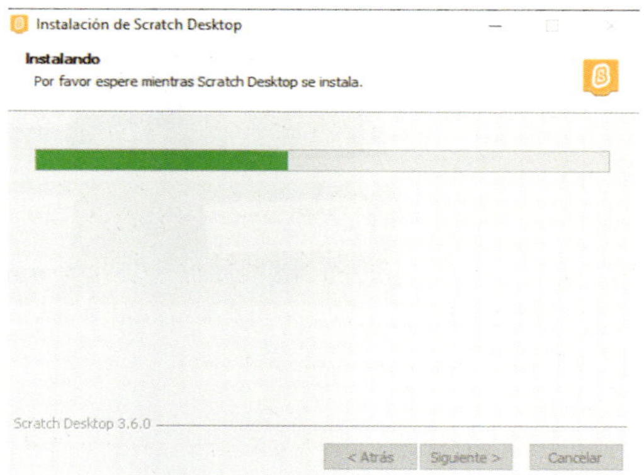

4. Mediante la opción de *Panel de control | Programas y características* puedes comprobar si la instalación se ha realizado correctamente.

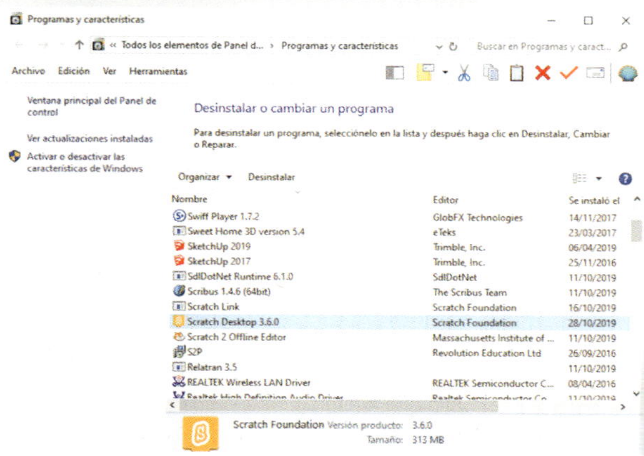

5. Abre la aplicación de escritorio instalada y comprueba su funcionamiento.

TI

2. Desinstalar una aplicación

Problema: Se trata de desinstalar una aplicación de escritorio que haya sido instalada en el ordenador.

1. Para llevar a cabo esta operación, accede a *Panel de control | Programas y características*.
2. Selecciona el programa que quieres desinstalar y se activará en la parte superior de la ventana el botón *Desinstalar*.
3. Haz clic en *Desinstalar* para que aparezca el asistente de desinstalación del programa.

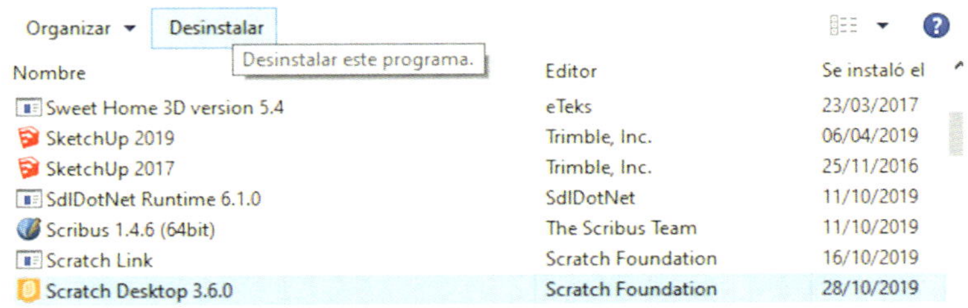

Mantenimiento básico de un ordenador

Las tareas de mantenimiento del ordenador son fundamentales para obtener un buen rendimiento.

Las acciones que se llevan a cabo se pueden agrupar en:

- Limpieza del disco duro
- Sistema operativo
- Seguridad

Prácticas: «Mantenimiento del ordenador».

Re

10. Lee detenidamente la descripción de cada una de las acciones de mantenimiento del ordenador y relaciónalas con el grupo al que pertenecen.

Acciones de mantenimiento para un PC	Grupo
1. Conviene hacer una **copia de seguridad del contenido del disco duro** de manera **semanal** (si se trabaja con archivos importantes) o **mensual**.	A. Limpieza de disco duro
2. Mirar la papelera antes de **vaciarla** para asegurarse de que solo contiene archivos que se quiere **borrar**.	
3. Disponer de un **antivirus** actualizado y tener el **cortafuegos activo**. **Tener precaución** con las páginas web que se visitan y con los enlaces y descargas de programas de Internet.	
4. Comprobar que todas las **actualizaciones** estén instaladas, ya que son adicionales al software.	
5. Revisar los programas instalados y decidir si hay que **desinstalar** alguno que no se utilice.	B. Sistema operativo
6. **Reiniciar** el PC o portátil para limpiar la memoria y cerrar procesos errantes.	
7. **Desfragmentar el disco duro.** En Windows 10 esta tarea de desfragmentación es automática. En versiones anteriores hay que realizarla de forma manual. Si el PC tiene un **disco de estado sólido** (SSD), esta operación no es necesaria.	
8. **Revisar la lista de programas de inicio** y considerar cuáles de ellos conviene que se abran automáticamente al iniciar el sistema operativo y cuáles es mejor eliminar.	C. Seguridad
9. **No usar las mismas contraseñas** en cuentas de correo, redes sociales, Paypal y cuentas bancarias. Cualquier robo de identidad implica que podrían entrar en todas nuestras cuentas fácilmente.	

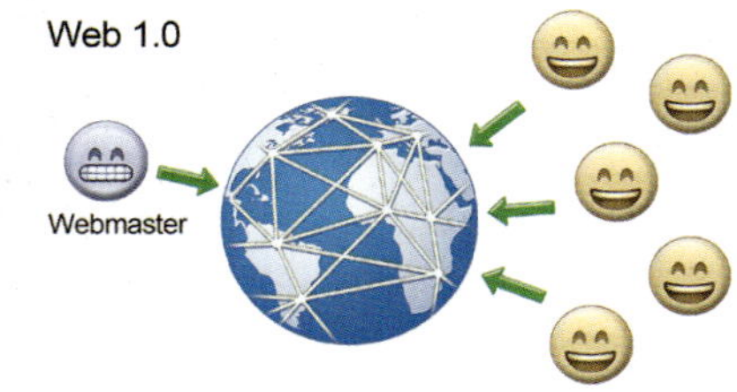

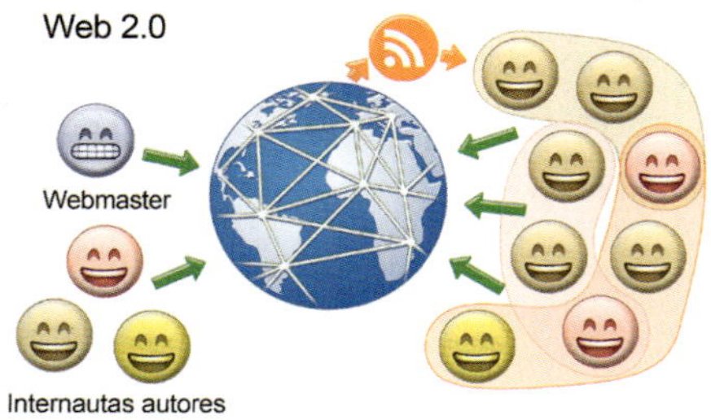

2. Internet

Las siglas *www* (World Wide Web) aluden a una herramienta diseñada para compartir información y conocimientos. Este es el concepto clásico que hemos conocido hasta aproximadamente el año 1999, en que se acuñó el término *web 2.0*, que comenzó a ganar popularidad a partir del 2005.

Podemos considerar la **web 2.0** como un conjunto de herramientas que promueven y facilitan la participación en línea, por lo que a la **creación de contenidos** y **participación social** se refiere.

La web 2.0 se caracteriza, fundamentalmente, porque el usuario es contribuidor activo de la creación de contenidos de la web y no solo espectador de ellos. Esto nos hace pensar en el aumento de blogs, de redes sociales, de webs creadas por los usuarios, etc.

En la gráfica inferior se observa la penetración que tienen los diferentes servicios de Internet en España.

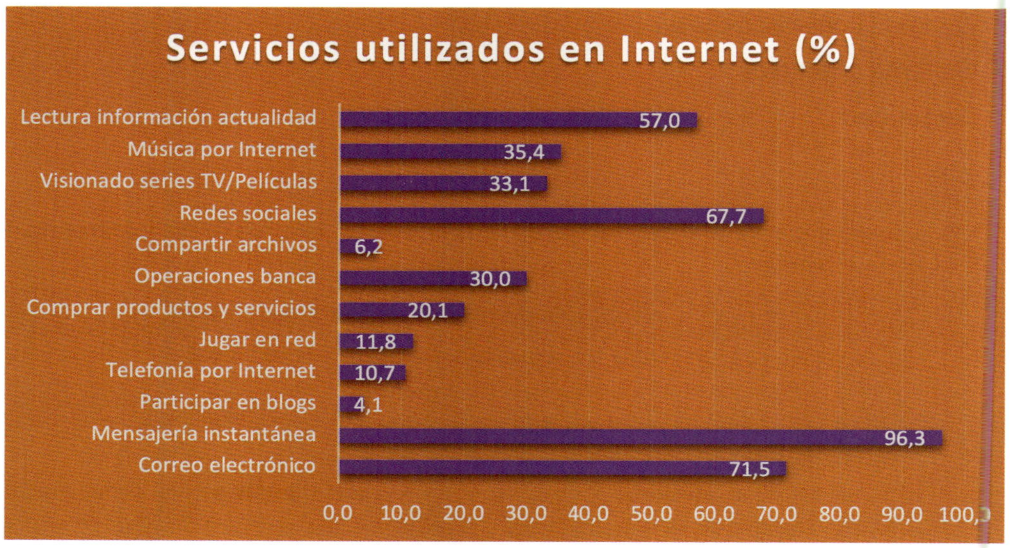

Fuente: Observatorio Nacional de las Telecomunicaciones y de la Sociedad de la Información, abril/mayo 2018.

11. ¿Para qué utilizas Internet?

12. Ordena los siguientes servicios de Internet según el mayor o menor uso que hagas de ellos:

YouTube	Web	Blogs	Facebook
Gmail	Foros	WhatsApp	Instagram

13. ¿Qué diferencia básica hay entre la web 1.0 y la web 2.0?

14. Busca en Wikipedia los términos *podcast*, *streaming* y *blog* y anota las definiciones en tu cuaderno.

2.1. Herramientas 2.0

La arquitectura de la web 1.0 se denomina **cliente-servidor**, ya que el usuario realiza peticiones a otro programa, el servidor, que le da respuesta. La arquitectura de la web 2.0, sin embargo, se basa en los servicios web que permiten a los usuarios acceder a las aplicaciones a través de Internet mediante un navegador.

Aplicaciones como webmail (Gmail), weblogs (Blogger), tiendas en línea (Amazon), wikis (Wikipedia), etc., son representativas de la facilidad que supone no tener que instalar ni actualizar el software en el ordenador, así como lo práctico que resulta utilizar el navegador como medio de acceso.

La constante aparición de nuevas aplicaciones que nutren la web 2.0 hace difícil llevar a cabo una clasificación de las herramientas que la componen. En la siguiente tabla se clasifican las aplicaciones web 2.0 en tres categorías:

Categoría	Herramientas 2.0 y ejemplos
Comunicación	– Redes sociales: Facebook, Twitter, Instagram – Mensajería instantánea: WhatsApp, Facebook Messenger, Line – Videoconferencia: Skype, Hangouts, ooVoo, FaceTime, iSpQ – Correo electrónico: Gmail, Hotmail, Yahoo
Creación y publicación de contenidos	– Blog: Blogger, WordPress – Wiki: Wikipedia, Nirewiki, Wikispaces – Vídeo: YouTube, Vimeo, Ustream, Justin TV – Imagen: Flickr, Picasa, Panoramio – Podcast: iTunes – Presentaciones: SlideShare, Slideboom, Slide – Ofimática colaborativa: Google Drive, OneDrive
Gestión de la información	– Lectores RSS: Netvibes, Google Reader – Escritorios: iGoogle, Netvibes – Buscadores: Google Chrome, Mozilla Firefox, Internet Explorer, Safari – Discos duros virtuales y documentos compartidos: Google Drive, OneDrive, Dropbox

Re

15. Observa el gráfico de la página anterior sobre los servicios utilizados por los internautas en España y contesta las siguientes cuestiones:
    a) ¿Cuáles son los tres servicios más utilizados?
    b) ¿En qué categoría de aplicaciones se encuentran?
16. Explica qué significa la siguiente afirmación: «La web 2.0, como plataforma de diferentes servicios, hace que las aplicaciones dejen de estar encerradas en el ordenador para estar disponibles vía web». Pon un ejemplo.
17. Observa la figura que representa la web 2.0 y explica qué simboliza. Pon algún ejemplo.
18. Busca información sobre el término *prosumidores*.

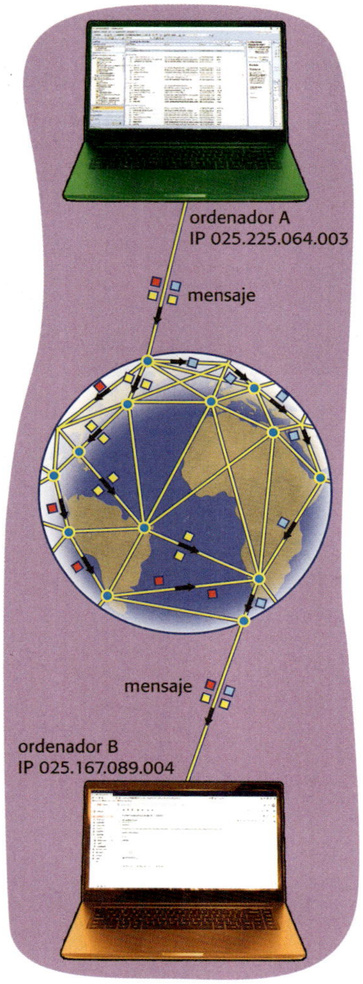

2.2. Estructura y funcionamiento de Internet

Cada ordenador conectado a Internet tiene que estar identificado mediante un nombre llamado **dirección de IP**, el cual sería comparable al documento nacional de identidad de los ciudadanos españoles. Está formado por cuatro grupos de tres números cada uno que van desde el 0 hasta el 255, separados por un punto.

Cuando ejecutamos una aplicación en Internet –acceder a una videoconferencia, enviar un correo electrónico, consultar una web determinada, etc.–, el programa cliente necesita saber la dirección de IP del ordenador remoto con el que queremos ponernos en contacto. Por tanto, la dirección de IP nos indica de dónde sale la información (dirección del emisor o remitente) y adónde va (dirección del destinatario).

Para comunicarse, los ordenadores necesitan una serie de normas; es decir, necesitan hablar en un mismo idioma: es lo que se conoce como TCP (*transmission control protocol*) o protocolo de control de transmisión.

Los pasos que se dan para transmitir un mensaje determinado son:

1. El TCP del ordenador local analiza la información que se quiere transmitir y la divide en paquetes más pequeños.
2. El TCP asigna a cada paquete una etiqueta para identificar el orden en el que deben adjuntarse.
3. La dirección de IP añade a cada paquete la dirección del ordenador local (emisor) y la del ordenador remoto (destinatario).
4. Desde el servidor del ordenador local se da salida a los paquetes por caminos diferentes (rutas) hasta el servidor al que pertenece el ordenador remoto.
5. El servidor remoto envía los paquetes utilizando la dirección de IP.
6. El TCP del ordenador remoto se encarga de extraer la información cuidando, primero, de que estén todos los paquetes y, en segundo lugar, comprobando que no sean erróneos. En caso de que falte alguno o resulte erróneo, se envía un mensaje para que sea retransmitido.
7. Finalmente, el TCP confeccionará los distintos paquetes en el orden correcto a fin de obtener el mensaje original.

Re

19. ¿Pueden estar conectados a Internet dos ordenadores con características diferentes? Justifica la respuesta.
20. ¿Podrías visitar una página web si tienes instalado en el ordenador un navegador y no dispones del TCP/IP?

An

21. El protocolo TCP/IP se encarga de poner en comunicación los ordenadores en Internet con el objetivo de transmitir información. Responde las preguntas siguientes:
    a) ¿Cuál de los dos empieza? ¿En qué ordenador? ¿Qué hace?
    b) ¿Cuál de los dos termina la transmisión? ¿En qué ordenador?
    c) Cuando la información llega al servidor del ordenador remoto, ¿qué pasa?
    d) Cuando la información sale del servidor local, ¿qué camino sigue?

2.3. Seguridad en la red

Tanto los dispositivos conectados a la red como la información que circula por ella pueden ser objeto de acciones malintencionadas, por lo que han de protegerse adecuadamente.

Además de **no utilizar la misma contraseña** para todo o **no abrir correos electrónicos de remitentes desconocidos** hay que prestar mucha atención a la utilización de **información personal sensible**, como fotografías, tarjetas bancarias, contraseñas, números de cuenta, etc., ya que puede ser usada por terceras personas con fines fraudulentos.

En la siguiente tabla se mencionan las tres medidas de seguridad básicas con las que debería contar cualquier ordenador doméstico conectado a Internet:

Medida de seguridad	Descripción
Cortafuegos	Los cortafuegos, también conocidos como *firewalls*, tienen la misión de proteger el equipo informático de intrusiones externas no deseadas. Los cortafuegos adecuados para el entorno doméstico pueden ser de dos tipos: • **Software:** Son programas que se instalan en las máquinas para protegerlas. Por ejemplo, los sistemas operativos incorporan un cortafuegos personal que viene activado de manera predeterminada. • **Hardware:** Se instala en el punto de conexión a Internet y protege todos los equipos conectados a este punto.
Antivirus	Un antivirus es una aplicación informática diseñada para detectar, bloquear, eliminar y, si es posible, prevenir las operaciones malintencionadas en un ordenador, como: virus, gusanos, troyanos y otros invasores indeseados que puedan infectar nuestro sistema informático. Actualmente, los antivirus suelen incorporar cortafuegos y otras herramientas de seguridad, como protección contra *phishing*, control de contenidos, etc. El software antivirus debe mantenerse siempre actualizado y en funcionamiento.
Actualizaciones de software	Los fabricantes de software, en su esfuerzo por mantener sus productos actualizados, publican periódicamente parches que corrigen los errores de seguridad detectados. Por tanto, para la seguridad y la confiabilidad del equipo, es fundamental tener actualizados el sistema operativo, los navegadores, reproductores multimedia, etc.

Algunos antivirus.

Página web: «Incibe».
Para obtener información sobre ciberseguridad se puede visitar la web del Instituto Nacional de Ciberseguridad (Incibe). Al acceder al apartado *Otras actividades* | *Jornadas «Espacios ciberseguridad»* | *Estudiantes* se pueden visualizar diferentes vídeos sobre el tema.

3. Tú decides en Internet

La Agencia Española de Protección de Datos (AEPD) es la autoridad estatal de control independiente encargada de velar por el cumplimiento de la normativa sobre protección de datos. Tiene como principal objetivo procurar un entorno seguro para los más jóvenes en el uso de Internet, la telefonía móvil y las tecnologías de la información y la comunicación (TIC).

Página web: «AEPD».

El sitio web de la AEPD, también dirigido a padres, madres y educadores, dispone de recursos informativos y formativos para navegar y usar Internet de manera segura. Accede a *Áreas de Actuación* | *Educación y menores*.

1. Entra en *Vídeos* | *Tú controlas en Internet*. Mirad el vídeo y estableced un debate en clase en torno a los temas planteados.
2. Consulta el apartado *Jóvenes* | *Cosas importantes* | *Consejos de la policía*. Analiza la información que se muestra y coméntala con los amigos con quienes te comunicas normalmente.
3. En el apartado *Guías* | *Guía de privacidad y seguridad en Internet*, puedes obtener consejos y recomendaciones sobre diferentes situaciones en el uso de Internet.

22. **El software malicioso o *malware* es un tipo de software diseñado para dañar los ordenadores. Puede robar datos confidenciales del equipo, ralentizar su rendimiento, propagarse a otros ordenadores o, incluso, enviar correos electrónicos falsos mediante la suplantación de usuario.**
Relaciona cada tipo de software malicioso con su descripción:

Virus	Es un programa informático malicioso que envía copias de sí mismo a otros ordenadores a través de la red. A diferencia de un virus, tiene la capacidad de propagarse sin la ayuda de una persona.
Gusano	Es un programa informático destructivo, con apariencia de ser una aplicación útil, que daña el ordenador o roba información una vez que se instala. Está tan lleno de artimañas como el mítico caballo de Troya, del que ha tomado el nombre.
Spyware	El software espía es malicioso, ya que recopila información de las personas sin su consentimiento.
Troyano	Es un programa informático perjudicial que, al autoejecutarse, se propaga e inserta copias de sí mismo en otro programa o documento. Las personas contribuyen a la propagación de los virus, muchas veces sin saberlo, al compartir archivos infectados o al enviar correos electrónicos.

2.4. Amenazas, riesgos y conductas inapropiadas en Internet

La utilización de las redes de información y comunicación por parte de los menores es muy útil y gratificante para ellos, pero no está exenta de situaciones conflictivas. Algunos ejemplos son: la recepción de correos no solicitados con contenido desagradable, recibir insultos, sufrir amenazas, etcétera.

Estas situaciones se han de poner en conocimiento de una persona adulta de confianza.

En la siguiente tabla se especifican algunos de los riesgos que existen en la red para los menores:

Riesgos en la red	Descripción
Phishing	Es una técnica de fraude que consiste en suplantar la identidad de una empresa, normalmente una entidad financiera, para conseguir información confidencial de los clientes, así como sus claves de acceso.
Ciberbullyng	Se entiende por *ciberacoso* la persecución y hostigamiento, entre menores, en el entorno de la red (Internet, telefonía móvil, etc). Suele consistir en amenazas, humillaciones, chantajes, vejaciones o insultos de menores a otros menores.
Sexting	Consiste en la difusión o publicación de contenidos de tipo sexual como fotografías o vídeos, producidos por el propio remitente, utilizando para ello el teléfono móvil u otro dispositivo.
Spam	Es el conjunto de mensajes no solicitados que, cuando son enviados masivamente, pueden perjudicar al receptor de los mismos. Se trata, por tanto, de correo electrónico no deseado (correo basura).

Página web: «is4k».
Para obtener información sobre amenazas, riesgos y conductas inapropiadas en Internet se puede visitar la web de Internet Segura for Kids.

Re

23. Relaciona cada uno de los riesgos, amenazas o conductas inapropiadas en Internet con su descripción correspondiente.

Spam	Fotografiarse en actitud provocativa y enviar las imágenes a alguien de confianza.
Phishing	Busca anunciar un producto o servicio enviando mensajes no solicitados.
Sexting	Acoso entre iguales a través de medios telemáticos. El acosador y la víctima suelen tener una edad similar.
Ciberbullyng	Suplanta la identidad de una empresa reconocida tratando de engañarte.

Recuerda que en cursos anteriores has trabajado con procesadores de texto y presentaciones utilizando las aplicaciones ofimáticas en la nube de Google Drive.

3. Producción de contenidos

La **ofimática** es el conjunto de aplicaciones que se utilizan para crear, organizar, almacenar, procesar datos y transmitir información.

Podemos trabajar de dos maneras con estas aplicaciones:

- **Aplicaciones ofimáticas en la nube.** De entre ellas destacamos: Google Drive, Office *online*, etc.
- **Aplicaciones ofimáticas en local.** Normalmente hablamos de paquete ofimático o *suite* ofimática, que se instala en el equipo como OpenOffice, LibreOffice, Microsoft Office, etc.

Procesador de textos

Es una aplicación informática que permite crear y editar documentos, guardarlos y retocarlos fácilmente para hacerlos más claros y atractivos.

Presentaciones

Los programas de edición de presentaciones se utilizan para crearlas y editarlas con la finalidad de facilitar las explicaciones y captar la atención de la audiencia a la que van dirigidas.

Hojas de cálculo

Las hojas cálculo son aplicaciones que trabajan con datos numéricos a partir de fórmulas. Permiten obtener gráficos para presentar los cálculos realizados.

Las aplicaciones ofimáticas que trabajan en la nube permiten algo muy importante, **compartir la información** con la finalidad de realizar trabajos en equipo en tiempo real.

Seguidamente trabajaremos con estas tres aplicaciones ofimáticas en local, concretamente con la *suite* **Microsoft Office**.

De igual forma, se plantean los diferentes talleres de informática para realizarlos con **Google Drive**, mediante descargas.

3.1. Trabajo con documentos de texto

El procesador **Word** forma parte del paquete ofimático Microsoft Office desarrollado por la empresa Microsoft. Permite elaborar documentos de texto, insertar imágenes, disponer los textos en columnas, y muchas más operaciones. Todas ellas se pueden realizar tanto en un documento nuevo como en uno ya creado que se desee modificar.

Icono de Word.

Icono de Google Docs.

TI

4. Crea tu propia maqueta

Problema: Se trata de crear la maqueta de un artículo periodístico sobre vehículos de hidrógeno. En ella intervendrán diferentes elementos de la edición de documentos de texto.

La maqueta contendrá los siguientes elementos:

- El título del documento.
- Texto en dos columnas.
- Imagen del coche de hidrógeno con transportes.
- Texto para los transportes.
- Fuente de información en el pie de página.

1. Entra en Word, crea una página nueva y nómbrala **Coches_hidrógeno**.
2. En el menú *Disposición* | *Márgenes* selecciona la opción *Estrecho*.
3. En el menú *Diseño* | *Color de página* establece el color de fondo.
4. Escribe el texto del título con las siguientes características:
   - Fuente: Calibri Light 26.
   - Color de fuente: rojo.
   - Justificado.
   - Sombreado del color que se aprecia en la figura.

   Así funcionan los coches con el elemento más abundante del universo

5. Escribe el texto explicativo con las siguientes características:
   - Fuente: Calibri 12.
   - Doble columna.
   - Comienza con letra capital.
   - Resaltar las palabras seleccionadas con color de fuente azul.
6. Inserta la imagen **cochehidrogeno.jpg** que encontrarás en los recursos digitales de la unidad. Con la imagen seleccionada, clica en el menú *Formato* | *Posición* y sitúala en el centro. Esta operación te permitirá moverla y ajustar su tamaño. Para acabar, selecciónala de nuevo, clica con el botón derecho para abrir el menú contextual y elige *Enviar atrás*.

Imagen: «cochehidrogeno».

Tutorial: «Practicando con documentos de texto». Como apoyo para realizar este taller de informática puedes utilizar estos tutoriales.

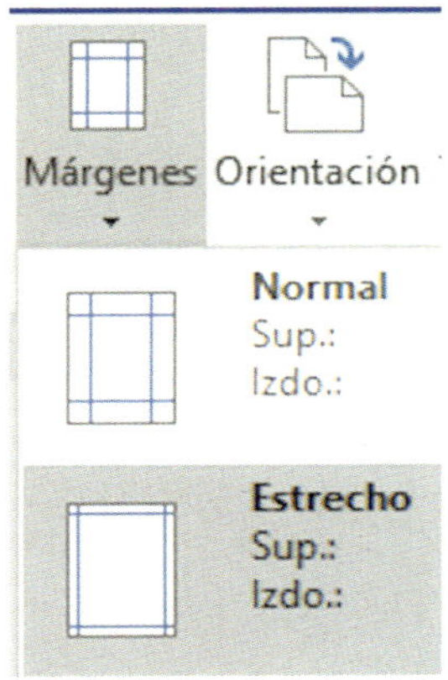

Paso 2.

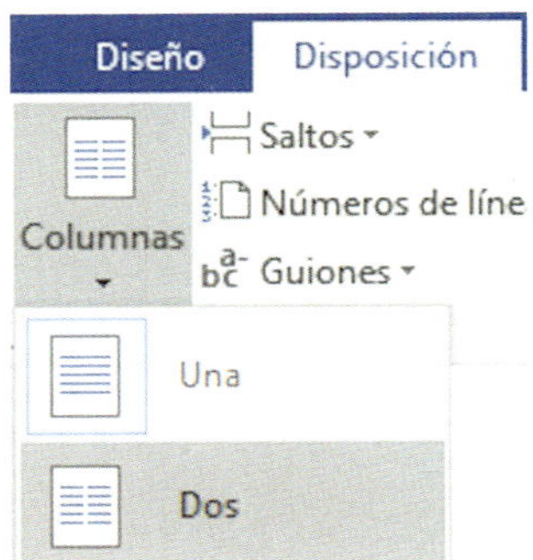

Paso 5.

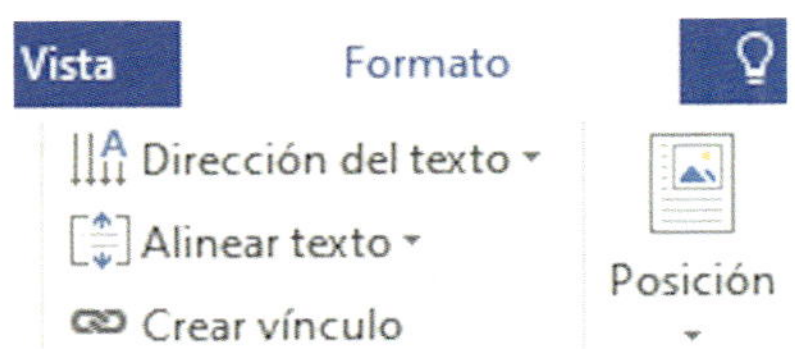

Paso 6.

7. Genera un cuadro de texto para cada uno de los transportes y escribe el texto correspondiente en su interior. Realiza la misma operación de formato que has hecho antes con la imagen para que puedas moverlo libremente, con la única diferencia de que no habrá que llevarlo atrás.
   - Fuente: Calibri 8.
   - Título de cada cuadro en mayúsculas y color de fuente rojo.
   - Justificado por la izquierda.
   - Eliminar los bordes al cuadro de texto.

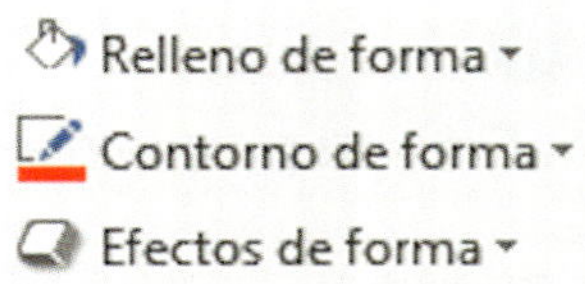

8. Inserta un rectángulo que hará de marco de la imagen. Para ello utiliza el menú *Insertar | Formas | Rectángulos*. Selecciona ahora la nueva imagen y dale un fondo blanco con el contorno rojo.
9. Por último, inserta un pie de página y referencia el artículo que acabas de maquetar.

Así funcionan los coches con el elemento más abundante del universo

Un coche para junto a una hidrogenera. Su conductor abre la tapa del depósito, coge una manguera y la conecta al vehículo. Después, pulsa un botón en el que pone «Empezar» y suena un ruido parecido a una pequeña explosión. La válvula se ha abierto y el coche comienza a repostar. En apenas unos minutos, está listo para volver a la carretera. Esta situación, que puede parecer similar a la que se da día a día en miles de gasolineras del mundo, tiene lugar en Swindon, una ciudad en el suroeste de Inglaterra. Pero en este caso no se reposta gasolina, sino hidrógeno.

El hidrógeno, que se presenta como una alternativa limpia para producir electricidad, es el elemento más abundante en el universo. Está en casi todas partes –desde el agua hasta las plantas– y ya se utiliza para proporcionar energía a hogares, edificios y coches. El mundo está avanzando hacia la descarbonización. En las urbes europeas, el tráfico provoca el 40 % de las emisiones de óxidos de nitrógeno, según la Comisión Europea. Ciudades de todo el mundo ya han vetado parte de su territorio a los vehículos más contaminantes.

UNIDAD DE CONTROL DE LA ENERGÍA
Mecanismo para controlar de forma óptima la potencia de la pila de combustible en diversas condiciones de funcionamiento, así como la carga y descarga de la batería.

CONVERTIDOR DEL VOLTAJE DE PILA DE COMBUSTIBLE
Nuevo convertidor de alta eficiencia y gran capacidad, desarrollado para aumentar la potencia generada por el sistema de pila de combustible hasta los 650 V. Se utiliza un convertidor de voltaje para obtener una mayor tensión a la salida que a la entrada.

BATERÍA
Batería de hidruro de níquel que almacena energía recuperada de la deceleración y refuerza la potencia de la pila de combustible durante la aceleración.

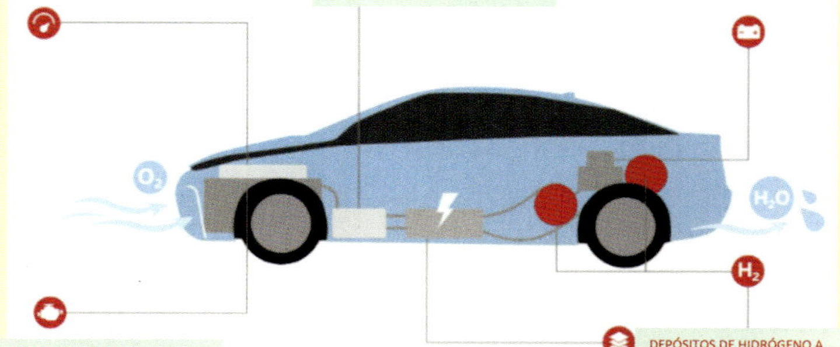

MOTOR ELÉCTRICO
Motor impulsado por la electricidad generada por la pila de combustible y la suministrada por la batería. Potencia máxima: 113 KW (154 CV DIN). Par máximo 335 Nm.

GRUPO DE PILA DE COMBUSTIBLE
Primera pila de combustible producida en serie de Toyota, con un tamaño compacto y una máxima densidad de potencia.

DEPÓSITOS DE HIDRÓGENO A ALTA PRESIÓN
El depósito almacena hidrógeno como combustible. La presión de trabajo normal es muy alta, de 70 MPa. Los depósitos, compactos y ligeros, cuentan con una densidad de almacenamiento máxima. Densidad de almacenamiento del depósito, 5,7 % del peso.

Fuente: Isabel Rubio. Londres. *El País* (octubre 2019)

3.2. Trabajo con presentaciones

Power Point es una aplicación del paquete ofimático Microsoft Office para crear presentaciones compuestas por una serie de diapositivas en las se pueden insertar textos, sonidos, imágenes, fondos, efectos, etc., de una forma sencilla y ordenada. La finalidad de las presentaciones es la de facilitar explicaciones orales y atraer la atención de la audiencia.

Icono de Power Point.

Icono de Google Presentaciones.

TI

5. Energías renovables

Problema: Se trata de crear una presentación sobre las energías renovables en la que se expliquen los diferentes recursos energéticos no contaminantes de que disponemos.

La presentación contendrá los siguientes elementos:

- Una diapositiva para la portada y otra para el índice.
- Un mínimo de seis diapositivas para el contenido y una para los agradecimientos.
- Se utilizará una plantilla de las proporcionadas por el programa.
- Al menos ha de contener dos enlaces, uno a un vídeo y otro a una web.
- Se programarán transiciones para pasar de una diapositiva a otra.

1. Entra en Power Point y crea una presentación nueva con el nombre **Energías_renovables**.
2. Desde el menú *Inicio* selecciona la opción *Diseño* y te aparecerán las opciones de la figura. Elige el diseño *Dos objetos*.
3. En el menú *Diseño*, selecciona el tema *Espiral*.

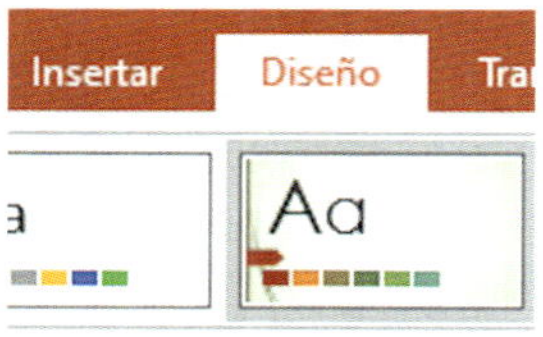

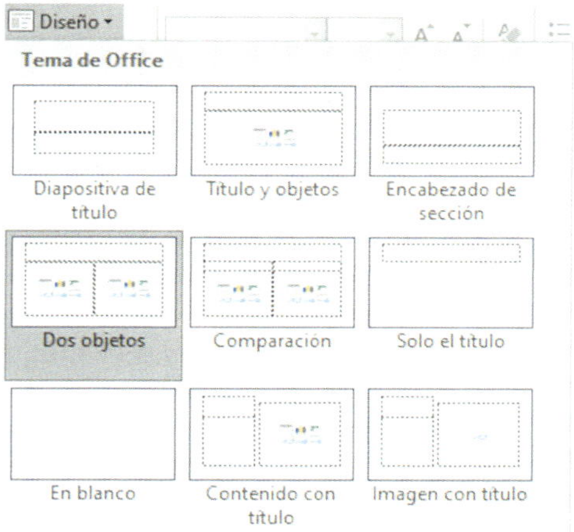

Paso 2.

4. La disposición de la diapositiva elegida es la siguiente. En el cuadro superior escribirás el título y en los dos cuadros inferiores la información pertinente. Si necesitas eliminar uno de los cuadros, para realizar la diapositiva del índice, por ejemplo, debes seleccionarlo con el botón derecho y en el menú contextual lo cortaremos.

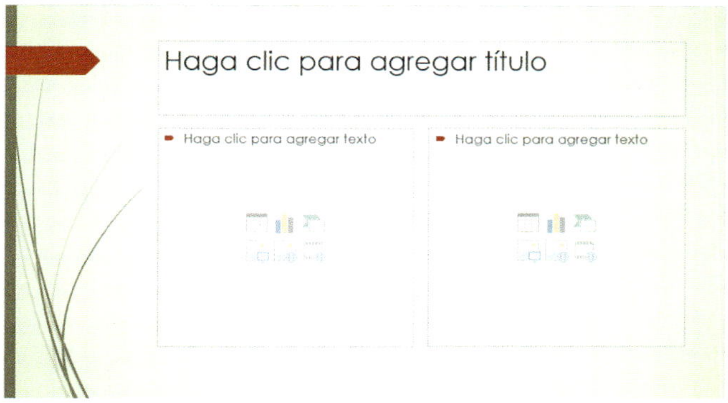

5. Para escribir el texto, haz clic donde se indica en el cuadro.
6. Para insertar un gráfico desde archivo, en el centro del cuadro selecciona *Imágenes* y se abrirá una ventana de navegación para buscar el archivo. Baja previamente los archivos de imagen necesarios de **mundodigital**.
7. En la diapositiva de la energía mareomotriz incluirás un vídeo. En el menú *Insertar* selecciona *Vídeo | Vídeo en línea...* Aquí te aparecerá la ventana *Insertar vídeo*, donde podrás indicar en la búsqueda la referencia **Fundación Asturiana de la Energía (FAEN)**.

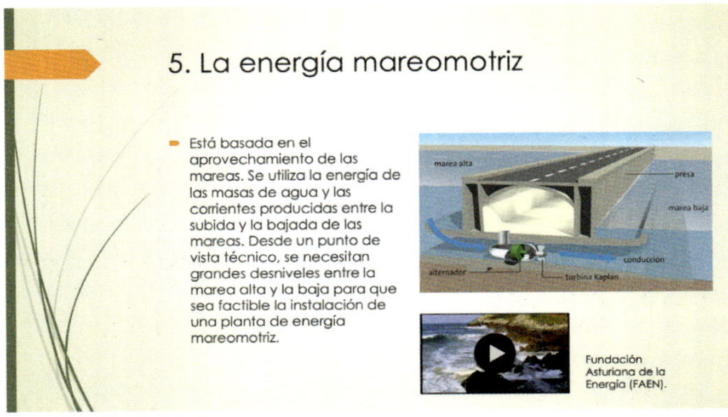

8. En la diapositiva sobre la energía geotérmica enlazarás la del **Instituto Geológico y Minero de España (IGME)**. Para ello utiliza el menú *Insertar | Hipervínculo*.
9. Prepara las transiciones que se ejecutarán cuando se realice la presentación. Hazlo desde el menú *Transiciones*.
10. En el menú *Vista*, prueba las diferentes opciones de *Vistas de presentación* y *Vistas de patrón*. En la imagen inferior se muestra el *Clasificador de diapositivas*.
11. Reproduce la presentación desde el principio y guárdala antes de salir.

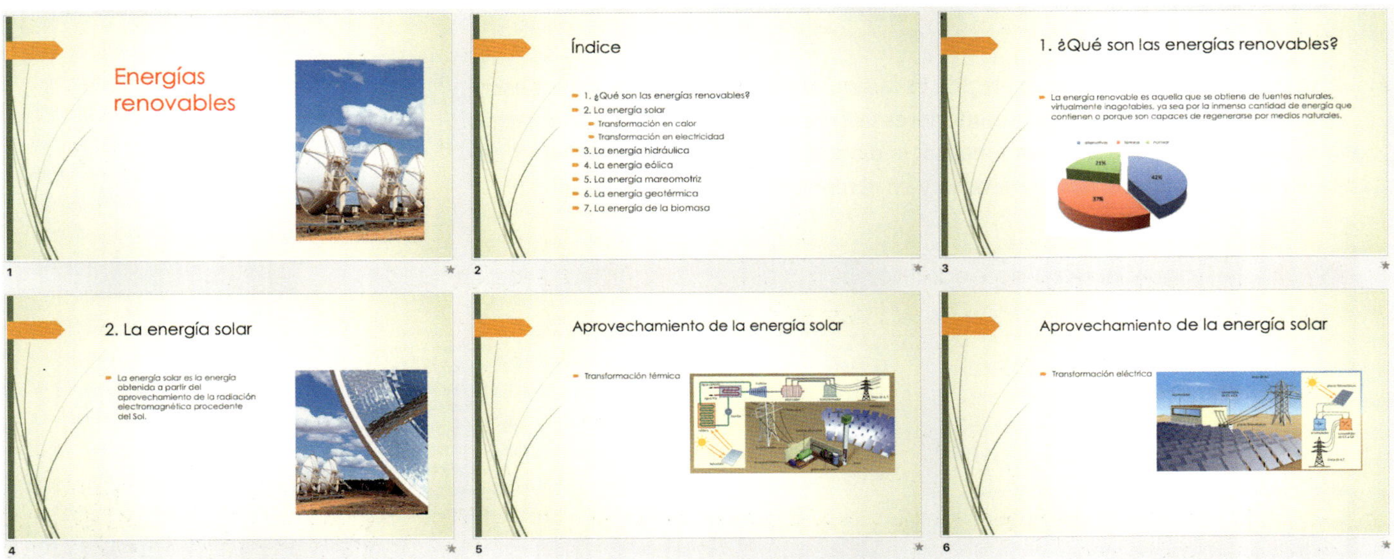

TI

Imágenes Taller 5.

Vídeo: «Energías marinas».

Tutorial: «Practicando con presentaciones».
Como apoyo para realizar este taller de informática puedes utilizar estos tutoriales.

Página web: «IGME».

3.3. Trabajo con hojas de cálculo

Excel es una aplicación del paquete ofimático Microsoft Office que permite operar con tablas, formadas por filas y columnas de celdas que contienen información numérica y fórmulas o texto. Las posibilidades de esta aplicación son inmensas, porque pueden operar con cálculos complejos, fórmulas y funciones matemáticas, y elaborar gráficos de todo tipo.

Icono de Excel.

Icono de Hojas de cálculo de Google.

Página web: «ONTSI».

TI

6. Coste telecomunicaciones

Problema: La web del Observatorio Nacional de Telecomunicación y de la Sociedad de la Información (ONTSI) proporciona datos sobre el gasto medio por hogar en servicios TIC. A partir de ellos, se realizarán diferentes propuestas de contratación de servicios y se confeccionarán los gráficos.

1. Entra en Excel y crea un libro nuevo con el nombre **Coste_telecomunicaciones**.
2. Introduce los siguientes datos en la hoja de cálculo. Recuerda que los valores numéricos con decimales irán separados con una coma, nunca con un punto.

Servicio	Coste
Fijo	17
Móvil	27,9
TV pago	17,4
Internet	20,2

3. Obtén un gráfico como el que se muestra a continuación. Para ello, selecciona la tabla y clica en *Insertar* | *Gráfico recomendado*. Aquí, elige un gráfico de columnas. Cuando aparece el gráfico se muestra el menú *Diseño* y los *Estilos de diseño*. Escoge el que más te guste.

Gráficos recomendados

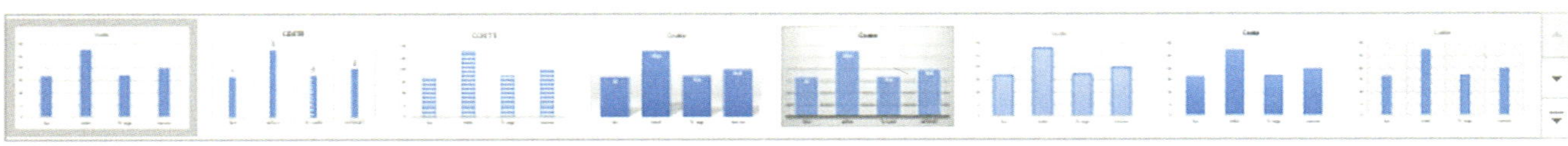

Estilos de diseño

4. Con objeto de conocer el coste orientativo de los diferentes paquetes antes de una posible contratación, realiza los cálculos siguientes:
   - Paquete básico: Internet + Fijo
   - Paquete TV: Internet + TV
   - Paquete Móvil: Internet + TV + Móvil
   - Paquete Premium: Internet + TV + Móvil + Fijo
5. Para realizar el cálculo del *Paquete básico*, escribe ese nombre en una celda, por debajo de la tabla anterior.

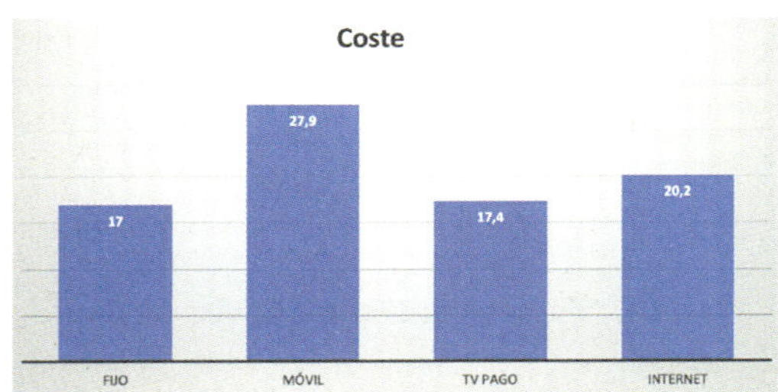

6. Selecciona la celda de la derecha y sitúa el cursor en la barra de fórmulas, donde podrás escribir. Hay diferentes maneras de introducir una fórmula. De momento, escribe el signo = y selecciona las dos celdas que quieres sumar.

TI

Tutorial: «Practicando con hojas de cálculo».
Como apoyo para realizar este taller de informática puedes utilizar estos tutoriales.

Servicio	Coste
Fijo	17
Móvil	27,9
TV pago	17,4
Internet	20,2
Paquete básico - *Internet + Fijo*	=E7+E4

7. El valor total de este paquete lo obtendrás al pulsar la tecla <Intro>.

Paquete básico - *Internet + Fijo*	37,2

8. Realiza la misma operación con los demás paquetes.

Paquete básico - *Internet + Fijo*	37,2
Paquete TV - *Internet + TV*	37,6
Paquete Móvil - *Internet + TV + Móvil*	65,5
Paquete premium - *Internet + TV + Móvil + Fijo*	82,5

9. Realiza el gráfico correspondiente al coste de los paquetes calculados como lo hemos hecho anteriormente.

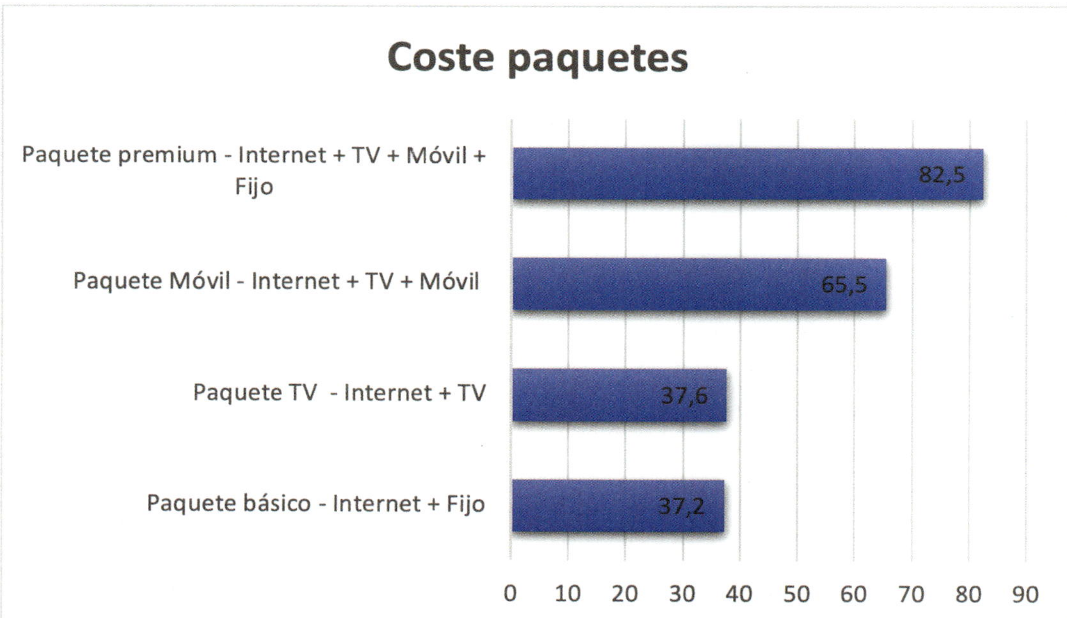

10. Guarda el archivo antes de salir.

Síntesis

Elabora tu propio resumen del tema, completando los espacios vacíos con las palabras clave.

1. Un equipo informático está compuesto por dos partes básicas, ________ y software. La primera la conforman todas las partes físicas: teclado, ratón, impresoras, torre, etc.; la segunda comprende todos los ________ que necesita el equipo para funcionar.

2. Los ________ de entrada son los componentes encargados de introducir los datos, el ________ realiza las operaciones pertinentes que le indican los programas y los periféricos de ________ presentan los resultados.

3. Entre las tareas de mantenimiento básicas de un ordenador están las que se realizan en el disco ________, en el sistema ________ y las relacionadas con la ________ del equipo.

4. El servicio más utilizado de Internet es la mensajería ________, seguida del correo electrónico y las redes sociales.

5. Las herramientas de la web 2.0 se pueden clasificar en herramientas de ________, de creación y publicación de ________ y las de gestión de la información.

6. Internet funciona gracias al ________ TCP/IP que, por una parte, identifica cada una de las máquinas conectadas a la red y, por otra, permite a dos ordenadores establecer una ________ e intercambiar datos.

7. Las principales medidas de seguridad para reducir riesgos en Internet son tener el ________ activo, disponer de un ________ y mantener el software actualizado.

8. El *ciberbullyng* y el ________ se han convertido en amenazas comunes entre adolescentes cuando hacen uso de las redes.

9. La ________ es el conjunto de aplicaciones que utilizamos para crear, organizar, almacenar, procesar datos y transmitir información.

Parabras clave

sexting, seguridad, duro, contenidos, instantánea, conexión, ofimática, antivirus, programas, protocolo, operativo, hardware, periféricos, microprocesador, comunicación, cortafuegos, salida

Recursos en red

Página web: «is4k».

El portal **is4k Internet Segura for Kids** es uno de los que el Instituto Nacional de Ciberseguridad (Incibe) pone a disposición del público. En él se puede encontrar mucha información sobre la navegación segura y sobre los peligros que pueden presentarse cuando utilizamos la red.

Entra en el portal e investiga sobre las siguientes cuestiones:

1. Ofrecen un servicio para resolver dudas, ¿cómo puedes ponerte en contacto con ellos?

2. ¿Dónde se puede encontrar información sobre el *ciberbullyng*?

3. ¿Qué son las herramientas de control parental? Describe tres de ellas que te parezcan interesantes.

Actividades finales

1. Taller de informática 1. **Administrador de tareas**

Vamos a ver el rendimiento del procesador y de la memoria de nuestro ordenador.

1. Pulsa simultáneamente las teclas <**Ctrl-Alt-Supr**>.
2. Selecciona el *Administrador de tareas*.
3. Selecciona la pestaña *Rendimiento*.
4. Observa la gráfica sobre el rendimiento de la CPU.
5. Observa la cantidad de memoria del ordenador y su uso.

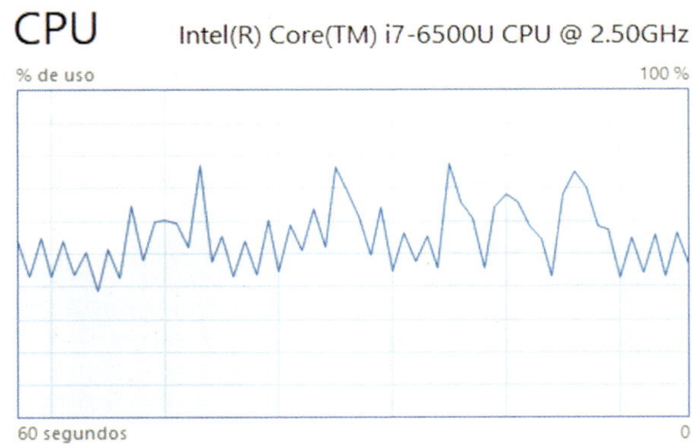

2. Observa el detalle de la placa base estudiada en la unidad. Copia la tabla e identifica las partes señaladas en la tabla inferior.

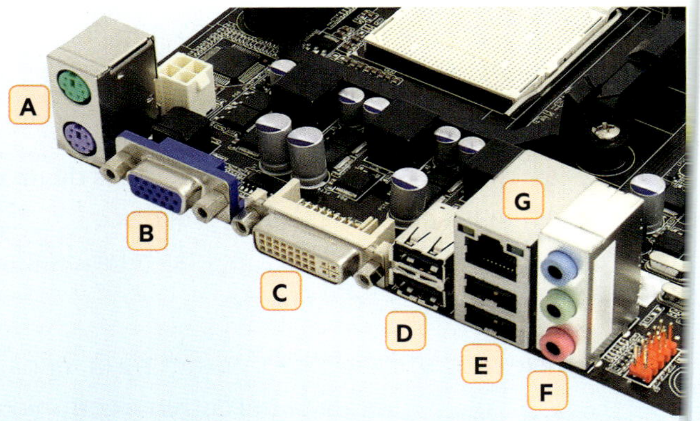

Nombre del conector	Descripción	Identificación
A		
B		
C		
D		
E		
F		
G		

3. Taller de informática 2. **SmartArt con jerarquía**

Observa el siguiente esquema, en el que se han representado los elementos del universo. Reproduce la imagen utilizando el SmartArt con jerarquía.

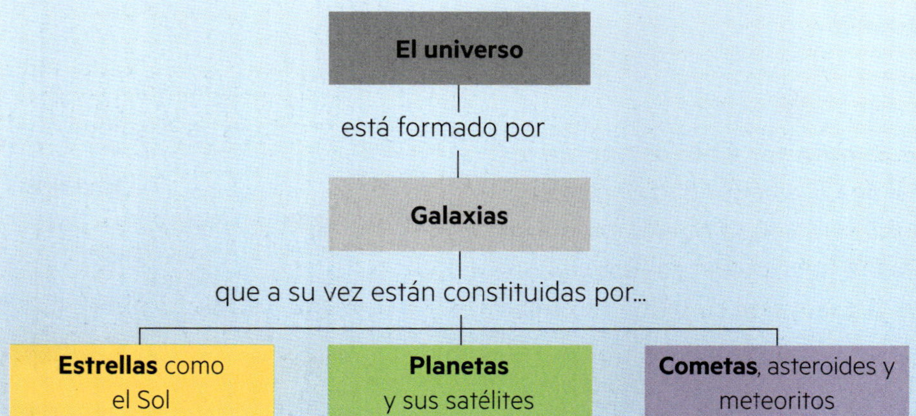

Tutorial: «SmartArt».
En este tutorial se muestra cómo variar el diseño y el formato de un SmartArt.

4. Taller de informática 3. **Búsqueda de fotos y personas en Instagram**

1. Entra en la aplicación de Instagram y haz clic sobre el icono *Buscar*.
2. Observa cómo aparecen fotos en función de tu perfil y de la gente que conoces.
3. Realiza la búsqueda *@Museelouvre* para ver el contenido de la cuenta oficial del Museo del Louvre. Observa las fotos publicadas y haz clic sobre *Seguir*.
4. Repite el apartado anterior por *Sketchup*.
5. Ahora busca *#landscape* para buscar fotos sobre paisajes. Selecciona una fotografía y haz clic encima del corazón para indicar que te gusta.
6. Haz clic en el icono que encontrarás a la derecha de la barra de búsqueda: te propone a personas que podrías estar interesado en seguir.

El perfil

1. Entra en la aplicación de Instagram y haz clic encima del icono del perfil.
2. Puedes observar el número de publicaciones que has hecho, quién te *sigue* y a quién *sigues*. También puedes ver en un mapa las fotos **geoetiquetadas** y fotos de terceros en las que apareces tú.
3. Puedes acceder a las diferentes **opciones** que te proporciona Instagram haciendo clic sobre el icono de la parte superior derecha. Las opciones se clasifican en tres bloques: **buscar amigos e invitarlos**, **cuenta** y **configuración**.

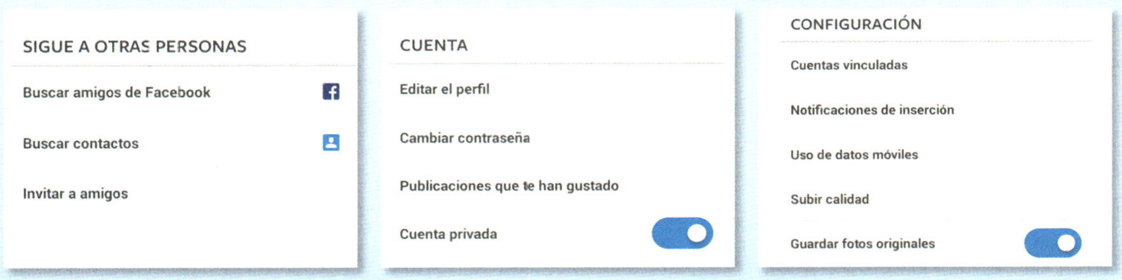

4. Puedes buscar a usuarios de Instagram entre tus amigos de Facebook, los contactos del teléfono o tableta o desde otras aplicaciones o redes sociales. Utiliza la opción que consideres más oportuna.
5. En el apartado *Cuenta* puedes editar tus datos personales, cambiar la contraseña y ver las **publicaciones** que has marcado con un **corazón** (que te gustan). Haz clic sobre *Publicaciones que te han gustado* y observa las fotografías seleccionadas. Puedes configurar también tu cuenta de Instagram como privada. Esto quiere decir que cualquier persona que quiera seguirte necesita que tú la apruebes. En la imagen aparece marcada como *cuenta privada*.
6. Finalmente, en el apartado de **configuración** puedes ver qué cuentas de otras aplicaciones o redes sociales están sincronizadas con Instagram, la configuración de las **notificaciones** o avisos que quieres recibir, el uso de los **datos** del teléfono móvil, la **calidad** de las fotografías y la posibilidad de **almacenar** las fotos y vídeos en el dispositivo móvil o tableta. Revisa cada uno de los apartados y modifica la configuración si lo consideras necesario.

Autoevalúa tus conocimientos de la unidad.

Situación de aprendizaje

Los deberes del fin de semana

Juan acaba de llegar a casa del instituto. Es viernes y quiere planificar el fin de semana. Después de comer y dar una vuelta, mira su agenda para ver las tareas que tiene pendientes.

Lunes 23 octubre
- Plástica
  - He de bajar dos fotos sobre monumentos renacentistas y enviarlas a Luis para el trabajo en grupo.

Miércoles 25 octubre
- Educación Física
  - Describir las clases de la última semana en mi blog.

Jueves 26 octubre
- Ciencias Sociales
  - Elaborar un documento de texto de una página sobre la Antigua Grecia.

Analiza la situación y decide ponerse manos a la obra. Primero, escribe en su cuaderno un listado de las tareas que ha de hacer.

- Buscar información sobre la Grecia clásica
- Bajar las fotos de la red
- Publicar el texto en el blog
- Enviar las fotos a Luis
- Escribir el borrador del texto del blog en el procesador de textos
- Maquetar la página

Tareas

1. Completa la siguiente tabla ordenando en la primera columna las tareas que ha de hacer teniendo en cuenta el orden cronológico de entrega, en la segunda, la herramienta que necesita y en la tercera, si se trata de una herramienta de comunicación o no.

Tareas	Herramienta	Herramienta de comunicación SÍ/NO

2. Ahora realiza las tareas señaladas anteriormente con las herramientas o programas de comunicación que utilices habitualmente y teniendo en cuenta las siguientes especificaciones:

a) Coloca en la carpeta **Plástica** las dos fotos que bajes de Internet y guárdalas como **foto 1** y **foto 2**.

b) Para enviar las fotos a Luis, utiliza el correo que te indique tu profesor o profesora y explica en tres líneas el proceso que has seguido para bajarlas.

c) Escribe en el procesador de textos el texto del blog y corrígelo. Para hacerlo, debes escribir cuatro líneas para cada clase de Educación Física y guardar el texto de cada clase como **edufisica1** y **edufisica2** en una carpeta que se llame **EFísica**.

d) Publica el texto en tu blog.

e) Busca información sobre la Grecia clásica en Internet con la ayuda de un buscador. Selecciona la información adecuada para el trabajo.

f) Maqueta la página siguiendo el ejemplo con la ayuda de un procesador de textos y guárdala en la carpeta **CSociales** con el nombre **Grecia**.

Procesador de textos Word

La imagen muestra un ejemplo de la maquetación de la página.

> **Autoevaluación**
> Para evaluar las tareas de la actividad, rellenad el recurso «Tabla de autoevaluación».

Tareas

1. Realiza una maqueta como la del ejemplo. Conviene que el documento sea atractivo, claro, aporte información bien seleccionada y contenga diversas herramientas trabajadas en esta unidad, como:
   - Diversos formatos de texto
   - Imágenes
   - Fondos y colores
   - Tablas
   - Formas
   - Cuadros de textos
   - Llamadas
   - Etcétera

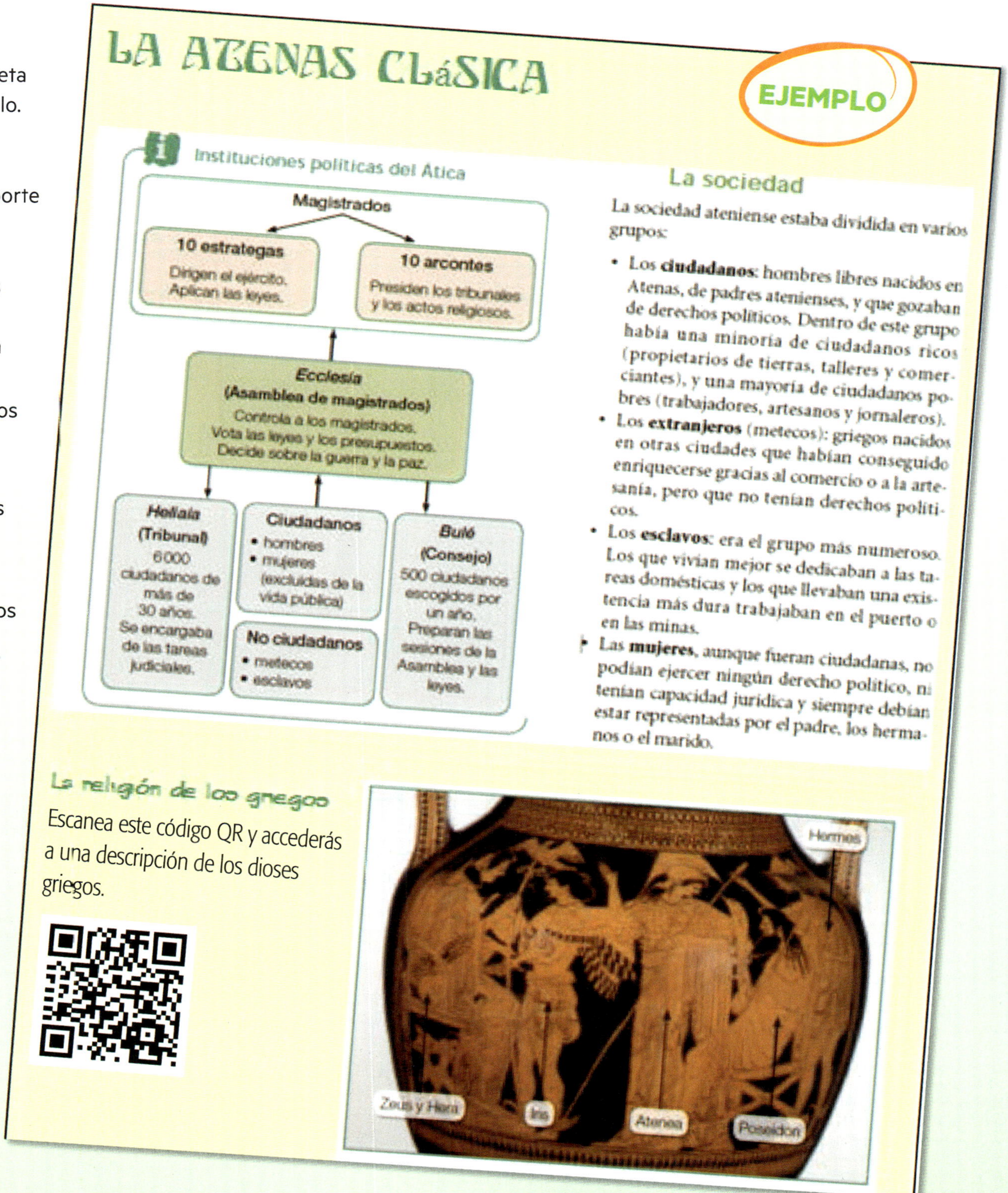

LA ATENAS CLÁSICA

EJEMPLO

Instituciones políticas del Ática

Magistrados

10 estrategas: Dirigen el ejército. Aplican las leyes.

10 arcontes: Presiden los tribunales y los actos religiosos.

Ecclesía (Asamblea de magistrados): Controla a los magistrados. Vota las leyes y los presupuestos. Decide sobre la guerra y la paz.

Heliaia (Tribunal): 6000 ciudadanos de más de 30 años. Se encargaba de las tareas judiciales.

Ciudadanos: • hombres • mujeres (excluidas de la vida pública)

No ciudadanos: • metecos • esclavos

Bulé (Consejo): 500 ciudadanos escogidos por un año. Preparan las sesiones de la Asamblea y las leyes.

La sociedad

La sociedad ateniense estaba dividida en varios grupos:

- Los **ciudadanos**: hombres libres nacidos en Atenas, de padres atenienses, y que gozaban de derechos políticos. Dentro de este grupo había una minoría de ciudadanos ricos (propietarios de tierras, talleres y comerciantes), y una mayoría de ciudadanos pobres (trabajadores, artesanos y jornaleros).
- Los **extranjeros** (metecos): griegos nacidos en otras ciudades que habían conseguido enriquecerse gracias al comercio o a la artesanía, pero que no tenían derechos políticos.
- Los **esclavos**: era el grupo más numeroso. Los que vivían mejor se dedicaban a las tareas domésticas y los que llevaban una existencia más dura trabajaban en el puerto o en las minas.
- Las **mujeres**, aunque fueran ciudadanas, no podían ejercer ningún derecho político, ni tenían capacidad jurídica y siempre debían estar representadas por el padre, los hermanos o el marido.

La religión de los griegos

Escanea este código QR y accederás a una descripción de los dioses griegos.

9

Tecnología de control

En nuestra vida cotidiana, nos vemos rodeados de sistemas que actúan de manera automática, es decir, sin intervención humana: semáforos, puertas automáticas, calefacción, televisores, luces, automóviles... Todos ellos incorporan mecanismos que permiten el funcionamiento automático siguiendo unas instrucciones que se han programado previamente.

Contenidos

AI

Observa la imagen y responde las siguientes preguntas sobre el sistema:

1. ¿Cómo se llama este sistema?
2. ¿Está funcionando continuamente?
3. ¿Dónde se utiliza?
4. ¿Se trata de un sistema automático? Justifica la respuesta

El término *algoritmo* procede del sobrenombre de un matemático árabe de la Edad Media: Al-Khwarizmi.

1. Del algoritmo al programa

Cuando hay que solucionar un problema de la vida cotidiana, solemos desglosarlo en operaciones simples, que luego ejecutamos de forma ordenada para obtener la solución deseada. Por ejemplo, si deseamos cambiar la bombilla de la lámpara del escritorio por una bombilla led, procederemos de la siguiente forma:

1. Desenchufar la lámpara.
2. Sacar la bombilla que debemos sustituir.
3. Adquirir una bombilla led de las características deseadas.
4. Colocar la bombilla led.
5. Enchufar la lámpara.
6. Comprobar el funcionamiento accionando el interruptor.

Algo similar sucede en programación: cuando se necesita resolver un problema mediante un programa, hay que seguir una serie de pasos que lleven a su solución. Para ello, es esencial plantear en primer lugar un algoritmo.

Un **algoritmo** es una secuencia finita de instrucciones que, realizadas consecutivamente, conducen a la resolución de un problema. Los algoritmos se pueden **escribir** o **representar** de forma comprensible.

Algoritmo para la realización de una receta de cocina.

Para **representar** un algoritmo se utilizan los **diagramas de flujo**, que se elaboran enlazando una serie de símbolos recogidos en la siguiente tabla:

Símbolo	Nombre	Función
	Inicio / Final	Representa el inicio y el final de un proceso.
	Línea de flujo	Indica el orden de ejecución de las operaciones. La flecha indica la siguiente instrucción.
	Entrada / Salida	Representa la lectura de datos en la entrada y la impresión de datos en la salida.
	Proceso	Representa cualquier tipo de operación.
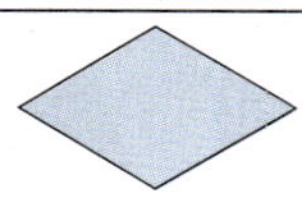	Decisión	Nos permite analizar una situación, sobre la base de los valores verdadero y falso.

Ejemplo

Veamos, mediante un ejemplo, la resolución de un problema numérico que consiste en **calcular el perímetro y el área de un rectángulo**.

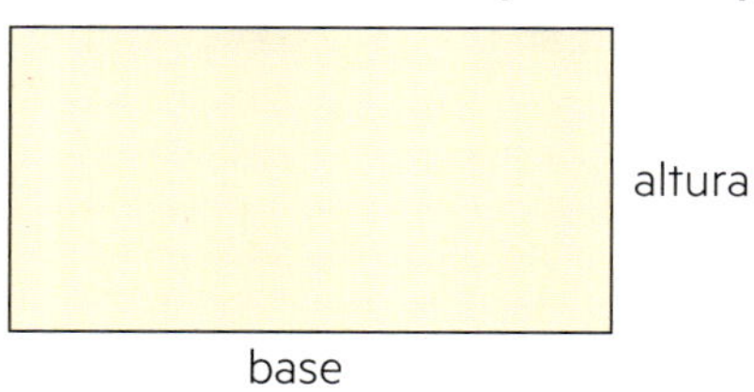

El perímetro de un rectángulo, ***P***, valdrá: $P = 2 \times \text{base} + 2 \times \text{altura}$

El área, ***A***, la calcularemos mediante la expresión: $A = \text{base} \times \text{altura}$

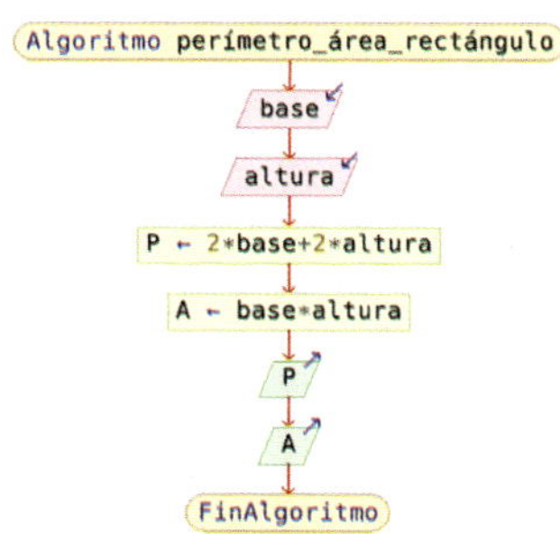

Diagrama de flujo.

También se puede escribir el algoritmo de forma clara y comprensible. En el caso del ejemplo anterior sería:

1. Introducimos el valor de la base.
2. Introducimos el valor de la altura.
3. Calculamos el perímetro a partir de su expresión.
4. Calculamos el área a partir de su expresión.
5. Presentamos los resultados.

Cuando se escribe el algoritmo de una manera informal con el objetivo de que lo entiendan las personas y no el ordenador, estamos ante el **pseudocódigo**. En la figura se puede observar el pseudocódigo del ejemplo estudiado realizado con el programa **PSeInt**.

```
Algoritmo perimetro_área_rectángulo
	Leer base
	Leer altura
	P<-2*base+2*altura
	A<-base*altura
	Escribir P "cm"
	Escribir A "cm2"
FinAlgoritmo
```

Pseudocódigo con PSeInt.

```
base = float(input())
altura = float(input())
p = 2*base+2*altura
a = base*altura
print(p)
print(a)
```

Programa con Python.

Para terminar el ciclo, solo resta codificar el diagrama de flujo o el pseudocódigo en un lenguaje que entienda el ordenador. En este caso, se ha hecho en **Python**.

A modo de resumen, podemos representar gráficamente lo que hemos hecho en el ejemplo anterior.

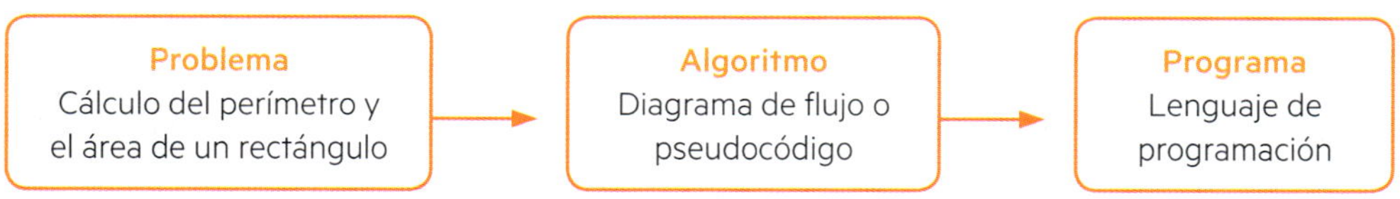

Uno de los problemas que existen a la hora de programar en la mayoría de los lenguajes es que su sintaxis es en inglés.

Prácticas: «PSeInt».
Para practicar más con estructuras de control y PSeInt puedes descargar estos talleres de informática.

Re

1. Responde las siguientes preguntas:
   a) ¿Qué forma de plasmar un algoritmo te parece más fácil? ¿Por qué?
   b) ¿Cuál es la diferencia entre un algoritmo y un diagrama de flujo?
   c) ¿Podría ser un algoritmo una secuencia de acciones infinita?

An

2. Analiza el siguiente pseudocódigo, que está desordenado. Ordénalo e identifica el problema que resuelve. Representa el diagrama de flujo del algoritmo utilizando los símbolos necesarios.
   1. Enjuagarse.
   2. Limpiar el cepillo.
   3. Humedecer el cepillo y la pasta con agua.
   4. Disponer de cepillo de dientes, pasta dentífrica y vaso de enjuague.
   5. Cepillar otra muela hasta terminar el cepillado de todas las muelas y dientes.
   6. Poner pasta dentífrica en el cepillo.
   7. Cepillar una muela hasta que esté limpia.

3. El siguiente diagrama de flujo, que intenta dar solución a un problema matemático, contiene un error. Solvéntalo en el diagrama y escribe el pseudocódigo.

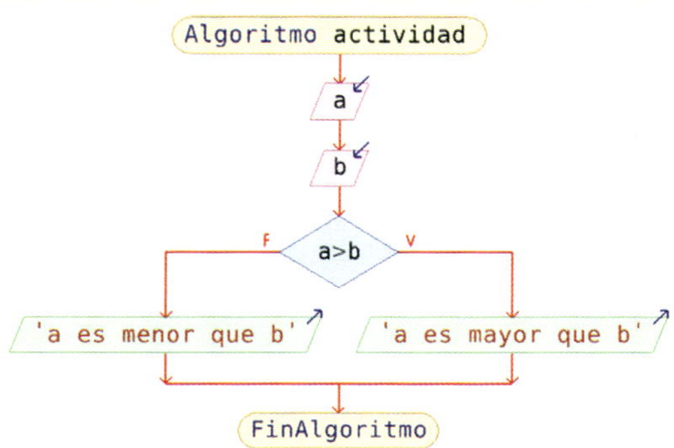

2. Sistemas de control

Antiguamente, era habitual que los guardias municipales regularan el tráfico en los cruces de las grandes ciudades. Ahora, gracias a la tecnología de control, los guardias han sido sustituidos por semáforos que se pueden programar para que funcionen automáticamente.

La **tecnología de control** permite regular **sistemas**, desde los más sencillos, como el encendido automático de luces cuando oscurece, hasta los más sofisticados, como los que se relacionan con la robótica o la domótica.

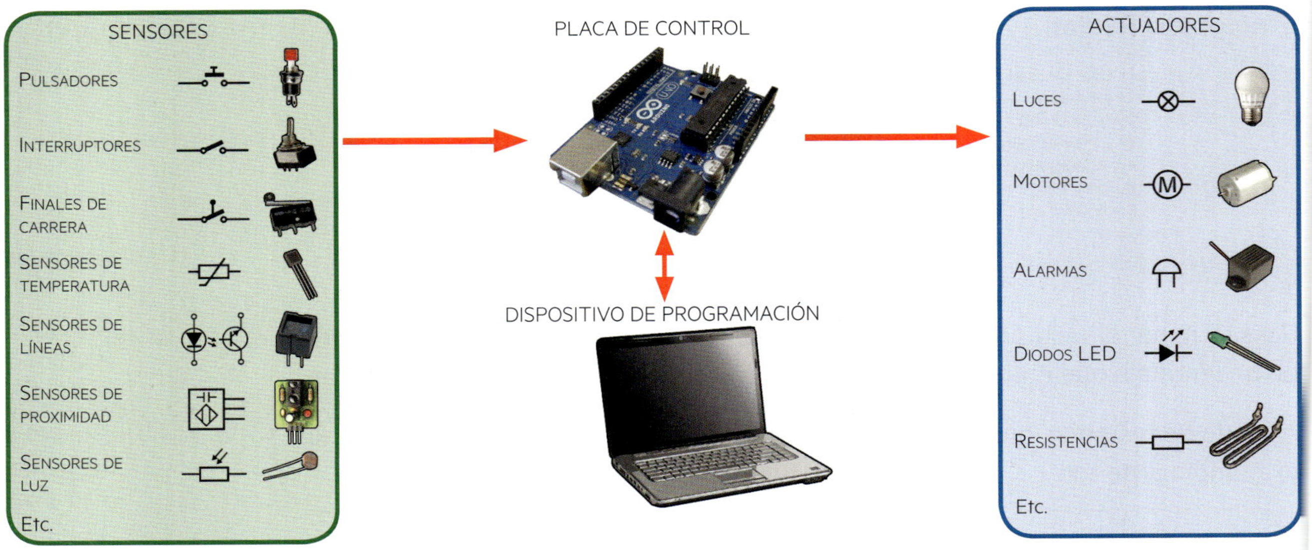

Básicamente, los sistemas de control incorporan tres grupos de componentes:

- Unos **elementos sensores**, que captan señales del entorno y transmiten la información, generalmente en forma de señal eléctrica, a la placa de control.
- Unos **elementos actuadores**, que realizan el trabajo según las indicaciones de la placa de control.
- La **placa de control**, que se puede programar a través de un dispositivo como un teclado, una pantalla táctil, un ordenador, etc.

An

4. Describe cómo se aplica la tecnología de control en una nevera y en la iluminación de una escalera de un edificio.
5. Contesta las siguientes preguntas:
   a) Disponemos de un sistema de control para accionar la calefacción de la casa que se activa desde un teléfono móvil. Observa la ilustración e indica qué elementos se utilizan.
   b) ¿Qué elementos utiliza un sistema de control de la iluminación exterior de una vivienda para que se active cuando empieza a oscurecer?

Los sistemas de control pueden ser de dos tipos, de lazo abierto y de lazo cerrado. La principal diferencia entre ellos consiste en la manipulación de la salida.

2.1. Sistemas de lazo abierto

En los sistemas de lazo abierto, también llamados *lineales*, la salida no afecta a la entrada.

Ejemplo

Calentar un vaso de leche

Para calentar el vaso de leche del desayuno, por lo común solemos utilizar un horno microondas. Este aparato calienta la leche durante un tiempo determinado, independientemente de que quede fría, caliente o hirviendo.

2.2. Sistemas de lazo cerrado

En los sistemas de lazo cerrado, los valores de la salida afectan al comportamiento del propio sistema, ya que retroalimentan la placa de control.

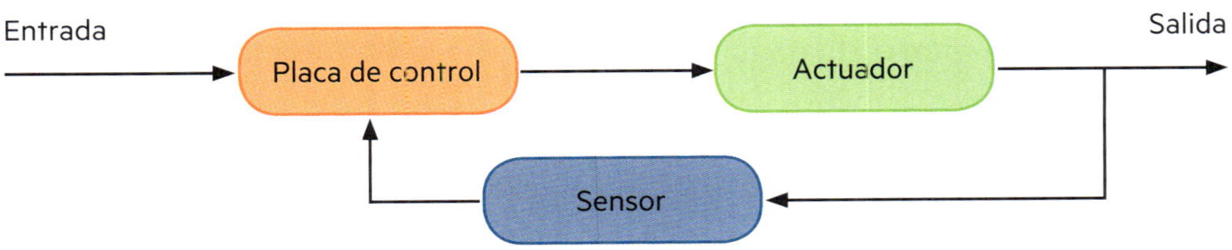

Los sistemas de control cerrados también se denominan **sistemas retroalimentados**.

Ejemplo

Entrar a través de una puerta automática

En la entrada de muchos edificios, como las superficies comerciales, por ejemplo, las puertas suelen ser automáticas. El sistema de control incorpora un sensor de presencia de manera que, cuando detecta una persona próxima, se acciona la apertura. Mientras el sensor detecte presencia de personas la puerta permanecerá abierta.

An

6. Analiza los siguientes sistemas de control e indica si son de lazo abierto o cerrado e implementa los diagramas de control correspondientes:

Sistema de control	Elementos	Tipo de sistema
Exprimidor		
Calefacción doméstica		
Timbre de una vivienda		

3. Las placas de control

La placa de control es como un pequeño ordenador al que se conectan los sensores y actuadores que intervienen en el sistema. En general, las placas de control disponen de los siguientes elementos:

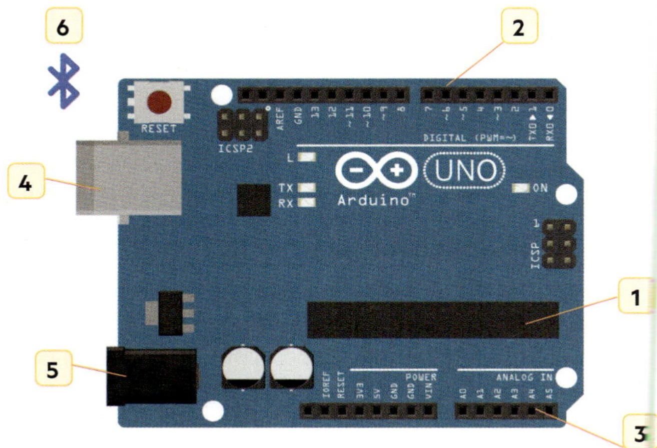

1. **Microprocesador:** es el elemento que realiza las operaciones necesarias para que la placa ejecute el programa que se ha cargado.
2. **Entradas/salidas digitales:** únicamente pueden tener dos valores, 1 o 0, todo o nada, encendido o apagado.
3. **Entradas analógicas:** pueden tener múltiples valores: 0, 1, 34, 255, etc.
4. **Conector para el ordenador:** a través de este conector la placa se comunica con el ordenador. Suelen ser conectores USB.
5. **Conector de alimentación externa:** aquí se conectan las baterías o la fuente de alimentación para que la placa pueda funcionar.
6. ***Bluetooth*:** permite a la placa comunicarse sin cables con un ordenador, teléfono inteligente u otros dispositivos.

En el mercado existen varios productos que hacen posible acercar a los alumnos a las nuevas tecnologías creativas de una manera sencilla. Los más relevantes se comentan a continuación:

Placa Micro:bit

Se trata de un proyecto realizado por la BBC con la colaboración de Microsoft y Samsung. A pesar de sus reducidas dimensiones proporciona altas prestaciones.

Se puede programar con Make-Code, Python, JavaScript y Micro-Blocks.

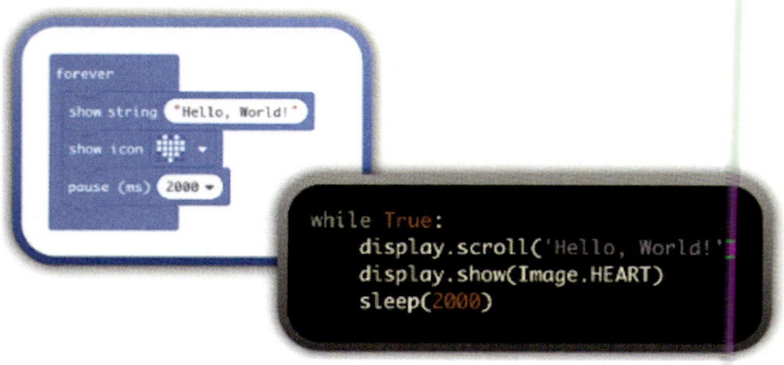

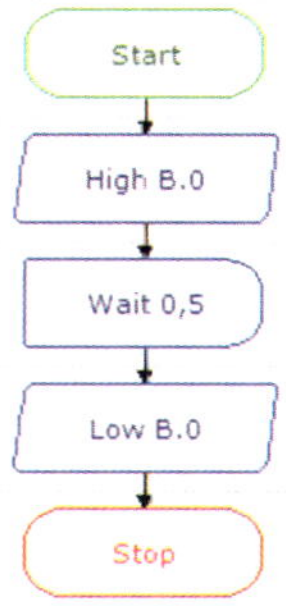

Picaxe Editor 6.0.

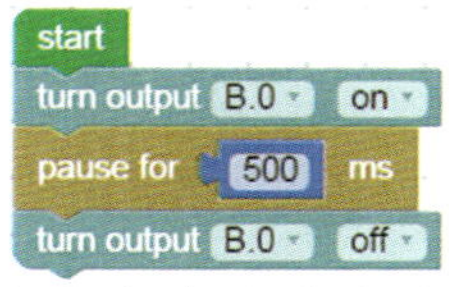

Blockly para Picaxe.

Placa Imagina

Esta placa dispone de un microprocesador PICAXE 20 M2. Realmente se trata de un pequeño entrenador, pues ya lleva incorporadas diversas entradas y salidas.

Se puede programar con Picaxe Editor, Blockly y Scratch.

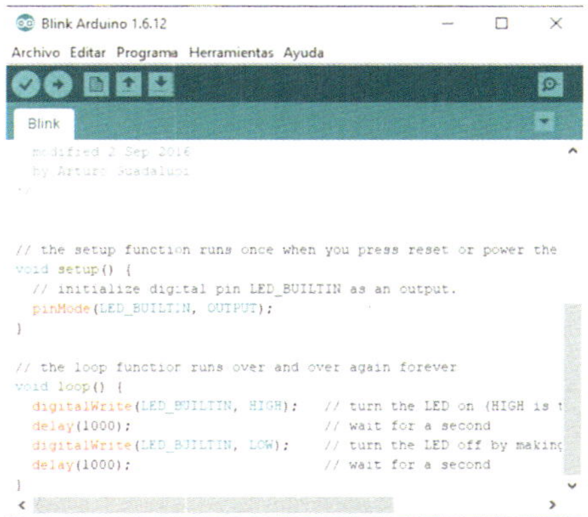

Placa Arduino UNO

Es una placa muy conocida basada en el microprocesador ATmega 328. Es una plataforma libre que se programa con la IDE Arduino y con entornos gráficos como ArduinoBlocks, entre otros.

Placa Keyestudio UNO.

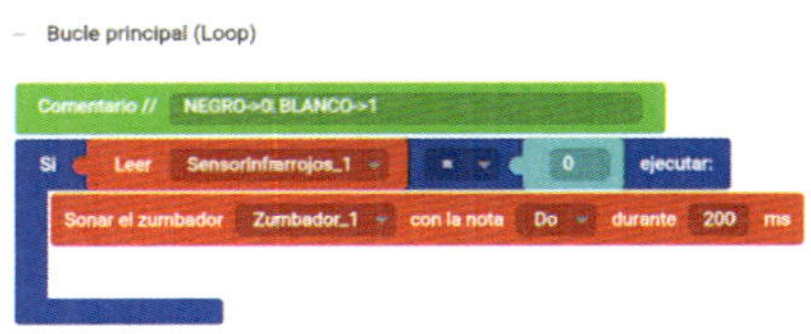

Placa BQ.

Otras placas compatibles con Arduino

Debido al éxito de Arduino han surgido diferentes desarrollos basados en esta tecnología. Se pueden destacar la placa **Zum Core 2.0** de la empresa BQ y la **Keyestudio UNO R3** de la empresa Keyestudio. La placa BQ dispone de un software propio denominado *Bitbloq*.

En las páginas siguientes se estudian cada una de estas placas. Dependiendo de los recursos de cada centro se puede trabajar con placas diferentes, teniendo en cuenta que para conseguir los objetivos de aprendizaje basta con una de ellas.

En 2016 se fundó la organización sin ánimo de lucro Micro Bit Educational Foundation.

Con objeto de su lanzamiento, la empresa BBC donó gratuitamente **un millón de placas Micro:bit** a escolares de Gran Bretaña.

Página web: «Placa Micro:bit».

4. Placa Micro:bit

La placa Micro:bit, diseñada por la BBC, es un pequeño microcontrolador que cabe en la palma de la mano. Gracias a la gran cantidad de sensores que incorpora, se pueden llevar a cabo multitud de proyectos. Todo ello la convierte en una plataforma ideal para introducirse en el mundo de la programación y la tecnología de control.

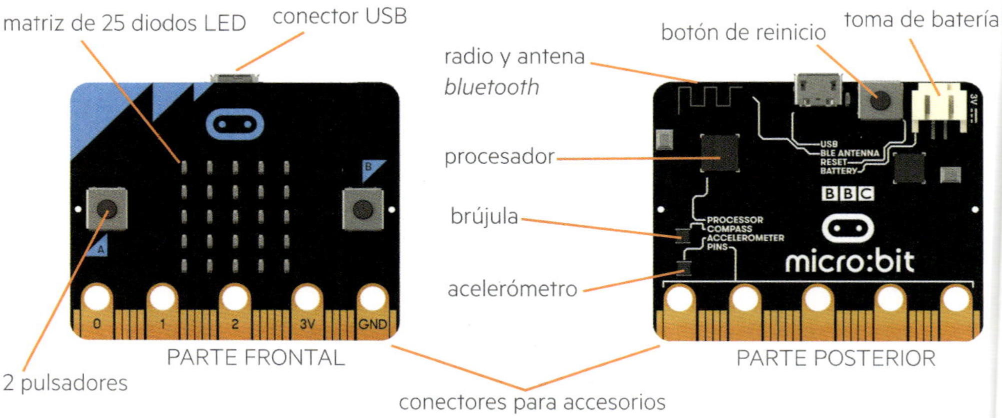

Entre otros elementos, esta placa incorpora:

- **1 microcontrolador** ARM Cortex-M0 de 32 bits.
- **1 pantalla matricial** de 25 leds que se pueden programar individualmente y que muestran figuras, números, letras, etc.
- **2 pulsadores** situados en la parte frontal de la placa y etiquetados como **A** y **B**. Se puede detectar la pulsación individual, así como la pulsación simultánea de ambos.
- Conexión inalámbrica vía ***bluetooth*** y por **radio**.
- Sensores de movimiento mediante un **acelerómetro** y una **brújula**.
- **Sensor de luz.** La matriz de led también puede utilizarse como sensor de luz.
- **Sensor de temperatura.** A través de él la placa puede detectar la temperatura ambiente medida en grados Celsius.
- **Conectores.** Dispone de 25 conectores externos de color dorado, llamados *pines*, situados en la parte inferior de la placa. Permiten conectar otros sensores y actuadores (servos, ledes, etc.). Cinco de estos conectores (0, 1, 2, 3V y GND) están sobredimensionados para facilitar la conexión mediante pinzas de cocodrilo.

La placa Micro:bit se puede programar tanto en entornos gráficos (Make Code, Scratch y MicroBlocks) como en otros lenguajes (Python y JavaScript).

Diversos *shields* para conectar la placa Micro:bit.

4.1. Programación de la placa Micro:bit con Make Code

Make Code es un editor gratuito creado por Microsoft que facilita la programación de la placa. Permite crear atractivas experiencias de aprendizaje de programación de manera fácil y divertida mediante un entorno gráfico sencillo e intuitivo. La *app* de Make Code no requiere la instalación de ningún tipo de programa y funciona en todos los navegadores.

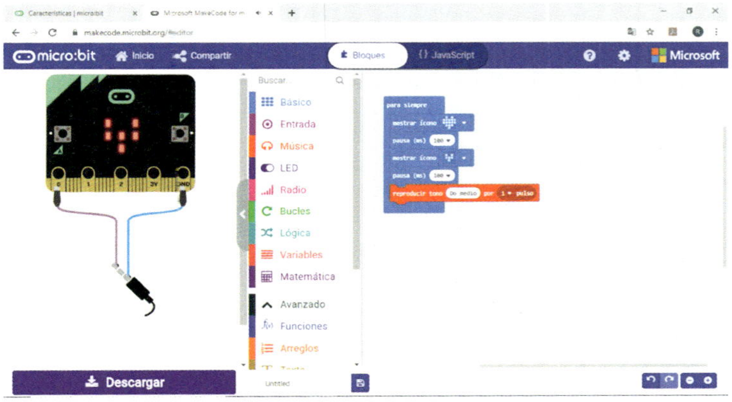

Extensión de Scratch de la placa Micro:bit.

4.2. Programación de la placa Micro:bit con Scratch

La versión 3.0 de Scracth incorpora una extensión para trabajar con la placa Micro:bit. Se pueden ejecutar los programas interactuando con la placa mediante la conexión *bluetooth*, lo cual hace muy interesante esta opción ya que se puede utilizar el escenario de Scratch para simular eventos. Para conectar la placa con Scratch hay que seguir estos pasos:

1. Descargar el programa **ScratchLink** e instalarlo.
2. Descargar el archivo **scratch-microbit-1.1.0.hex** y cargarlo en la placa.
3. Agregar la extensión de Micro:bit a Scratch.

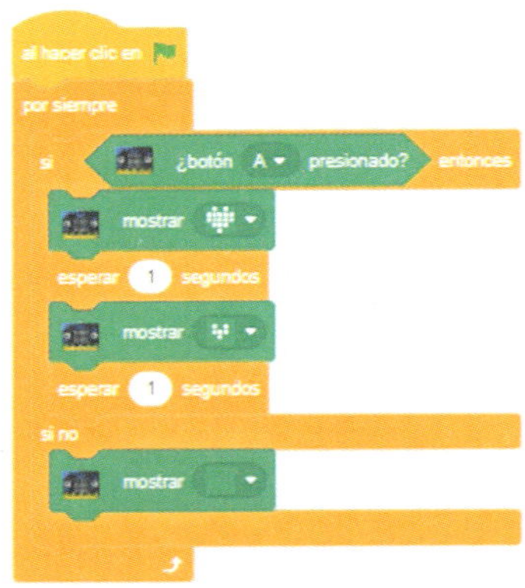

4.3. Programación de la placa Micro:bit con Python

Python es un lenguaje de programación de sintaxis muy sencilla y, a su vez, muy potente. Para programar la placa Micro:bit con Python lo haremos a través del editor de la plataforma Micro:bit. En el siguiente ejemplo se ha escrito el código para que en la matriz aparezca «Hola Pol» y la imagen de un corazón.

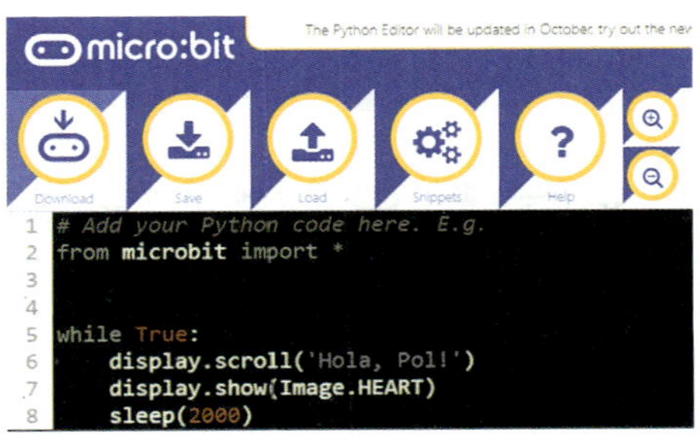

Prácticas: «Placa Micro:bit».
Puedes descargar las prácticas de la placa Micro:bit.

Arduino es una plataforma que aglutina a usuarios de todo el mundo en torno a la creación de prototipos con hardware y software abierto (*open-source*).

Página web: «Arduino».

5. Placa Arduino

La placa Arduino es una placa de código abierto (*open hardware*) con un microcontrolador que permite conectar sensores, actuadores y otros elementos. Puede leer entradas como la cantidad de luz, la temperatura ambiente, etc., y activar salidas como un led, un motor, un servo, etc.

Entre otros elementos, esta placa incorpora:

- **1 microcontrolador** ATmega 328P.
- **E/S digitales.** Dispone de 14 pines, del 0 al 13, que funcionan como entradas y salidas digitales.
- **E analógicas.** Tiene seis entradas analógicas, desde A0 hasta A5.
- **Pines de alimentación.** De estos pines se extraerá la alimentación para realizar las prácticas. Podemos extraer dos tensiones diferentes, 3,3 y 5 V.
- **Conector de alimentación.** Este conector se utiliza para proporcionar corriente a la placa cuando no está conectada al ordenador. Las tensiones de entrada pueden oscilar entre 7 y 12 V.
- **Conector USB.** Sirve para conectar la placa al ordenador.
- **Pulsador RESET.** Se acciona para reiniciar la placa.
- **Led ON.** Indica que se está alimentando la placa. Es el único actuador que viene por defecto asociado a la salida digital 13.

Dado que esta placa es de código abierto, hay otros desarrollos de placas que están basadas en Arduino, como por ejemplo Freaduino, Keyestudio, Zum Core de BQ, etc.

La placa se puede programar tanto con la IDE de Arduino como en entornos gráficos tipo ArduinoBlocks, mBlock, etc.

Placas compatibles con Arduino

Placa Freaduino UNO.

Placa Keyestudio UNO.

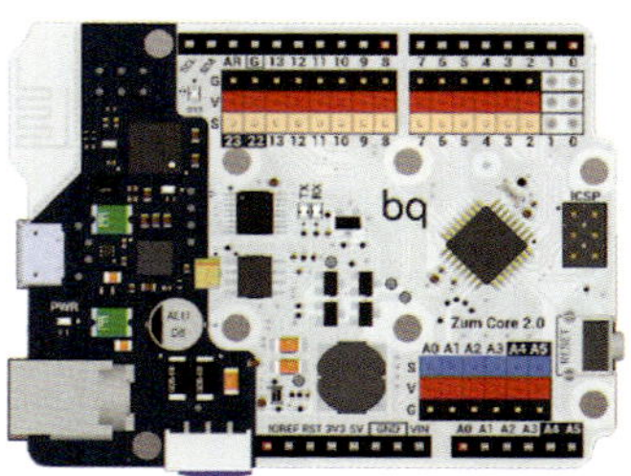

Placa Zum Core 2.0 de BQ.

5.1. Programación de la placa con la IDE de Arduino

La IDE de Arduino (*Integrated Development Environment*) es una aplicación para escribir los programas, compilarlos y cargarlos en la placa. Se puede descargar de forma gratuita de la página oficial de Arduino para los diferentes sistemas operativos.

En la IDE de Arduino de la figura podemos observar el programa del parpadeo de un led.

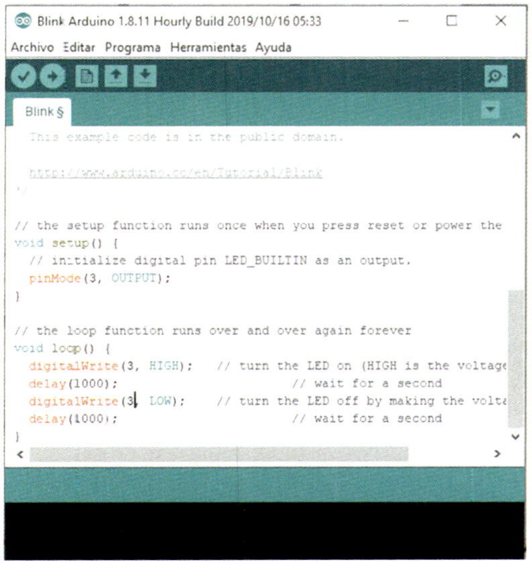

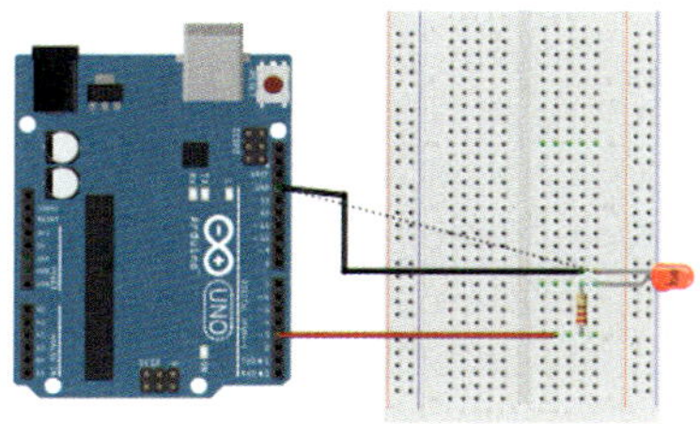

Conexión de un led a la placa Arduino.

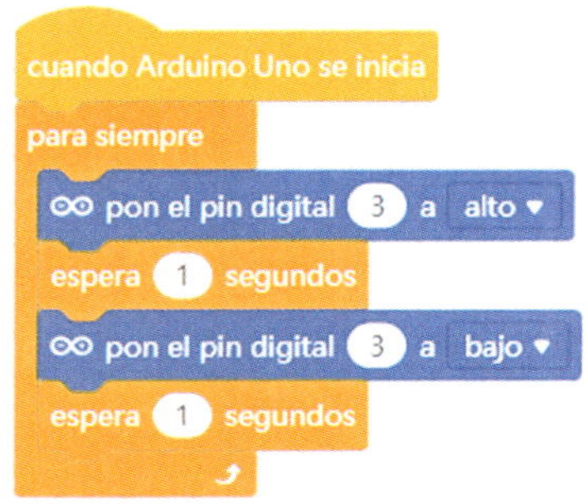

Programa realizado con mBlock.

5.2. Programación de la placa con ArduinoBlocks

La plataforma ArduinoBlocks permite iniciarse en el mundo de la programación de los sistemas de control de una forma sencilla e intuitiva. A diferencia de la IDE de Arduino, no es necesario escribir líneas de código ya que la programación se realiza mediante bloques de tipo Scratch.

En la siguiente imagen se puede observar un programa creado con ArduinoBlocks para que se encienda un led a partir de un nivel de luz determinado que es detectado por un sensor (LDR).

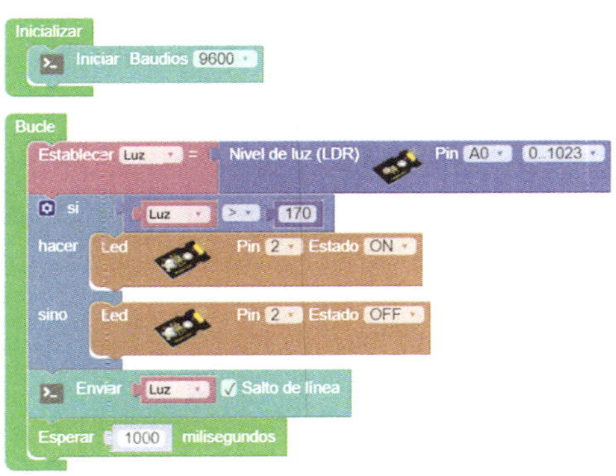

ArduinoBlocks es una plataforma web en línea donde podemos programar la placa Arduino de forma visual, tal como se realiza en Scratch.

Página web: «ArduinoBlocks».

Conexión de un sensor de luz (LDR) y un led a la placa Arduino.

Prácticas: «Placa Arduino». Puedes descargar las prácticas de esta placa.

> **BQ** es una empresa dedicada al diseño, venta y distribución de lectores electrónicos, tabletas, teléfonos inteligentes, impresoras 3D y kits de robótica.
>
> Página web: «BQ».

6. Placas compatibles con Arduino

Dado que Arduino es hardware libre, existen muchos fabricantes que han desarrollado versiones basadas en Arduino.

6.1. Placa Zum Core 2.0 de BQ

La placa Zum Core 2.0 de la empresa BQ es una placa de control programable basada en la tecnología Arduino.

A continuación, se indican sus características principales:

- Se pueden conectar periféricos (sensores y actuadores) como los «Zum bloqs», pues dispone de **20 sets de conexión** de tres pines.
- Tiene un led integrado que está conectado al pin 13.
- Se puede conectar a otros dispositivos que no sean bloques Zum gracias a los **pines hembras** (negros) que se encuentran junto a los sets.
- Para comunicarse con dispositivos móviles utiliza la tecnología ***bluetooth*** integrada.
- Se programa conectándola al ordenador mediante un cable **USB**.
- Dispone de un **interruptor** para desconectar los periféricos mientras la estamos programando.
- No es necesario tenerla conectada al ordenador para funcionar ya que, una vez programada, se puede conectar una **batería de pilas** y, de este modo, alimentar directamente dispositivos como servomotores.
- Dispone de un **pulsador** en el lateral para resetear.

Esta placa se puede programar con la IDE de Arduino o mediante la plataforma **Bitbloq**, que trabaja con bloques tipo Scratch y hacen más sencilla la tarea.

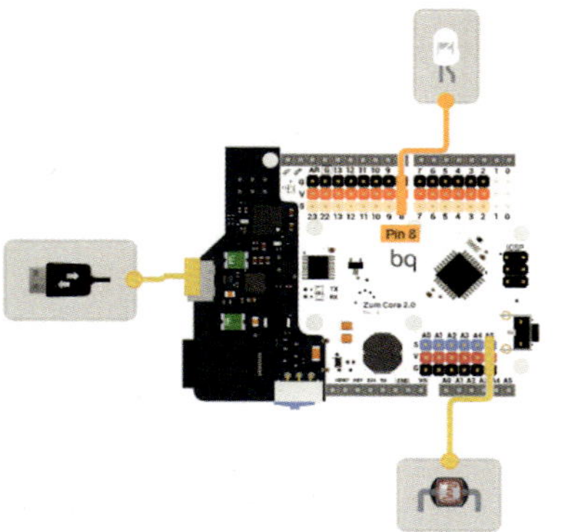

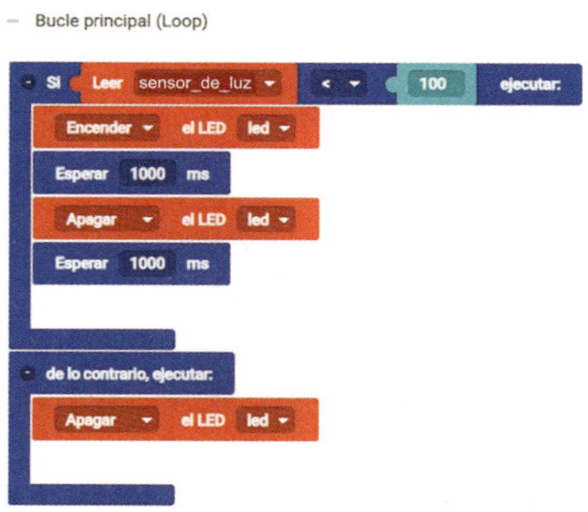

Activación de un led mediante un sensor de luz (LDR) con la placa Zum Core 2.0 y su programa con Bitbloq.

> Prácticas: «Placa BQ».
> Puedes descargar las prácticas de esta placa.

6.2. Placa Keyestudio UNO

Algunas de las aportaciones de esta placa con respecto a la Arduino UNO original son:

- Presenta tiras de pines macho emparejadas de tres en tres para facilitar el conexionado de sensores, actuadores y módulos.
- Dispone también de un interruptor que permite conmutar la alimentación entre 3,3 y 5 V.

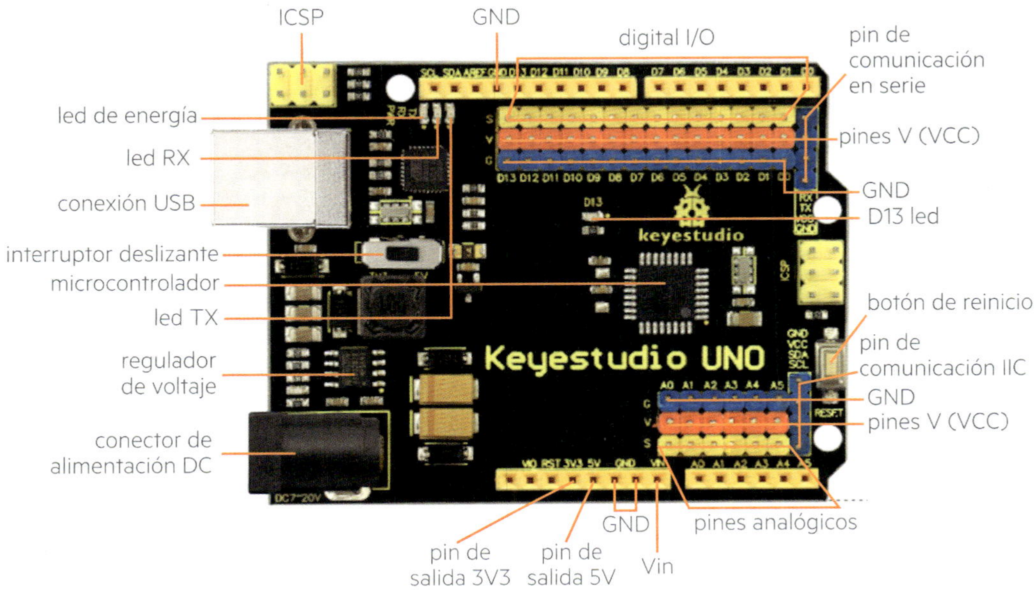

En la imagen siguiente se puede observar un programa elaborado con ArduinoBlocks para un servomotor accionado mediante un pulsador:

Al igual que Arduino UNO, esta placa se puede programar con la IDE de Arduino, mediante la plataforma **ArduinoBlock** y mBlocks, entre otros.

Keyestudio es una empresa que comercializa productos relacionados con la programación y la robótica. El distribuidor oficial en España es Innova Didactic.

Página web: «Keyestudio».

Página web: «Innova Didactic».

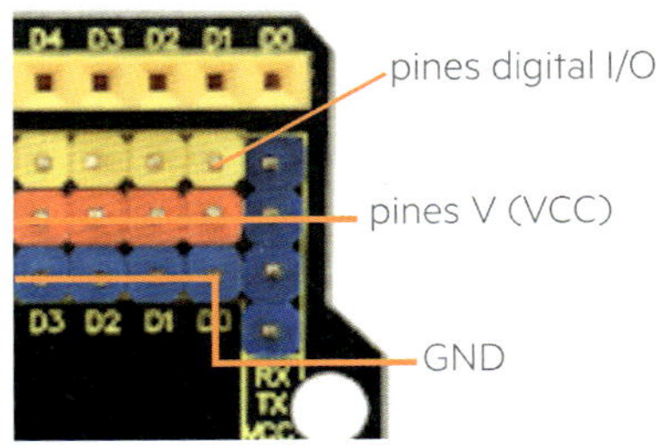

Detalle de conexionado con tres pines.

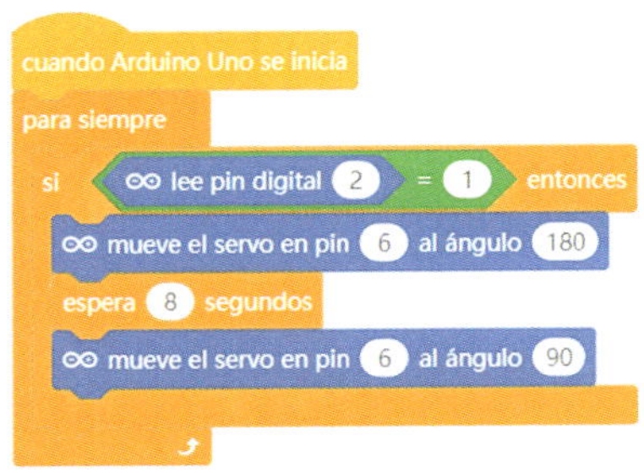

Programa realizado con mBlock.

Prácticas: «Placa Arduino».
Puedes descargar las prácticas de esta placa.

6.3. *Shield* Imagina Arduino

No es realmente una placa, sino que se trata de una extensión (*shield*) que se acopla a las placas Arduino vistas anteriormente. Es, por tanto, un entrenador muy completo que incorpora elementos para realizar prácticas muy interesantes. Ha sido desarrollada por Innova Didactic con el objeto de solventar problemas a los programadores noveles, ya que dispone de sensores y actuadores incorporados.

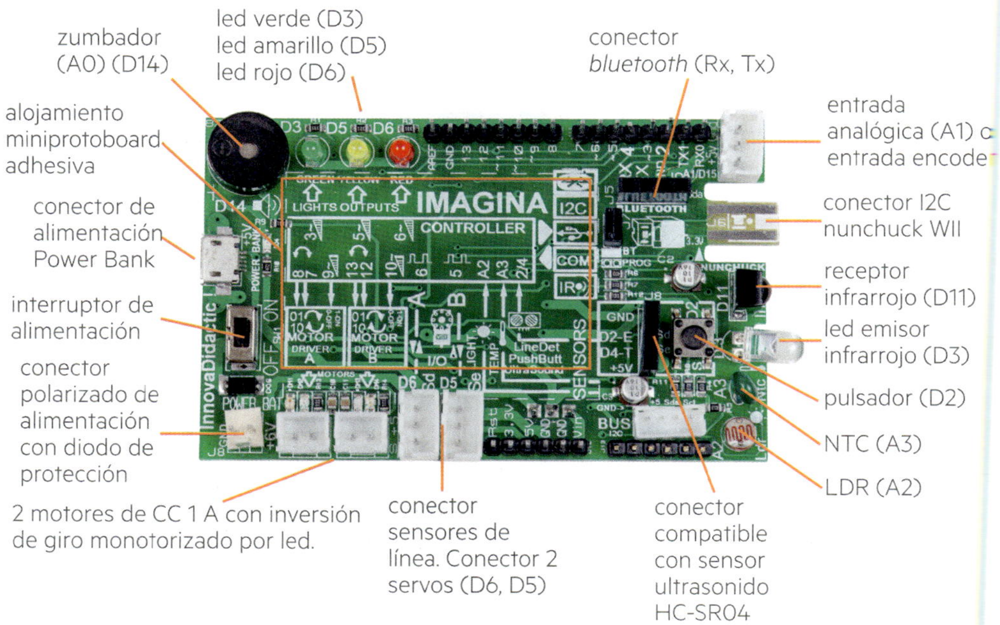

En el ejemplo siguiente se programa el encendido de los tres ledes del entrenador cuando se presiona el pulsador que lleva incorporado.

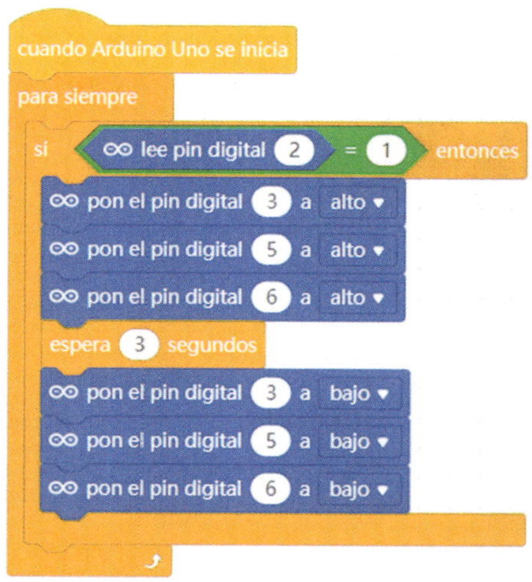

Programa realizado con mBlock.

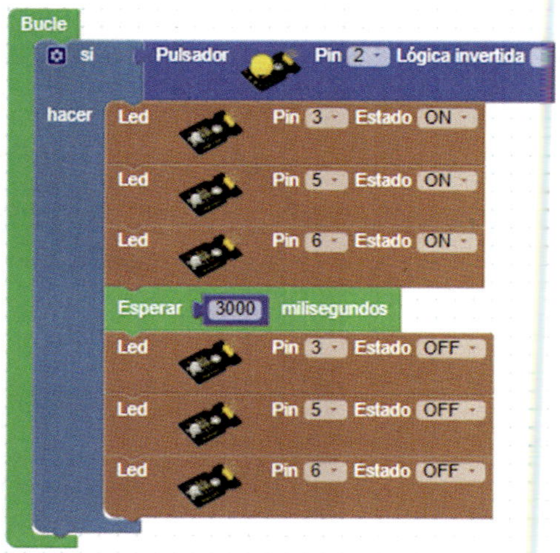

Programa realizado con ArduinoBlocks.

Prácticas: «Placa Imagina Arduino». Puedes descargar las prácticas de este entrenador.

Como en realidad estamos programando sobre una placa Arduino, el software que utilizaremos será el descrito anteriormente para las placas estudiadas.

7. Placa Imagina Scratch

A diferencia de las placas anteriores, que funcionaban con un microcontrolador ATmega328P (Arduino), la placa **Imagina Scratch** trabaja con un PICAXE 20M2.

Las características más importantes de la placa son:

- Su **alimentación**, que se puede efectuar de dos formas:
  - mediante un cable USB conectado al ordenador;
  - mediante una batería de cuatro pilas de 1,5 voltios que se encajan en la base de color blanco.
- Las **ocho entradas** aparecen en el lado izquierdo del microcontrolador. Los elementos conectados a las entradas son:
  - El **sensor de luz** (LDR), en el pin C.1.
  - El **captador de infrarrojos**, de color negro, en el pin C.0.
  - El **pulsador**, en el pin C.5.
  - El **sensor de temperatura** (NTC), en el pin C.7.
- Las **ocho salidas** aparecen en el lado derecho del microcontrolador. Los elementos conectados son:
  - Cuatro **diodos led** dispuestos en las salidas B.0, B.1, B.2 y B.3 correspondientes a los colores azul, verde, amarillo y rojo, respectivamente.
  - Un **zumbador** en la salida B.6.
- ***Bluetooth*** incorporado, con objeto de poder establecer comunicación con otros dispositivos.

Igual que la placa anterior, también se trata de un entrenador con el que se puede practicar sin necesidad de adquirir sensores y actuadores, pues ya los lleva incorporados. Esta placa se puede programar con **Picaxe Editor 6**, con **Blockly** y con **Scratch**.

La placa **Imagina Scratch** ha sido diseñada por la empresa Innova Didactic.

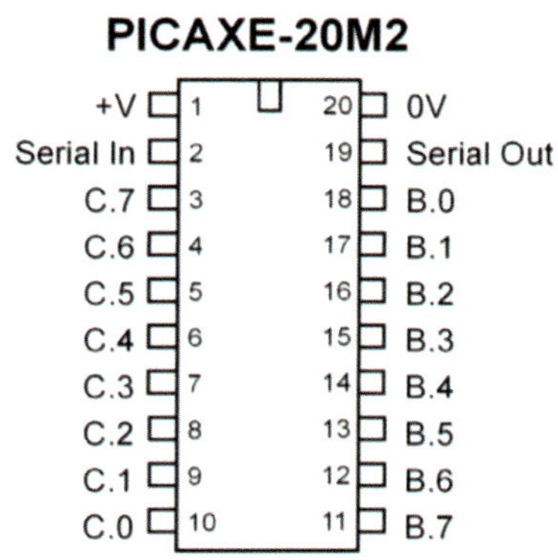

Pinaje del microcontrolador Picaxe 20M2.

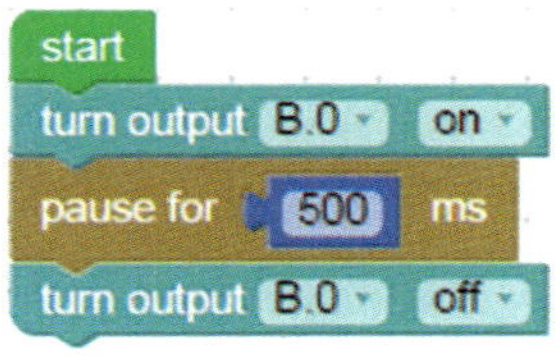

Programas para encender el led azul con Picaxe Editor 6 y con Blockly.

Prácticas: «Placa Imagina Scratch». Puedes descargar las prácticas de este entrenador.

Síntesis

Elabora tu propio resumen del tema, completando los espacios vacíos con las palabras clave.

1. Un algoritmo es una secuencia de ________________ finita que, realizadas ordenadamente, conducen a la resolución de un ________________ .
2. Los algoritmos se pueden escribir mediante ________ o representar mediante diagramas de ________________ .
3. La tecnología de control permite ________________ sistemas, desde los más sencillos, como el encendido automático de una luz cuando oscurece, hasta los más sofisticados, como los que se relacionan con la robótica o la ________________ .
4. Hay dos tipos de sistemas de control: de lazo abierto o ________________ y de lazo ________________ o realimentados.
5. El microcontrolador es el elemento central de las ________________ de control. Se encarga de realizar las ________________ necesarias cuando se ejecuta un programa.
6. En los pines de ________________ y salida se conectan los sensores y actuadores a las placas de control. Las entradas pueden ser digitales o ________________ .
7. La placa ________________ dispone de una matriz de 25 ledes en su parte frontal. Es la placa que más prestaciones tiene, ya que lleva incorporados más sensores que las demás.
8. La placa ________________ se puede programar con la IDE de Arduino y con otros entornos gráficos como ArduinoBlocks.
9. Las placas ________________ con Arduino, aunque llevan incorporado el mismo microcontrolador que la placa original, normalmente aportan mejoras a la misma.

Parabras clave

Arduino, analógicas, problema, lineales, operaciones, compatibles, placas, instrucciones, entrada, cerrado, seudocódigo, regular, flujo, domótica, Micro:bit

Recursos en red

En la realización de proyectos con placas se aplica la tecnología de control que se ha estudiado en este tema. Existen algunos sitios web interesantes donde se pueden analizar proyectos realizados con placas.

Entra en los siguientes portales y mira algunos de los proyectos que presentan:

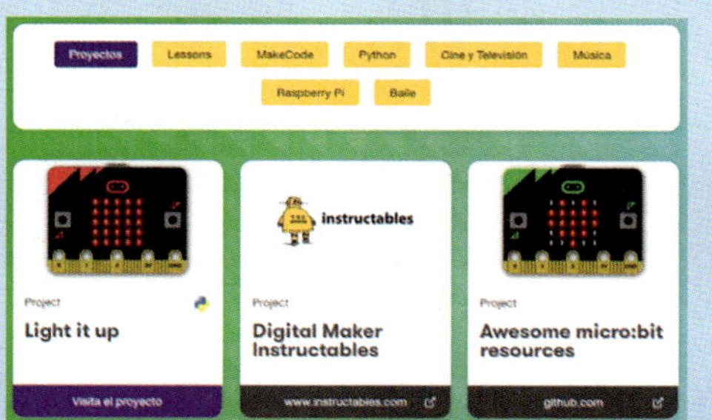

Página web: «Micro:bit».

Página web: «Arduino».

Página web: «Instructables».

Actividades finales

1. Esta actividad consiste en simular el funcionamiento de una lámpara que se enciende al tocar un sensor táctil. Implementa el programa correspondiente según la placa que utilices.

Materiales
• placa de control • 1 diodo led • 1 resistencia de 220 Ω • 1 protoboard • 1 sensor táctil

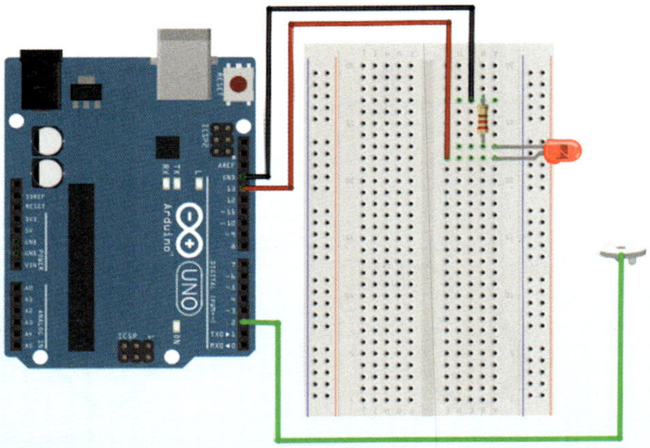

2. Esta actividad consiste en activar un servomotor de rotación continua mediante un sensor de luz (LDR) con las siguientes condiciones:

- Si hay poca intensidad luminosa, el servo girará en un sentido a velocidad lenta.
- Cuando la intensidad luminosa sea alta, el motor girará en sentido contrario y a mayor velocidad.

Materiales
• placa de control • 1 servomotor de rotación continua • 1 sensor de luz (LDR)

Autoevalúa tus conocimientos de la unidad.

Situación de aprendizaje

¿Hace demasiado calor a 40 grados?

Marta y David, dos compañeros de curso, han pasado las vacaciones de verano en lugares diferentes. El primer día de clase, Marta cuenta que ha pasado mucho calor, que en el lugar donde ha estado las temperaturas estaban alrededor de los 40 grados. David dice que los termómetros también marcaban 40 grados en la zona donde él estuvo, pero que había pasado un poco de frío.

El instrumento que se utiliza para medir la temperatura es el **termómetro**, que puede estar calibrado según diferentes escalas en función de la zona del planeta en que se encuentre. Pueden ser la escala Celsius (C) y la Fahrenheit (F).

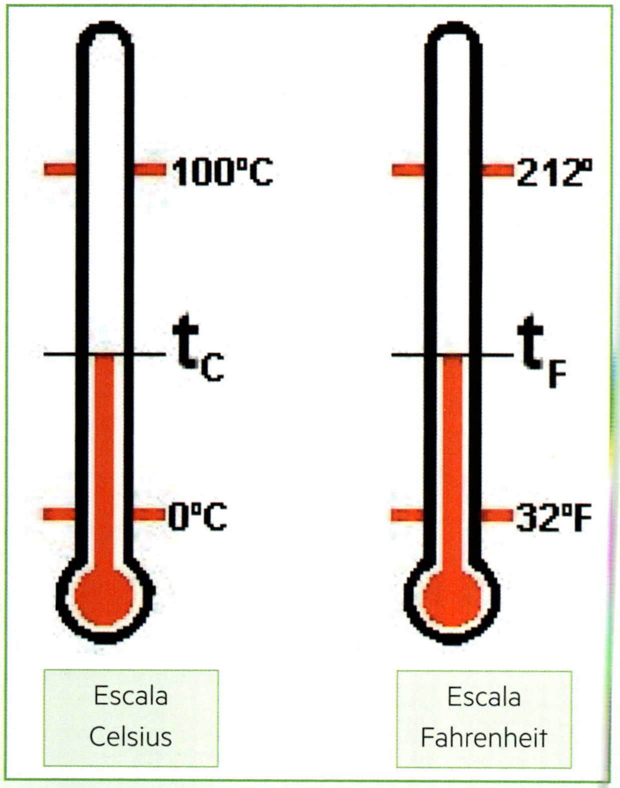

Tarea 1

En la tabla siguiente tienes algunos valores equivalentes de temperaturas. ¿A cuántos grados Fahrenheit equivalen 5 grados Celsius?

Escala Celsius	0 °C	5 °C	10 °C
Escala Fahrenheit	32 °F	? °F	50 °F

Tarea 2

En el lugar en que ha pasado David las vacaciones, ¿en qué escala crees que se mide la temperatura?

Tarea 3

La expresión matemática que permite pasar una temperatura dada en grados Celsius (T_C) a la equivalente en grados Fahrenheit (TF) es:

$$T_F = ((9/5) \cdot T_C + 32)$$

El algoritmo para convertir una temperatura dada en escala Celsius (T_C) a la equivalente en la escala Fahrenheit (T_F) podría ser el siguiente:

a) ¿A qué tipo de estructura algorítmica pertenece?

b) Utiliza el algoritmo anterior e indica a qué temperatura en grados Fahrenheit equivalen 25 °C.

c) Implementa un programa en Scratch que se corresponda con el algoritmo anterior. Debes tener en cuenta que a la hora de hacer el cálculo de los grados Fahrenheit hay que realizar la aproximación para redondear hasta las unidades.

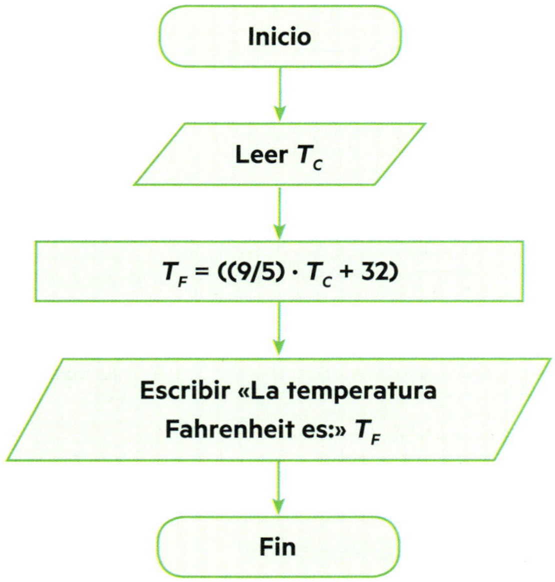

Tarea 4

Utiliza el programa anterior y completa esta tabla:

Escala Celsius	−10 °C	0 °C	10 °C	20 °C	30 °C	40 °C	50 °C	100 °C
Escala Fahrenheit								

a) Si observas la tabla anterior completa, podrás comprobar que cuando la temperatura en la escala Celsius se incrementa 10 °C el aumento en la escala Fahrenheit es de...

a) 9 °F *b)* 36 °F *c)* 18 °F

b) Un incremento de 1 °C en la escala Celsius ¿a qué incremento correspondería en la escala Fahrenheit?

Tarea 5

Elige la expresión correcta para pasar una temperatura dada en grados Fahrenheit (T_F) a la equivalente en grados Celsius (T_C).

a) $T_C = 5 \cdot (T_F - 32) / 9$ *b)* $T_C = 5 \cdot (T_F + 32) / 9$ *c)* $T_C = 9 \cdot (T_F - 160) / 5$

Tarea 6

En la placa que utilices habitualmente en clase, implementa un programa que tome como referencia la temperatura ambiente de ese momento y, cuando esa temperatura suba 3 grados, se encienda un led.

Autoevaluación
Para evaluar las tareas de la actividad, rellenad el recurso «Tabla de autoevaluación».

Trabajo cooperativo

Grupos: parejas

La visita

Encargo

Aurora y Sandra son dos amigas que viven en la misma ciudad. Como tienen ganas de verse y muchas cosas que contarse, han quedado en casa de Sandra.

El objetivo del encargo es que, organizados por parejas, resolváis los retos planteados durante esa visita.

Autoevaluación y coevaluación
Para evaluar las tareas de la actividad, rellenad el recurso «Tablas de autoevaluación y coevaluación».

Tareas

Tarea 1. El camino de ida

Aurora está situada en el punto A y se dirige a casa de su amiga, que se encuentra en el punto B, por el camino señalizado con líneas discontinuas.

Determina la distancia que ha de recorrer Aurora sabiendo que la ilustración se ha realizado a escala 1/5 000.

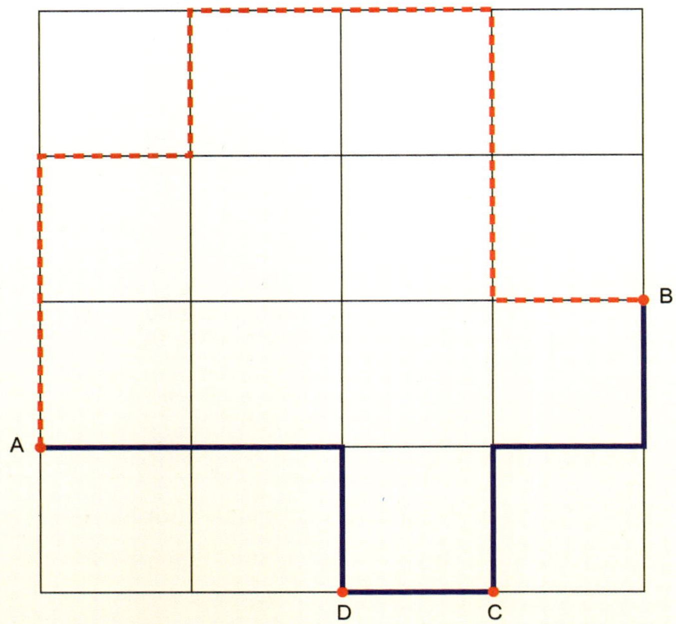

Tarea 2. La puerta de casa

Cuando Aurora llega a la casa, toca el timbre para que Sandra le abra la puerta.

a) Indica si el circuito de accionamiento del timbre corresponde a un sistema de control de lazo abierto o de lazo cerrado. Justifica tu respuesta.

b) Completa el diagrama de bloques de la transformación energética que se produce en el timbre cuando está en funcionamiento.

Energía __________ → Timbre → Energía __________

c) En la placa de control que utilices en clase, implementa el circuito del timbre accionado mediante un pulsador. Confecciona el programa correspondiente, cárgalo en la placa y comprueba que suena al presionar el pulsador.

Tarea 3. El túnel

Después de un tiempo juntas, el padre de Aurora la pasa a recoger en coche. Ahora seguirán la ruta marcada con trazo continuo. En el punto C, comienza una zona subterránea y las luces del coche se encienden automáticamente. A partir del punto D, el coche sale a la superficie y las luces se apagan también de forma automática.

a) Indica si el circuito de encendido y apagado automático de las luces del coche corresponde a un sistema de control de lazo abierto o de lazo cerrado. Justifica tu respuesta.

b) Completa el diagrama de bloques de la transformación energética que se produce en cada una de las lámparas cuando están en funcionamiento.

Energía __________ → Lámpara → Energía __________

c) En la placa de control que utilizas en clase, implementa el circuito del sensor de luz para que active un led cuando el nivel de luminosidad ambiental sea bajo. Confecciona el programa correspondiente, cárgalo en la placa y comprueba su funcionamiento pasando la mano sobre el sensor de luz.

Tarea 4. El camino de vuelta

Al llegar al punto A, Aurora se baja del coche y entra en casa.

a) Determina la distancia recorrida por el coche durante todo el trayecto.

b) El padre de Aurora deja el coche en el aparcamiento próximo al domicilio, que dispone de una barrera que se levanta cada vez que entra un vehículo. Completa el diagrama de bloques de la transformación energética que se produce en el motor cuando sube o baja la barrera.

Energía __________ → Motor → Energía __________

Cierre

En la placa de control que utilices en clase, implementa el circuito correspondiente a la barrera para que al accionar un pulsador el servo gire 90 grados (subir la barrera). Transcurridos 8 segundos, el servo deberá girar 90 grados en sentido contrario al anterior (bajar la barrera). Confecciona el programa correspondiente, cárgalo en la placa y comprueba su funcionamiento presionando el pulsador.

Si lo deseas, puedes situar el servo sobre un soporte y añadir la pluma de la barrera. En la fotografía puedes observar que el servo se ha colocado sobre el corcho de una botella de cava y la pluma es una cañita de refresco. La altura de la pluma está calibrada para que llegue a la altura del sensor de obstáculos de robots como el mBot, el Evolution, el 3dBot, etc.

10

Tecnologías aplicadas a proyectos

Estamos rodeados de gran cantidad de aparatos, como hornos, microondas, temporizadores, termostatos, juguetes o robots limpiadores que nos ayudan en nuestra vida cotidiana. Todos ellos llevan integrados unos pequeños ordenadores, llamados *microcontroladores*, que los hacen interactivos y que han sido programados para detectar y controlar la actividad a través de diferentes sensores y actuadores.

Los microcontroladores captan las señales enviadas por los sensores y activan los actuadores según el programa que lleven incorporado.

En esta unidad, además de analizar los diferentes dispositivos que conectarás a los microcontroladores, aprenderás a diseñar e imprimir la estructura que ha de soportar todo el conjunto y que constituirá el esqueleto de tus proyectos. Ahora, solo hará falta que utilices tus capacidades para dar cuerpo a esos proyectos.

Contenidos

- Sensores y actuadores
- Control de motores. Controladores
- Diseño 3D con SketchUp
- Control del robot ABoT STEAM mediante una aplicación

AI

1. Indica el tipo de sensor que debería formar parte del equipamiento de un robot para que pueda detectar obstáculos en su recorrido.
    a) Potenciómetro.
    b) Ultrasonidos.
    c) Acelerómetro.

2. A continuación se nombran varios componentes. Indica cuál corresponde a un actuador.
    a) Sonda de humedad.
    b) PIR (*Passive Infrared Sensor*, 'sensor infrarrojo pasivo').
    c) Pantalla LCD.

1. Sensores y actuadores

Sabemos que un sistema de control capta el entorno y traduce la información a señales eléctricas en forma digital o analógica. Esa información es procesada por la placa de control del sistema según el programa que se haya incorporado, y da las órdenes pertinentes a los elementos actuadores también en forma de señales eléctricas.

En función de la finalidad de los sistemas de control o de los robots se utilizan diferentes sensores y actuadores. Conocer los distintos tipos, sus características y su funcionamiento nos servirá para diseñar y construir sistemas de control y robots. A continuación se describen algunos de ellos, pero hay que tener en cuenta que existen muchos modelos diferentes según sus características y fabricantes, y que no todos son adecuados para todas las placas de control.

1.1. Sensores

Potenciómetro

Se trata de una resistencia ajustable, es decir, una resistencia cuyo valor se puede fijar. Al variar la resistencia, aumenta o disminuye el voltaje (señal) que se quiere introducir en una entrada de la placa de control. Entre otras aplicaciones, los potenciómetros se utilizan para controlar el nivel de luz o el de sonido. Suelen tener tres terminales: dos corresponden a Vcc y GND y el otro, a la señal de entrada de la placa.

Pulsador - interruptor - final de carrera

Son elementos que, cuando se activan, cierran el circuito y dejan pasar la corriente. Aunque podemos creer que con dos terminales es suficiente, suelen tener tres para garantizar el cero lógico cuando no están cerrados, tal como se puede apreciar en el siguiente esquema:

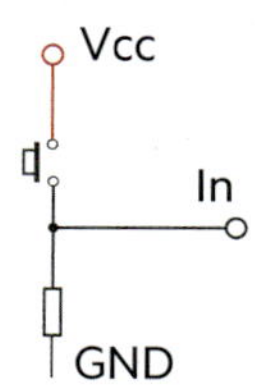

Sensor de luz

Las resistencias LDR (*Light-Dependent Resistor*) tienen la propiedad de variar su valor en función de la luz que incide en ellas. Esta característica se aprovecha para fabricar sensores de luz que dan más o menos voltaje en función de la luz. Suelen tener tres terminales: dos corresponden a Vcc y GND y el otro, a la señal de entrada de la placa. Un tornillo permite ajustar la sensibilidad. Son muy útiles para el encendido automático de luces cuando oscurece.

Sensor IR

El sensor de infrarrojos está formado por dos elementos: un emisor de luz infrarroja y un receptor de dicha luz. Si la luz emitida rebota en una superficie clara, es detectada por el receptor de infrarrojos, de manera que puede distinguir entre una superficie blanca y una negra. Aunque no nos percatemos, los rayos infrarrojos están presentes en aparatos que utilizamos habitualmente, como los mandos a distancia. Estos sensores tienen tres terminales y suelen incluir un tornillo para modificar la sensibilidad.

Acelerómetro

Un acelerómetro es capaz de medir la variación de velocidad del objeto donde está instalado en los tres ejes de coordenadas *X*, *Y*, *Z*. También sirve como giroscopio, porque permite conocer la posición (inclinación) en la que se encuentra un objeto. La mayoría de los dispositivos móviles disponen de este sensor, ya que, por ejemplo, la pantalla se orienta según la posición. Para conectarlo a las placas es necesario consultar los esquemas de conexión de los diferentes modelos.

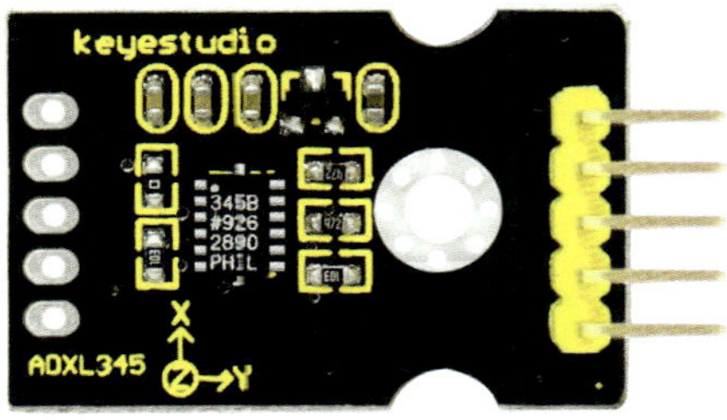

La sonda de humedad

Este sensor dispone de dos sondas que se incrustan en el suelo. La corriente eléctrica debe atravesar el suelo para ir de una sonda a la otra; cuanto más seco esté el suelo, menos corriente lo atravesará, ya que tendrá más resistencia eléctrica. Esa señal eléctrica llega a una placa que sirve para controlar, por ejemplo, el riego automático de un jardín.

Tiene tres terminales: Vcc, GND y la señal que indica la humedad.

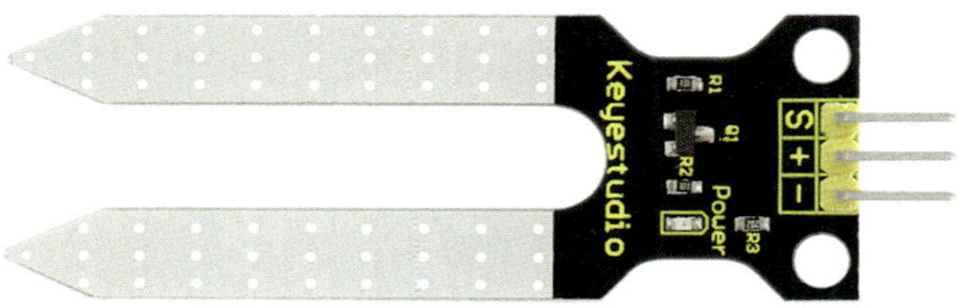

Sensor de ultrasonidos

Este tipo de sensor emite ondas sonoras de alta frecuencia para detectar objetos e, incluso, para medir la distancia a la que se encuentran.

Su funcionamiento es similar al del sensor IR: un emisor emite un sonido y un receptor lo capta si rebota en un obstáculo. El tiempo que tarda la señal entre que sale, rebota y regresa sirve para calcular la distancia a la que se encuentra el objeto.

Este tipo de sensor se suele utilizar para medir distancias o para que los robots eviten obstáculos.

El sensor de ultrasonidos suele disponer de cuatro terminales: dos corresponden a Vcc y GND; un tercero a Trigger (TRI), que se encarga de dar la orden para emitir la onda sonora, y, finalmente, al Echo (ECH), que capta la onda rebotada.

Sensor de gas

Hay diferentes tipos de sensores de gas que pueden detectar niveles de butano, propano, metano, alcohol, humo e hidrógeno que se encuentran en la atmósfera. Disponen de un material electroquímico que hace variar la resistencia según las sustancias que lo rodean. Existen diferentes modelos adecuados a las distintas necesidades. Se suelen utilizar tres terminales: Vcc, GND y la señal que indica el gas. Además, suelen disponer de un sistema para regular la precisión.

Re

1. Indica si los sensores descritos en esta página son digitales o analógicos.

In

2. Busca información sobre estos dos sensores y describe su funcionamiento y utilidad:
   - Sensor de humedad y temperatura.
   - Sensor de color.

1.2. Actuadores

Diodos led

Los diodos led solo dejan pasar la corriente en un sentido y, cuando lo hacen, emiten luz. Los más sencillos se pueden conectar a una salida digital de la placa y a un terminal GND, y los hay de diferentes colores y tamaños. Otros, como los diodos RGB, son capaces de emitir los tres colores básicos de manera independiente en un solo componente. También hay sistemas que permiten regular la intensidad de la luz que emiten.

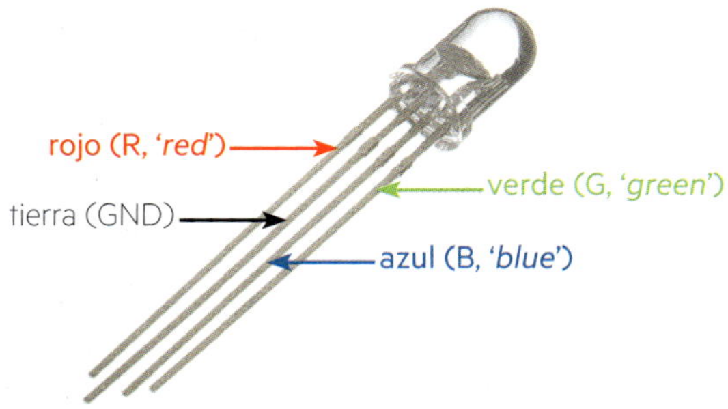

Relé

Los relés permiten controlar grandes potencias y tensiones con pequeñas corrientes. Aunque hay muchos modelos, el más elemental dispone de dos partes:

- Un conmutador, con un contacto normalmente abierto y otro normalmente cerrado, que puede soportar grandes corrientes.
- El control, con tres terminales que se conectan a la placa: dos para alimentar el relé y otro para activarlo y desactivarlo y cambiar la posición del conmutador.

Zumbador

El zumbador es un elemento que permite emitir sonido. Los hay que pueden producir diferentes tonos según la frecuencia de los impulsos de la corriente que les llega. De este modo, pueden incluso hacer sonar melodías.

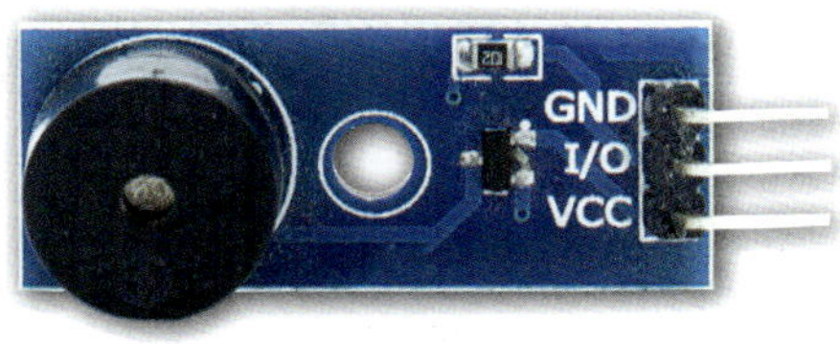

Emisor IR

El emisor IR emite ondas infrarrojas de una frecuencia determinada cuando recibe una señal de la placa. Esas ondas son captadas por un receptor IR, de manera que permite controlar elementos a distancia. Hay que tener en cuenta que estos elementos requieren una visión directa entre el emisor y el receptor de infrarrojos.

Pantalla LCD

Se trata de una pantalla de cristal líquido (las siglas LCD provienen del inglés *Liquid Crystal Display*) que permite transformar señales eléctricas en información visual que se puede leer, ya que muestra caracteres que representan letras, números o símbolos que, incluso, se pueden ir desplazando. De este modo muestran los datos termómetros, relojes, radios, despertadores, carteles, etc. Hay pantallas de diferentes tamaños como, por ejemplo, de 1 × 16, que dispone de una fila con 16 caracteres, o de 2 × 24, que dispone de dos filas con 24 caracteres cada una. Para funcionar necesitan un controlador y memoria, que ya se encuentran integrados, y para conectarlas a las placas necesitan una gran cantidad de pines.

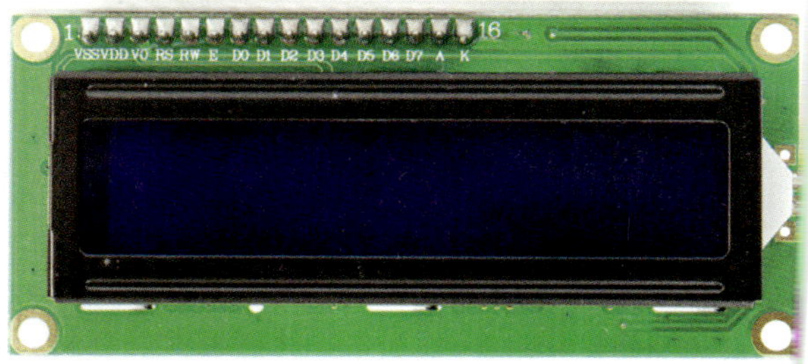

Matrices de ledes

Las matrices de ledes (*LED arrays*) constan de un conjunto de ledes dispuestos en filas y columnas. Las hay de diferentes tamaños y colores e, incluso, hay matrices de diodos RGB. Entre las más usuales está la de 8 filas y 8 columnas.

Su funcionamiento es muy simple: si se activan la columna 6 y la fila 4, el diodo que se encuentra en esa intersección se enciende. Por eso, para una matriz de 8 × 8 necesitaríamos 16 salidas de la placa, lo que complica la conexión. Para simplificar la conexión y el mando se utilizan controladores que pueden venir integrados con la matriz, o bien se pueden comprar por separado.

Los controladores pasan repetidamente por todas las filas y columnas secuencialmente para apagar o encender los ledes según se desee. Lo hacen a una velocidad extraordinaria, de manera que engañan a la vista: un led que se enciende y se apaga muy rápido produce el efecto de estar siempre iluminado. La matriz se suele conectar al controlador y este recibe las órdenes de la placa, de manera que se necesitan pocos pines. Así, una matriz de 8 × 8, por ejemplo, se puede controlar con tres pines, además de los dos de alimentación Vcc y GND.

Servomotores

Son motores de corriente continua que incorporan un mecanismo reductor de velocidad y un controlador electrónico que permite situarlos en un ángulo determinado en lugar de girar continuamente. Por lo general, su posición suele variar entre 0 y 180°, y los hay de diferentes tamaños, como los miniservos, y de diferentes tipos, como los servomotores de rotación continua. Son motores muy utilizados en robótica, ya que son precisos y permiten movimientos que simulan, por ejemplo, el caminar de las personas.

Disponen de tres terminales, dos para la alimentación y un tercero para el control de la posición. El control de la posición se hace mediante impulsos eléctricos y su amplitud determina el ángulo del eje del servomotor. Lo más habitual es que la frecuencia de los impulsos sea cada 20 ms, aunque depende del modelo.

Motor paso a paso

Los motores paso a paso son capaces de girar un número de pasos determinado con gran precisión, entendiendo por un paso una porción de grados. Pueden tener, por ejemplo, 64 pasos por cada vuelta, de modo que, en este caso, cada paso equivaldría a 5,625°. Son muy utilizados en impresoras 3D o en cortadoras láser.

Para controlarlos, hay que definir el paso del giro y la velocidad. Estos motores disponen de cinco o seis cables y, si se quieren controlar con una pequeña placa, se necesitan controladores que suministren la corriente necesaria al motor. Así, hay que conectar la placa al controlador y el controlador al motor.

An

3. **Indica qué sensor y qué actuador utilizarías para:**
   - Hacer sonar una alarma en caso de incendio.
   - Controlar una lámpara de 220 V cuando oscurece.
   - Comunicar dos placas de control sin conectarlas con cables.
   - Visualizar el valor de la temperatura ambiente.
   - Levantar una barrera automáticamente al detectar un vehículo.

2. Control de motores. Controladores

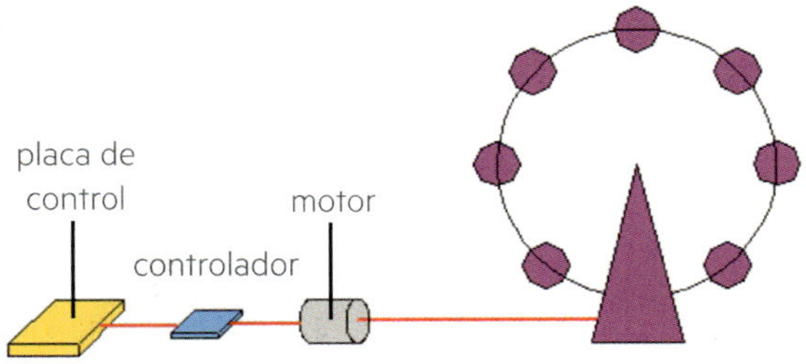

Como hemos dicho antes, si las placas de control se utilizan para manejar motores puede surgir el problema de que no tengan la capacidad de soportar la cantidad de corriente que necesitan los motores, ya que las placas suelen suministrar pocos miliamperios de corriente, mientras que los motores pueden consumir hasta un amperio. Para solucionarlo, es necesario conectar controladores (*drivers*) que, además de gobernar el motor, suministrarán la potencia que necesita.

Según el tipo de módulo de potencia, se puede controlar uno o varios motores y, generalmente, también su sentido de giro. Por ejemplo, para controlar el motor de una pequeña noria, se debería seguir el esquema de la figura de la parte superior izquierda.

La imagen muestra uno de estos módulos. En concreto, este permite controlar dos motores, A y B, y cada motor se controla mediante dos entradas. Además, dispone de dos terminales (GND y Vcc) para su propia alimentación. Este modelo permite manejar la puesta en marcha y la parada del motor, además de su sentido de giro.

Entrada A-1A	Entrada A-1B	Motor A
0	0	El motor no gira.
0	1	El motor gira en un sentido.
1	0	El motor gira en otro sentido.
1	1	El motor no gira.

Para controlar el sentido de giro de los motores (por ejemplo, el A), seguiremos la tabla del margen izquierdo, teniendo en cuenta que las entradas digitales provienen de salidas de la placa. Dependiendo de si entra 0-1 o 1-0 el motor girará en un sentido u otro. En los demás casos, el motor no girará.

An

4. Observa el esquema del control de la noria y descríbelo.
5. Describe cómo van conectados los cables y la función que cumplen en el montaje de la fotografía.

En el mercado se pueden encontrar diferentes modelos de controladores o *drivers*. Incluso hay placas de control que los llevan integrados. En cualquier caso, también se puede controlar un motor desde la placa utilizando transistores.

El esquema de la derecha muestra cómo conectar un motor con un transistor P2N2222. La salida de la placa hay que conectarla al terminal de la resistencia. Cuando esta se activa, llega la señal a la base del transistor y entonces deja pasar la corriente entre el colector y el emisor; de esta manera, el motor girará.

Si se quiere invertir el sentido de giro del motor, no hay otra forma que desconectarlo y volver a conectarlo cambiando su polaridad.

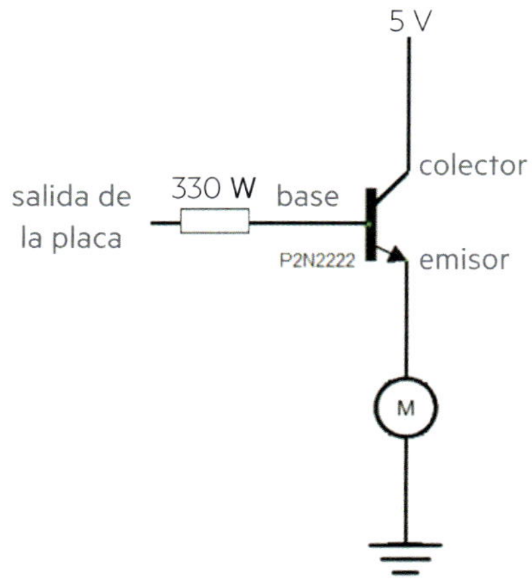

TI

1. Control del sentido de giro de una noria

En esta práctica se pretende simular el movimiento de una noria que girará alternativamente en un sentido y en el otro. Para ello, se utilizarán dos salidas digitales de la placa, que se conectarán al controlador.

1. Abre la aplicación que utilices para programar la placa y crea un programa que active dos de las salidas digitales de la placa con la secuencia siguiente, que se irá repitiendo:
   - Salida 1 activada y salida 2 desactivada durante 5 segundos.
   - Salida 1 desactivada y salida 2 desactivada durante 2 segundos.
   - Salida 1 desactivada y salida 2 activada durante 5 segundos.
   - Salida 1 desactivada y salida 2 desactivada durante 2 segundos.
2. Transfiere el programa a la placa.
3. Conecta los elementos, de forma similar a la fotografía de la página anterior, para ver el funcionamiento real. El motor más adecuado sería un pequeño motor de corriente continua con una reductora de velocidad incorporada.
4. Si quieres, puedes construir una maqueta similar a la de la imagen.
5. Crea otros programas para programar otras frecuencias de giro de la noria.

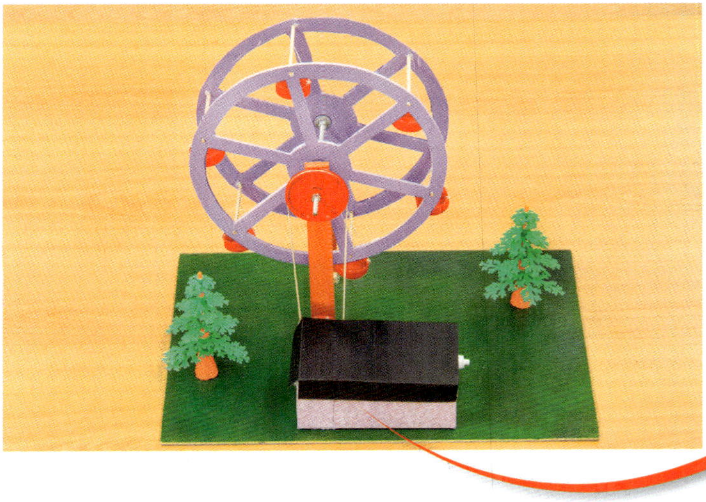

SketchUp es un software de diseño en 3D propiedad de **Trimble**. Hay versiones para utilizar la aplicación en local y también se puede usar en línea de forma gratuita.

3. Diseño 3D con SketchUp

En la mayoría de los proyectos tecnológicos es necesaria una estructura de soporte para los diferentes elementos que los conforman. Así, por ejemplo, un robot necesita el chasis para sostener los motores y las ruedas, la placa controladora, la batería y el conjunto de sensores de que disponga.

Logo de SketchUp.

Si observamos las figuras, veremos dos robots cuyas estructuras han sido diseñadas y construidas con diferentes materiales. La estructura del robot de la izquierda se ha diseñado con un programa 3D y se ha obtenido utilizando una impresora 3D.

SketchUp es un programa de diseño muy intuitivo que permite modelar en 3D de forma sencilla edificios, coches, personas y todo tipo de objetos que podamos imaginar.

Recuerda que la impresión en 3D tiene muchas aplicaciones, como la fabricación de prótesis en medicina, el diseño de prototipos en la industria, la alimentación e incluso en la construcción de viviendas.

Vivienda diseñada mediante la aplicación SketchUp.

Prácticas: «SketchUp».
Puedes descargar los talleres de informática del archivo Prácticas SketchUp para introducirte en la utilización de este programa.

TI

2. Diseño del chasis del robot ABoT STEAM

Problema: Se trata de diseñar el chasis de un robot con las siguientes condiciones:

- Debe sostener dos motores de corriente continua para las dos ruedas.
- Debe disponer de un alojamiento para el *power bank* (cargador de batería portátil).
- Debe tener un punto de apoyo en el suelo para mantenerlo equilibrado.
- Debe incorporar soportes para sensores de línea.

Base

1. Entra en SketchUp y crea un nuevo modelo con el nombre **Chasis**. Selecciona la opción *Milímetros*. Guárdalo en la carpeta que previamente te haya indicado el profesor o profesora.
2. Con la herramienta *Rectángulo*, crea uno que mida 112 × 140 mm. Para ajustar bien el tamaño, cuando despliegues el rectángulo lleva el cursor a la casilla inferior derecha sin soltar el botón del ratón y escribe las dos medidas separadas por una coma. Después pulsa la tecla <Intro>.

3. Con la herramienta *Medir*, traza las líneas auxiliares que puedes ver en la figura. Para ello, sitúa el puntero en las aristas y arrástralo manteniendo el botón del ratón presionado. Recuerda que, para obtener las medidas exactas, puedes introducir los valores indicados en los acotamientos en la caja inferior derecha, la que marca *Longitud*.
4. Ahora, con la herramienta *Línea*, dibuja el contorno del chasis. Observarás que aparece un rótulo indicativo cuando sitúes el puntero sobre la intersección de dos líneas auxiliares y que, al pulsar al final de la línea, aparece un punto verde rotulado como *Punto final*.
5. Para cortar las porciones de superficie sobrante debes utilizar la herramienta *Borrar* situándola en segmentos exteriores de estas porciones. Al clicar sobre ellos, verás que desaparece toda la superficie.

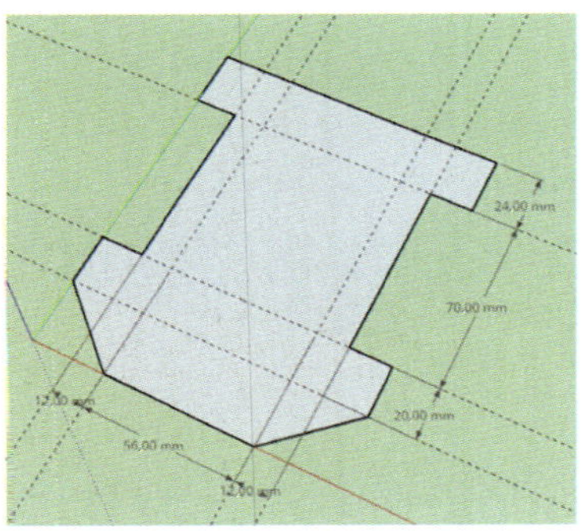

6. Para dar volumen a la figura dibujada utiliza la herramienta *Empujar/tirar* y sitúala sobre la superficie del dibujo, que aparecerá punteada. Levántala 5 mm. Recuerda escribir la cifra en el recuadro inferior derecho manteniendo pulsado el botón del ratón.

Si dispones de una cuenta de correo corporativo de Google en tu instituto, podrás usar la herramienta en línea SketchUp for Schools.

SketchUp for Schools

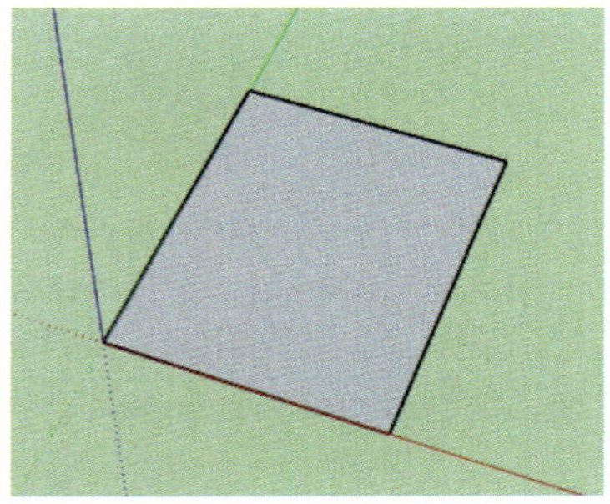

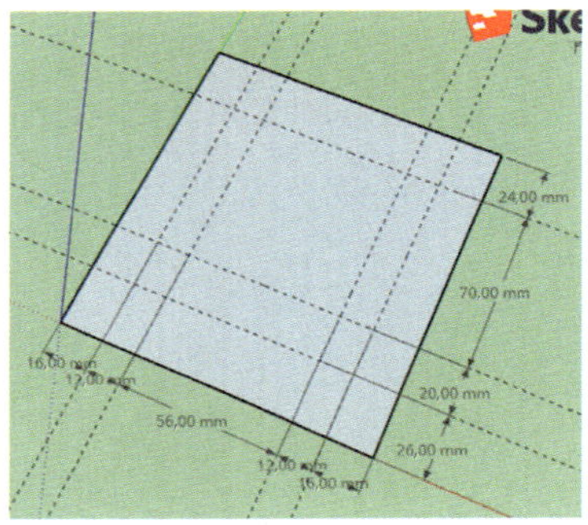

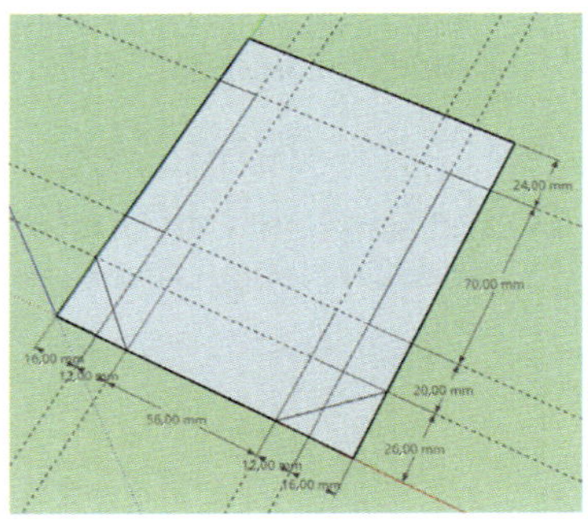

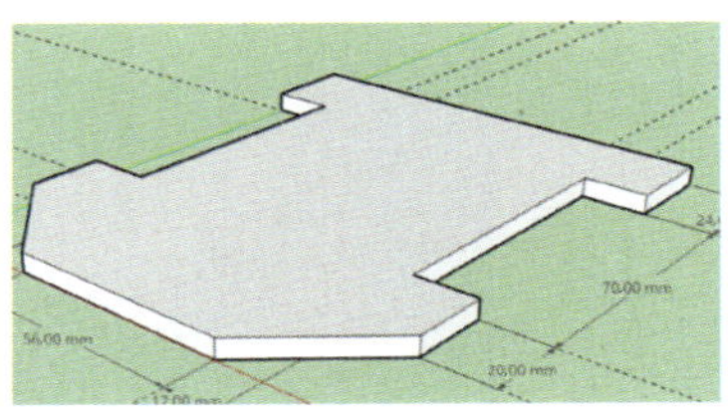

Ranura para el soporte de la placa

7. Con la herramienta *Orbitar*, puedes visualizar el volumen que has dibujado moviéndolo arriba y abajo y haciéndolo girar para ver todas las caras.
8. Dibuja, en la parte superior, las líneas auxiliares indicadas para hacer una ranura.

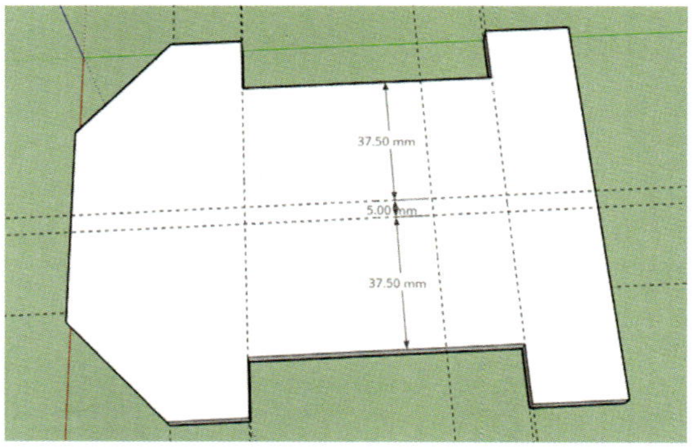

9. Con la herramienta *Orbitar*, accede a una vista posterior para dibujar un rectángulo. Marca primero dos líneas verticales auxiliares, tal como se muestra en el margen, y después dibújalas con la herramienta *Línea*.

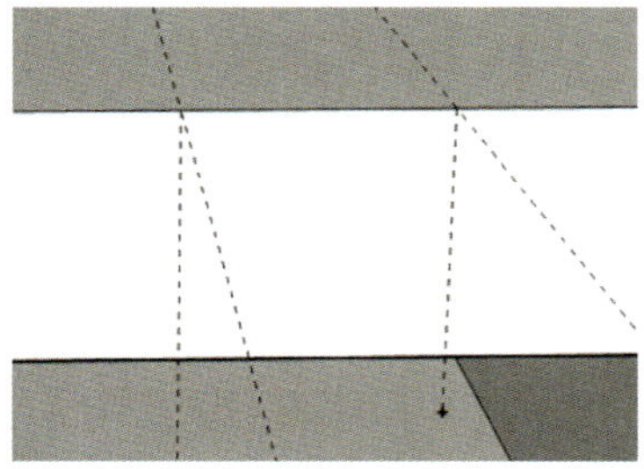

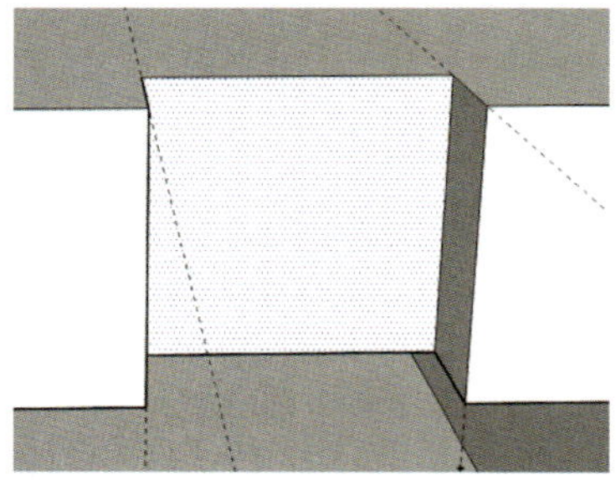

10. Ahora empuja la superficie que queda delimitada y obtendrás la ranura proyectada.

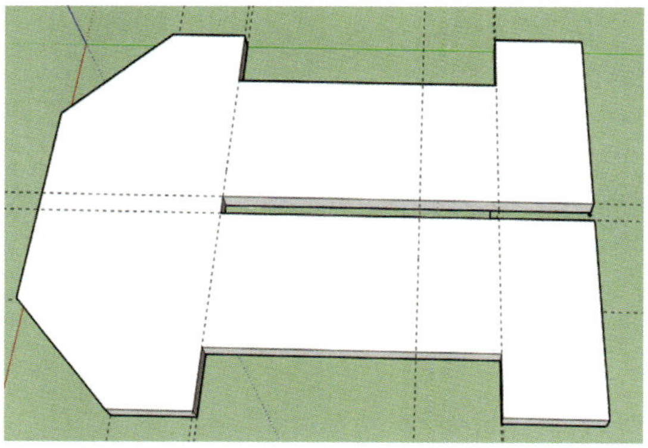

11. De vez en cuando, guarda el trabajo realizado con el botón *Guardar* de la parte superior izquierda.

Soporte para el *power bank*

12. Usa la herramienta *Orbitar* para ver la parte inferior de la base. Aquí hay que dibujar dos rectángulos con las medidas indicadas. Primero, dibuja las líneas auxiliares.

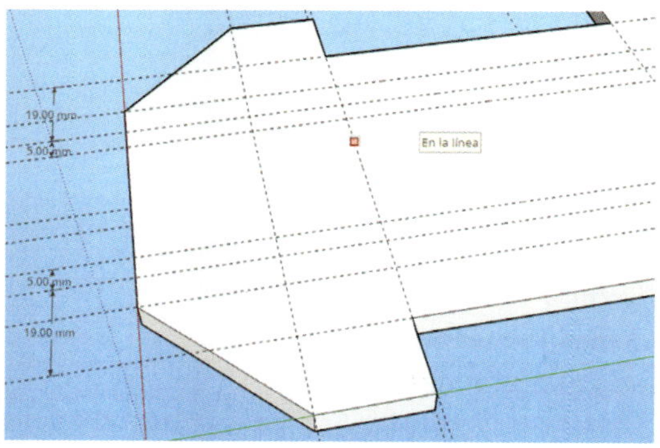

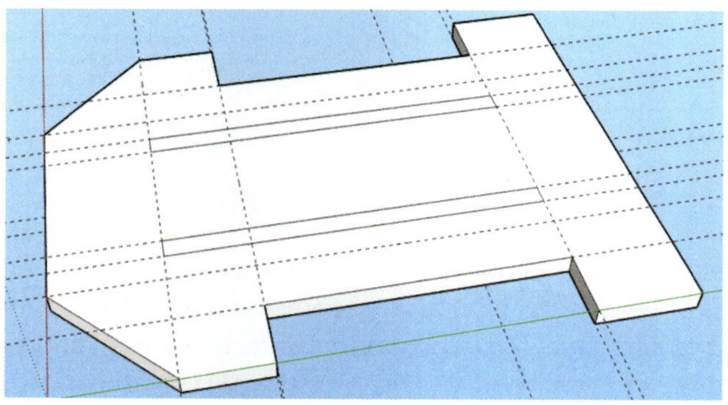

TI

13. Con la herramienta *Empujar/tirar*, crea el volumen representado de altura 30 mm.

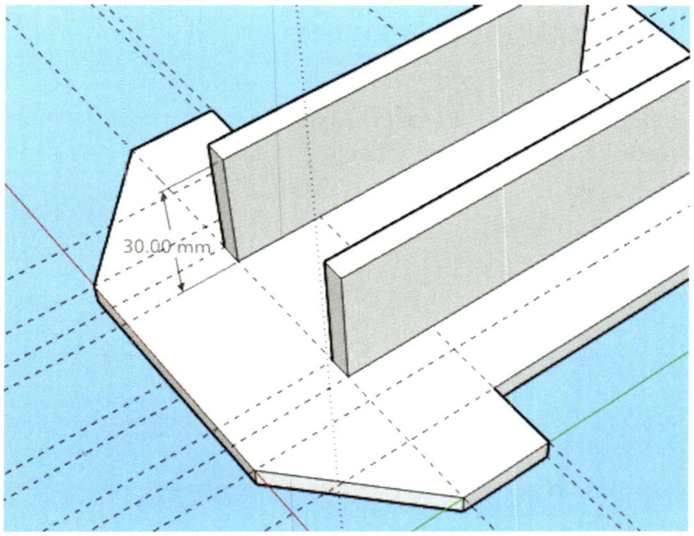

14. En una de las caras interiores, dibuja un rectángulo de 5 mm de altura y arrastra la superficie creada hasta que toque la cara del segundo volumen que has creado antes.

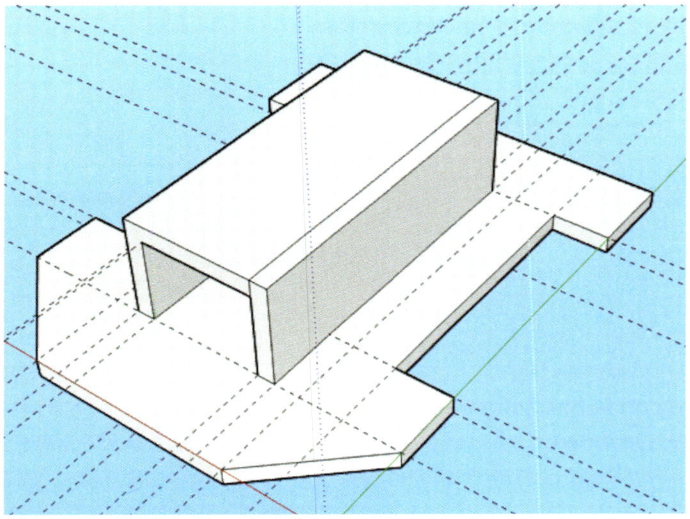

15. Para fijar los motores, haz dos agujeros en las caras laterales del soporte del *power bank*. Primero tienes que dibujar las líneas auxiliares acotadas en la siguiente figura, cuya intersección mostrará los centros O_1 y O_2.

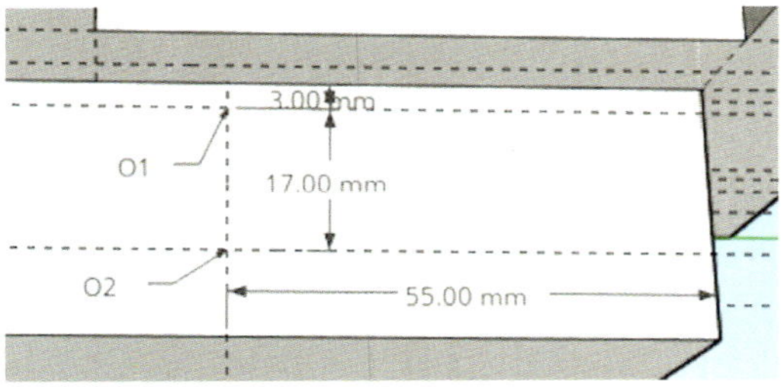

16. Por los puntos marcados dibuja dos círculos de 1 mm de radio y, con la herramienta *Empujar/tirar*, haz la extrusión hasta formar el agujero.

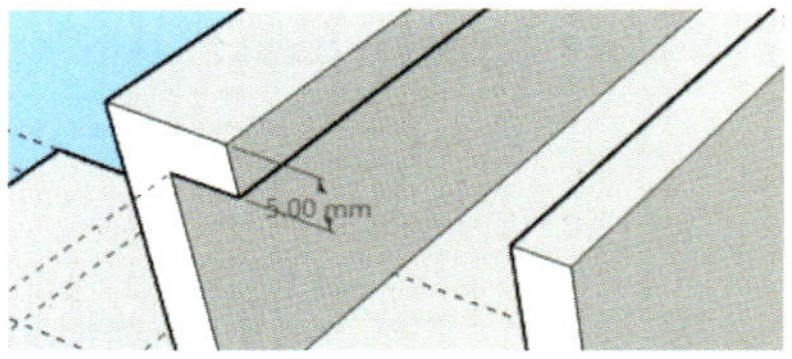

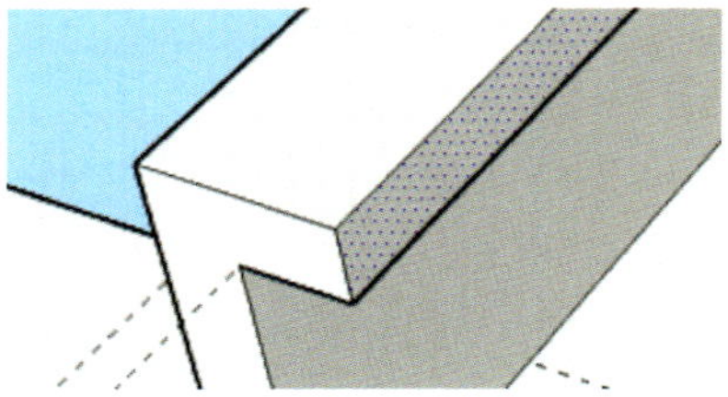

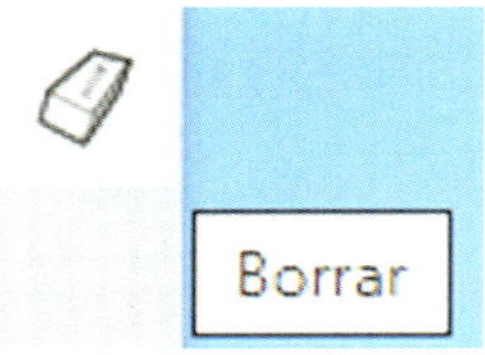

Para aclarar el dibujo, de vez en cuando puedes borrar las líneas auxiliares con la herramienta *Borrar*.

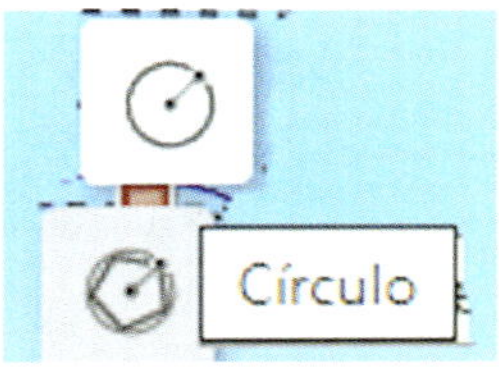

La herramienta *Círculo* la utilizaremos para hacer círculos.

Punto de apoyo en el suelo

Para crear el punto de apoyo, haremos un cilindro de 10 mm de diámetro que acabará en una semiesfera.

17. Dibuja una línea auxiliar longitudinal en medio de la superficie inferior del soporte para el *power bank*. Después, haz un círculo de 5 mm de radio con la herramienta *Círculo*.

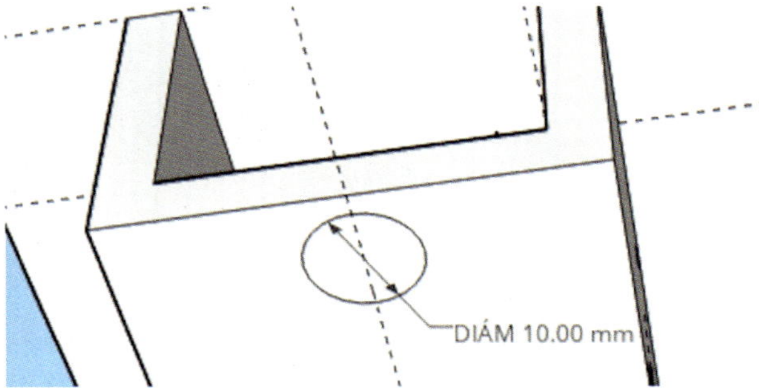

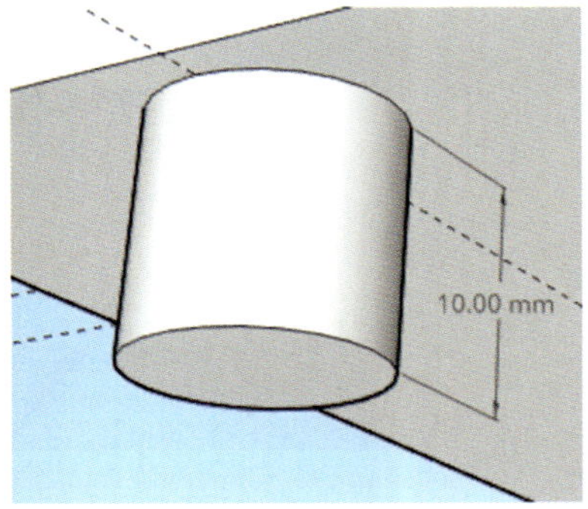

18. Arrastra 10 mm la superficie del círculo creado, tal como muestra la figura del margen.

19. Selecciona *Componentes*, sitúa el cursor en la barra de herramientas de la derecha y busca *esfera*. Accederás a la biblioteca que, en este caso, contiene muchas esferas.

20. Selecciona una esfera y dimensiónala con la herramienta *Escala* situando el puntero en un vértice. Deberá tener, como máximo, un radio de 5 mm.

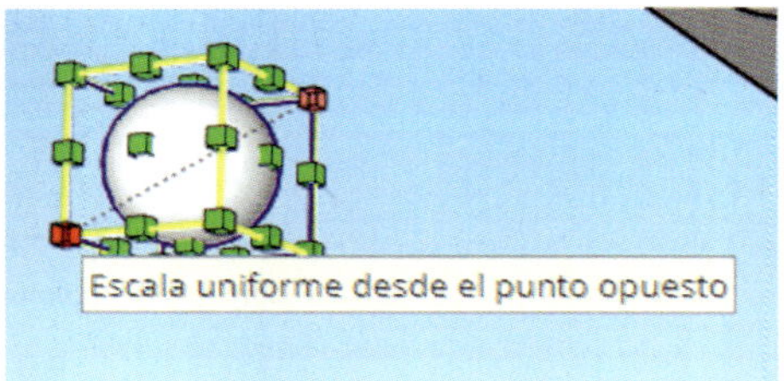

Con la herramienta *Escala* se pueden redimensionar los objetos seleccionados.

La herramienta *Mover* permite cambiar la posición de los objetos.

21. Ahora sitúa la esfera en el extremo del cilindro con la herramienta *Mover* de tal manera que quede incrustada aproximadamente a la mitad.

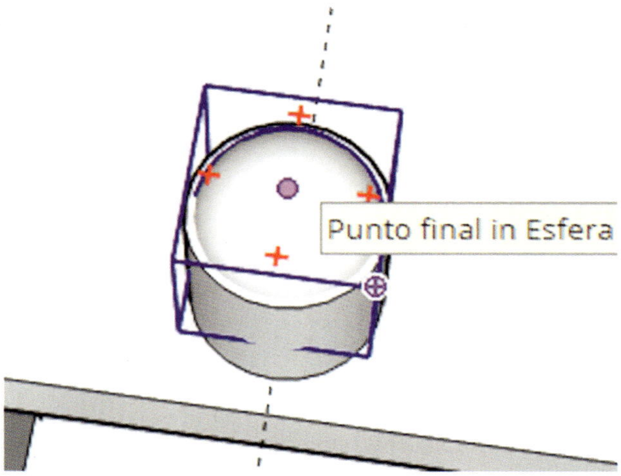

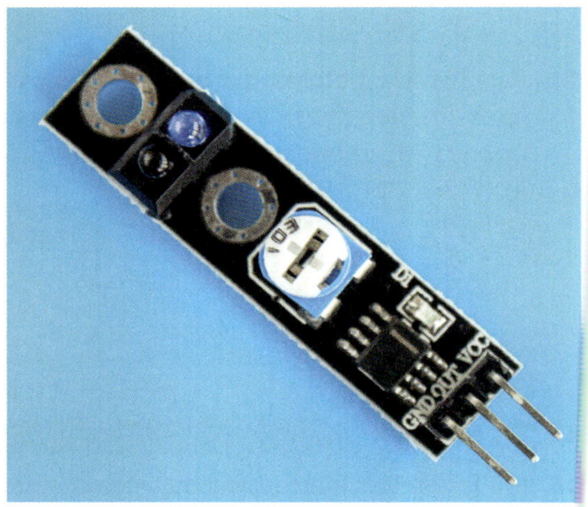

Sensor de infrarrojos IR seguidor de línea.

TI

Soporte para los sensores de línea

Incluiremos dos soportes para sensores seguidores de línea, de tal manera que se puedan fijar utilizando una unión de tornillo y tuerca.

22. Dibuja dos soportes con las cotas indicadas en la parte anterior de la estructura.

23. Guarda los cambios antes de salir.

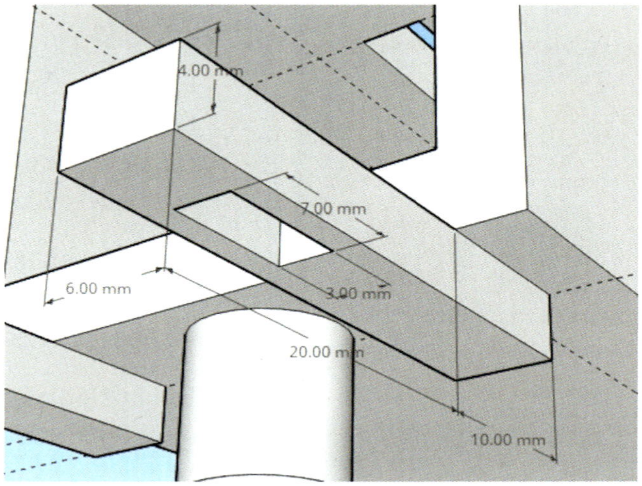

Soporte para los sensores de ultrasonidos

Para alojar el sensor de ultrasonidos diseñaremos un soporte que irá fijado a la estructura mediante tornillos autorroscantes. Para ello, deberás crear otro archivo.

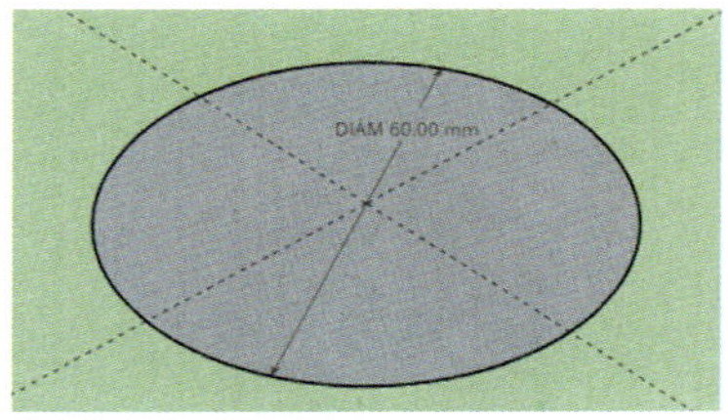

24. Dibuja un círculo de 30 mm de radio y traza las líneas auxiliares marcadas en la figura haciendo uso de la herramienta *Transportador*, que lo dividirá en cuatro partes iguales, es decir, los ángulos se harán a 90°.

25. Ahora, traza una línea auxiliar que marque la cuerda del cuadrante inferior y el resto de las líneas que se aprecian en la figura del margen.

26. Acaba de dibujar la parte inferior del soporte y los agujeros de la parte superior.

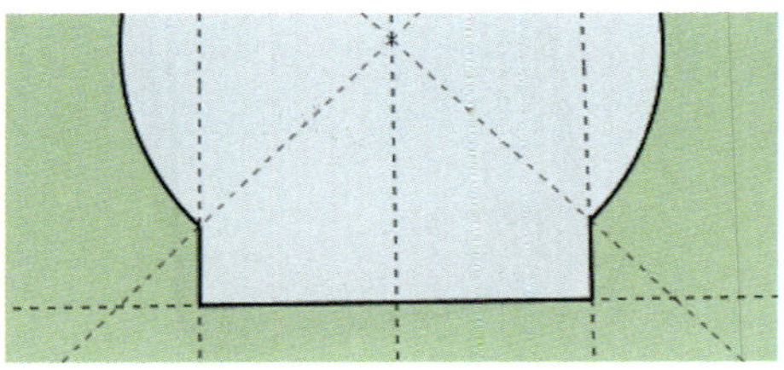

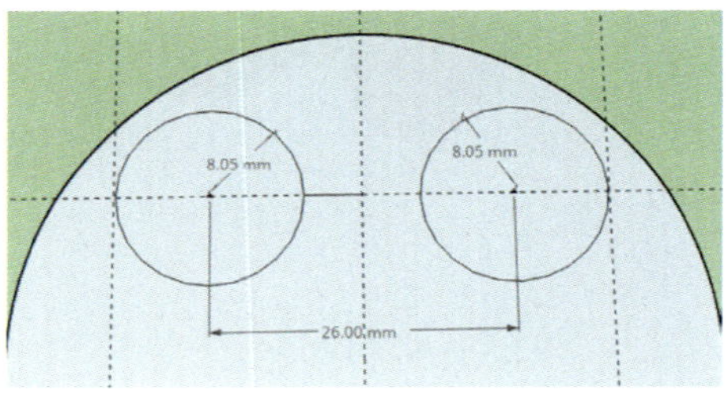

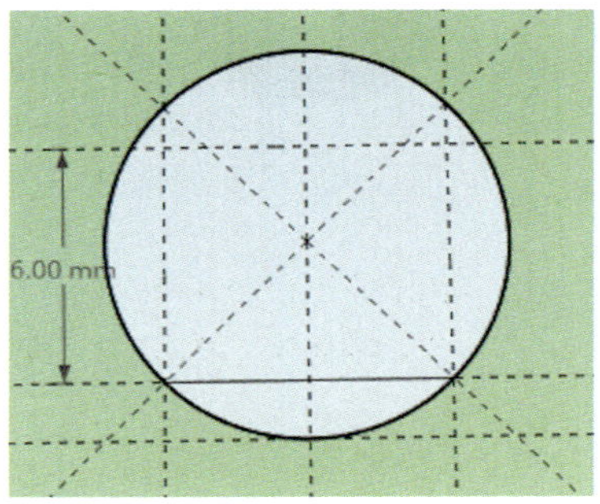

27. Con la herramienta *Empujar/tirar*, da un grosor de 5 mm al soporte.

28. Para acabar, aumenta el grosor de la parte inferior y haz dos agujeros para fijarla a la base del chasis.

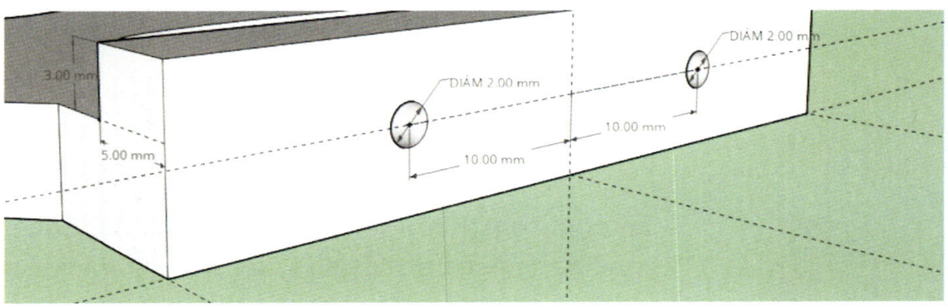

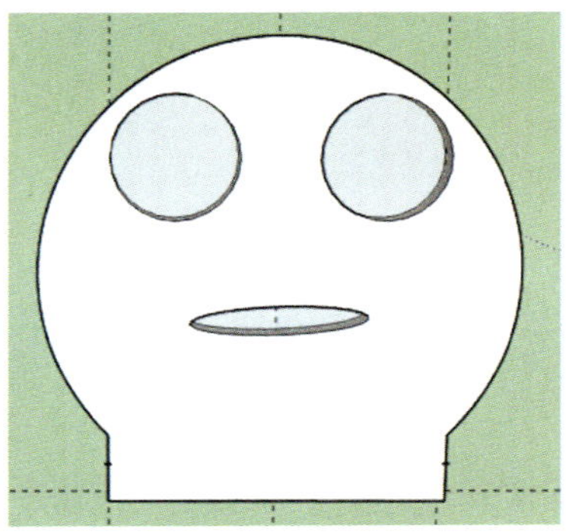

29. Guarda los cambios y sal de la aplicación.

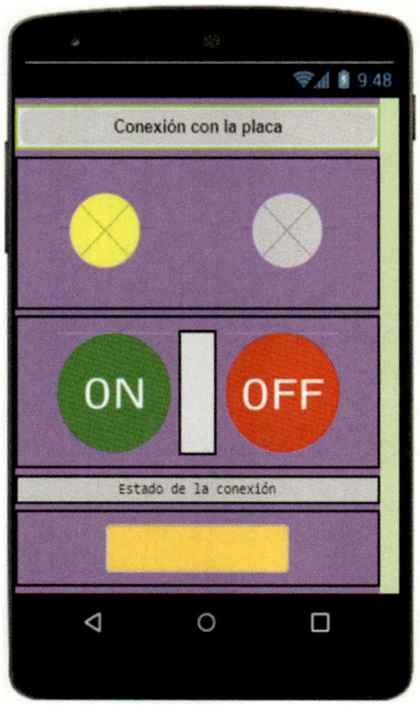

Aplicación para controlar el encendido de un led.

Icono de *bluetooth*.

4. Control del robot ABoT STEAM mediante una aplicación

Para controlar dispositivos como una barrera, un robot o para encender un led podemos utilizar aplicaciones que previamente hayamos diseñado. Ya se ha estudiado cómo hacer el diseño de este tipo de aplicaciones para dispositivos móviles que se comunican con la placa de control mediante *bluetooth*.

Por ejemplo, la fotografía de la izquierda muestra una aplicación que controla el encendido y el apagado de un led, que se puede encontrar en la unidad «Diseño de aplicaciones para dispositivos móviles» de cursos anteriores.

Del mismo modo, en la propuesta de trabajo «TBoT controlado mediante una aplicación» se explica cómo programar una aplicación para controlar un robot. Vamos a utilizar esta aplicación para el robot diseñado en esta unidad.

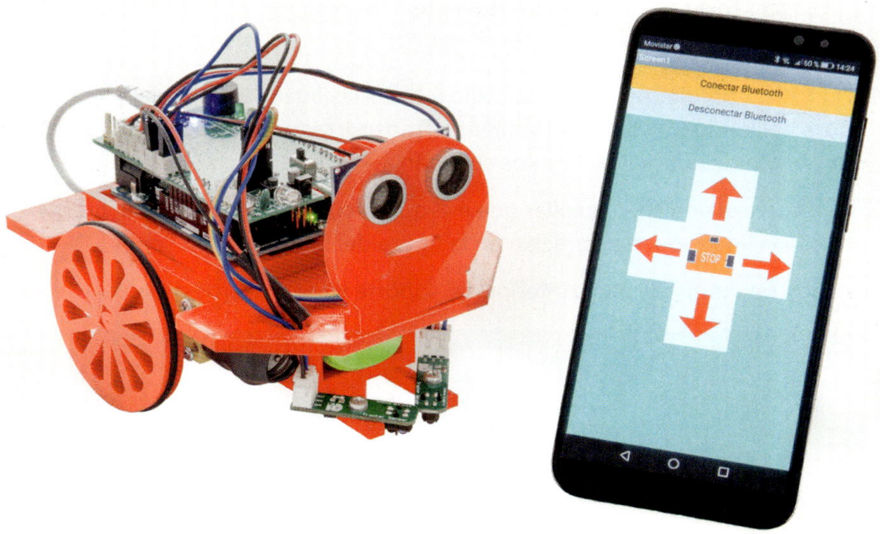

ABot STEAM.

Para el control del robot, se deben cumplir las siguientes condiciones:

- Se utilizará la estructura del robot diseñado en las páginas anteriores de esta unidad.
- Se utilizará un software compatible con la placa controladora elegida (en nuestro caso, la placa Arduino con el software ArduinoBlocks).
- El robot construido se podrá manipular de forma autónoma o mediante la aplicación, de manera que pueda avanzar, retroceder, girar a la izquierda, girar a la derecha y parar.

TI

3. Declaración de funciones para ABoT STEAM

Objetivo: El robot deberá realizar los siguientes movimientos al accionar el pulsador:

- Avanzar durante cinco segundos y detenerse un segundo.
- Retroceder durante cinco segundos y detenerse.

1. Entra en tu cuenta de ArduinoBlocks y crea el programa para Arduino Uno con el nombre **ABoT STEAM funciones**.
2. Crea las siguientes funciones (ver paso 2).
3. Implementa el siguiente programa principal:

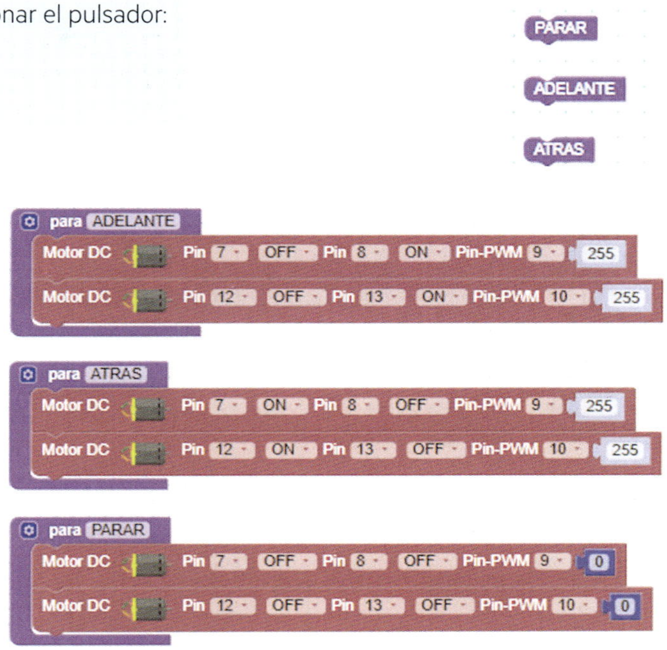

Paso 2.

4. Carga el programa en la placa y comprueba su funcionamiento. Guárdalo antes de salir.

Ampliación

Declara dos funciones más, una para que el robot gire hacia la izquierda y otra para que lo haga a la derecha. Programa el robot a partir de aquí para que describa el recorrido de un cuadrado.

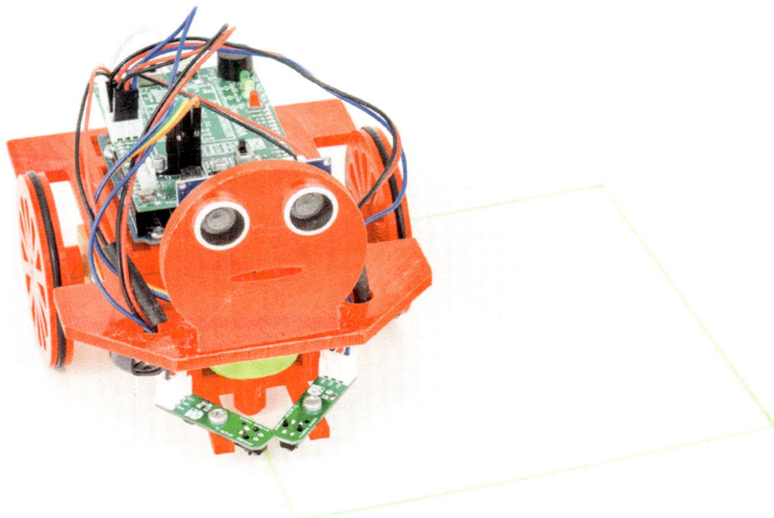

4. Programación del robot autónomo con sensor de ultrasonidos

Objetivo: Programar el robot para que avance en línea recta y, cuando detecte un obstáculo a menos de 30 cm, se detenga. Si el obstáculo desaparece, el robot seguirá avanzando.

1. Entra en tu cuenta de ArduinoBlocks e implementa el programa siguiente, con el nombre **ABoT STEAM ultrasonidos**:

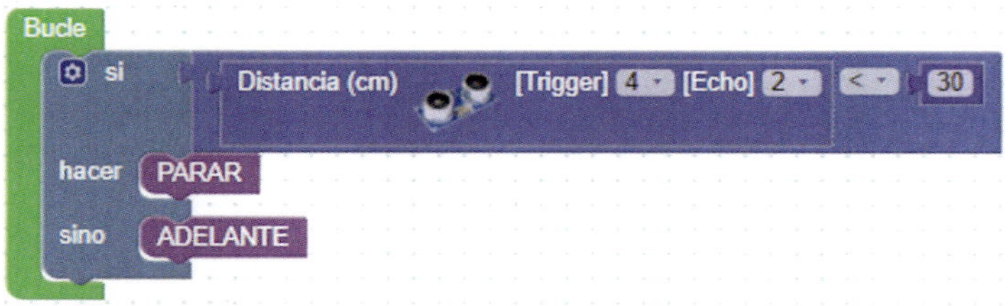

2. Carga el programa en el robot y comprueba su funcionamiento. Guárdalo antes de salir.

5. Programación del robot mediante la aplicación

Objetivo: Programar el robot para dirigirlo mediante la aplicación RoboApp, diseñada para esta finalidad.

1. Entra en tu cuenta de ArduinoBlocks y crea el programa **ABoT STEAM RoboApp** como proyecto 3dBot / Imagina – Arduino.
2. Implementa el siguiente programa y comprueba su funcionamiento con el dispositivo móvil:

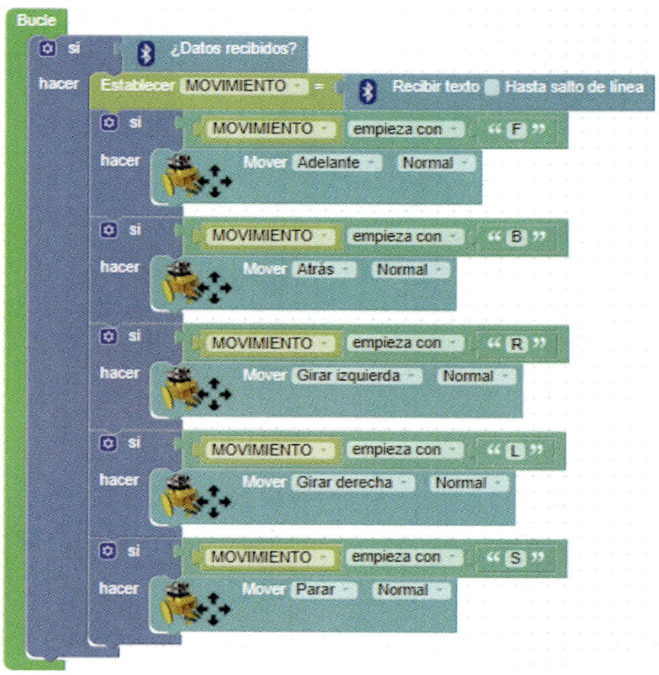

Síntesis

Elabora un resumen del tema, completando los espacios en blanco con las palabras clave.

1. En un sistema de control, los sensores ________ el entorno y traducen la información en señales eléctricas en forma digital o ________. Algunos ejemplos son el sensor de temperatura, el de obstáculos, el de ________, el de movimiento, el de posición, el de humedad, el de infrarrojos, etc.
2. El ________ de la placa de control da las órdenes pertinentes a los elementos ________ también en forma de señales eléctricas. Algunos ejemplos son los diodos led, la ________ de ledes, el emisor de infrarrojos, los motores de corriente continua, los ________, etc.
3. Un potenciómetro es una ________ variable que sirve para controlar la señal de entrada a la placa de control.
4. Los sensores de luz dan más o menos ________ en función de la luz que captan. Suelen tener tres terminales: dos corresponden a Vcc y GND y el otro, al ________ de entrada de la placa.
5. Los sensores de ________ emiten ondas sonoras de alta ________ para detectar objetos e, incluso, para medir la distancia a que se encuentran.
6. El sensor de humedad dispone de dos ________ que se incrustan en el suelo. La corriente eléctrica debe atravesar el suelo para ir de una sonda a la otra y, cuanto más seco esté el suelo (más ________ eléctrica), menos corriente la atravesará.
7. Para hacer funcionar motores con placas de control se necesitan controladores o ________ que gobiernen y suministren la ________ necesaria para hacerlos girar, ya que las placas de control no suelen suministrar suficiente corriente eléctrica. Se ________ entre la placa de control y los motores.
8. El ________ es un programa de diseño en 3D que permite ________ de forma sencilla edificios, coches, personas y todo tipo de objetos.

Parabras clave

luz, SketchUp, sondas, servomotores, modelar, *drivers*, voltaje, analógica, procesador, ultrasonidos, señal, frecuencia, matriz, resistencia, potencia, captan, actuadores, resistencia, conectan

Recursos en red

Página web: «Instructables».

El portal **Instructables** es un sitio web especializado en proyectos, clasificados en varias categorías, que crean y cargan los propios usuarios. La mayoría de ellos incluyen un vídeo para poder llevarlos a cabo.

1. Entra en la web *Instructables*.
2. Explora el contenido y averigua quiénes fueron sus creadores y qué objetivo perseguían cuando la idearon alrededor de 2006.
3. Entra en las diversas categorías y selecciona algún proyecto que te guste.
4. Mira los vídeos de los proyectos seleccionados y compáralos con lo que has hecho en clase hasta ahora.

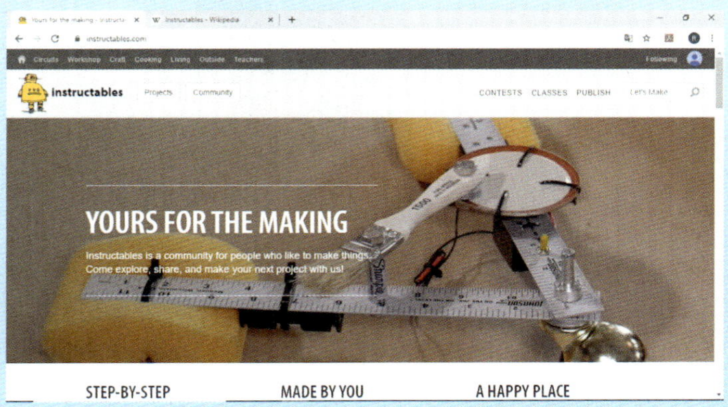

Actividades finales

1. Busca información sobre los siguientes sensores, identifica la imagen que corresponde a cada uno y descríbelos brevemente:

1. Detector de movimiento (PIR).
2. Sensor de nivel de sonido.
3. Sensor de vibración.

a

b

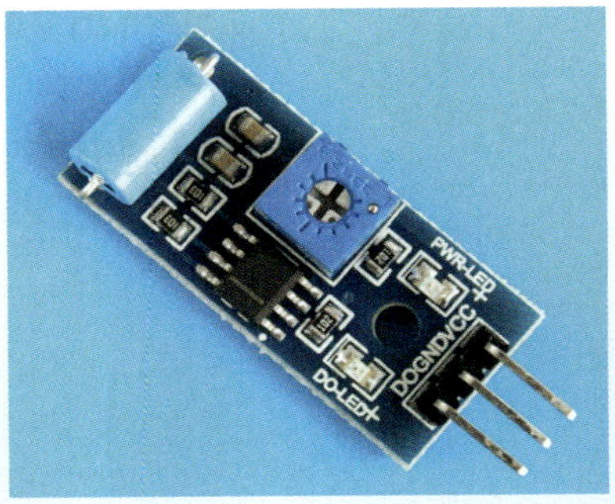

c

2. Muchas placas de control no pueden alimentar directamente a motores de corriente continua y necesitan interponer controladores (*drivers*) entre la placa y los motores. Observa la fotografía que corresponde a un controlador modelo L298N, que funciona del siguiente modo:

> Si IN1 está en *HIGH* e IN2 en *LOW*, el motor A gira en un sentido, y si IN1 está en *LOW* e IN2 está en *HIGH*, el motor A gira en el otro sentido. Si las entradas IN1 e IN2 tienen el mismo nivel, el motor A no gira. El mismo procedimiento se sigue para controlar el motor B.

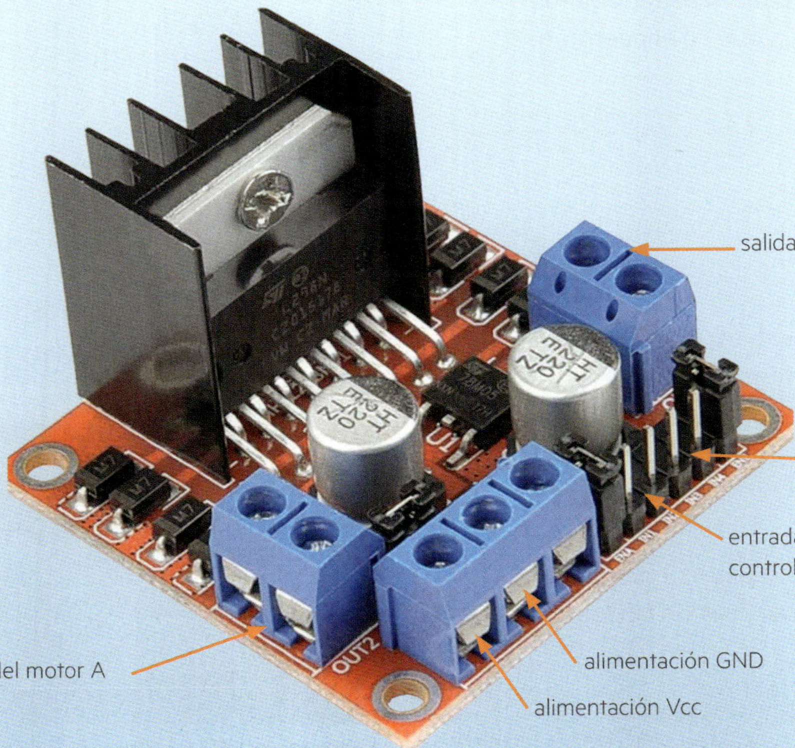

Responde las siguientes cuestiones:

a) ¿Cuántos motores puede alimentar este controlador? ¿Cómo se controlan estos motores?

b) Termina de completar esta tabla, que detalla cómo se controlan los motores. Utiliza las siguientes expresiones:

No gira. – Gira en un sentido. – Gira en el otro sentido.

Un 0 corresponde a *LOW* y un 1, a *HIGH*.

Entrada IN1	Entrada IN2	Entrada IN3	Entrada IN4	Motor A	Motor B
0	0	0	0		
0	0	0	1		
0	0	1	0		
0	0	1	1		
0	1	0	0		
0	1	0	1		
0	1	1	0		
0	1	1	1	Gira en un sentido.	No gira.
1	0	0	0		
1	0	0	1		
1	0	1	0	Gira en el otro sentido.	Gira en el otro sentido.
1	0	1	1		
1	1	0	0		
1	1	0	1		
1	1	1	0		
1	1	1	1		

c) Investiga para qué sirven las entradas ENA y ENB de la placa.

d) ¿En qué conexiones del controlador conectarías los dos cables del portapilas de la figura? ¿Qué tensión suministra?

3. Dibuja con SketchUp la rueda para el robot que hemos diseñado en las páginas centrales de la unidad. Tiene que disponer de un canal para una junta tórica de 3 mm de diámetro.

1
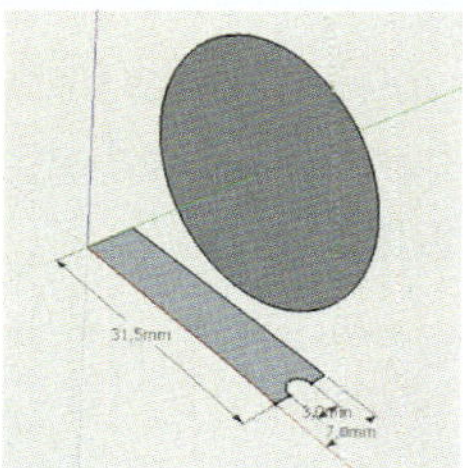

2
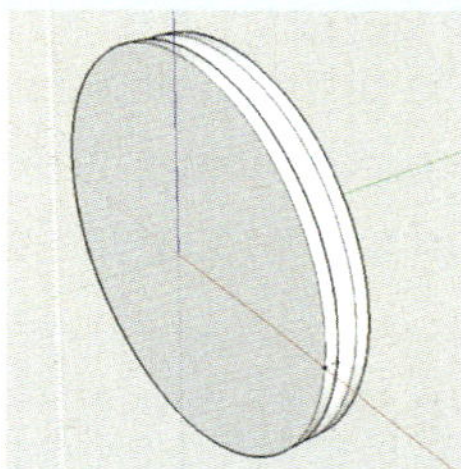

3
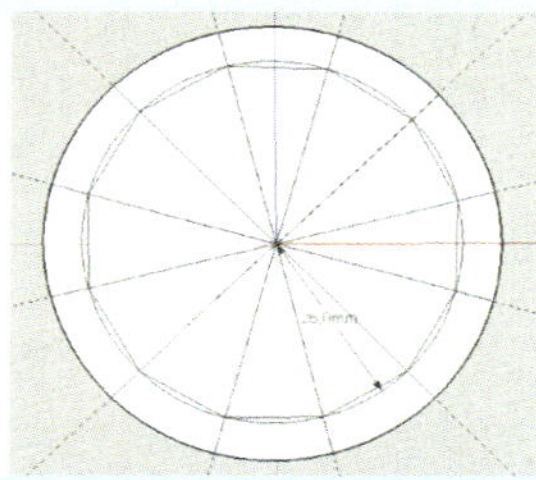

4
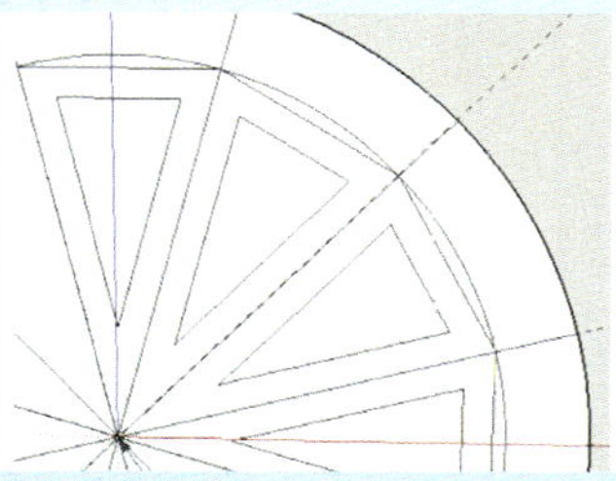

5
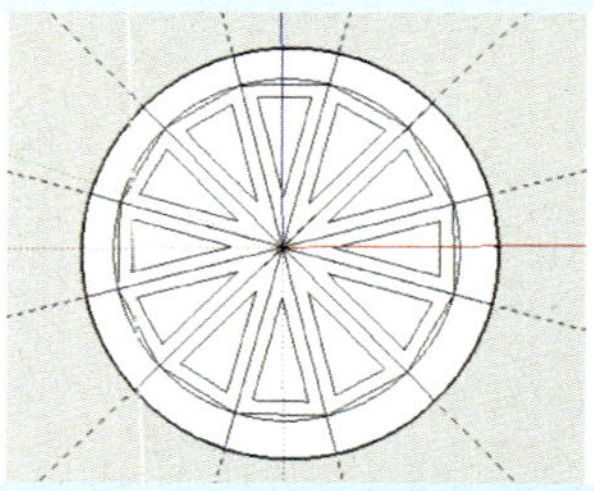

6
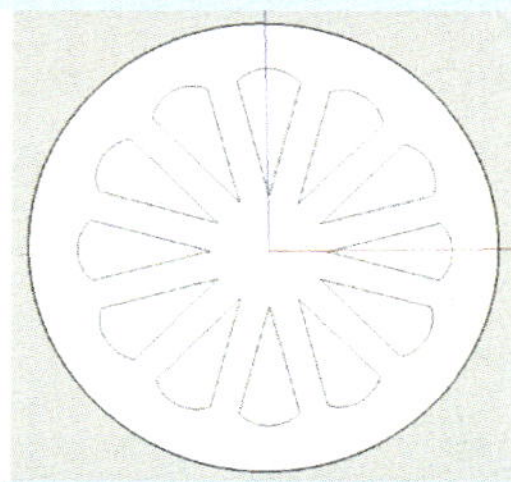

7
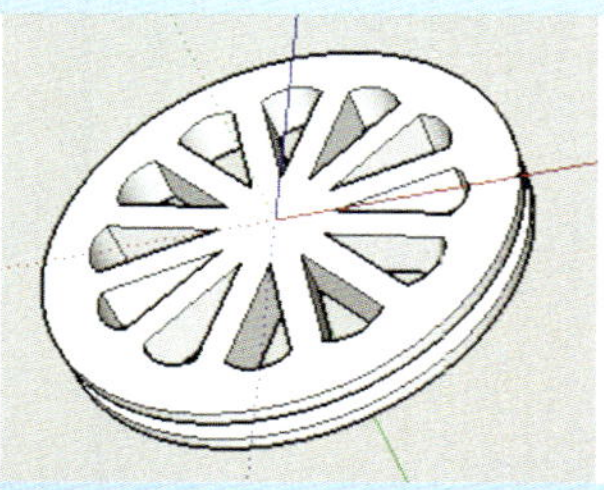

8
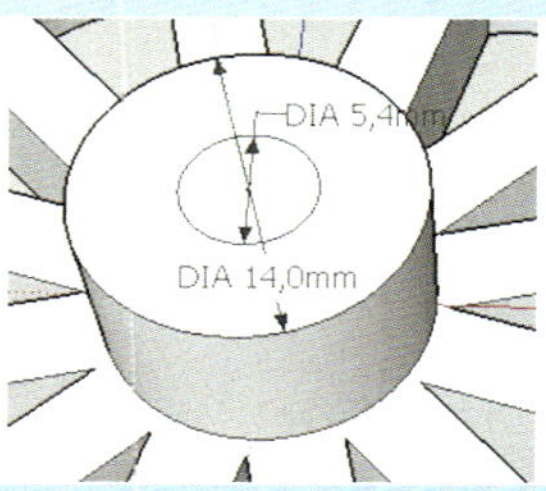

9
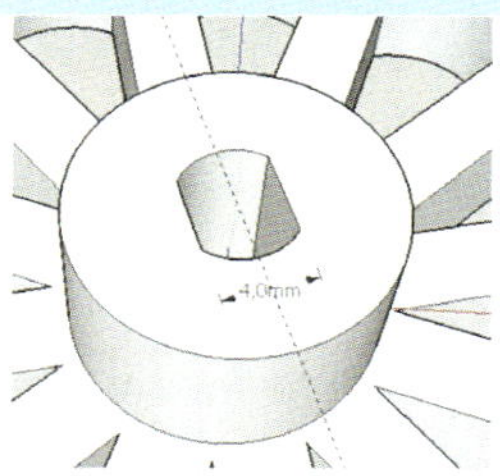

Autoevalúa tus conocimientos de la unidad.

Situación de aprendizaje

Trabajo cooperativo

Grupos: parejas

Analizar el recorrido de un robot

Autoevaluación y coevaluación
Para evaluar las tareas de la actividad, rellenad el recurso «Tablas de autoevaluación y coevaluación».

Encargo

Cargaremos la aplicación que hemos creado en un teléfono móvil o una tableta y controlaremos el recorrido de un robot. Para cuantificar de una manera más precisa la magnitud de los recorridos y los giros del robot, utilizaremos una pista cuadriculada de 60 cm de longitud y 42 cm de ancho. La pista dispone de siete filas con diez cuadrados en cada una de ellas. El lado de cada cuadrado mide 6 cm.

Así pues, el encargo consiste en analizar el movimiento del robot entre dos puntos determinados de la pista a través de diferentes rutas.

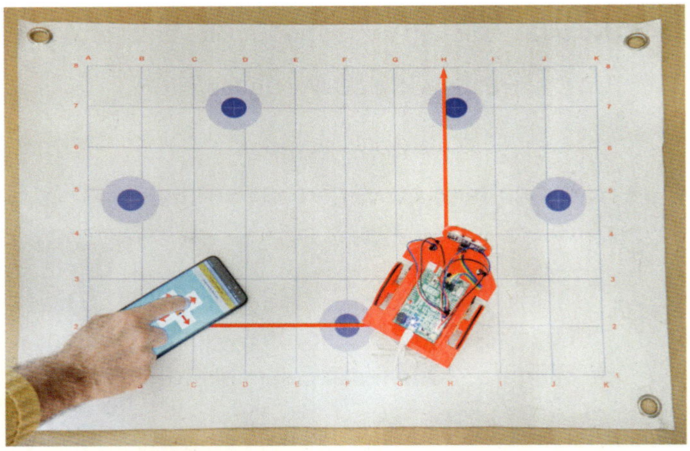

Proceso

Tarea 1. Movimiento horizontal y vertical del robot

Queremos que el robot inicie su recorrido sobre la pista en el punto (B, 2) y mediante un desplazamiento horizontal avance seis cuadrados hasta llegar al punto (H, 2). A continuación, hará un giro de 90° hacia la izquierda y, mediante un desplazamiento vertical, avanzará también seis cuadrados hasta llegar al destino final, que es el punto (H, 8).

a) Sitúa al robot sobre la pista en el punto de inicio (B, 2) y ponlo en funcionamiento. Procura hacer su recorrido similar a la ruta marcada en la imagen de la plantilla. ¿Cuánto tarda el robot en completar todo el recorrido?

b) ¿A qué llamamos *trayectoria del robot*?

c) ¿Cuál es la distancia total del recorrido (trayectoria) entre los puntos inicial y final en la pista de circulación del robot?

d) ¿Coincide la trayectoria seguida por el robot con el desplazamiento? ¿Por qué?

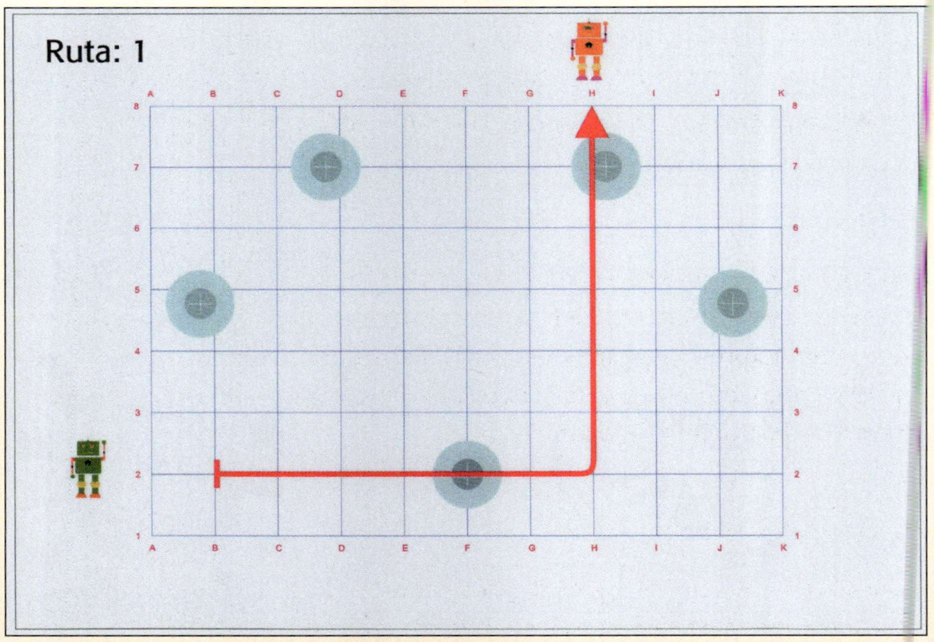

Tarea 2. El robot sigue la ruta de la mínima distancia entre los puntos de inicio y de llegada

Al igual que en la tarea 1, el punto de partida será (B, 2) y el punto de llegada, (H, 8). Pero ahora la trayectoria debe coincidir con el desplazamiento (la mínima distancia entre los puntos inicial y final), tal como se puede apreciar en la imagen de la ruta.

a) Sitúa al robot sobre la pista en el punto de inicio (B, 2) y ponlo en funcionamiento. Procura hacer su recorrido similar a la ruta marcada en la imagen de la plantilla. ¿Cuánto tarda el robot en completar todo el recorrido?

b) ¿Cuál es la distancia total del recorrido (trayectoria), entre los puntos inicial y final, en la pista de circulación del robot?

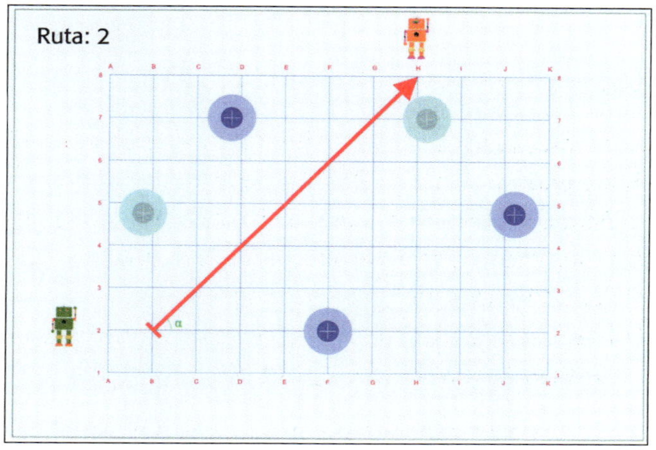

Tarea 3. El robot debe sortear obstáculos

Ahora vamos a situar tres botellas de agua encima de la pista de circulación del robot, tal como se puede apreciar en la imagen de la plantilla. Tanto el punto de inicio como el punto final del recorrido serán los mismos que en las tareas anteriores, es decir, (B, 2) como punto de inicio y (H, 8) como punto de llegada. A fin de esquivar las botellas, los movimientos del robot serán horizontales y verticales.

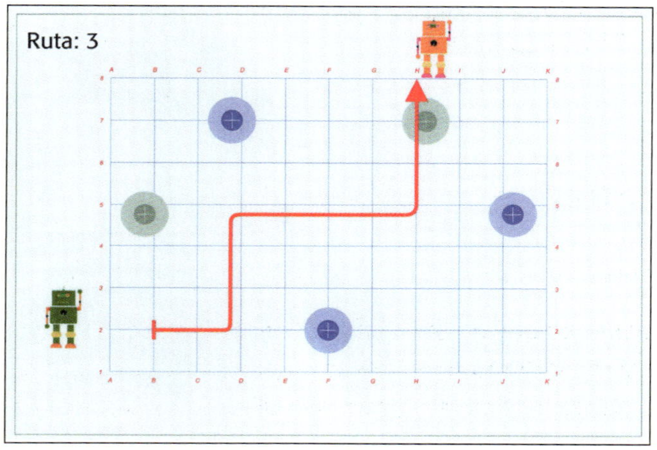

a) Sitúa al robot sobre la pista en el punto de inicio (B, 2) y ponlo en funcionamiento. Procura hacer su recorrido similar a la ruta marcada en la imagen de la plantilla. ¿Cuánto tarda el robot en completar todo el recorrido?

b) ¿Cuál es la distancia total del recorrido (trayectoria), entre los puntos inicial y final, en la pista de circulación del robot? (Cuando el robot detecte una botella a una distancia de 10 cm, efectuará el giro correspondiente a 90°).

c) ¿Coincide la trayectoria seguida por el robot con el desplazamiento? ¿Por qué?

Cierre

Calcula la velocidad media a la que ha circulado el robot, en cada una de las tareas, entre el punto inicial y el punto final. Expresa el resultado en centímetros por segundo (cm/s), metros por segundo (m/s), metros hora (m/h) y kilómetros hora (km/h).

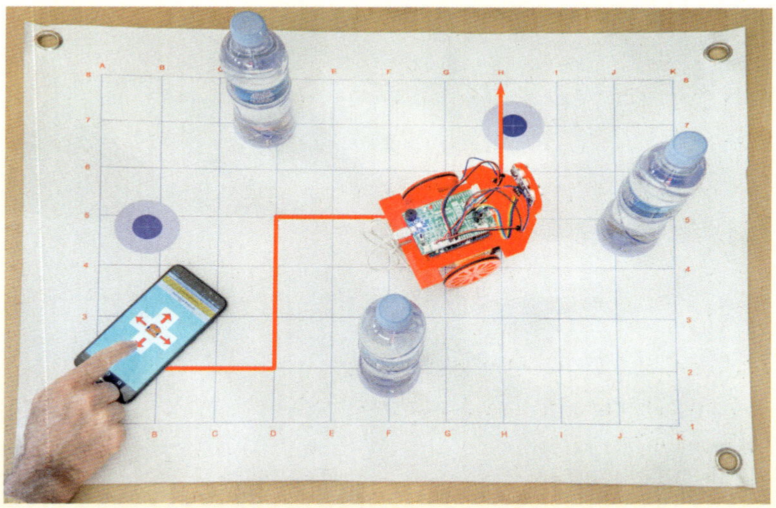

Ampliación STEAM

Modifica los puntos de inicio y de llegada sobre la pista y guía el robot para que siga diferentes rutas entre los dos puntos.

11

Programación de aplicaciones para dispositivos móviles

Contenidos

- Creación de aplicaciones para dispositivos móviles
- Entorno de trabajo
- Manejo básico del programa

App Inventor es una aplicación originalmente desarrollada por Google y mantenida ahora por el Instituto de Tecnología de Massachusetts (MIT). El entorno gráfico de programación que emplea, muy similar al de Scratch, permite a los usuarios crear aplicaciones que pueden ejecutarse en el sistema Android, con las simples acciones de arrastrar y soltar objetos visuales.

App Inventor es una aplicación de código abierto que actualmente desarrolla el Instituto de Tecnología de Massachusetts (MIT).

Página web: «App Inventor».

1. Creación de aplicaciones para dispositivos móviles

La realización de aplicaciones para teléfonos móviles y tabletas puede resultar muy atractiva, pero a la vez se puede convertir en un reto excesivamente difícil. Para facilitar la tarea a la hora de desarrollar programas para móviles, el Instituto de Tecnología de Massachusetts (MIT) dispone de una plataforma en línea denominada App Inventor.

Con App Inventor se pueden crear aplicaciones, que funcionen con el sistema operativo Android, de forma sencilla mediante bloques de instrucciones muy similares a los de Scratch.

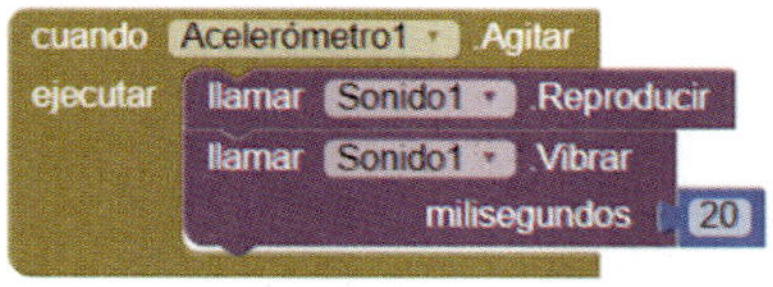

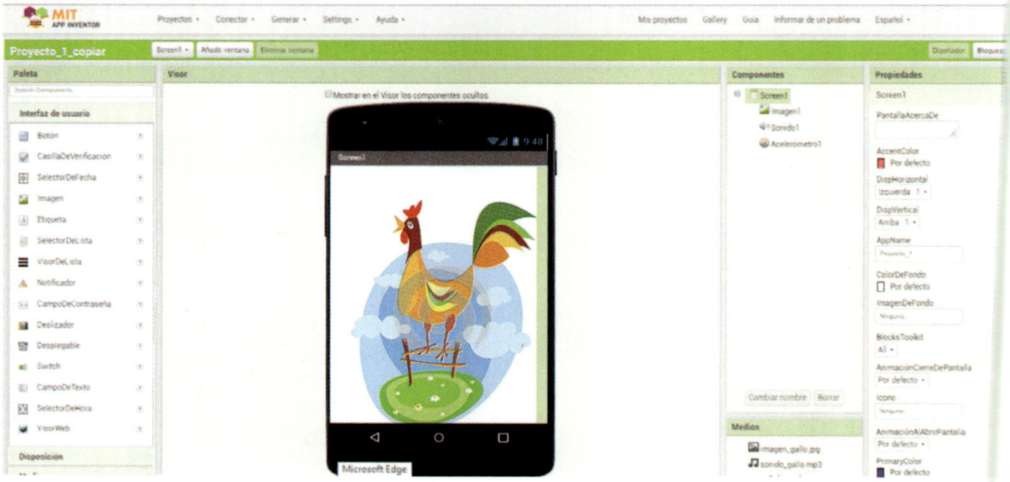

Para poder trabajar con App Inventor es necesario disponer de una cuenta de correo Gmail.

En este entorno de desarrollo, se accede a dos herramientas que están integradas en la última versión:

- **App Inventor Designer.** Nos ayuda a crear y diseñar la interfaz de usuario, eligiendo y situando los elementos con los que interactuará el usuario y los componentes que utilizará la aplicación.
- **App Inventor Blocks Editor.** Para programar las funcionalidades de nuestra aplicación.

Las aplicaciones se pueden realizar en los propios dispositivos móviles, aunque lo más habitual es hacerlo en un ordenador. Después, se pueden ejecutar en un emulador o en dispositivos Android.

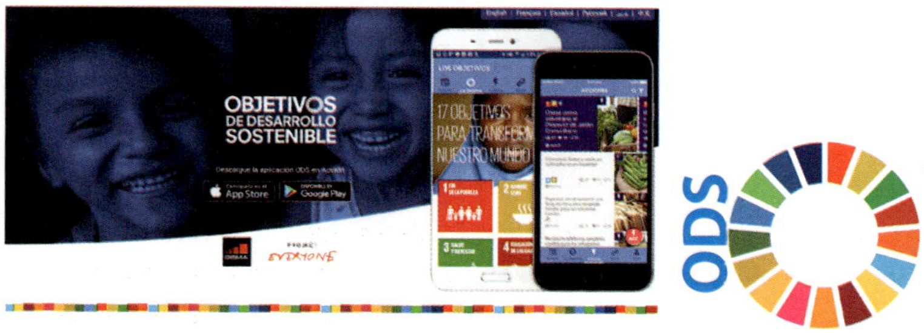

La ONU dispone de una aplicación móvil de los Objetivos de Desarrollo Sostenible (ODS).
Esta aplicación se desarrolló para hacer visible la lista de tareas pendientes para poner fin a la pobreza, reducir las desigualdades y hacer frente al cambio climático.
La aplicación, además de ofrecer información detallada de cada uno de los diecisiete objetivos y sus metas, también hace sugerencias y permite visualizar las medidas que se están llevando a cabo por todo el mundo para lograrlos.

2. Entorno de trabajo

TI

1. Interfaz de App Inventor

Problema: Se trata de que te familiarices con la interfaz del programa identificando cada una de las zonas que componen la ventana de la aplicación.

1. Entra en la web de App Inventor y haz clic en el botón superior izquierdo *Create Apps!*

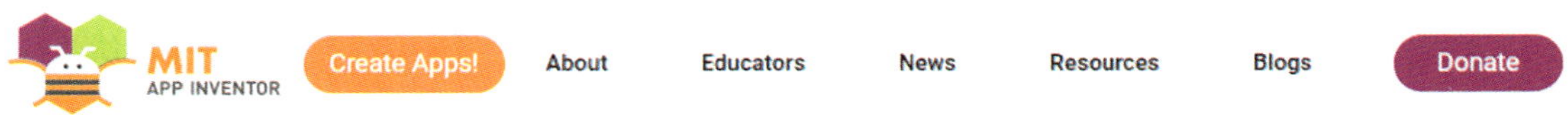

2. A continuación, debes identificarte con tu cuenta de Gmail y tu contraseña para acceder a la aplicación.
3. En la ventana de inicio selecciona *Proyectos | Comenzar un nuevo proyecto*, nómbralo como **Proyecto_1** y haz clic en *Aceptar*.

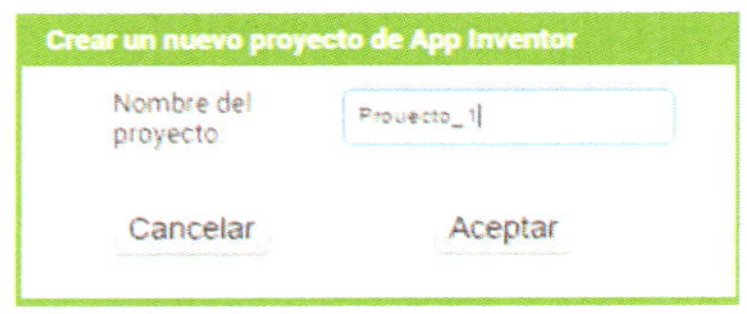

4. Aparecerá una ventana con las siguientes zonas:

   1. **Paleta.** Aquí podrás encontrar todos los elementos que se pueden insertar en tu aplicación. Verás que están clasificados en distintas áreas: en *Interfaz de usuario* dispones de botones, etiquetas, imágenes, etc. En *Medios* se encuentran elementos como la grabadora, la cámara, los reproductores, etc. En la paleta de *Sensores* tienes el acelerómetro, el lector de código de barras, el sensor de proximidad, etc.
   2. **Visor.** El visor de la pantalla muestra la apariencia visual que tendrá la aplicación en el móvil. Cuando seleccionas *Bloques* te aparecerá el programa que estés realizando.
   3. **Componentes.** Muestra la lista de los componentes que estás utilizando en el proyecto.
   4. **Medios.** Contiene las distintas imágenes y sonidos que estarán disponibles para el proyecto.
   5. **Propiedades.** Aparecen todas las propiedades del componente que tengas seleccionado con el fin de poder modificarlas.

5. Observa cada una de las zonas detenidamente y ve desplegando cada una de las opciones de la paleta.

Tutorial: «Emulador».
Para activar el emulador de App Inventor, puedes consultar este tutorial.

3. Manejo básico del programa

Para crear aplicaciones con App Inventor necesitarás:

- un navegador web.
- un dispositivo móvil (un teléfono o tableta Android).

En el caso de no disponer de dispositivo móvil, se pueden probar las aplicaciones diseñadas en un emulador.

Antes de comenzar con los siguientes talleres de informática debes instalar en el dispositivo móvil la aplicación MIT AI2 Companion. En la página oficial de App Inventor puedes encontrar la información necesaria para hacerlo.

2. El gallo cantarín

Archivos: «Taller de informática 2».

Problema: Se trata de diseñar una aplicación sencilla que hará que, a partir de una imagen que se visualizará en la pantalla del dispositivo móvil, al agitar el dispositivo emita un sonido.

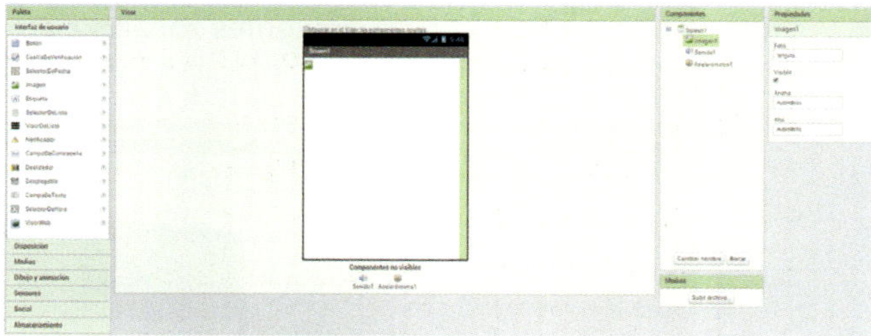

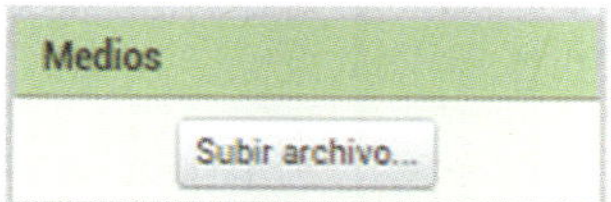

1. Entra en la web de App Inventor mediante tu cuenta de Gmail.
2. Recupera el **Proyecto_1** que has creado en el taller anterior.
3. En la *Paleta* encontrarás tres elementos que debes arrastrar al *Visor*: una imagen, un sonido y el acelerómetro. Te quedará la pantalla como muestra la figura de la derecha.
4. Puedes descargarte los archivos **imagen_ gallo.jpg** y **sonido_ gallo.mp3**.
5. En la zona de *Medios*, haz clic en el botón *Subir archivo* y selecciona los ficheros mencionados en el punto anterior.
6. Selecciona en la zona *Componentes* la *Imagen1* y, en la zona *Propiedades*, selecciona la foto imagen_gallo.jpg. Realiza el ajuste automático de alto y ancho para que la imagen se adapte al visor.

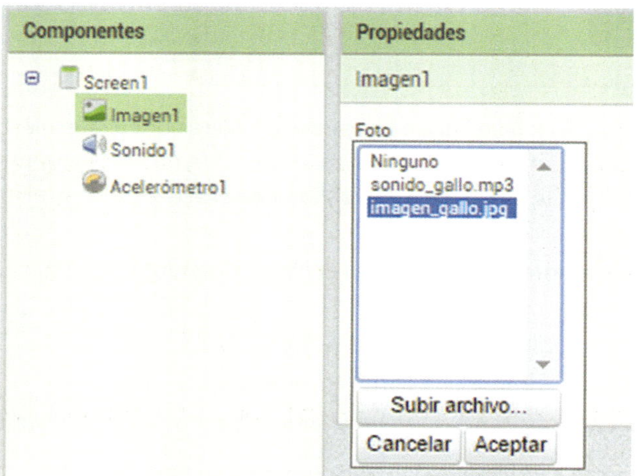

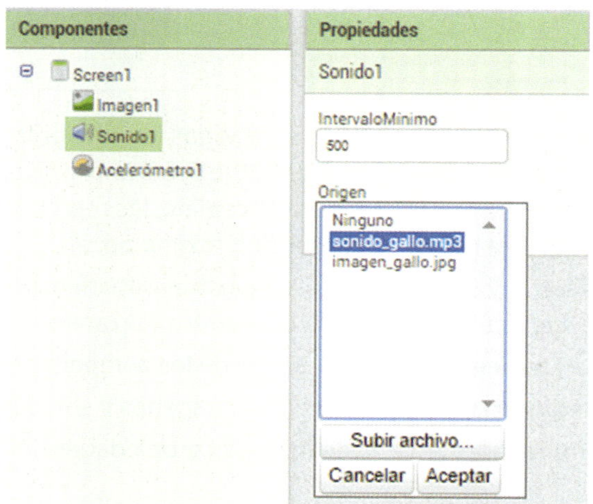

TI

7. En el visor aparecerá la imagen seleccionada, como muestra la figura de la derecha.

8. Ahora, en la barra superior selecciona el botón *Bloques*.

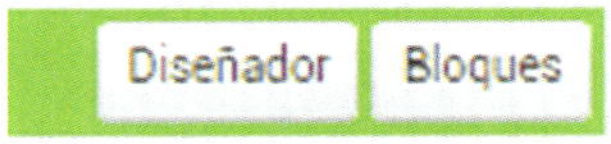

9. En la paleta de *Bloques* de la parte izquierda, selecciona *Acelerómetro1*. Arrastra a la zona de programación del visor el bloque de la derecha.

10. Del mismo modo, selecciona los bloques de la paleta *Sonido* y completa el siguiente programa:

11. Antes de continuar, guárdalo en *Proyectos* | *Guardar proyecto*.
12. Ahora vamos a cargar la aplicación en el móvil. Para ello selecciona en la barra de menús *Conectar* | *AI Companion* y se generará un código QR de la aplicación creada.
13. Abre la aplicación MIT AI2 Companion y capta el código QR con tu móvil.
14. Cuando se haya completado la descarga, abre la aplicación, instálala y comprueba su funcionamiento agitando el móvil.

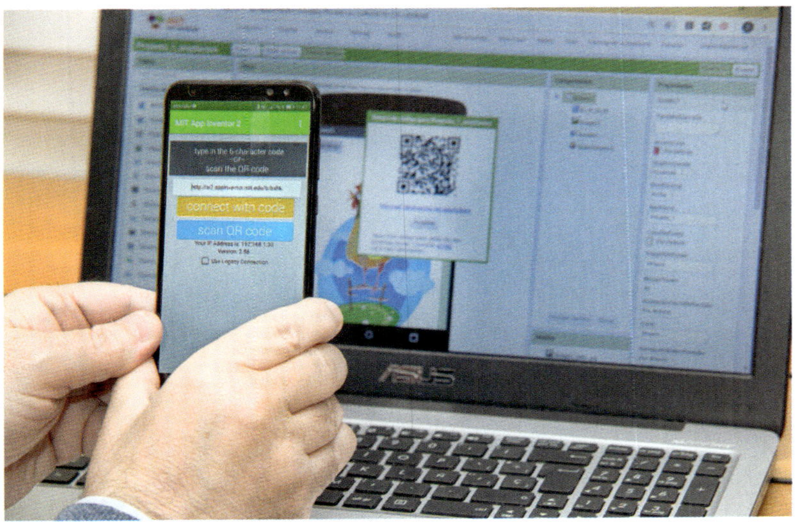

Ampliación

Se trata de modificar el programa anterior para que, en vez de agitar el móvil, al pulsar un botón, que llamaremos KIKIRIKÍ, cante el gallo. Guarda el proyecto nuevo como **Proyecto_1_ampliacion**.

3. Dibujar líneas sobre una imagen

Problema: Se trata de crear una aplicación con la que podamos dibujar y borrar líneas sobre una imagen en la pantalla táctil del dispositivo móvil.

1. Entra en el sitio web de App Inventor mediante tu cuenta de Gmail.
2. Crea un nuevo proyecto con el nombre **Proyecto_2**.
3. Selecciona en la *Paleta* y arrastra al *Visor* tres elementos: un botón, un lienzo y una etiqueta, tal como muestra la zona de componentes de la derecha.

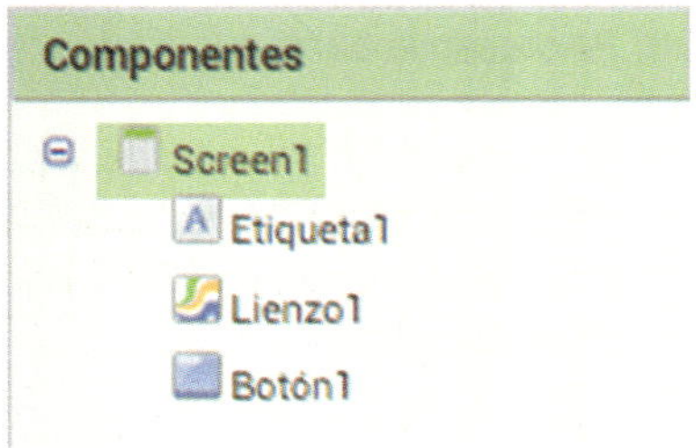

4. A continuación definirás las propiedades de cada uno de los tres elementos anteriores, seleccionándolos para que aparezcan en la zona de *Propiedades*. Observa las siguientes ilustraciones:

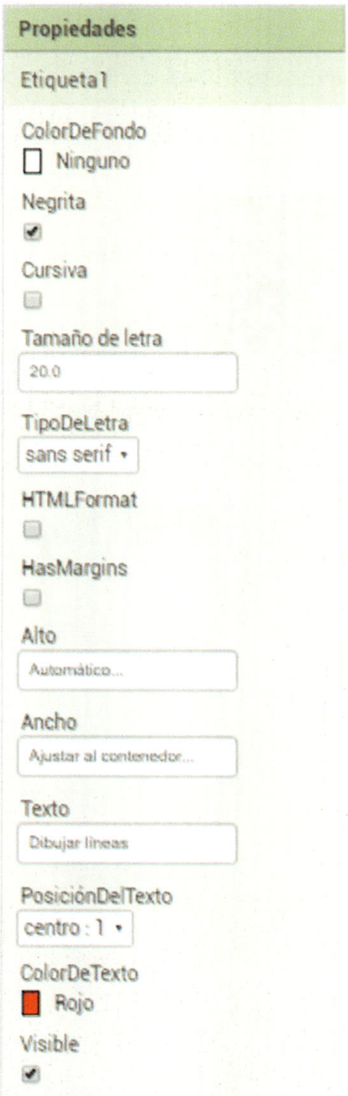

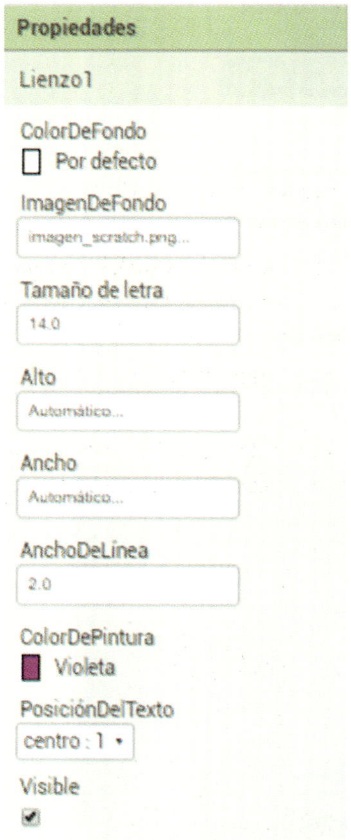

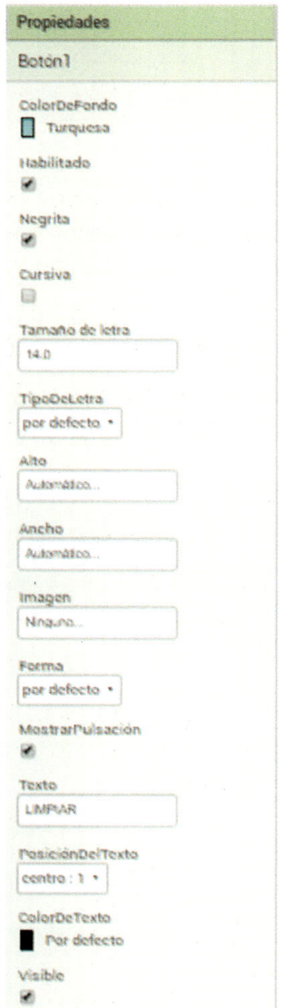

Archivos: «Taller de informática 3».

Si quieres utilizar la imagen cargada en el lienzo, puedes descargarte el archivo **imagen_scratch.png**.

TI

5. Selecciona el editor de bloques e implementa el siguiente programa. Recuerda que para programar los diferentes elementos debes seleccionarlos previamente en la *Paleta*.

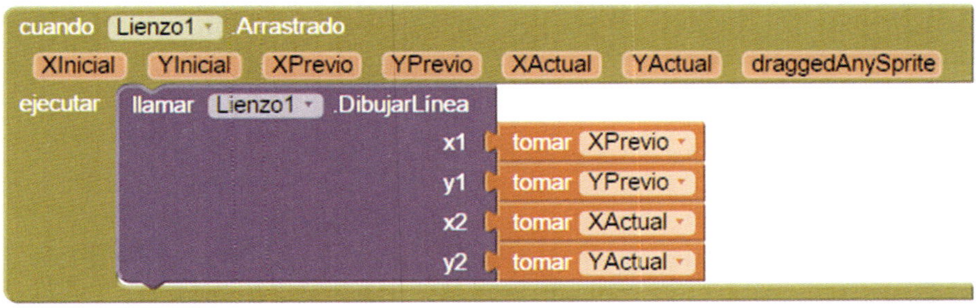

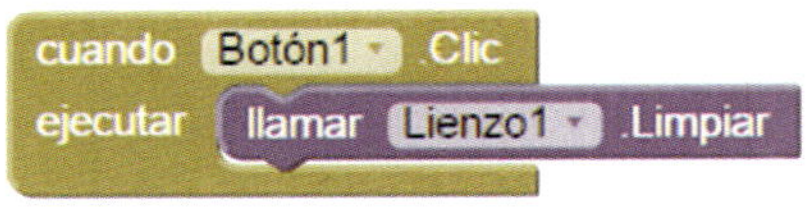

6. Carga el programa en el dispositivo móvil tal como hemos explicado en el taller de informática anterior y comprueba su funcionamiento.
7. En caso de no disponer de dispositivo móvil, existe la posibilidad de probar el funcionamiento de la *app* utilizando el emulador. Para ello selecciona *Conectar | Emulador*. Si no puedes acceder al emulador haz clic en *Reiniciar la conexión*.
8. Mientras se carga la aplicación en el emulador, que puede tardar dos o tres minutos, realiza las acciones que se van mostrando.
9. Comprueba el funcionamiento del programa en el emulador utilizando el botón izquierdo del ratón y presionando para dibujar las líneas. Para borrar las líneas dibujadas, haz clic en el botón *Limpiar*.
10. Finalmente, guarda el proyecto.

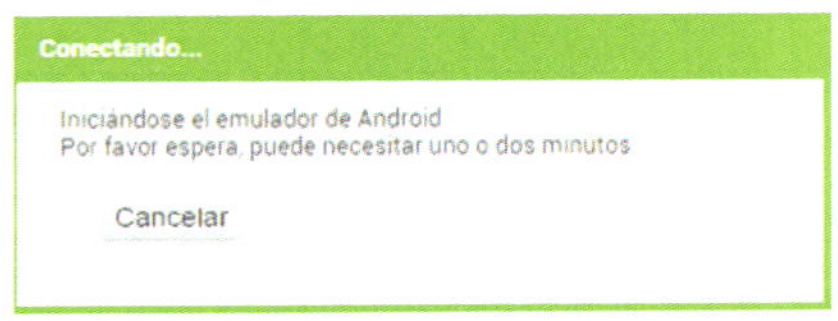

Ampliación

Se trata de modificar el programa anterior para que dibuje círculos al presionar con el dedo la pantalla táctil.

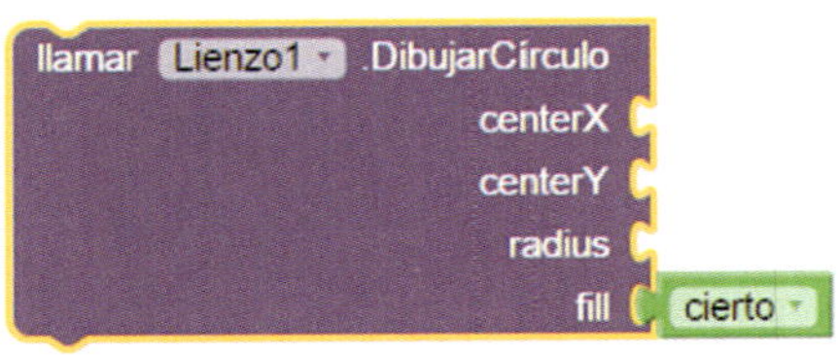

Modifica también la imagen utilizada como lienzo para dibujar. Las imágenes deben estar en formatos JPG, PNG, etc. No pueden ser vectoriales.

Por último, guarda la aplicación como **Proyecto_2_ampliacion**.

4. Teorema de Pitágoras

Problema: Se trata de crear una aplicación para calcular el valor de la hipotenusa de un triángulo rectángulo conocidos los valores de los dos catetos. Para ello haremos uso del teorema de Pitágoras.

1. Entra en el sitio web de App Inventor mediante tu cuenta de Gmail.
2. Comienza un proyecto nuevo con el nombre **Proyecto_3**.
3. Arrastra al Visor, desde *Paleta* I *Interfaz de usuario*, una *Etiqueta*. Verás que te aparece como *Etiqueta 1*.
4. Edita *Etiqueta 1* en *Propiedades* tal como aparece en la ilustración.
5. Descárgate los archivos **pitágoras.jpg** y **teorema_pitágoras.jpg** y súbelos desde la zona de *Medios*.
6. Arrastra el elemento *Disposición horizontal* de *Paleta* I *Disposición*.
7. Selecciona *Imagen* de *Paleta* I *Interfaz de usuario* y arrástrala dentro del elemento *Disposición horizontal*. Creará la *Imagen 1*.

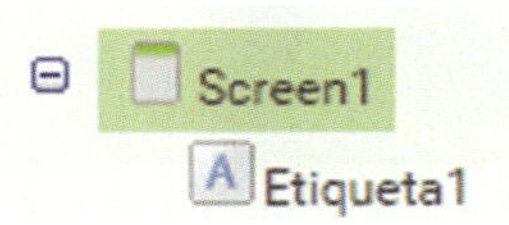

Archivos: «Taller de informática 4».

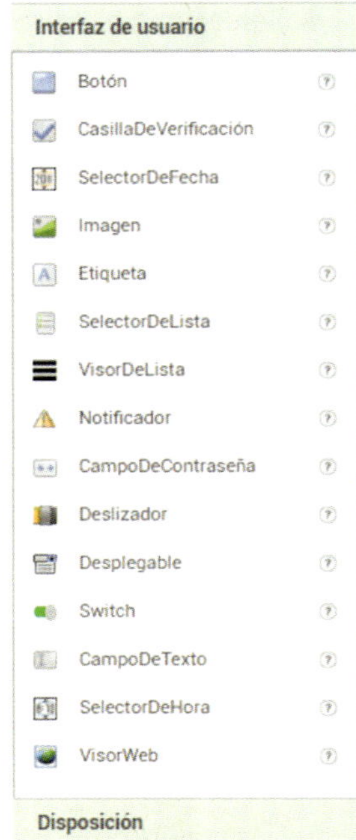

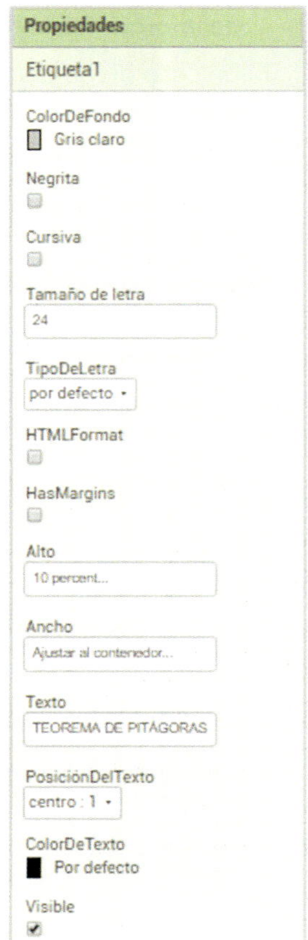

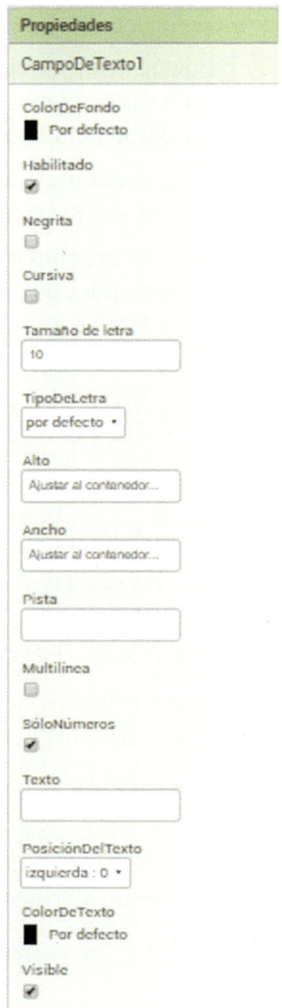

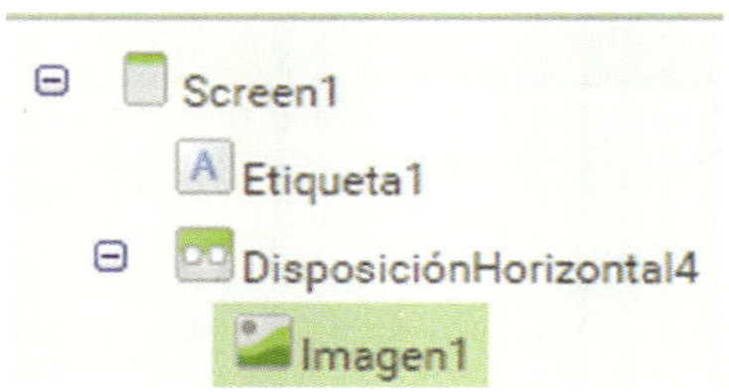

8. Crearemos otro elemento de *Disposición horizontal* en el que dejaremos todos los parámetros por defecto, excepto *Ancho*, en el que seleccionaremos *Ajustar al contenedor*.

TI

9. Arrastra dentro de *Disposición horizontal* otros dos elementos: la *Etiqueta 2* y el *Campo de texto 1*.

10. Completa el diseño de la interfaz con los elementos que se muestran a continuación:

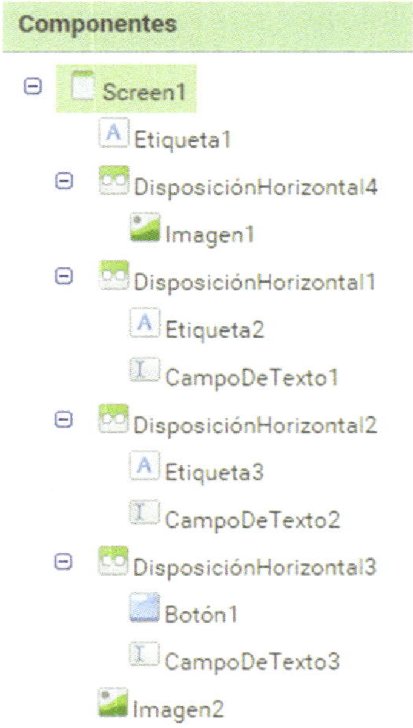

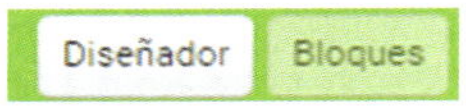

11. Selecciona *Bloques* en la barra superior y realiza el siguiente programa:

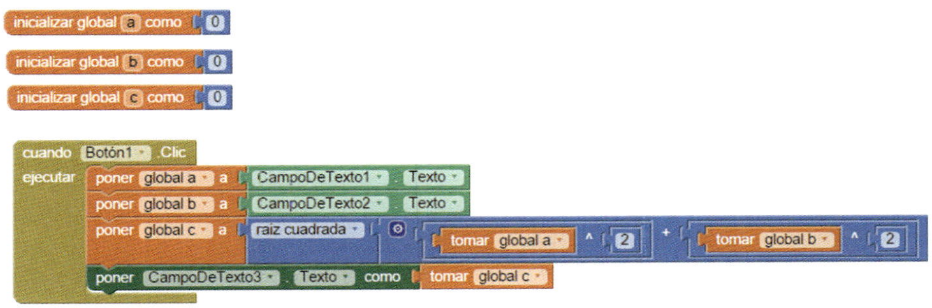

12 Antes de continuar, guárdalo en *Proyectos* | *Guardar proyecto*.

13. Para guardar la aplicación en el móvil, selecciona en la barra de menús *Conectar* | *AI Companion* y se generará el código QR de la aplicación creada. También se podría generar este código en *Generar* | *App (generar código QR para el archivo .apk)*.

14. Abre la aplicación MIT AI2 Companion y capta el código QR con tu móvil. Cuando se haya completado la descarga, abre la aplicación, instálala y comprueba su funcionamiento.

Ampliación

Se trata de modificar el programa anterior para que, cada vez que realicemos una operación del cálculo de Pitágoras, se pueda reiniciar limpiando los tres campos de texto que hemos utilizado.

3.1. Conexión con *bluetooth*

App Inventor permite crear aplicaciones para conectar dispositivos entre sí mediante la tecnología *bluetooth*. Este sistema es un tipo de comunicación sin hilos muy utilizado por los dispositivos móviles para enviar y recibir información de otros equipos que se encuentren a poca distancia (impresoras, auriculares, *smartwatch*, dispositivos de manos libres, etc.).

TI

5. Encender y apagar un led con un dispositivo móvil

Problema: Se trata de crear una aplicación para calcular el valor de la hipotenusa de un triángulo rectángulo conocidos los valores de los dos catetos. Para ello haremos uso del teorema de Pitágoras.

1. Entra en el sitio web de App Inventor y haz clic en el botón superior izquierdo *Create apps*. Recuerda que debes identificarte con tu cuenta de Gmail y tu contraseña para acceder a la aplicación.
2. En la pantalla de inicio, selecciona *Proyectos* | *Comenzar un proyecto nuevo*... Nómbralo **Proyecto_4**.

Diseño de la aplicación en el visor

3. Distribuye todos los elementos de la aplicación de la forma que te ofrezca más usabilidad. En la figura del margen de esta página, verás que se han utilizado cinco componentes de *Disposición horizontal*. En cada uno de ellos se han colocado los diferentes elementos de la *app* tal como se muestra en la figura.

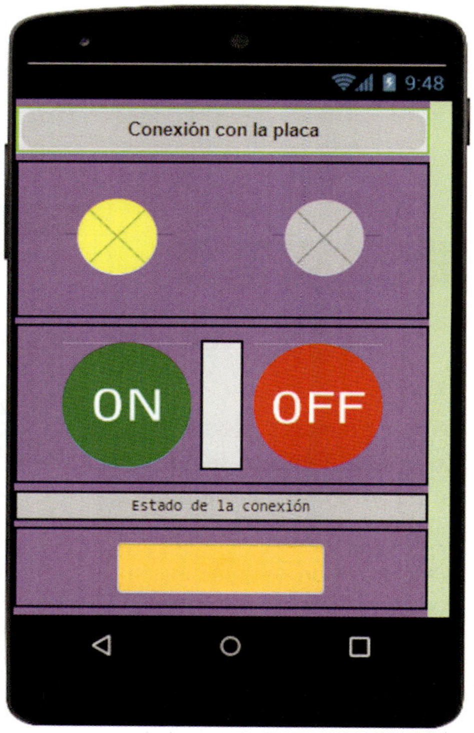

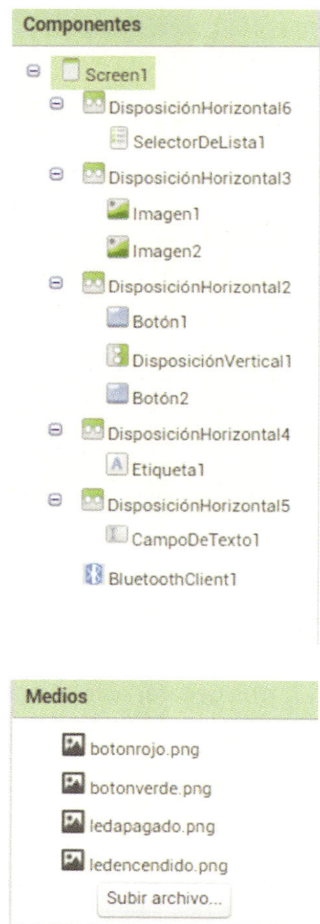

4. Sube los medios necesarios que encontrarás en **mundodigital**, en este caso las imágenes de los dos botones y la del led apagado y encendido.

Archivos: «Taller de informática 5».

TI

Programa de la aplicación

5. Ahora hay que programar la *app* para que liste todos los dispositivos al alcance del *bluetooth* del dispositivo donde está instalada. Para ello, debes desplegar, desde la paleta, los componentes de *Selector de lista*.

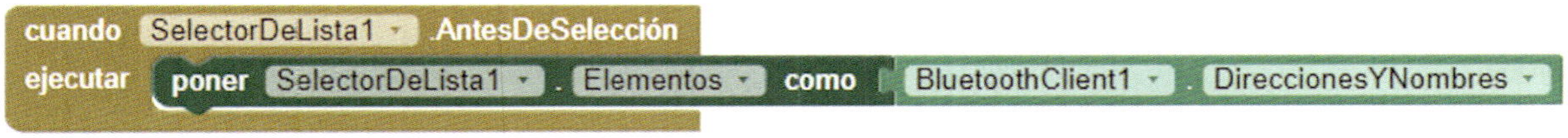

6. Selecciona en la paleta de bloques los elementos *Selector de lista*, *Bluetooth Client 1* y *Campo de texto* sucesivamente. Realiza el siguiente programa que permitirá el contacto con el dispositivo seleccionado y nos dirá si este está conectado o no:

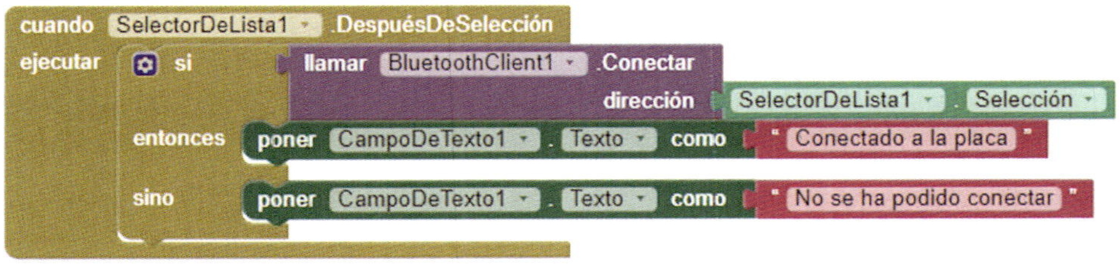

7. A continuación, selecciona en la paleta los elementos *Botón*, *Bluetooth Client 1* e *Imagen* para enviar a la placa el número que identificará si el led está apagado o encendido. Esta acción se mostrará en la pantalla.

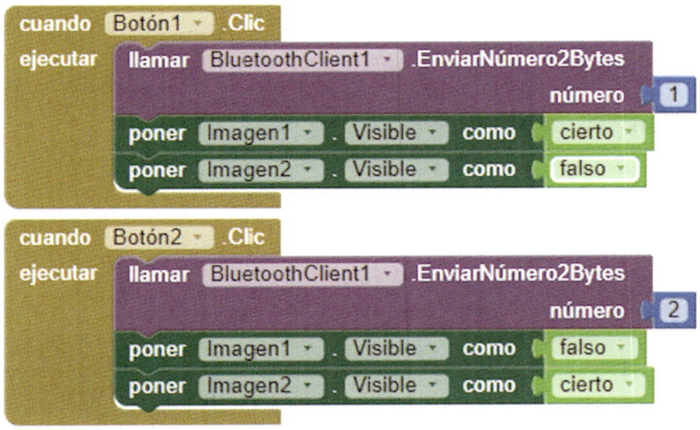

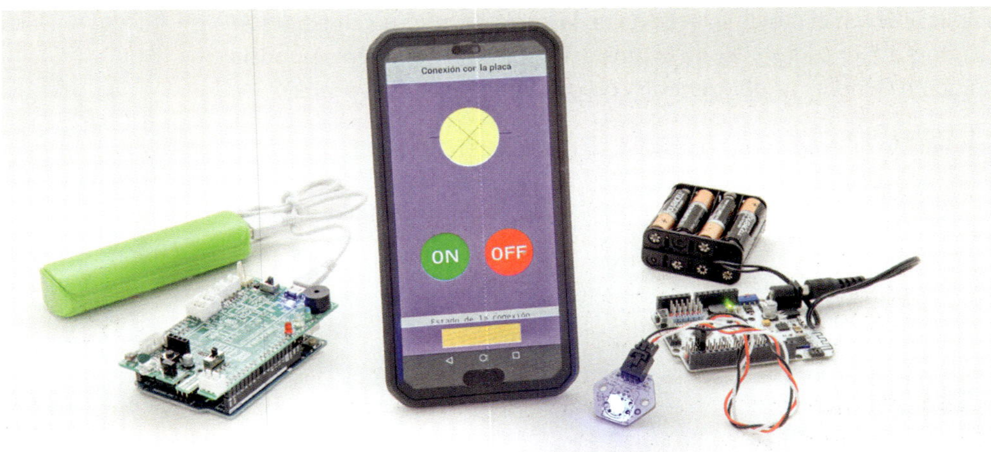

3.2. Sensores

Anteriormente se ha utilizado una aplicación empleando el **acelerómetro**. Otro de los sensores que dan información al dispositivo móvil es el **sensor de orientación** que da el valor del acimut en grados y las rotaciones *pitch* y *roll*, tal como se aprecia en la figura.

6. Brújula

Problema: Se trata crear una aplicación que simule una brújula para poder orientarnos.

1. Entra en el sitio web de App Inventor mediante tu cuenta de Gmail.
2. Comienza un proyecto nuevo con el nombre **Proyecto_5**.
3. Arrastra al *Visor*, desde *Paleta*, los componentes que se aprecian en la figura. Como se puede observar, hemos colocado una *SpriteImage* a la que le hemos cambiado el nombre por *aguja*.
4. Descárgate los archivos **brújula.jpg** y **aguja.png** y súbelos desde la zona de *Medios*.
5. Arrastra el elemento *Disposición horizontal* de *Paleta* | *Disposición*.
6. Selecciona *Imagen* de *Paleta* | *Interfaz de usuario* y arrástrala dentro del elemento *Disposición horizontal*. Se creará la *Imagen 1*.

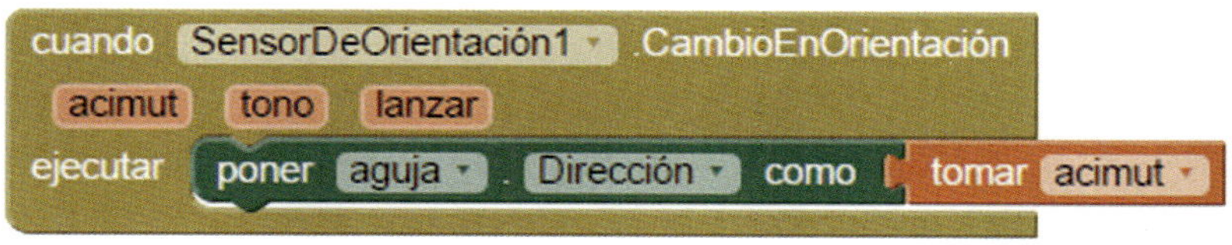

Guarda el trabajo, antes de continuar, en *Proyectos* | *Guardar proyecto*.

7. Para guardar la aplicación en el móvil, selecciona en la barra de menús *Conectar* | *AI Companion* y se generará el código QR de la aplicación creada. También se podría generar este código en *Generar* | *App (generar código QR para el archivo .apk)*.
8. Abre la aplicación MIT AI2 Companion y capta el código QR con tu móvil.
9. Cuando se haya completado la descarga, abre la aplicación, instálala y comprueba su funcionamiento.

Ampliación

Se trata de modificar el programa anterior para registrar el ángulo que marca la aguja tal como muestra la fotografía.

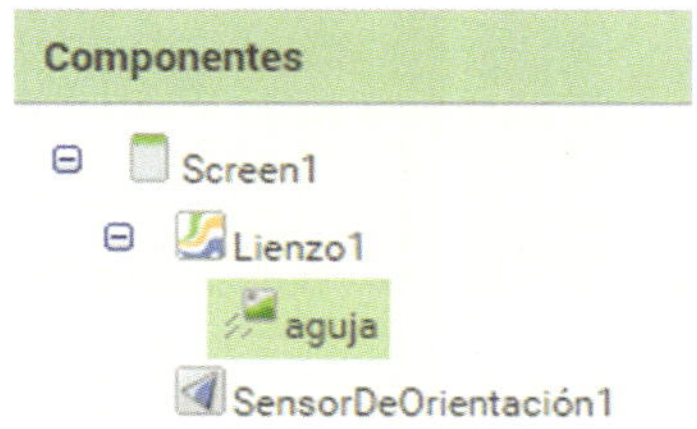

Paso 3.

Archivos: «Taller de informática 6».

3.3. Reconocimiento de voz

La interacción con los dispositivos normalmente se realiza mediante botones físicos (teclados, mandos a distancia, etc.) y pantallas táctiles (botones virtuales). Actualmente esta realidad está siendo sustituida por el **reconocimiento de voz**, de tal forma que la comunicación con la máquina se establece mediante mensajes hablados que los diferentes dispositivos interpretan para realizar las acciones correspondientes.

TI

7. El móvil reconoce tu voz

Problema: Se trata de diseñar una aplicación que transforme nuestro móvil en un dispositivo de reconocimiento de voz.

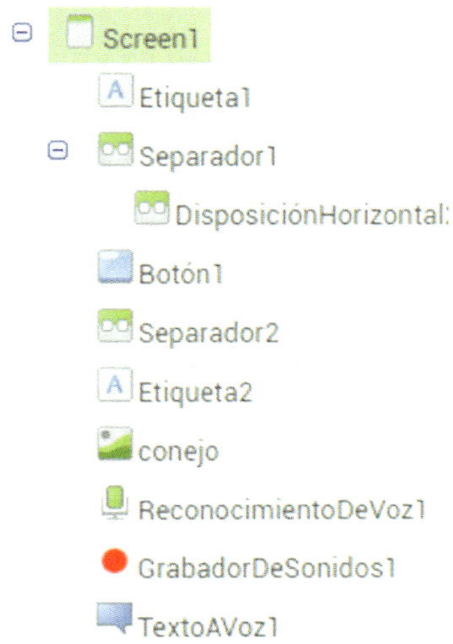

1. Entra en el sitio web App Inventor mediante tu cuenta de Gmail.
2. Comienza un proyecto nuevo con el nombre **Proyecto_6**.
3. Arrastra al *Visor*, desde *Paleta*, los componentes que se aprecian en la figura inferior.
4. Observa que se han incrustado dos separadores para evitar que los componentes de la parte superior e inferior queden muy juntos.
5. Selecciona *Bloques* en la barra superior y realiza el siguiente programa:

6. Antes de continuar, guárdalo en *Proyectos* | *Guardar proyecto*.
7. Para guardar la aplicación en el móvil, selecciona en la barra de menús *Conectar* | *AI Companion* y se generará el código QR de la aplicación creada. También se podría generar este código en *Generar* | *App (generar código QR para el archivo .apk)*.
8. Abre la aplicación MIT AI2 Companion y capta el código QR con tu móvil. Cuando se haya completado la descarga, abre la aplicación, instálala y comprueba su funcionamiento realizando diversas grabaciones de voz. Observa que el texto escrito reproduce el mensaje oral.

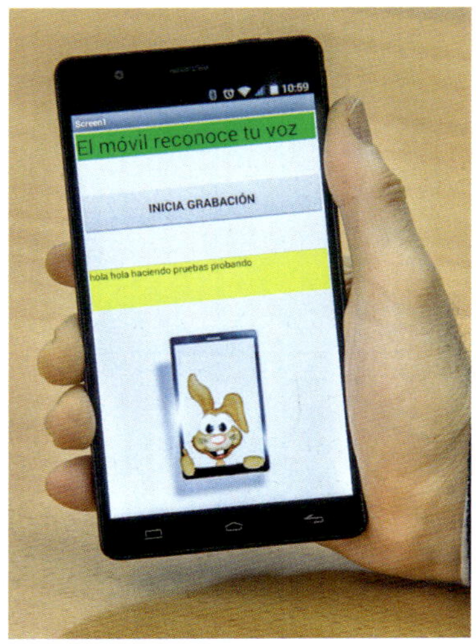

Ampliación

El programa anterior se puede complementar añadiendo el medio *TextoAVoz*. Se trata entonces de que el dispositivo repita la locución realizada como un loro digital.

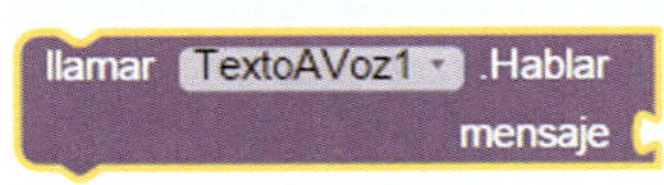

Síntesis

Elabora tu propio resumen del tema, completando los espacios vacíos con las palabras clave.

1. Con App Inventor se pueden crear ______________ que funcionan con el sistema operativo Android.
2. Se puede acceder a App Inventor desde cualquier ordenador conectado a ______________. Para ello se necesita una cuenta de ______________.
3. App Inventor dispone de dos ______________ integradas, *App Inventor Designer* y *App Inventor Blocks Editor*.
4. *App Inventor Designer* se utiliza para ______________ y diseñar la interfaz de ______________ de la aplicación.
5. *App Inventor Blocks Editor* se usa para ______________ las funcionalidades de la aplicación mediante bloques tipo Scratch.
6. Las aplicaciones se pueden ______________ en el propio dispositivo móvil, aunque lo más habitual es hacerlo en un ordenador. Después, se pueden ejecutar en un ______________ o en dispositivos Android.
7. La ______________ de usuario es una parte muy importante de *App Inventor Designer* ya que aglutina todos los ______________ que interactúan con el usuario.
8. El acelerómetro y el ______________ son sensores no visibles en la aplicación que nos permiten obtener información del ______________ o del dispositivo móvil.
9. Podemos conectar por ______________ un dispositivo móvil con una placa ______________ para programar acciones simples, como encender y apagar un led.

Parabras clave

herramientas, controladora, bloques, crear, interfaz, aplicaciones, Gmail, programar, giroscopio, Internet, usuario, emulador, confeccionar, entorno, *bluetooth*

Recursos en red

Página web: «App Inventor».

En el sitio web de App Inventor encontrarás varios recursos interesantes para crear aplicaciones.

Entra en el apartado *Educators | Tutorials* y analiza las diferentes aplicaciones que se muestran. Verás que se han clasificado en tres modos: principiantes, intermedio y avanzadas. Cuando vayas a realizar el análisis, te conviene comenzar por las más sencillas.

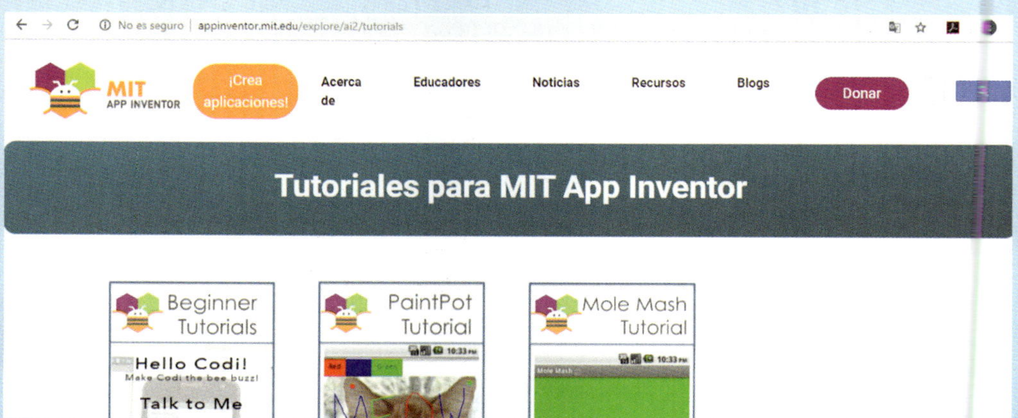

Taller de informática. **Controlar objetos mediante sonidos**

Controlar objetos mediante sonidos puede parecer cosa de magia. En esta práctica vamos a utilizar la voz para elegir la imagen que aparecerá en la pantalla del teléfono móvil.

1. Entra en App Inventor e inicia sesión en tu cuenta. Crearás un nuevo proyecto que llamarás **Proyecto_7**.

2. En la pantalla del visor debes arrastrar cuatro elementos:

a) **Un botón.** Su anchura debe ajustarse al contenedor, y en el texto de la etiqueta aparecerá «¿Quieres mar o montaña?».

b) **Dos imágenes.** Sube dos imágenes: la «Imagen1» será la del mar y la «Imagen2», la montaña. Ajusta ambas al contenedor (es probable que las imágenes sean demasiado pesadas).

c) **Reconocimiento de voz.** En este caso no es necesario modificar las propiedades.

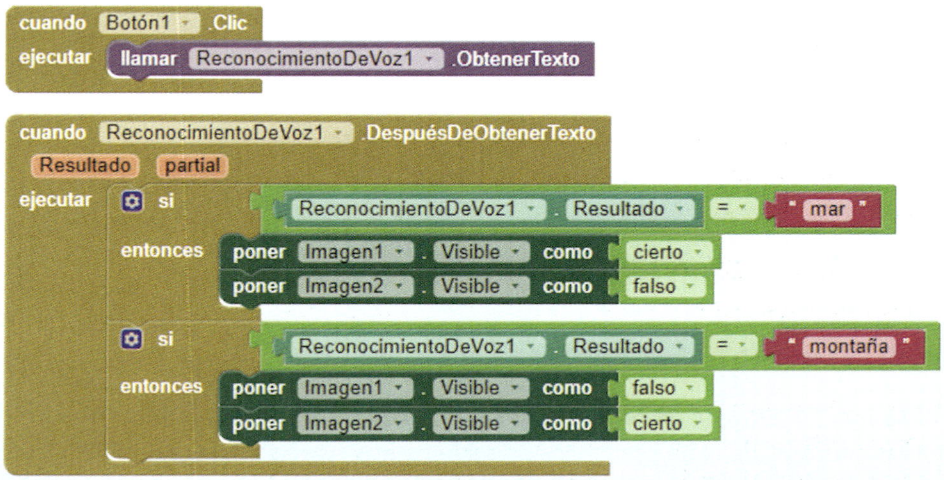

3. El programa se dividirá en dos bloques. En el primero programarás que, al pulsar el botón, la voz se transforme en texto. En el segundo, si el texto es «mar» debe aparecer la «Imagen1», y si es «montaña», la «Imagen2».

Archivos: «Actividades finales».

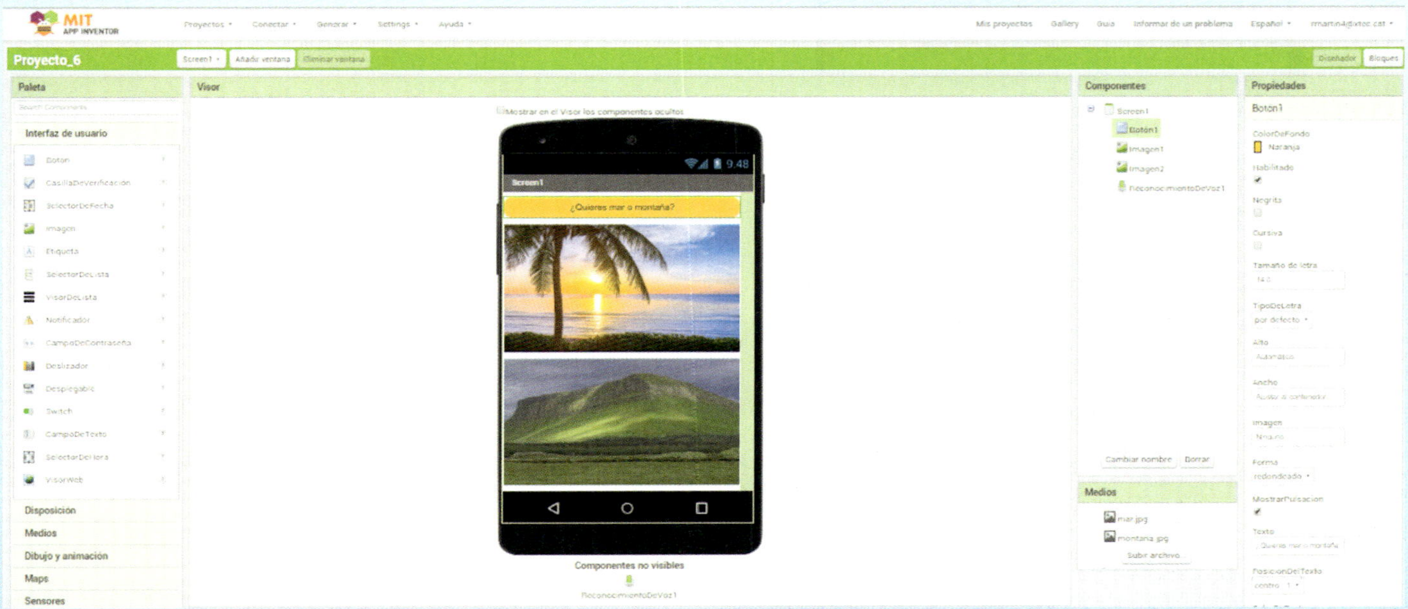

Autoevalúa tus conocimientos de la unidad.

Diseño y creación de una aplicación para móvil

Las aplicaciones para dispositivos móviles son programas informáticos que permiten al usuario realizar diferentes tareas: juegos, utilidades, multimedia, entretenimiento, noticias, etc.

Te proponemos crear una aplicación para móvil que muestre la imagen de tres animales, a la vez que se reproduce el sonido de su voz. Esta aplicación debe tener las siguientes características:

- Dispondrá de tres botones que se situarán en la parte superior de la pantalla e incorporarán el nombre de cada animal (gato, vaca y pájaros).
- Las tres imágenes se presentarán en pantalla al iniciarse el programa.
- Al accionar cada uno de los botones, se visualizará la imagen del animal correspondiente a la vez que se emitirá el sonido.

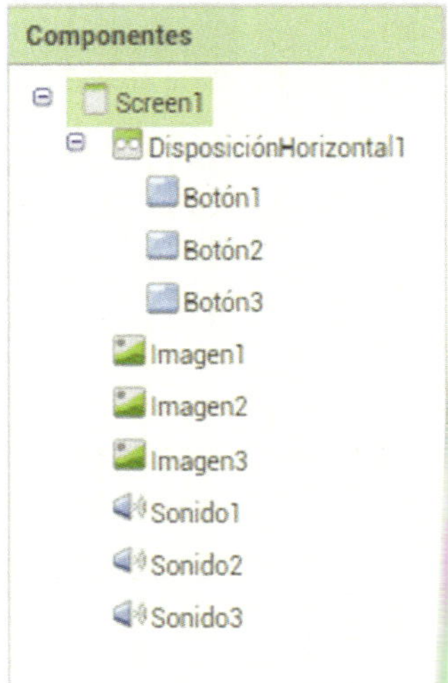

Tarea 1. Diseño de los botones

Utiliza una disposición horizontal y, en la parte superior de la pantalla, inserta tres botones con los nombres de cada uno de los animales que se van a incorporar a la aplicación.

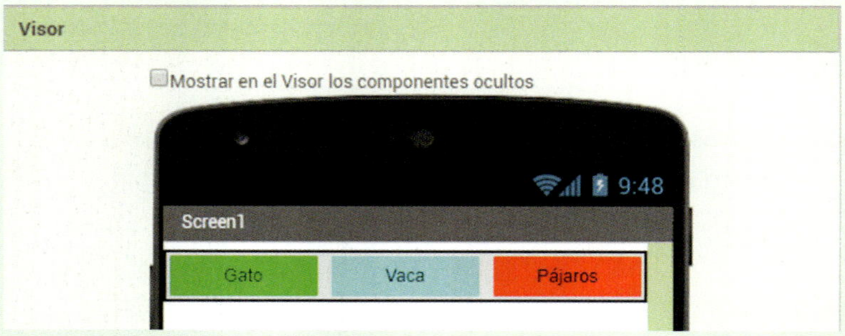

Archivos: «Ponte a prueba».

Tarea 2. Insertar imágenes en el visor

Cada uno de los botones debe ir asociado a la imagen y el sonido correspondiente. Inserta las tres imágenes en el visor y asigna las propiedades pertinentes para que quede como muestra la figura de la derecha.

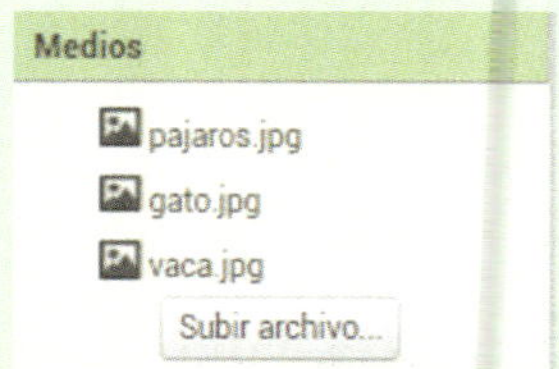

Tarea 3. Insertar sonidos

Inserta los tres sonidos asociados a cada uno de los animales.

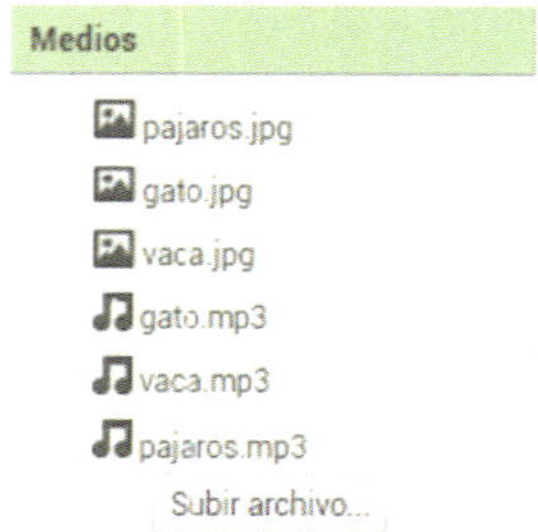

Autoevaluación
Para evaluar las tareas de la actividad, rellenad el recurso «Tabla de autoevaluación».

Tarea 4. Programar la aplicación con Blocks Editor

Al clicar en cada uno de los botones se cargará la imagen correspondiente y se reproducirá el sonido del animal seleccionado. Realiza el programa para los tres botones.

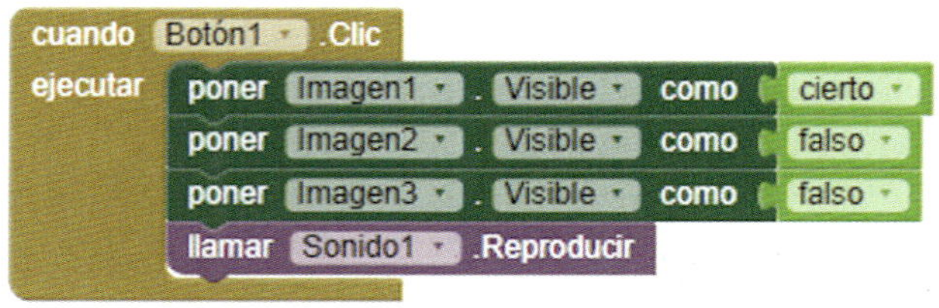

Tarea 5. Cargar el programa en el dispositivo móvil

Genera el código QR y carga el programa realizado en el dispositivo móvil.

Tarea 6. Comprueba el funcionamiento de la aplicación

Abre la aplicación cargada en el móvil y comprueba su funcionamiento.

- ¿Se abre la aplicación sin problemas?
- ¿Se abre la imagen seleccionada al activar cada botón y las otras quedan ocultas?
- ¿Se reproduce el sonido correspondiente?

Propuesta de trabajo 1

Reductora de velocidad

Materiales	Herramientas
• 1 listón de madera de pino de 15 cm de longitud y de 10 × 45 cm • 2 espárragos M4 de 10 y 8 cm, respectivamente • 15 tuercas M4 • 8 arandelas planas • 1 tornillo autorroscante de cabeza cilíndrica de 7 mm de longitud y 3 mm de Ø • 1 motor de 1,5/4,5 V • 1 soporte para motor • 2 ruedas dentadas grandes • 2 ruedas dentadas pequeñas • 1 adaptador de paso de 4 a 2 mm de Ø • cola blanca	• utensilios de dibujo • sierra de costilla • broca del núm. 4 mm • escofina y papel de lija • barrena • llave fija del núm. 7 • alicates de punta plana • sierra de arco

Trabajo individual

Duración aproximada: 3 horas

1. Descripción y análisis del problema

Necesitamos disponer de un mecanismo que sea capaz de reducir la velocidad de un motor. Este mecanismo nos servirá para proporcionar la fuerza motriz en otras propuestas de trabajo como la biela-manivela y el motor de explosión.

2. Condiciones iniciales

- La reducción de velocidad se realizará en dos etapas.
- La velocidad de salida será, aproximadamente, la décima parte de la velocidad del motor.
- La tensión que proporciona una pila de petaca ha de ser suficiente para alimentar el motor.

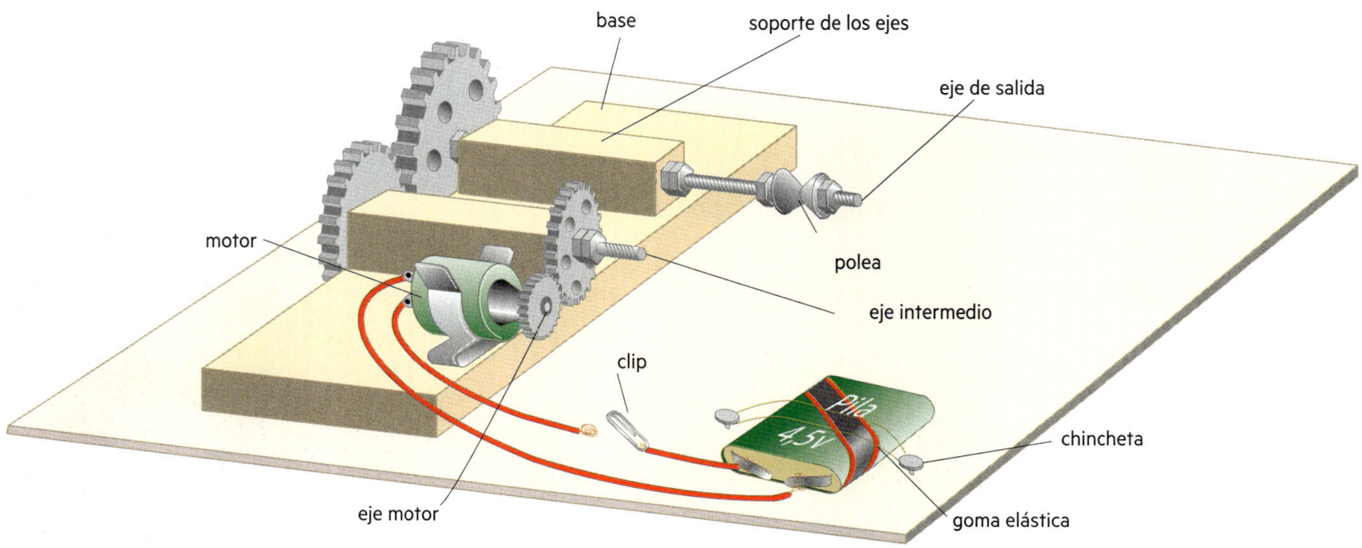

3. Proceso de trabajo

1. Con ayuda de una escuadra de carpintero, marca dos líneas a unos 3 cm de separación para serrarlas.

2. Una vez obtenidas las dos piezas, a 1 cm del lado, haz agujeros longitudinales de 4 mm de diámetro asegurándote de que quedan centrados y verticales.

3. Coloca el soporte del motor en uno de los extremos de la pieza de manera que el eje sobresalga de la misma.

4. Con ayuda del adaptador, monta el engranaje pequeño en el motor y este en su soporte.

5. Para montar el eje intermedio, utilizarás un sistema de tuerca y contratuerca para que no se aflojen las tuercas al girar (estas siempre irán de dos en dos). Puede que sea necesario limar un poco los extremos de la varilla para que entre la tuerca.

6. Pon una rueda dentada en el otro extremo de forma que las tuercas no aprieten la madera, pero sí las ruedas dentadas. Todo el eje deberá poder girar libremente.

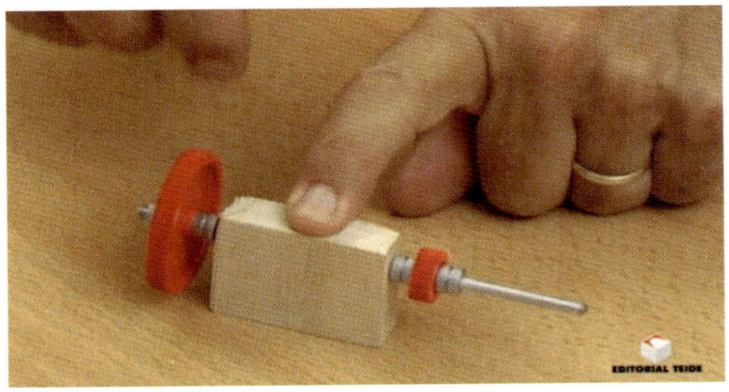

7. Encola el eje intermedio paralelo al eje del motor de forma que no engrane pero que no quede muy ajustado para que este pueda girar fácilmente.

8. Para montar el segundo eje repite el procedimiento de forma que los ejes queden paralelos.

9. Para garantizar la conexión, suelda dos cables al motor con cuidado para no quemar el plástico del motor.

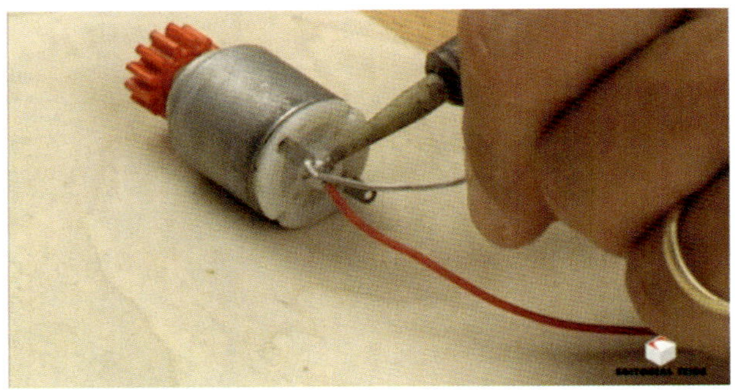

10. Finalmente, comprueba el funcionamiento conectando el motor a una pila de petaca o a una fuente de alimentación.

Resultado

Antes de comprobar el funcionamiento de la reductora, fíjala a un trozo de chapa o DM, junto con una pila de 4,5 V. Con un clip y unas chinchetas puedes construir el circuito eléctrico de control. Puedes utilizar esta reductora como fuerza motriz para otras prácticas planteadas o para tus propios montajes.

Tareas

1. Calcula la relación de transmisión total de la reductora y la velocidad de salida si el eje motor gira a 1000 rpm.
2. Dibuja la reductora en planta y a escala 1:1 en una hoja Din-A4.
3. ¿Cómo invertirías el sentido de giro del eje de salida?

Procura que...

- Los agujeros en los soportes de los ejes queden paralelos a las aristas.
- Las ruedas dentadas queden bien sujetas al eje.
- Al montar los ejes, las ruedas permanezcan bien engranadas.

Tal y como se anuncia en la página 9, puedes disponer del kit donde tendrás el material necesario para la construcción de la reductora.

Vídeo: «Reductora».
Puedes visualizar un vídeo donde se explica detalladamente la construcción de la reductora de velocidad.

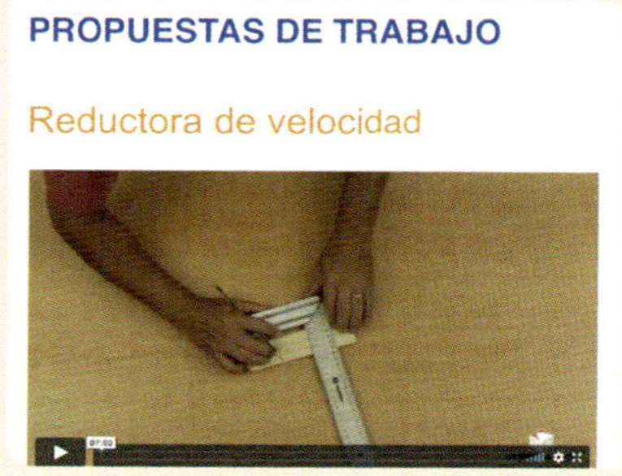

Prácticas: «Reductora».
Puedes descargarte las prácticas para construir la reductora por fases y analizar su funcionamiento.

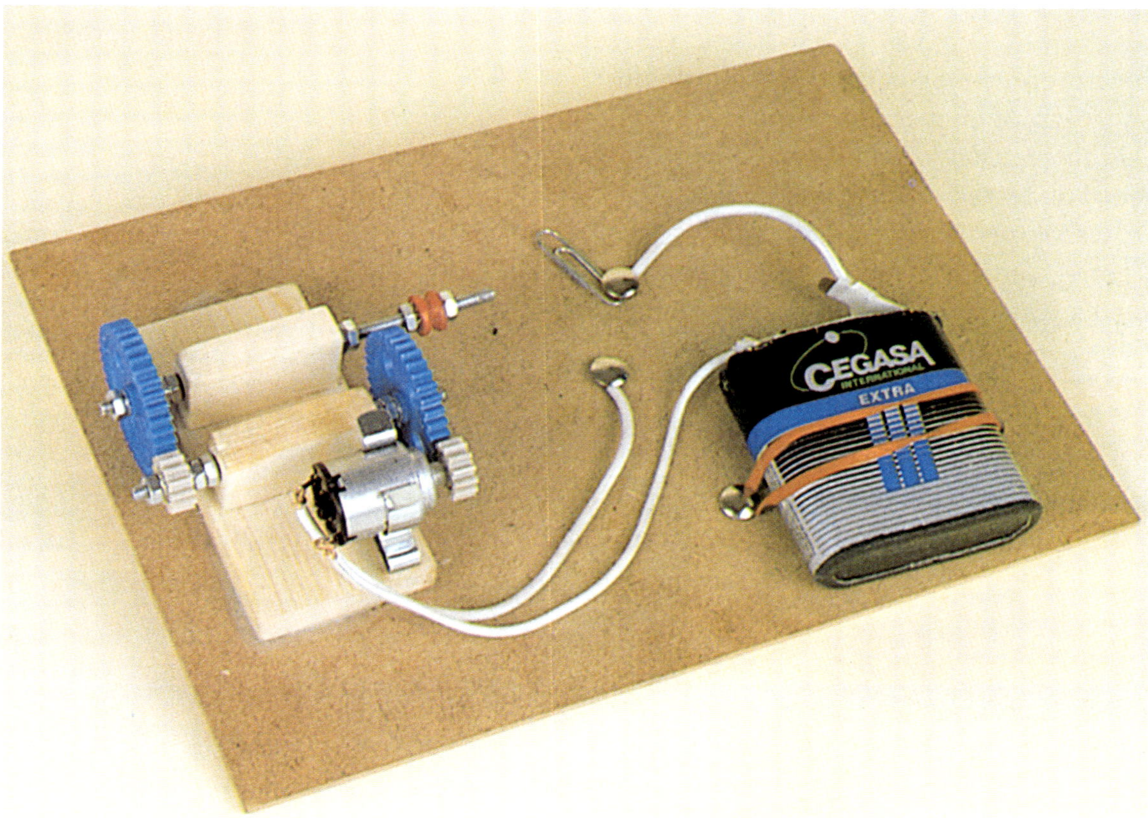

Propuesta de trabajo 2

Puente levadizo con conmutador o placa controladora

Materiales		Herramientas
Estructura • base metálica agujereada • tira metálica escuadrada y agujereada • tira metálica ranurada • barra roscada M4 • tornillos de cabeza cilíndrica M4 de 10 y 40 mm • tuercas M4 • 2 planchas de poliestireno en U **Transmisión del movimiento** • 2 poleas de 10 mm de Ø • 1 rueda dentada de 60 dientes	**Conmutador** • listón de 40 × 15 mm aproximadamente • regletas pequeñas • tornillos autorroscantes de 15 mm • volanderas pequeñas • clips • gomas elásticas • cable delgado (de red) **Control** • placa Imagina Scratch	• sierra de arco • lima fina • llave fija de 7 mm • alicates de punta plana • alicates pelacables • destornillador de punta plana • soldador eléctrico

Grupo de alumnos recomendado: dos

Duración aproximada: 3 horas

1. Descripción y análisis del problema

En esta práctica proponemos la construcción de un puente con las piezas de un mecano, una herramienta potente para la construcción y la simulación a partir de una gran variedad de piezas, como poleas, ruedas dentadas, barras roscadas, perfiles diferentes, motores, etc. Se podrá realizar el control del motor de la reductora con un conmutador o mediante una placa controladora.

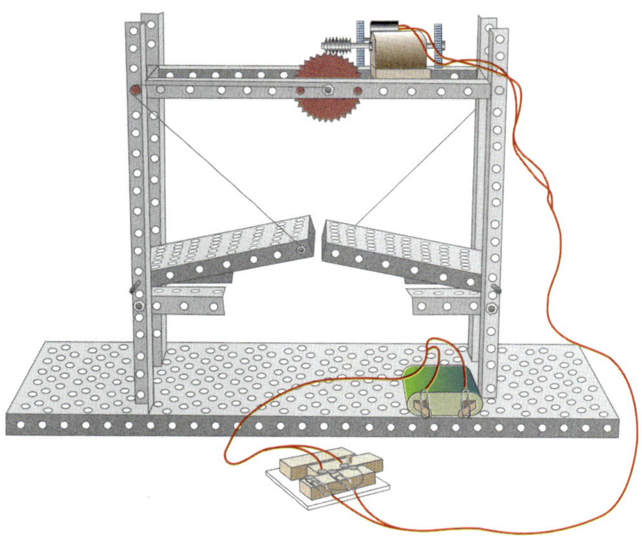

2. Proceso de trabajo

Montaje de la estructura del puente

Aquí se plantea la construcción de la estructura del puente con piezas de mecano, pero se podría hacer con otros materiales, impresión 3D, etc.

1. Construid la estructura del puente.
2. Montad el sistema de elevación.
3. Atad un extremo del hilo al puente, pasadlo por una polea pequeña y atadlo al otro extremo del engranaje.

Montaje de la reductora

4. Utilizaréis la reductora construida en la Propuesta de trabajo 2 como elemento motor. Habrá que añadir un tornillo sin fin en el eje de salida.

5. Colocad la reductora en el soporte superior del puente, teniendo en cuenta que el tornillo sin fin tiene que engranar con la rueda dentada utilizada en el sistema de elevación.

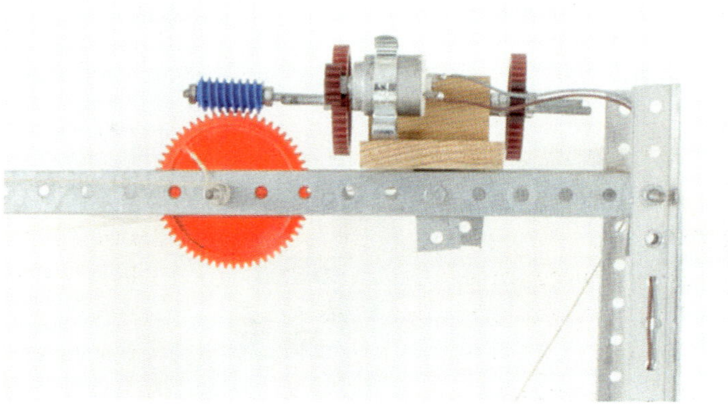

Control mediante conmutador

Con el conmutador podréis invertir el sentido de giro del motor, lo que permitirá subir y bajar las dos plataformas del puente.

6. Conectad dos terminales del conmutador a la alimentación y los otros dos al motor de la reductora.

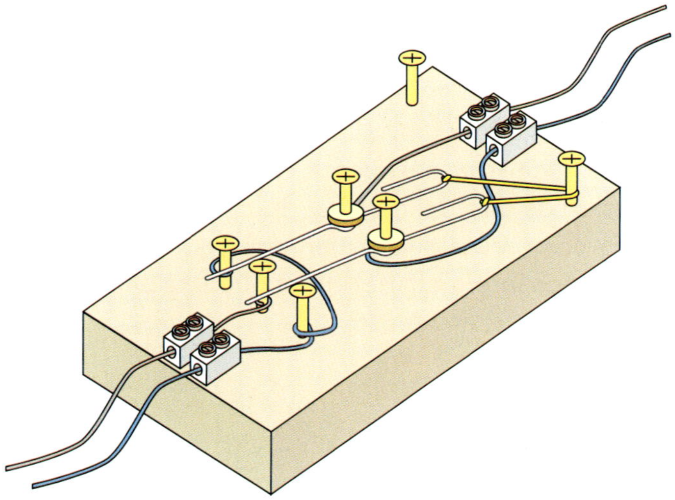

Control mediante la placa Imagina Scratch

Realizaremos el control mediante un mando de TV que se comunicará por infrarrojos con la placa.

7. Montad la placa y la alimentación sobre la base. En este caso, se han utilizado dos pilas de 4,5 V conectadas en serie.

8. Conectad los diferentes elementos como señala el esquema.

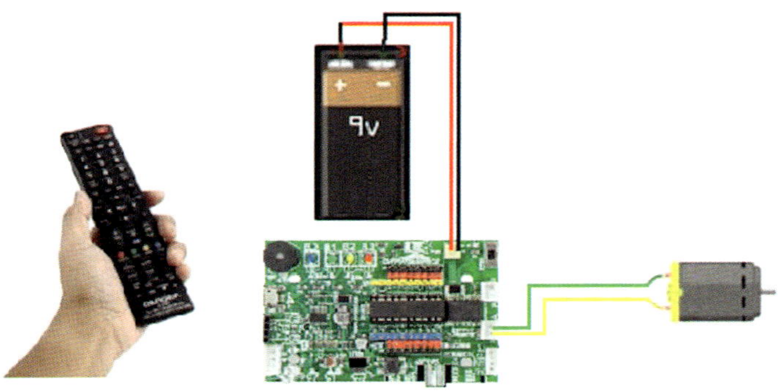

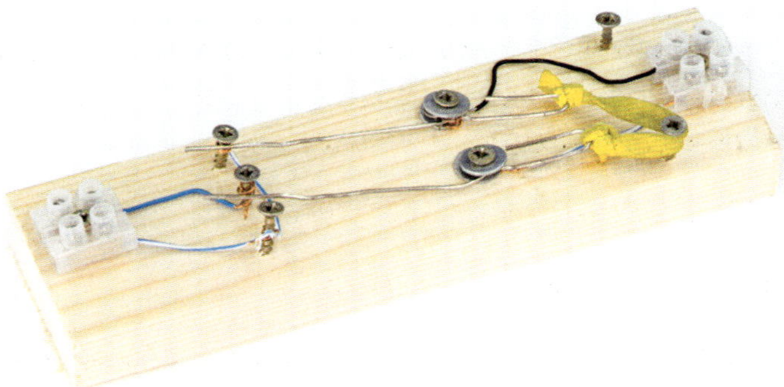

9. Realizad el siguiente programa con Blockly y cargadlo en la placa.

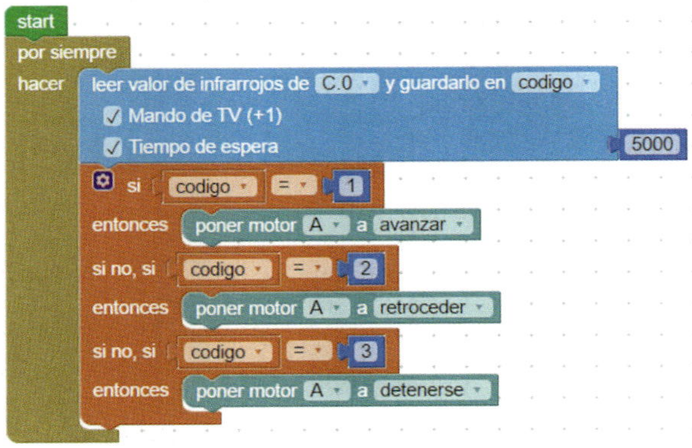

10. Finalmente, comprobad el funcionamiento del puente.

Resultado

Con el conmutador de cruce en una posición, tratad de subir las dos partes del puente; en otra posición invertid el sentido de giro del motor y, ahora, el puente bajará. Podréis comprobar que, si mantenéis el conmutador en una posición intermedia, el motor quedará parado y, por tanto, el puente, en reposo.

Comprobad también el funcionamiento del puente con el control mediante la placa Imagina Scratch utilizada.

Tareas

1. ¿Qué mecanismos se utilizan para reducir la velocidad del motor? Dibujad un esquema simplificado.

2. Teniendo en cuenta que el motor de la reductora gira a 1000 rpm y que el mecanismo del tornillo tiene:

   dientes de la rueda = 60

   entradas del tornillo = 1

   Determinad la velocidad de la rueda dentada del sistema de elevación.

3. Representad el esquema eléctrico utilizado en el control del puente.

Procura que...

- El hilo que hace de tirante quede bien tenso.
- El tornillo sin fin engrane bien con la rueda dentada.
- La estructura quede sólida.

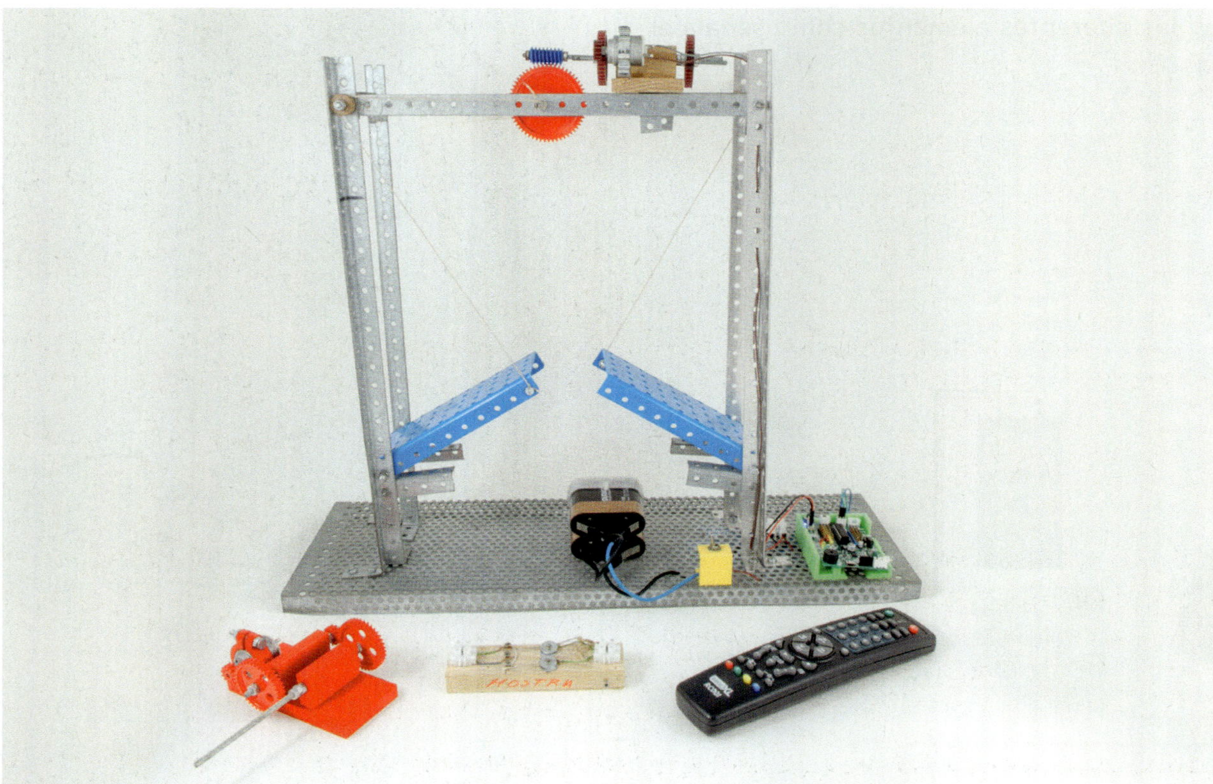

Propuesta de trabajo 3

Phet: simulación de circuitos

Trabajo individual

Duración aproximada: 1 hora

1. Descripción y análisis del problema

Los programas de simulación de circuitos por ordenador son herramientas muy didácticas, ya que se puede comprobar el funcionamiento y visualizar el valor de las diferentes magnitudes eléctricas de forma fácil. En esta propuesta de trabajo te proponemos analizar y comprobar la **ley de Ohm** mediante un circuito sencillo.

Kit de Construcción de Circuitos: CD

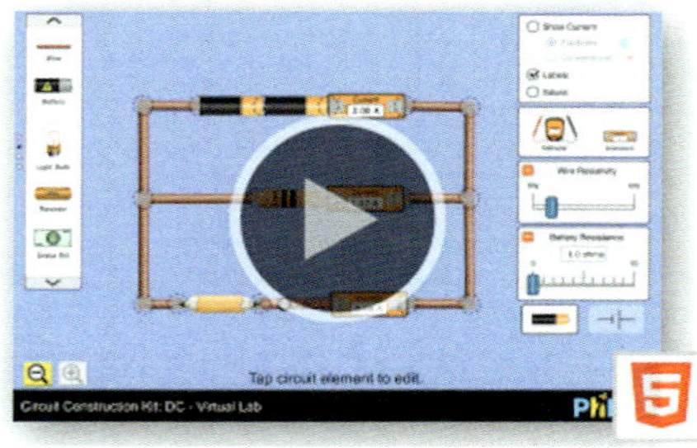

Página web: «Simulador Phet».

1. Abre el simulador Phet y, entre las opciones de *Física*, selecciona el apartado *Electricidad, imanes y circuitos*. Dentro de ese apartado, selecciona y abre el **Kit de construcción de circuitos: CD - Laboratorio virtual**.

Realiza el montaje del siguiente circuito, arrastrando los diferentes componentes a la zona de trabajo:

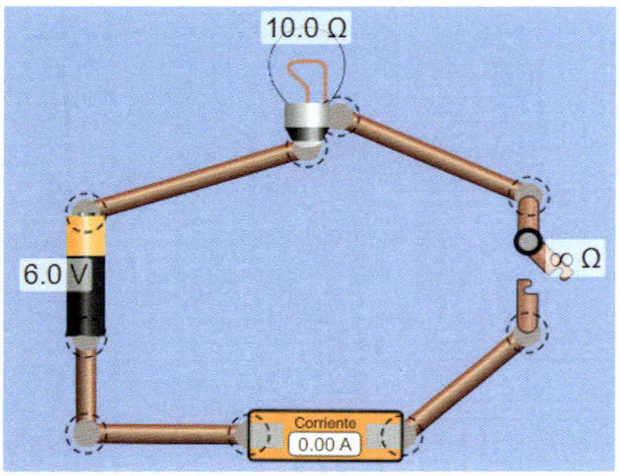

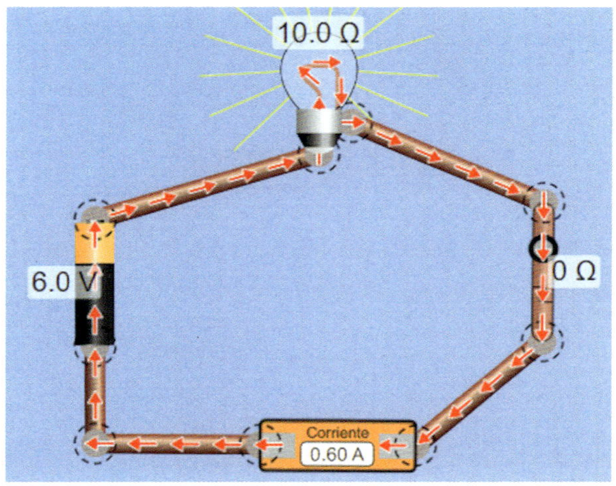

Tal y como puedes observar, la resistencia de la bombilla tiene un valor de 10 Ω y la tensión de la pila es de 6 V. Para fijar cada uno de estos valores, haz clic sobre el elemento correspondiente y selecciona el valor deseado.

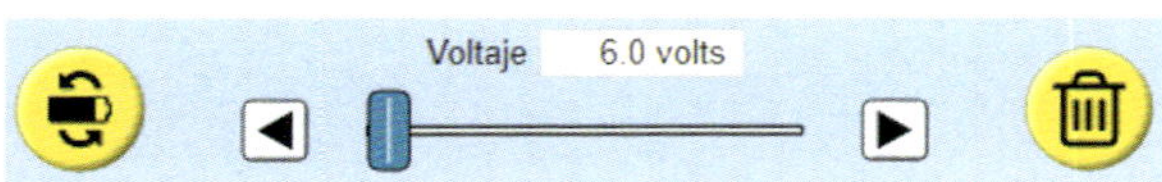

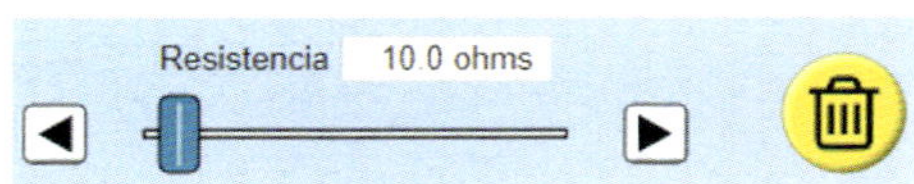

2. Asigna a la pila los valores de tensión: 1,5 V, 3 V, 4,5 V y 6 V, respectivamente, y anota en la tabla el valor correspondiente a la corriente medida por el amperímetro en cada caso.

$R_1 = 10\ \Omega$

Tensión (V)	0	1,5	3	4,5	6
Intensidad (A)					

3. A medida que aumentamos el voltaje de la pila, ¿qué ocurre con la intensidad?

4. Haz clic en el símbolo de la pila situado en la zona inferior derecha de la ventana y podrás comprobar que se muestra el esquema del circuito correspondiente al montaje realizado.

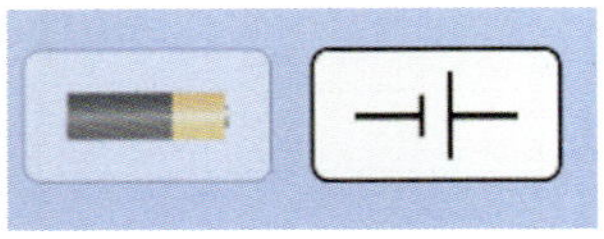

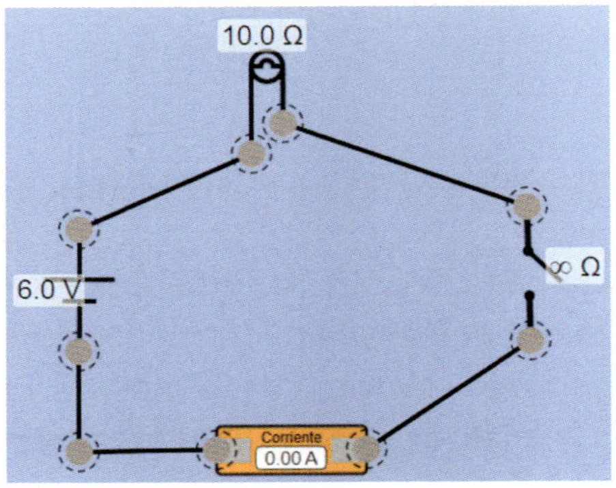

5. Ahora, asigna a la resistencia de la bombilla el valor de 20 Ω y ve dando a la pila los siguientes valores de tensión: 1,5 V, 3 V, 4,5 V y 6 V.

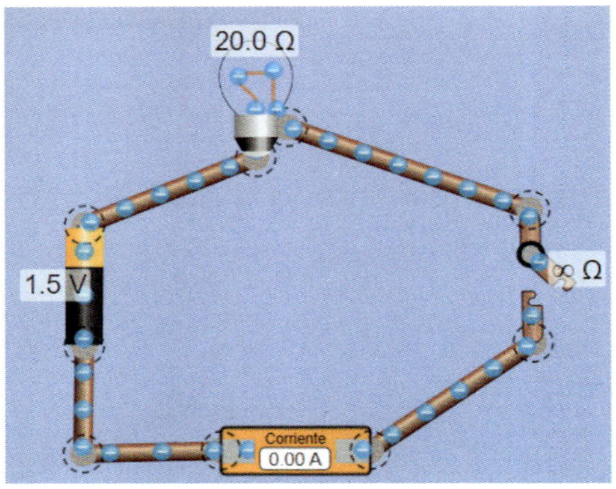

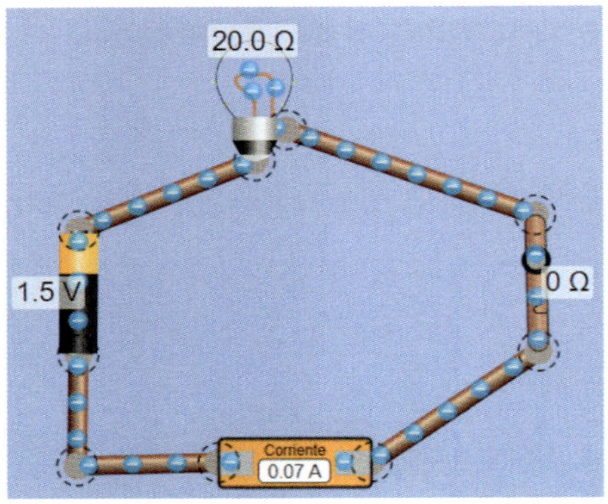

6. Copia en tu cuaderno de Tecnología la siguiente tabla y anota la medida del valor de la intensidad de corriente correspondiente a cada valor de tensión de la pila:

$R_2 = 20\ \Omega$

Tensión (V)	0	1,5	3	4,5	6
Intensidad (A)					

7. Utilizando la expresión matemática de la ley de Ohm, determina el valor de la intensidad de corriente que circula por el circuito para un voltaje de 3 V. ¿Coincide este valor con el medido por el amperímetro en el circuito?

8. A continuación, asigna a la resistencia de la bombilla el valor de 30 Ω y ve dando a la pila los siguientes valores de tensión: 1,5 V, 3 V, 4,5 V y 6 V.

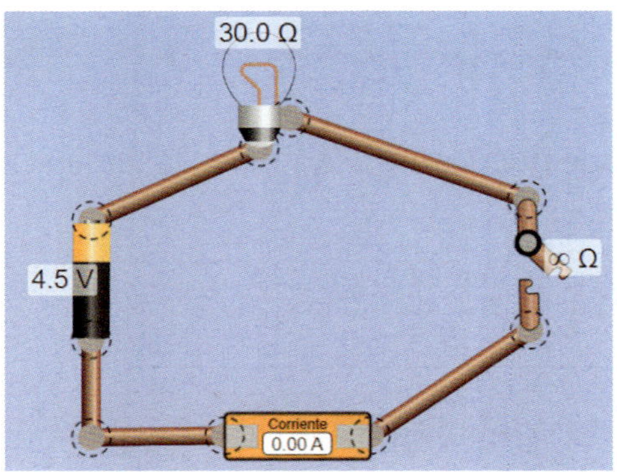

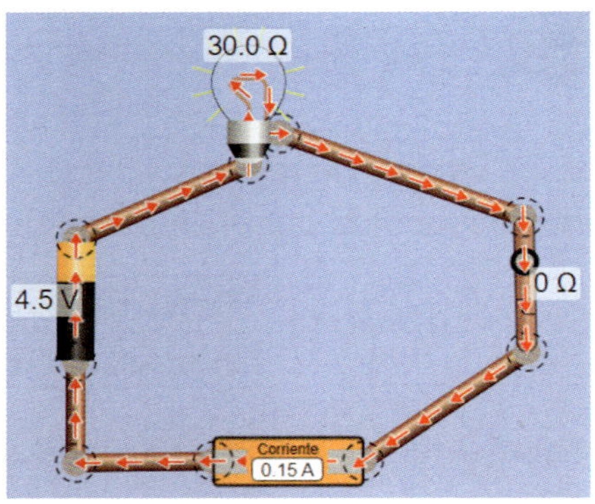

9. Copia en tu cuaderno de tecnología la siguiente tabla y anota la medida del valor de la intensidad de corriente correspondiente a cada valor de tensión de la pila:

$R_3 = 30\ \Omega$

Tensión (V)	0	1,5	3	4,5	6
Intensidad (A)					

10. Cuando disminuye el voltaje de la pila, ¿qué sucede con la intensidad?

11. En una hoja de papel milimetrado, haz la representación gráfica de las tablas de valores correspondientes a cada una de las resistencias: R_1, R_2 y R_3.

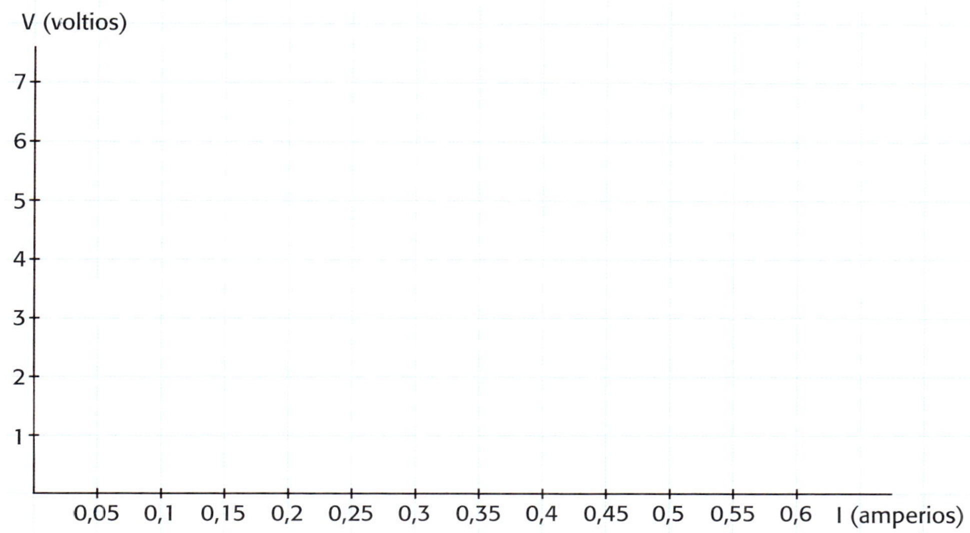

12. Marca una línea horizontal en la gráfica por el valor de 3 V y observa el punto de corte con cada una de las rectas que representan las resistencias. ¿Para qué valor de resistencia es mayor la intensidad? Justifica tu respuesta.

13. Marca una línea vertical en la gráfica por el valor de 0,15 amperios y observa el punto de corte con cada una de las rectas que representan las resistencias. ¿Para qué valor de resistencia es mayor la tensión? Justifica tu respuesta.

14. En cada uno de los montajes podríamos haber sustituido la bombilla por una resistencia y, siguiendo los mismos procedimientos anteriores, llegaríamos a idénticos resultados.

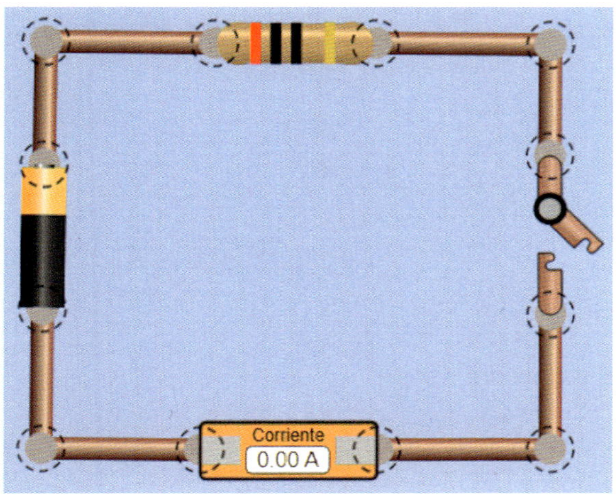

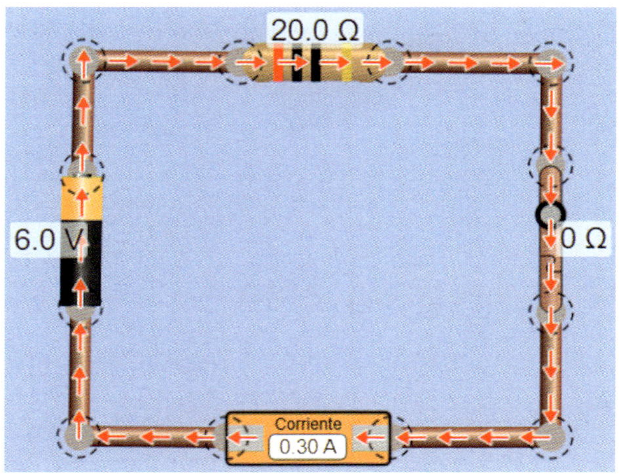

Simulación de circuitos eléctricos y electrónicos

Trabajo individual

Duración aproximada: 4 horas

1. Descripción y análisis del problema

En la actualidad, los programas de simulación por ordenador son una potente herramienta que utilizan muchos profesionales dedicados a la investigación y al diseño de aplicaciones industriales. Podemos encontrar en el mercado simuladores aplicados a tecnologías como la **neumática**, la **hidráulica**, la **eléctrica**, la **electrónica**, la **programación**, etc.

Ya has utilizado este programa en cursos anteriores para simular circuitos eléctricos sencillos o mecanismos, o para la realización de programas con diagramas de flujo.

En esta práctica te proponemos simular algunos circuitos eléctricos y electrónicos con el módulo **Technology**. Aunque no pretendemos aquí mostraros el amplio abanico de posibilidades de este simulador, sí trataremos de que seáis capaces de analizar su utilidad como **herramienta de aprendizaje**.

yenka

YenKa es propiedad de la empresa Crocodile Clips.

Página web: «Yenka».

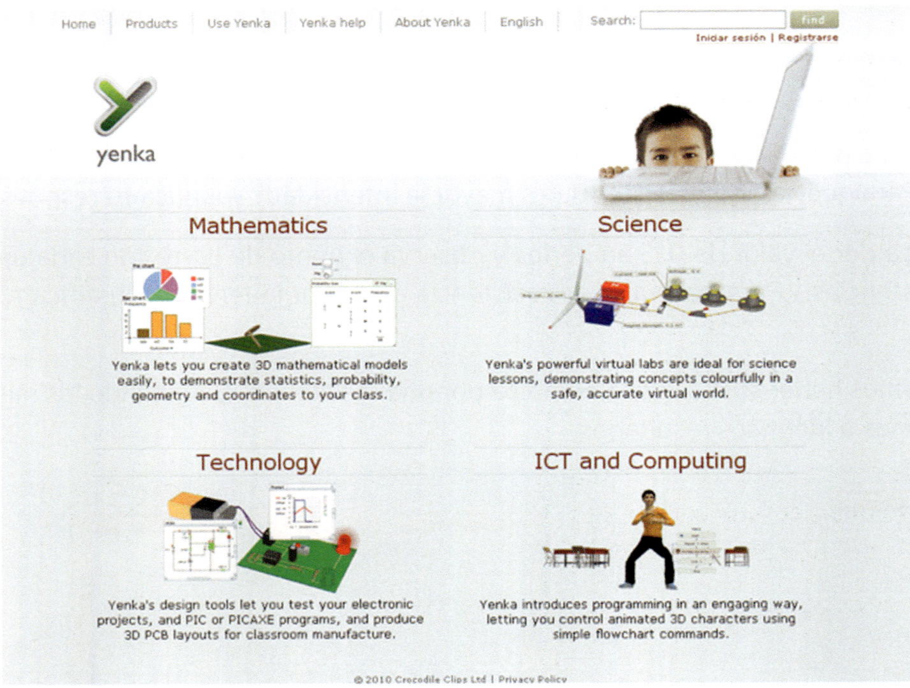

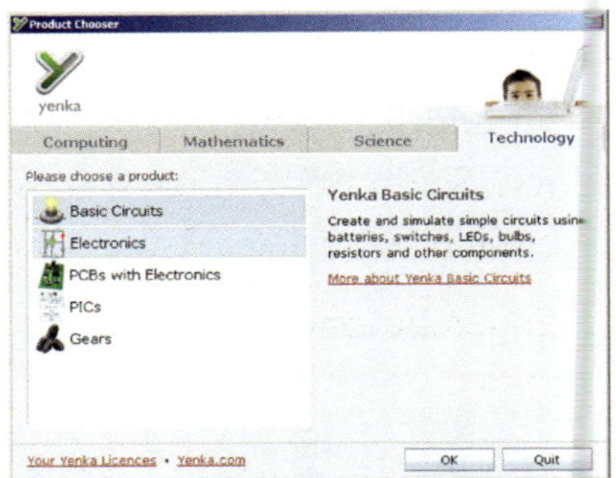

2. Inicio del programa

1. Abre el programa desde *Inicio* | *Programas* | *Yenka* o desde el icono del escritorio.
2. En la pantalla inicial, selecciona el módulo *Technology* | *Electronics*.

3. Ejemplos de los diferentes módulos

En el panel central, *Contents*, aparecen ejemplos de los diferentes módulos de electricidad y electrónica.

1. Ve al panel *Contents* y abre la carpeta **Circuit Theory**.
2. Abre el archivo **Fuse**. Observa las conexiones del circuito en la parte inferior y el mismo circuito en 3D en la parte superior.
3. Ve conectando los interruptores de izquierda a derecha y observa la lectura del miliamperímetro.
4. Cuando conectes el tercero, verás que el fusible se funde. ¿Por qué motivo crees que se ha fundido?
5. Si quieres volver a simular el circuito deberás cambiar el fusible. Para ello, primero es necesario desconectar alguno de los interruptores; después, sitúa el puntero sobre el fusible y verás que aparece el botón que tienes a la derecha. Haciendo clic sobre él, quedará sustituido por uno nuevo.

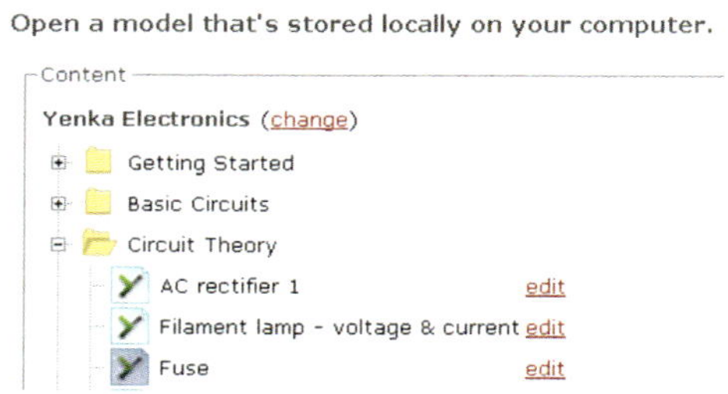

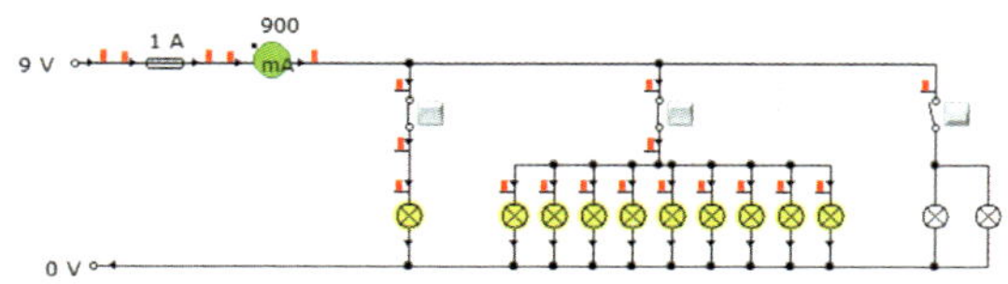

4. Diseño de circuitos

Ley de Ohm

1. Pulsa el botón del icono de YenKa que se encuentra situado en la parte superior izquierda y selecciona *New* para abrir una nueva simulación.
2. Se mostrará el panel de objetos con las librerías de los distintos componentes, en este caso, de *Electronic*, clasificados en diferentes carpetas, y una barra de herramientas en la parte inferior.
3. En la carpeta **Power Supplies** haz clic sobre *Variable voltage supply* y arrastra el elemento encima de la zona de trabajo.
4. Si sueltas el elemento, verás que se queda fijado.
5. Sitúate sobre el elemento y haz clic con el botón derecho del ratón. Selecciona *Properties...* y se abrirá una ventana con las propiedades, en este caso de la fuente variable de tensión.
6. En los botones de rotación, gira la fuente para que quede horizontal.
7. En *Voltage* | *Maximum* cambia a 12 V. Observa que si haces clic sobre el número de la fuente en la zona de trabajo puede cambiar el valor *Value*.
8. Selecciona ahora en la carpeta **Passive Components** el elemento *Resistor*. De la misma forma que has hecho antes, cambia el valor a 100 Ω.

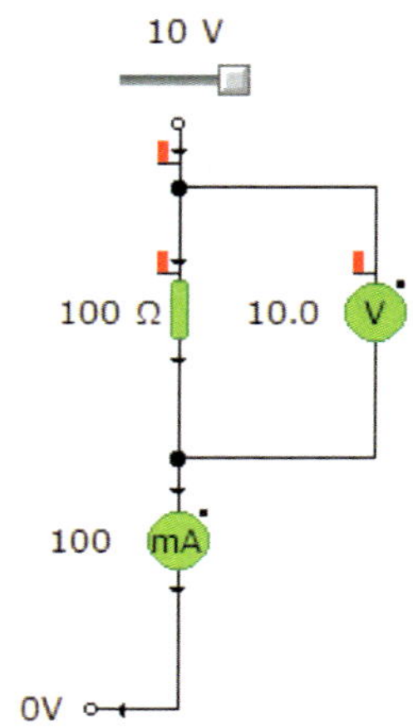

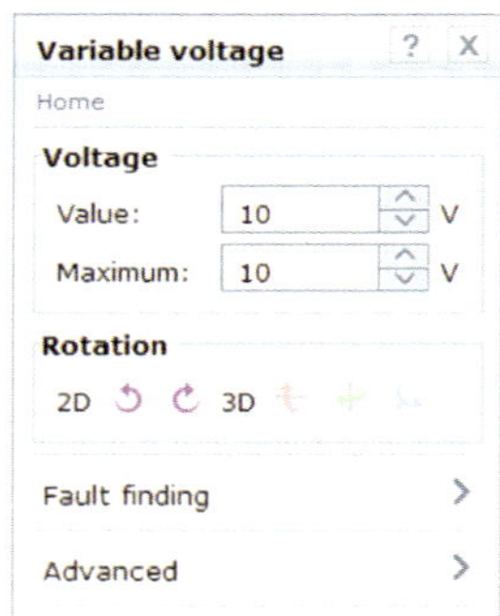

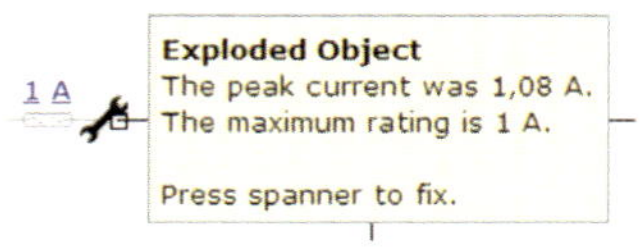

9. Saca ahora un amperímetro y un voltímetro de la carpeta **Measurament**.

10. Por último, saca de **Power Supplies** el elemento *Zero volt rail*.

11. Para conectar los elementos, sitúa el puntero encima de un terminal y verás que el cuadradito que lo representa se llena de negro. Arrastra hasta el otro terminal y, cuando haya cambiado a color negro, suelta el botón del ratón. La conexión quedará efectuada.

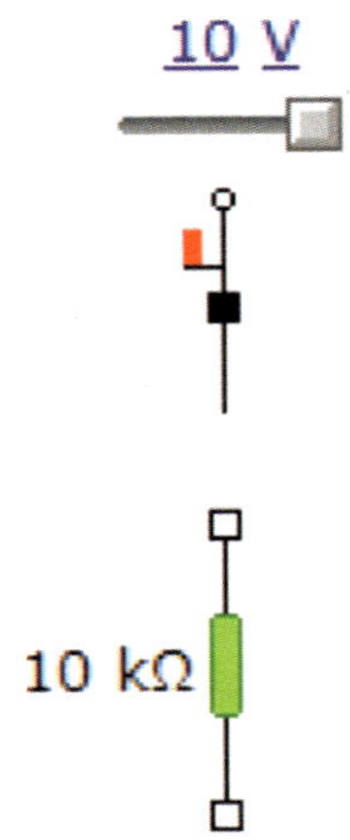

12. Realiza el resto de conexiones tal y como marca el esquema de la página anterior.

13. Observa que, cuando termines de hacer las conexiones, los aparatos de medida marcarán los valores correspondientes, por lo que no has tenido que hacer nada para simular el circuito, ya que no hay ningún elemento de control.

14. Si quieres detener la simulación, haz clic en el botón *Pause simulation* situado en la barra de herramientas.

15. Ve cambiando el valor de la tensión aplicada y observa los valores de la corriente y de la tensión en la resistencia.

16. Ahora representaremos el valor de la corriente que pasa por la resistencia en función de la tensión aplicada, es decir, veremos la ley de Ohm aplicada al circuito.

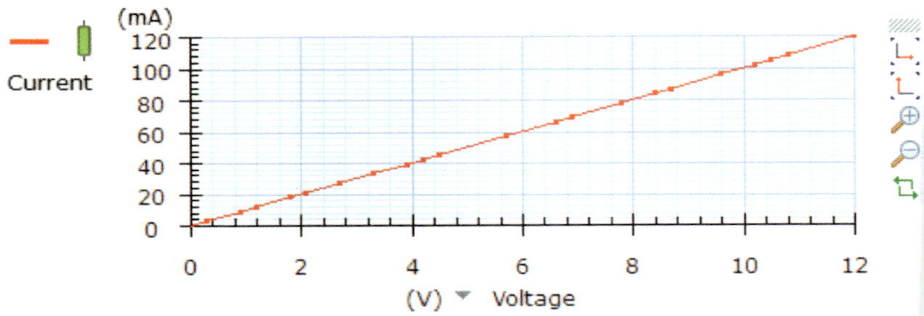

17. Ve a la carpeta **Presentation** del panel de objetos y arrastra *Graph* bajo el circuito.

18. Haz clic sobre el círculo que hay en el eje *Y* y arrastra el puntero hasta la resistencia. Verás que ahora aparece la resistencia en lugar del círculo.

19. Haz clic ahora en *Property* y elige *Current* como valor que queremos representar en este eje.

20. En el eje *X*, busca en *Local object property* y elige *Voltage*.

21. Para adaptar la escala de los ejes, abre la ventana *Properties* haciendo doble clic sobre el gráfico. Selecciona *Y-axis* y *X-axis* y varía los valores máximos para que queden como en la gráfica.

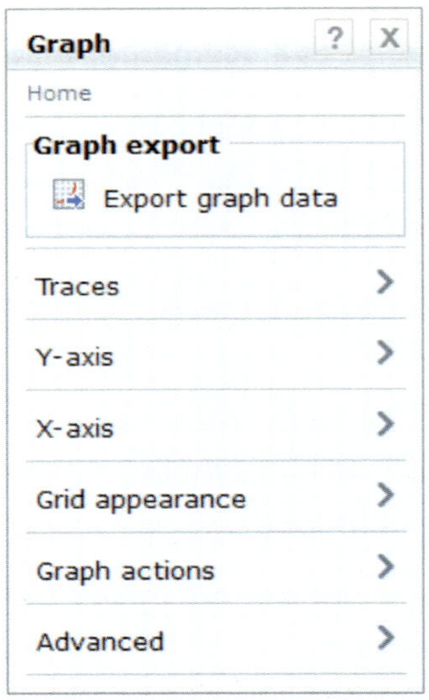

22. A la derecha del gráfico, verás unos controles que te servirán para restaurarlo, ampliarlo, etc.

23. Pon la tensión a 0, restaura el gráfico y ve subiendo poco a poco la tensión. Verás cómo se va dibujando el gráfico $I = f(V)$.

24. Guarda el circuito como **elec1**.

5. Más simulaciones

Ahora, te proponemos que realices unos ejercicios sobre simulaciones de varios circuitos eléctricos y electrónicos. Encontrarás en los diferentes archivos las **instrucciones** necesarias para llevarlos a cabo. En cada circuito, también deberás responder unas preguntas en el apartado **respuestas**.

Archivos: «Simulaciones con Yenka».

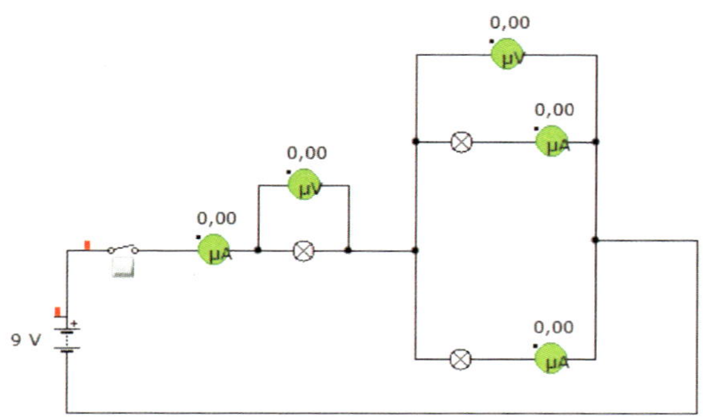

Archivo **elec2**. Simulaciones con circuitos serie, paralelo y mixto.

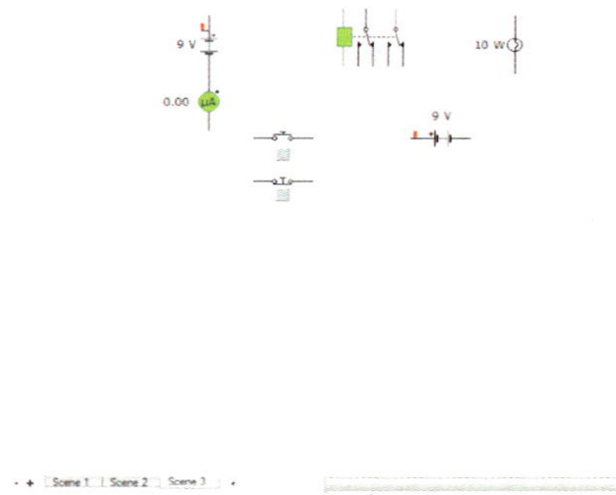

Archivo **elec3**. Simulaciones sobre relés.

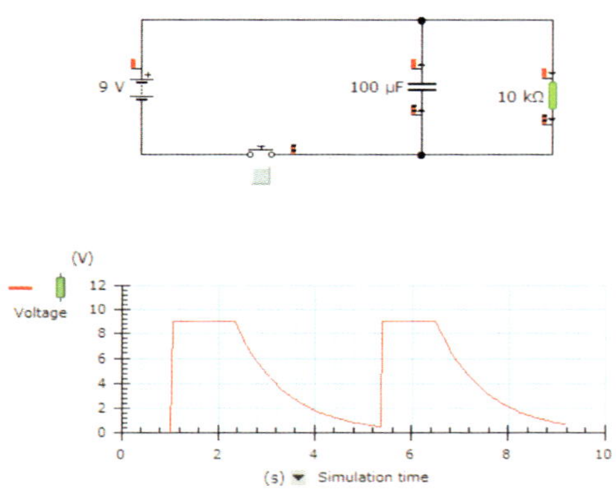

Archivo **elec4**. Simulaciones sobre condensadores.

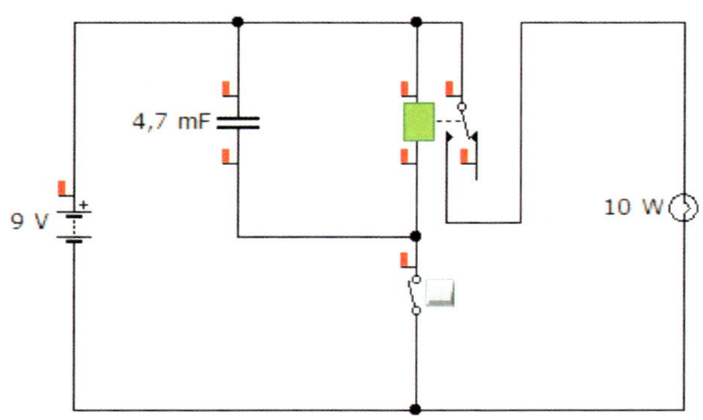

Archivo **elec5**. Simulaciones sobre temporizadores.

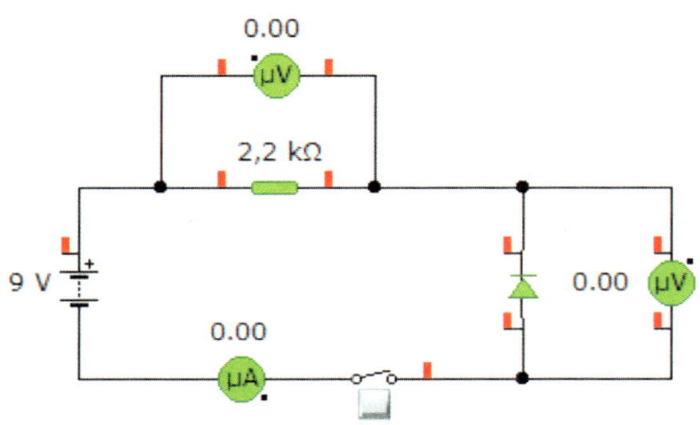

Archivo **elec6**. Simulaciones sobre diodos.

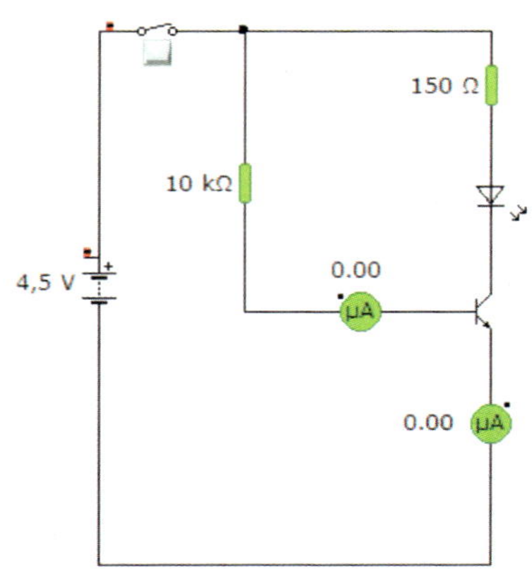

Archivo **elec7**. Simulaciones sobre transistores.

Propuesta de trabajo 5

TBoT STEAM controlado mediante una *app*

Grupo de alumnos recomendado: dos

Duración aproximada: 2 horas

Materiales	Herramientas
• placa controladora • portapilas y pilas o *power bank* • 2 servomotores de rotación continua • 2 ruedas para los servos • 2 miniservos • 2 diodos led • 1 pulsador • 1 sensor de ultrasonido • material reciclado para el soporte de la estructura (cartón, DM, pequeños listones de madera, etc.) • barra de cola termofusible • tornillos autorroscantes para sujetar la placa • cinta adhesiva de doble cara	• tijeras • destornillador • serrucho • pistola para cola termofusible

1. Descripción y análisis del problema

Se trata de diseñar y construir un robot con dos ruedas motrices capaz de realizar los movimientos básicos. Debe disponer de un sensor de ultrasonidos que detecte los obstáculos que encuentre en su recorrido y dos miniservos a los que irán acoplados sendos brazos. Se podrá optar por que funcione de forma autónoma o bien mediante una *app*. A este tipo de robot, creado a base de imaginación, lo llamaremos TBoT.

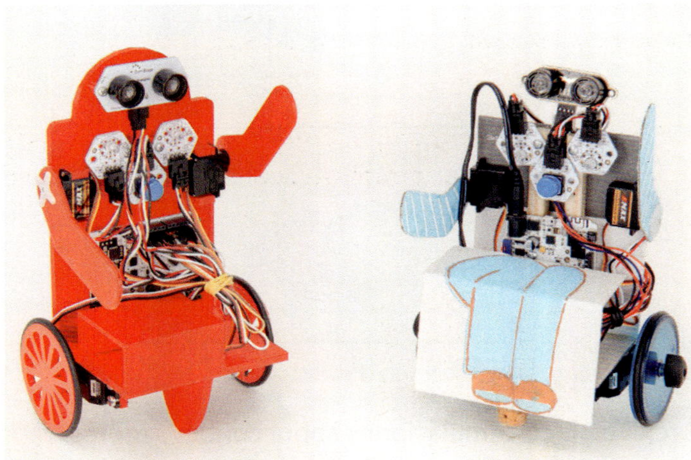

2. Inicio del programa

- La estructura del robot se diseñará en función de los materiales disponibles con la idea de reciclar. Pueden servir trozos de cartón, de DM o contrachapado fino, cartón pluma, pequeños listones de madera...
- El robot se programará para que funcione de forma autónoma o mediante una *app*.
- El robot construido se podrá manipular mediante una aplicación, de manera que pueda avanzar, retroceder, girar a la derecha, girar a la izquierda y detenerse.
- El software utilizado debe ser compatible con la placa controladora elegida.
- Si se dispone de impresora 3D, se puede optar por utilizar la estructura facilitada en **mundodigital: estructura_TBoT.stl**.

Archivos: «Propuesta de trabajo 5».

3. Proceso de trabajo

Estructura y montaje de los componentes de TBoT

1. Diseñad y construid una estructura adecuada a la placa de control de la que dispongáis. Fijaos, sobre todo, en que sea estable y permita el movimiento del robot.

2. Si lo creéis necesario, reforzad la estructura con algunos listones, de forma que os sirvan, además, para soportar los componentes.

Estructuras realizadas con cartón y con impresora 3D.

3. Montad todos los componentes sobre la estructura utilizando los elementos de sujeción disponibles (tornillos autorroscantes, cola termofusible o cinta adhesiva de doble cara).

4. Conectad los componentes tal como muestra el siguiente esquema, teniendo en cuenta que todos ellos utilizan E/S digitales.

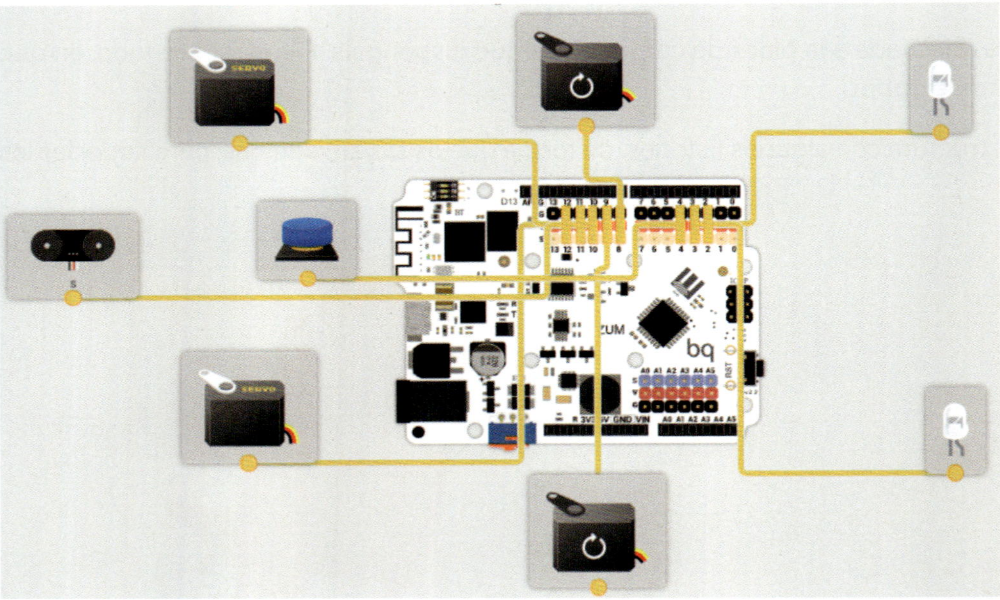

Programación del robot autónomo con pulsador

5. Entrad en vuestra cuenta de Bitbloq.

6. Programad el robot para que al presionar el botón de inicio se ejecuten las siguientes acciones:

1. Avanza durante 5 s con los dos ledes en intermitencia de 0,5 s.
2. Se para 0,5 s y apaga los ledes.
3. Retrocede durante 5 s con los dos ledes en emergencia de 0,5 s.
4. Se para 0,5 s y apaga los ledes.

El programa principal será:

Previamente, tendréis que definir las funciones AVANZAR, PARAR, APAGAR LEDS y RETROCEDER, y las variables TIEMPO_1 y TIEMPO_2.

– Variables globales y funciones

La función RETROCEDER será como la indicada en la función AVANZAR, teniendo en cuenta que habrá que cambiar el sentido de giro de los servos y utilizar la variable TIEMPO_2.

7. Cargad el programa en la placa y comprobad su funcionamiento.

Programación del robot autónomo con sensor de ultrasonidos

8. Programad el robot para que avance en línea recta y se detenga al detectar un obstáculo a menos de 30 cm. Si el obstáculo desaparece, el robot seguirá avanzando. El bucle principal sería:

– Bucle principal (Loop)

9. Realizad ahora la programación para que el robot pueda esquivar los obstáculos que encuentre en su camino.

10. Cargad el programa en la placa y comprobad su funcionamiento.

Programación del robot autónomo con movimiento de brazos

11. Programad el robot para que balancee los brazos alternativamente al activar el pulsador.

12. Cargad el programa en la placa y comprobad su funcionamiento.

Programación del robot mediante App Inventor

13. Entrad en App Inventor y preparad la aplicación. Esta debe disponer de cinco controles para que el robot vaya hacia adelante, hacia atrás, gire a la izquierda y a la derecha, y se detenga.

14. Desde la herramienta *Diseñador*, seleccionad los componentes que se observan en el visor del programa y en la figura. Podéis obtener las imágenes en **mundodigital**.

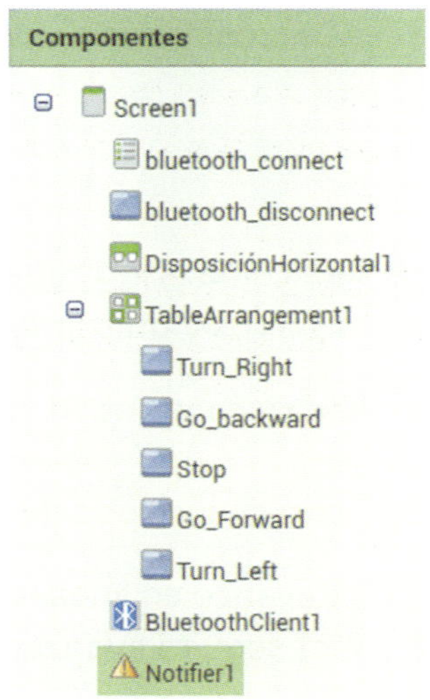

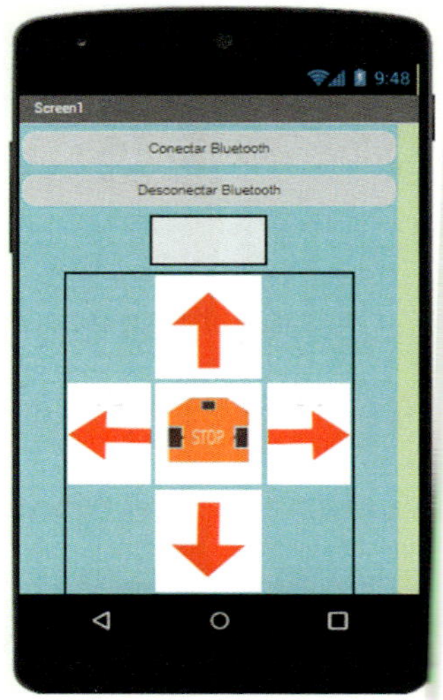

15. Accede ahora a la herramienta *Bloques* y programad primero las acciones para el *bluetooth*.

16. Después, programad las acciones para los botones de movimiento y paro del robot.

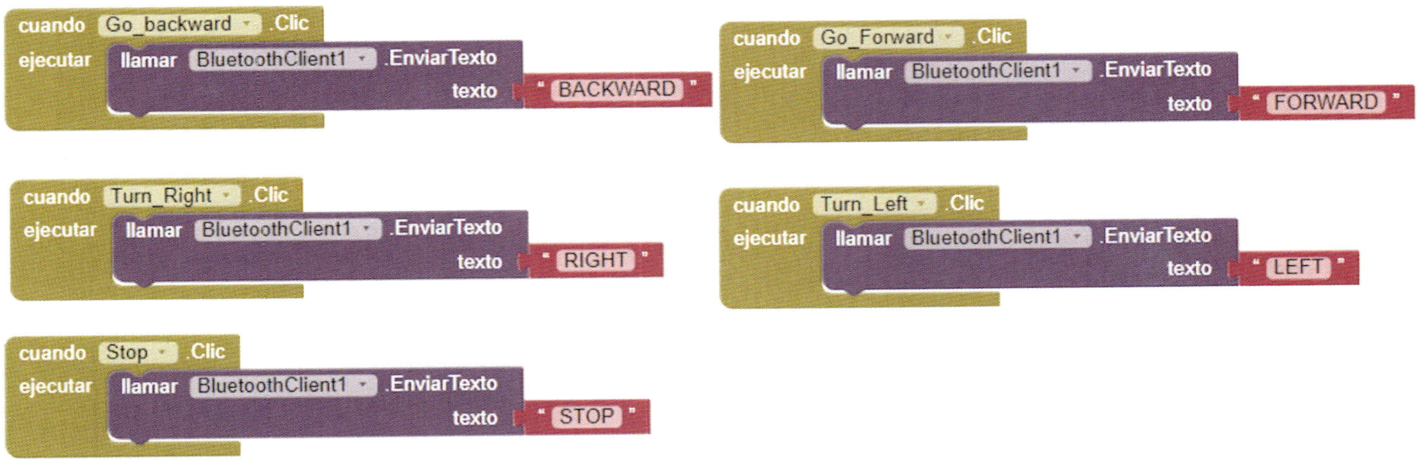

17. Guardad el proyecto como **TBoT** y cargadlo en el móvil.

18. Programad ahora el robot para utilizar únicamente los dos servomotores y que estos obedezcan las órdenes que hayáis programado en la *app* TBoT. Cargad el programa en la placa del robot.

19. Emparejad el móvil con la placa y, después, activad la aplicación. Veréis que, una vez seleccionada, podréis controlar vuestro TBot con el móvil.

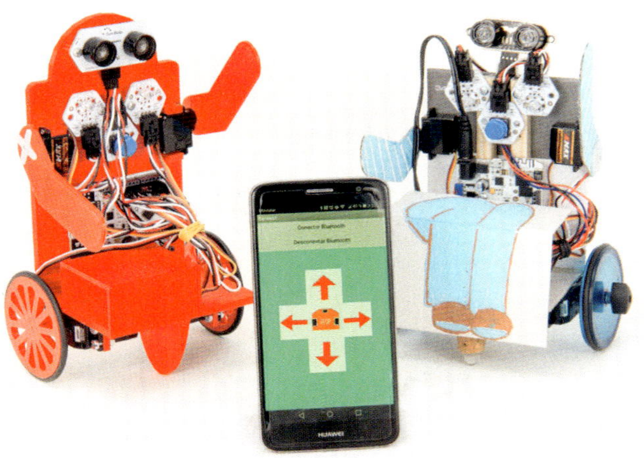

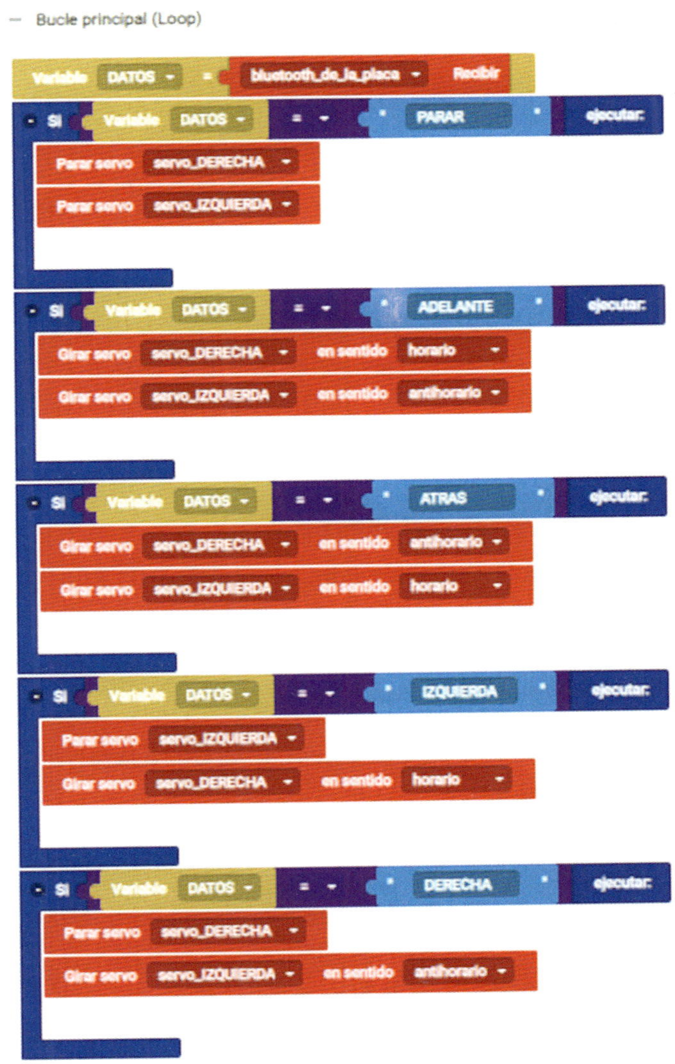

ABoT STEAM controlado mediante la placa Micro:bit

Grupo de alumnos recomendado: dos

Duración aproximada: una hora

Materiales	Herramientas
• placa controladora Micro:bit • *shield* de expansión para Micro:bit (Robotbit) • 2 motores reductores de CC de un eje 1:120. • 1 sensor de ultrasonidos • 2 sensores IR de seguimiento de líneas • cables de conexión tipo Dupont para los distintos elementos • 4 tornillos autorroscantes de 3 mm de diámetro y 6 mm de longitud para sujetar la placa a la *shield* • 4 tornillos autorroscantes de 2,5 mm de diámetro y 25 mm de longitud para fijar los dos motores • 2 tornillos M3 de 12 mm para fijar los IR a la estructura	• destornillador • alicates pequeños de punta plana

1. Descripción y análisis del problema

Se trata de diseñar y construir un robot con dos ruedas motrices que sea capaz de realizar los movimientos básicos. Además, dispondrá de un sensor de ultrasonidos, para poder detectar los obstáculos que encuentre en su recorrido, y dos sensores IR con objeto de detectar una línea. A este tipo de robot, creado a base de imaginación, lo llamaremos ABoT STEAM.

2. Condiciones iniciales

1. Se utilizará la estructura del robot ABoT STEAM que se ha diseñado en la unidad de «Tecnologías aplicadas a proyectos». Se podrán emplear también otras estructuras reutilizadas o de diseño propio.
2. El robot construido debe ser capaz de realizar, al menos, las siguientes funciones:
   - Avanzar, retroceder, girar a la derecha, girar a la izquierda y detenerse.
   - Seguir o detectar una línea.
   - Detectar obstáculos.
3. El software que se utilice ha de ser compatible con la placa Micro:bit.

3. Proceso de trabajo

1. Montaje del robot ABoT STEAM

Objetivo: Montar la estructura del robot a partir de los detalles constructivos que se piden.

Observa los detalles de las fotografías y monta el robot ABoT STEAM prestando especial atención a los elementos electrónicos que lo componen.

Estructura.

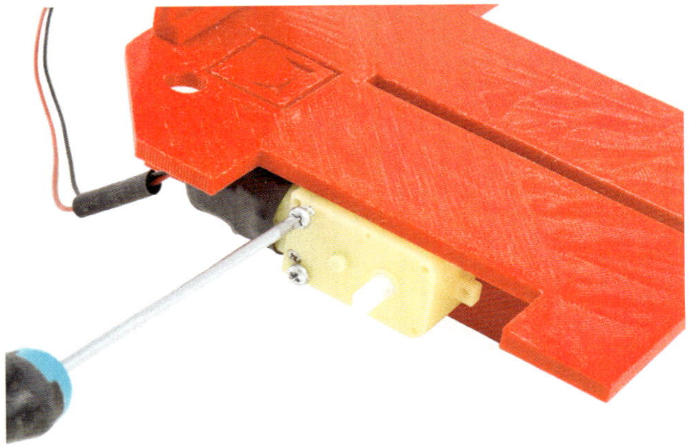

Detalle del montaje del motor.

Detalle del montaje de una rueda.

Detalle de la fijación de la *shield* al soporte.

Detalle de los sensores IR.

Detalle de las conexiones a la *shield*.

2. Movimientos básicos del robot ABoT STEAM

Objetivo: Programar el robot para que avance durante 5 segundos, retrocedida durante 5 segundos y haga una pausa de 2 segundos una sola vez.

1. Entra en Makecode e implementa el programa de la imagen. Para ello, debes cargar previamente la extensión **Robotbit**.
2. Carga el programa en la placa Micro:bit y comprueba el funcionamiento del robot.

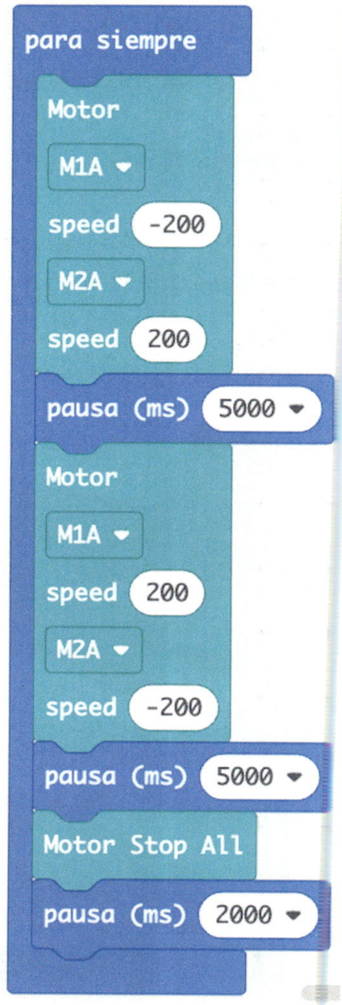

Ampliación

Crea ahora un programa para que el robot realice la secuencia anterior indefinidamente. Además, cuando el robot avance deberá encenderse la tira de ledes RBG en color verde, cuando retroceda cambiarán a color rojo y cuando esté parado los ledes quedarán apagados.

3. Control del robot ABoT STEAM con el sensor de ultrasonidos

Objetivo: Programar la placa Micro:bit para medir distancias en centímetros y mostrar los valores en la matriz de ledes.

1. Entra en Makecode e implementa el programa de la imagen. Para ello, debes cargar previamente las extensiones de **Robotbit** y **Sonar**.
2. Carga el programa en la placa Micro:bit y comprueba su funcionamiento aproximando o alejando del sensor la palma de la mano. Puedes ayudarte de una regla para verificar los resultados.

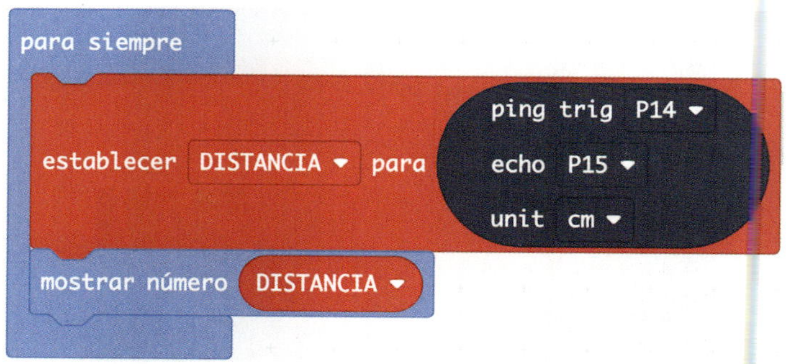

Ampliación

Se trata de programar el robot para que, utilizando el sensor de ultrasonidos, se detenga al detectar un obstáculo a menos de 20 cm. Cuando el obstáculo desaparezca, el robot continuará el movimiento de avance.

4. Robot ABoT STEAM rastreador

Objetivo: Programar ABoT para seguir una línea de color negro sobre fondo blanco.

1. Entra en Makecode e implementa el programa de la imagen. Para ello, debes cargar previamente la extensión de **Robotbit**.
2. Carga el programa en la placa Micro:bit y comprueba el funcionamiento sobre una pista de circulación.

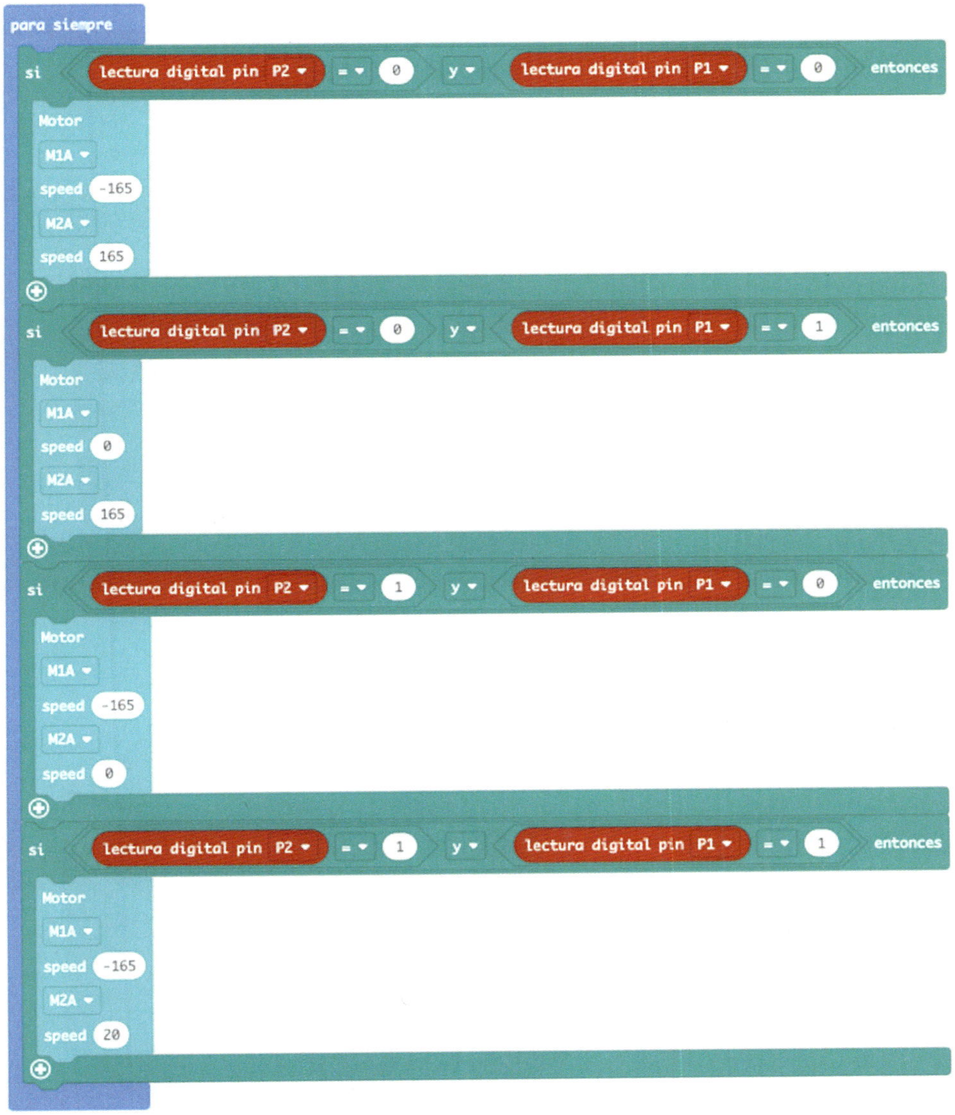

Ampliación

Se trata de crear un programa para que el robot no se salga de los límites de una pista de circulación cerrada.

Propuesta de trabajo 7

Caja mágica

Materiales	Herramientas
• placa Zum de BQ o Arduino • 1 servomotor • 1 portapilas de 8 pilas AA y pilas • 1 interruptor de palanca • tablero aglomerado de 10 mm de grosor • chapa o DM de 4 mm de grosor • 2 bisagras pequeñas y tornillos de sujeción • 4 tornillos autorroscantes de 15 mm de longitud con cabeza cilíndrica de estrella • cola de carpintero	• sierra • barrena • destornillador de estrella • pelacables • cortahilos

Grupo de alumnos recomendado: dos

Duración aproximada: 4 horas

1. Descripción y análisis del problema

Se trata de construir una caja de madera con una utilidad lúdica que se abra y se cierre mediante un interruptor.

2. Condiciones iniciales

- La caja dispondrá de capacidad suficiente para alojar la placa controladora, el portapilas, el servo y las piezas de anclaje del mismo.
- La programación se realizará sobre la placa controladora de BQ o Arduino.
- El programa se creará con la plataforma Bitbloq o Arduino.

3. Proceso de trabajo

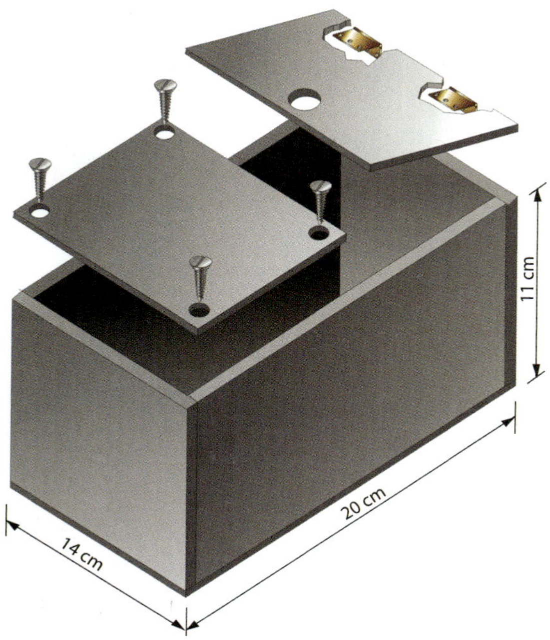

Construcción de la caja

1. Construid una caja de madera que tenga, como mínimo, las medidas de la figura. Haced las uniones con cola de carpintero ayudándoos de clavos pequeños. Podéis utilizar otros materiales como cartón, cartón pluma, etc., si lo preferís.
2. Aparte, construid la tapa superior. Divididla en dos mitades, una de ellas fija y la otra abatible sobre uno de los laterales.

Diseño y construcción de las piezas interiores

Archivos: «Propuesta de trabajo 7».

3. Construid dos piezas, una para la sujeción del servo y otra que servirá para accionar el interruptor. Las piezas pueden ser de plástico, madera, aluminio, etc. Un posible diseño, que podéis encontrar en los archivos para imprimir en 3D en **mundodigital**, sería el siguiente:

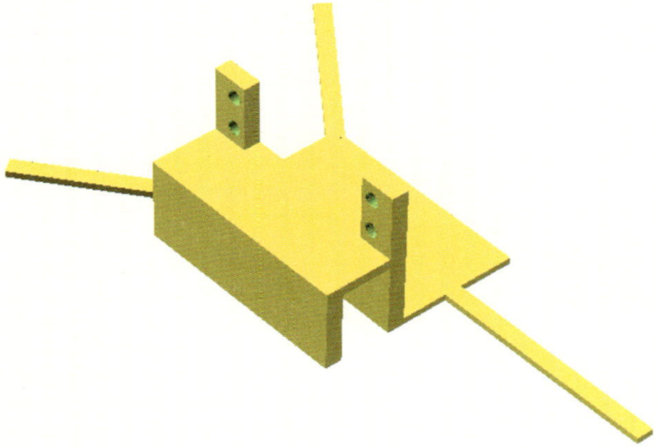

Soporte del servo.

Pieza accionadora del interruptor.

Montaje del conjunto

4. Montad los diferentes componentes tal como se muestra en las siguientes fotografías:

Esquema de conexiones

5. Realizad sobre la placa las conexiones de la figura del margen.

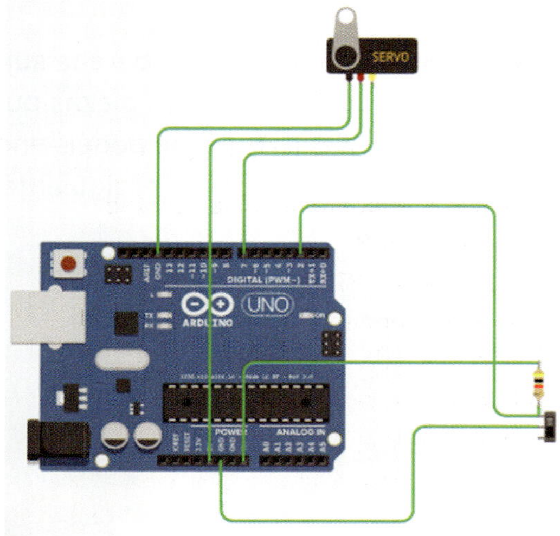

Programa con Bitbloq

6. Implementad el siguiente programa en la plataforma Bitbloq y, después, cargadlo en la placa.

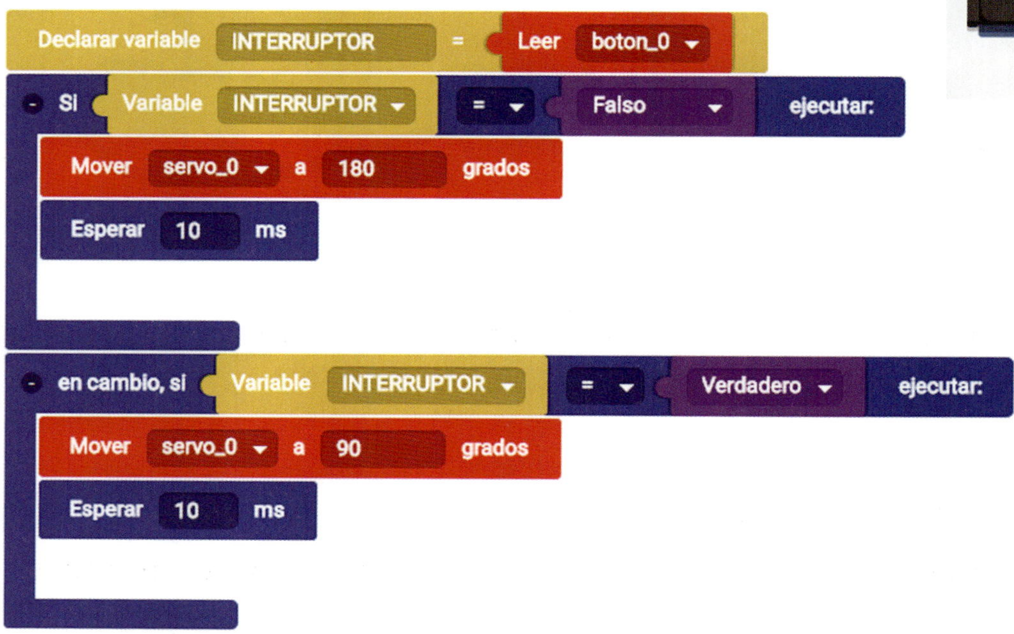

Puesta en funcionamiento

Propuesta de trabajo 8

Caja de seguridad

Materiales	Herramientas
• placa controladora Imagina Android • 1 conector USB • 8 sensores CNY70 • 1 servomotor de rotación continua • 1 portapilas de 4 pilas AA • 1 interruptor de palanca • hilo de conexionado • chapa o DM de 4 mm de grueso • 2 bisagras • tornillería • papel de lija	• sierra de marquetería • lima fina • taladro y broca • destornillador

Grupo de alumnos recomendado: dos

Duración aproximada: 4 horas

1. Descripción y análisis del problema

Se trata de construir la maqueta de una caja de seguridad que se abrirá mediante una determinada secuencia de señales luminosas aplicadas a sensores CNY70. Pasado un determinado tiempo, la caja se cerrará automáticamente.

2. Condiciones iniciales

- La programación se realizará sobre la placa Imagina Android.
- Se utilizará una salida digital para un servo de rotación continua y tres entradas digitales para los sensores CNY70.
- El programa se llevará a cabo en Logicator.
- La maqueta tendrá unas dimensiones similares a las de una caja de seguridad real.

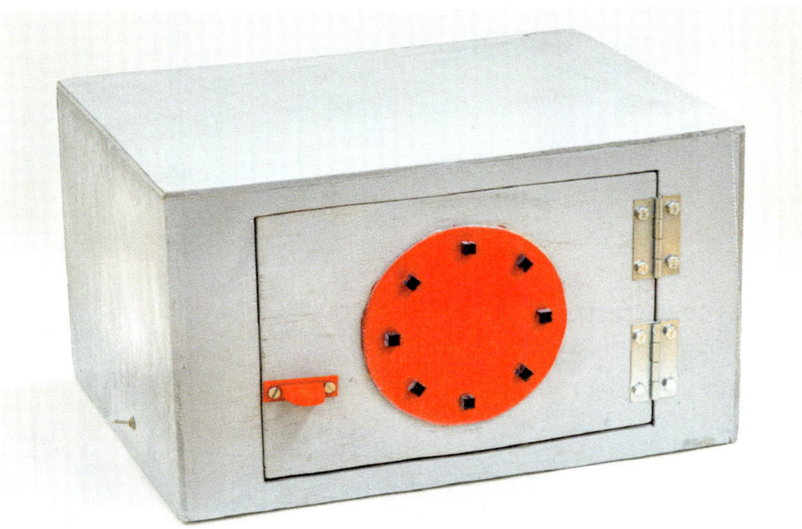

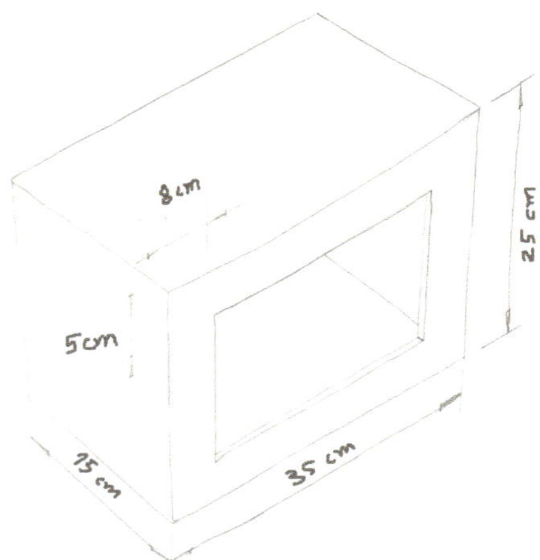

3. Proceso de trabajo

Construcción de la caja

1. Construid una caja de madera con las dimensiones aproximadas de la figura de la página anterior. Haced las uniones con cola de carpintero. Si lo preferís, podéis utilizar otros materiales como cartón pluma, plástico, etc.

2. Montad la puerta de la caja mediante un par de bisagras.

Diseño de las piezas de anclaje y tirador

3. Construid dos piezas de anclaje para el sistema de cierre. Una de ellas irá acoplada al servo de rotación continua y la otra, a la parte interior de la puerta. El tirador debe ir colocado en la parte exterior de la puerta de la caja. Las piezas pueden ser de plástico, aluminio, etc. Un posible diseño, que puedes encontrar en los archivos para imprimir en 3D en **mundodigital**, sería el siguiente:

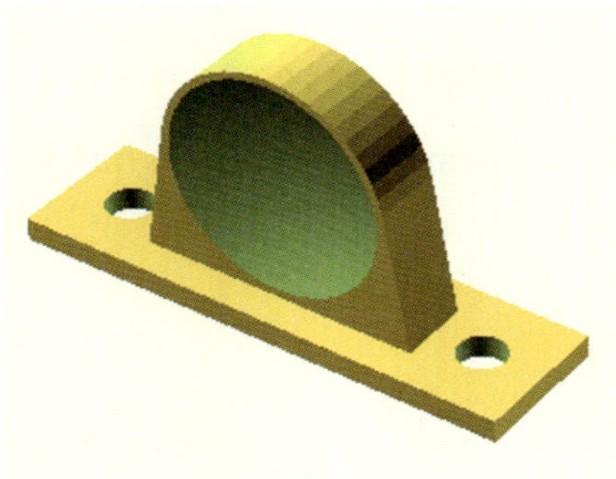
Pieza de anclaje del tirador.

Pieza de anclaje de la puerta.

Pieza de anclaje del servo.

Archivos: «Propuesta de trabajo 8».

Montaje

4. Montad los componentes de la caja tal como muestran las siguientes fotografías:

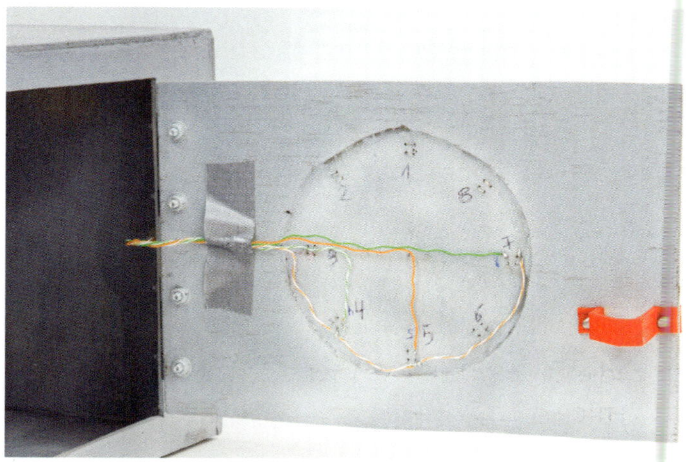

Esquema de conexiones

El CNY70 tiene cuatro pines de conexión, dos de los cuales se corresponden con el ánodo y cátodo del emisor, y los otros dos con el colector y el emisor del receptor. Cuando la luz incida sobre el sensor, habrá flujo de corriente entre el emisor y el colector, es decir, se comportará como un interruptor cerrado.

Utilizad los pines del emisor y el colector: conectad el primero a Vcc y el segundo al pin correspondiente de la placa Imagina Android (en este caso irán a los pines C.4, C.5 y C.7).

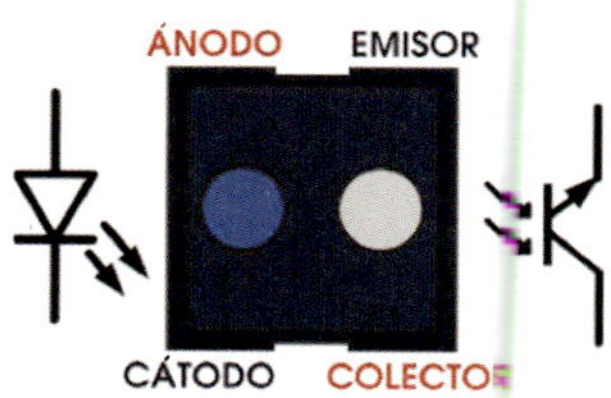

La placa se puede alimentar con una batería de cuatro pilas de 1,5 voltios con un interruptor para conectar y desconectar todo el sistema. El servomotor en las salidas adecuadas y los CNY70 en las entradas 4, 5 y 7 (recuerda que de los cuatro terminales solo será necesario utilizar dos: el emisor y el colector).

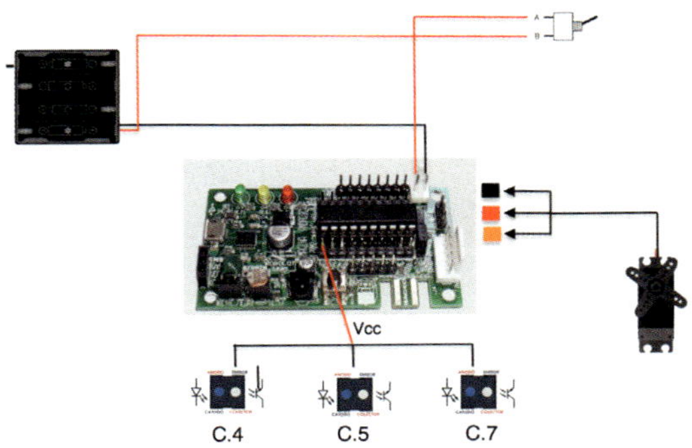

Programación

Implementad el programa inferior utilizando Logicator:

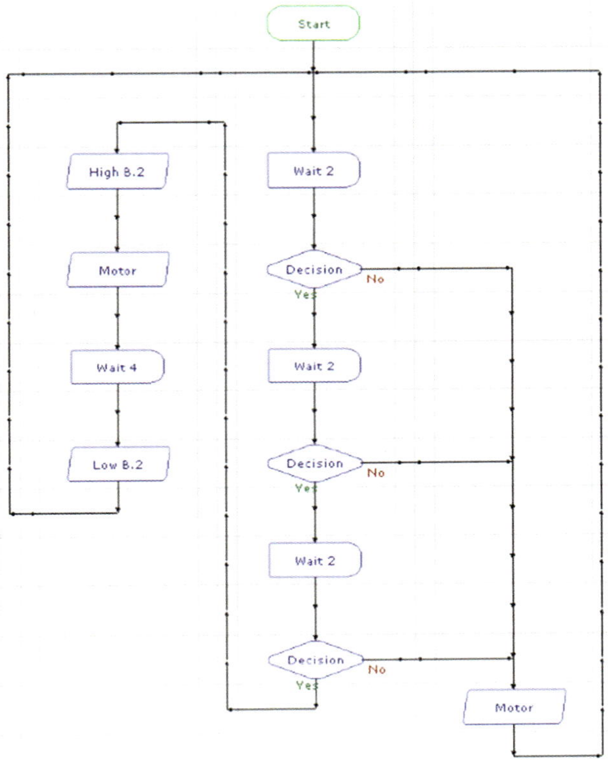

Funcionamiento

Cargad el programa en la placa y comprobad su funcionamiento.

Para conseguir abrir la caja de seguridad dispondréis de una linterna que iluminará los sensores CNY70 en la secuencia programada C.7, C.5 y C.4.

Internet de las cosas: IoT

Trabajo individual

Duración aproximada: 3 horas

Elementos necesarios
• placa Micro:bit y aplicación MakeCode para programarla • Módulo de expansión de la placa IoT:bit. Este módulo permite conectar fácilmente los sensores a la placa y, también, conectar la placa a la red wifi para enviar los datos a Internet. • Los sensores necesarios para los dispositivos que se quieren controlar, que deberán conectarse a la placa Micro:bit. Se puede adquirir el Smart Science IoT Kit, que incluye la placa de expansión y distintos sensores. • Un servidor de Internet donde almacenar los datos recogidos por los sensores y poderlos leer con un dispositivo electrónico como un teléfono o una tableta. • conexión a Internet y ordenador

1. Descripción

Actualmente se pueden controlar muchos aparatos y sistemas que utilizamos en nuestra vida cotidiana gracias a Internet. Por ejemplo, con un teléfono móvil podemos conectar y desconectar la alarma de la casa o ver las imágenes de las cámaras que haya instaladas, aunque nos encontremos a miles de kilómetros. Esto es posible porque...

1. Los distintos aparatos domésticos, como cámaras o detectores de movimiento, se pueden conectar con la wifi de la vivienda y enviar los datos que recogen a un servidor de Internet.
2. Se puede acceder a estos servidores desde cualquier lugar donde podamos conectarnos a Internet para ver los datos almacenados y realizar las actuaciones que se considere necesarias.

Gracias a la conexión de los objetos y dispositivos a Internet, lo que llamamos **IoT** 'Internet de las cosas' (del término en inglés *Internet of Things*), podemos controlar multitud de objetos de uso cotidiano a través de Internet y acceder a la información constantemente actualizada.

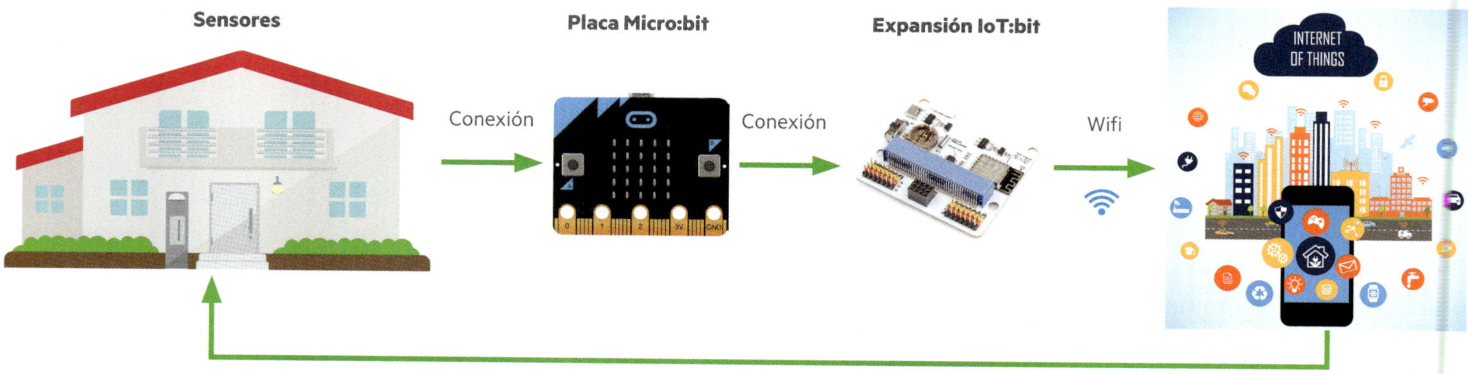

La placa Micro:bit y la expansión de la placa IoT:bit son muy útiles para realizar proyectos IoT.

Supongamos que hay que monitorizar el nivel de ruido de la biblioteca para saber en qué momentos se supera el nivel de sonido aceptable. **Para ello, podemos implementar un sistema IoT en el que un sensor capte el nivel de ruido y envíe periódicamente los datos a un servidor de Internet al que podamos acceder con nuestros dispositivos móviles.**

2. Proceso de trabajo

Conexión del módulo de expansión IoT:bit

Lo primero que debes hacer es conectar la placa Micro:bit con el módulo de expansión IoT:bit. Tras asegurarte de tener colocada la pila de la expansión, simplemente tienes que encajar la placa en el módulo.

Agregar una extensión a Makecode

Para programar la placa Micro:bit con el módulo de expansión IoT:bit es necesario agregar una extensión a la aplicación *makecode:microbit*. Para ello, deberás seguir estos pasos:

Página web: «makecode:microbit».

1. Accede a *makecode.microbit* y crea un nuevo proyecto.
2. Busca el botón de las extensiones que encontrarás en la caja de herramientas.
3. Busca la extensión IoT y clica sobre ella para agregarla a Makecode.
4. Se instalarán cuatro nuevas herramientas: ESP8266_IoT, OLED, RTC1307 y Octopus.

Sincronizar el reloj RTC 'Real Time Clock' de la expansión IoT:bit

Para trabajar conectados a Internet es necesario sincronizar la fecha y la hora del dispositivo que se quiere conectar con la red. La expansión IoT:bit dispone de un reloj RTC que hay que sincronizar. Una pila se encargará de mantener la fecha y la hora actualizadas aunque la placa no esté conectada.

1. En la herramienta RTC07 encontrarás los bloques para sincronizar el reloj, tal y como muestra la figura.
2. Pon la fecha y la hora actual pero suma 5 minutos para tener tiempo de grabar el programa en la placa Micro:bit.
3. Una vez grabado el programa en la placa, justo cuando sea la hora programada, pulsa el botón A de la placa.
4. El reloj de la expansión IoT:bit se pondrá en hora y en la matriz de ledes aparecerán los minutos.
5. Aunque desconectes la placa el módulo de expansión, la hora quedará sincronizada gracias a la pila.

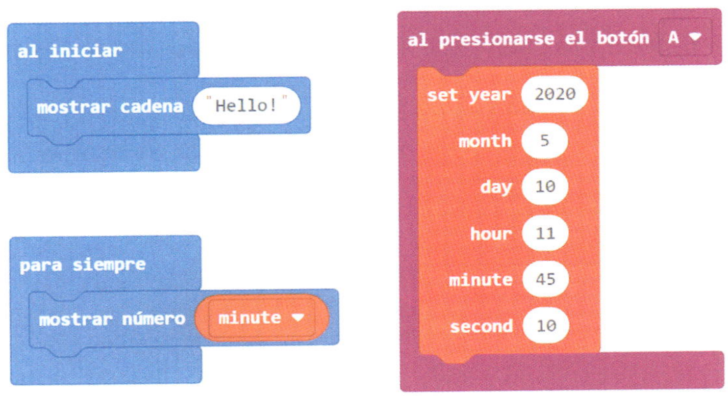

Para transferir el programa es necesario conectar la placa Micro:bit, pero para comprobar el funcionamiento de la expansión debes conectar la placa IoT:bit.

Conectar la placa a la wifi

Si quieres conectar la placa a un servidor para que envíe los datos recogidos por los sensores es necesario acceder a una red wifi. Para ello necesitarás utilizar los módulos de la herramienta ESP8266_IoT.

Bloque de inicio

1. Activa la wifi de la placa a través de los pines P8 y P12 a una velocidad de transmisión de 115 200 baudios.
2. Indica el nombre de la red (SSID 'Service Set Identifier') y su contraseña.
3. Para saber si se conecta correctamente, pon un tic o una cruz.
4. Graba el programa en la placa y comprueba que se conecta a la red wifi escogida.

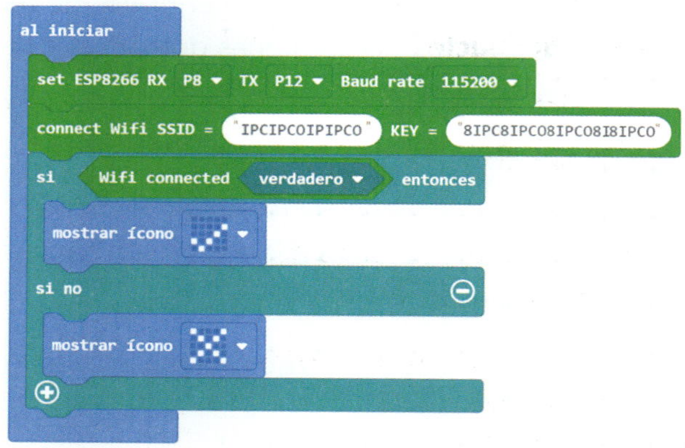

Alta en la plataforma ThingSpeak IoT

Necesitaremos un servidor para enviar los datos. En nuestro caso, vamos a utilizar la plataforma ThingSpeak.

Página web: «ThingSpeak».

1. En primer lugar debes registrarte en la plataforma. Puedes hacerlo gratuitamente, accediendo a ThingSpeak, y clicando en el botón *Get Started For Free*.
2. Después, crea una nueva cuenta clicando en *Create one!*, y escribe tu dirección de correo electrónico. A continuación, debes ir rellenando las casillas y seguir los pasos que se indican.
3. Por último, verifica la nueva cuenta en tu correo y establece tu contraseña de acceso.

Creación de un canal en ThingSpeak

Se pueden monitorizar los datos de varios proyectos diferentes como, por ejemplo, para un invernadero, para la iluminación, para una alarma, etc. Para cada proyecto habrá que crear un único canal.

1. Entra en tu cuenta de ThingSpeak y pulsa sobre la pestaña Channel para crear un proyecto nuevo.
2. Como únicamente vas a medir el nivel de ruido de la biblioteca, solo será necesario activar un campo, al que pondrás el nombre «Nivel de ruido». En un mismo canal podrías controlar varios campos: ruido, temperatura, luz, etc.
3. Puedes realizar una breve descripción del canal, si lo deseas.
4. En la parte inferior, encontrarás el botón para guardar el canal creado.

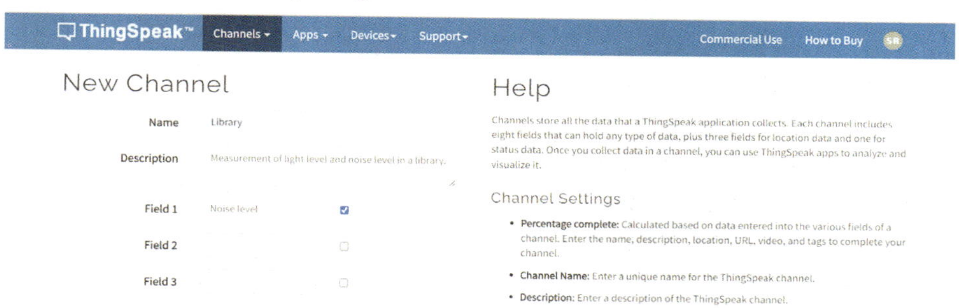

Recoger y subir datos

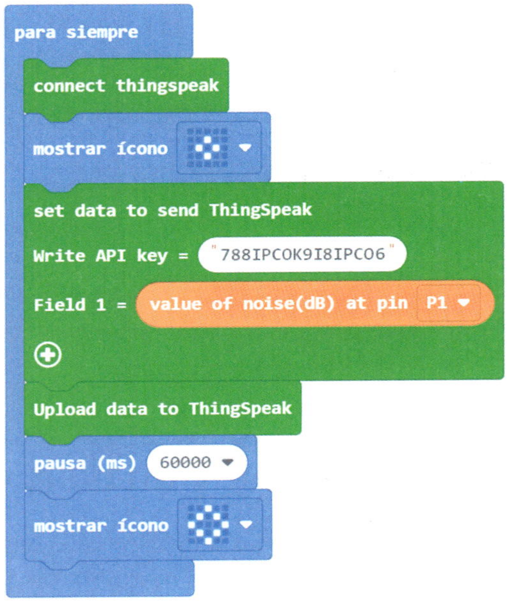

Ahora ya se pueden enviar los datos. En el mismo programa que conecta la placa con la wifi es necesario programar un bucle tal y como se aprecia en la figura.

Dentro del bucle

1. Conecta la placa con el servidor que envía los datos. En nuestro caso, ThingSpeak. Al conectarse se muestra en la matriz de la placa una figura.
2. Ahora se recopilan los datos que se van a enviar pero es necesario indicar la clave del canal que se ha creado anteriormente.

   Para localizar la clave debes entrar de nuevo en ThingSpeak. Una vez hayas accedido a tu canal, selecciona la pestaña API Key. Allí encontrarás la clave.
3. Indica los datos que se van a enviar: en nuestro caso, el nivel de ruido. El sensor correspondiente deberás conectarlo al pin P1 de la extensión.
4. Cada minuto (60 000 ms) se subirán los datos a ThingSpeak. Puedes indicar el tiempo que desees.
5. Una vez enviados los datos, aparecerá en la matriz de ledes otra figura.
6. Por último, graba el programa en placa y alimenta la extensión para ponerla en funcionamiento y enviar los datos.

Leer los datos en ThingSpeak

Para comprobar que se van recogiendo datos vuelve a acceder al canal. En la pestaña *Private View* podrás ver los datos recogidos. El gráfico se irá actualizando por sí solo y la amplitud del mismo puede variar en función de los datos recogidos.

Ampliación

a) También se pueden ver los datos mediante un dispositivo móvil. Usa tu teléfono para ver los datos correspondientes al nivel de ruido de la biblioteca.

b) En las bibliotecas, además de controlar el ruido, puede resultar interesante controlar el nivel de iluminación. Conecta también un sensor de luz a la placa y amplía el canal de la biblioteca para que, además del ruido, se monitorice el nivel de luz.

Propuesta de trabajo 10

Inteligencia artificial: IA

Elementos necesarios
• placa Micro:bit y aplicación de MakeCode para su programación • coche inteligente Cutebot con batería de litio • kit AI Lens • módulo de expansión para programar el robot • módulo de expansión para poder programar los elementos del kit AI Lens • conexión a Internet y ordenador.

Grupo de alumnos recomendado: dos

Duración aproximada: 2 horas

1. Descripción y análisis del problema

Uno de los objetivos más ambiciosos que se ha planteado la ciencia es conseguir dotar a una máquina de una inteligencia similar a la humana. Así pues, podemos definir la IA (Inteligencia artificial) como la capacidad que tiene un dispositivo (móvil, ordenador, robot, etc.) para realizar tareas que, por lo general, requieren de la inteligencia humana.

Presentamos esta propuesta de trabajo con el fin de introducir la IA en los centros educativos de forma que el alumnado pueda encontrar soluciones robóticas a los retos del futuro, como, por ejemplo, que un vehículo autónomo lea e interprete señales, detecte peatones y actúe en consecuencia, etc.

2. Proceso de trabajo

Seguimiento de una línea

Se trata de utilizar el Cutebot con la pila de litio y la lente AI para conseguir la función de seguimiento de una línea.

1. Añadir el módulo de extensión *Cutebot*

Para programar el robot, primero hay que añadir una extensión a la aplicación de Makecode. Para ello, debéis seguir estos pasos:

1. Entrad en Makecode para crear un nuevo proyecto.
2. Pulsad el botón Extensiones que se encuentra en la caja de herramientas.
3. Escribid «cutebot» en el cuadro de diálogo para descargar el módulo.
4. Se instalarán dos nuevas herramientas: *Neopixel* y *CuteBot*.

2. Añadir el módulo de extensión *PlanetX-AI*

1. Una vez dentro de la aplicación de Makecode, pulsad el botón Extensiones.

2. Escribid «planetX-AI» en el cuadro de diálogo para descargar el módulo.

3. Se instalará una nueva herramienta: *Planet_AI-Lens*.

PlanetX-AI

(行星X)The micro:bit new sensor series PlanetX(only AI) with RJ11

Aprende más

3. Implementación del programa

1. En el bloque *inicio*, en primer lugar debéis inicializar la lente AI. A continuación, cambiad la función al modo de *seguimiento de línea* y, por último, configurad la matriz de ledes para mostrar el signo tic ✓.

2. En el bloque *siempre*, en primer lugar, introducid la instrucción para obtener una imagen de la cámara. A continuación, mediante la utilización de bloques condicionales, verificad la desviación de la línea en la imagen y haced la configuración. Para conseguir que el coche gire a la izquierda cuando la línea se desvíe a la izquierda, la velocidad de la rueda izquierda debe ser del 10 % y la rueda derecha el 40 %. Si la línea se desvía hacia el lado derecho, la velocidad de la rueda izquierda será del 50 % y la rueda derecha el 10 % para conseguir que el vehículo gire a la derecha, y, para que el robot avance con la línea, la velocidad de las dos ruedas será del 20 %.

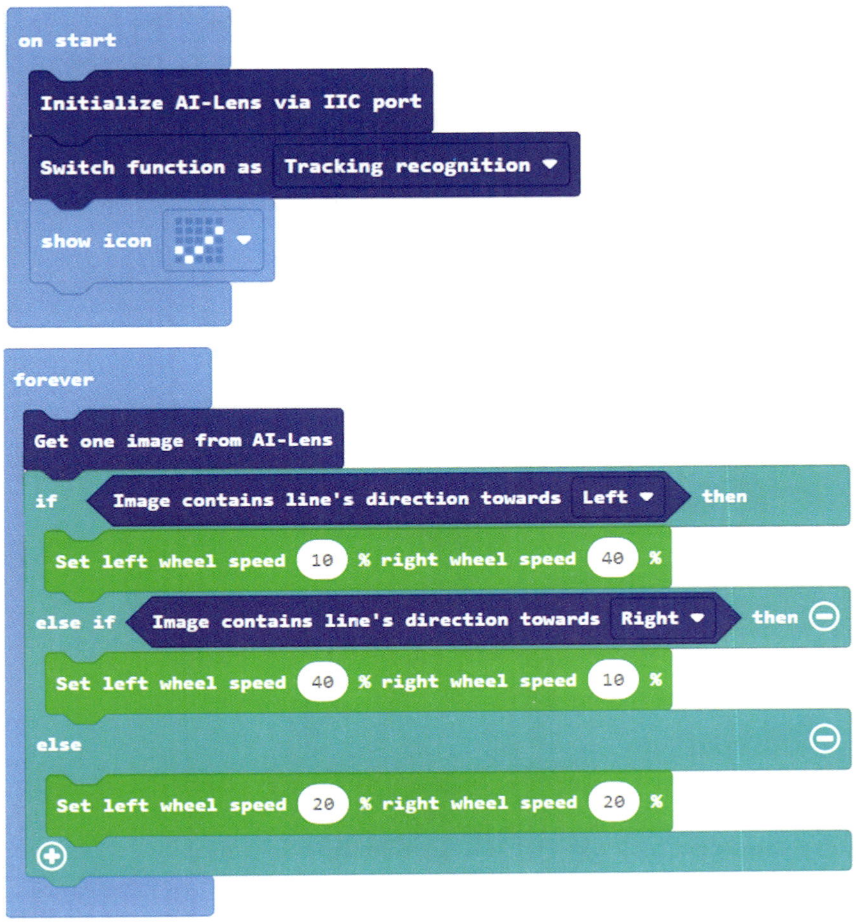

Realizar un recorrido con tarjetas de señalización

Realizaremos el control del Cutebot con la pila de litio y la lente AI mediante el reconocimiento de las tarjetas de señalización.

1. Añadir los módulos de extensión *Cutebot* y *PlanetX-AI*

Añadid estos dos módulos de extensión siguiendo los pasos descritos en el apartado anterior.

2. Implementación del programa

1. En el bloque *inicio*, en primer lugar debéis inicializar la lente AI. A continuación, cambiad la función al modo de *reconocimiento de tarjetas* y, por último, configurad la matriz de ledes para mostrar el icono de la cara feliz.
2. En el bloque *siempre*, en primer lugar introducid la instrucción para obtener una imagen de la cámara. A continuación, mediante la utilización de bloques condicionales simples, comprobad el icono de las tarjetas en la imagen y haced la configuración. Cuando se reconoce la señal de la flecha *adelante*, la velocidad de las dos ruedas (izquierda y derecha) debe ser del 30 % para conseguir que el robot avance. Al reconocer la señal de la flecha de *giro a la izquierda*, el vehículo debe girar a la izquierda durante 0,5 segundos a una velocidad del 20 % y después avanzar (hay que tener en cuenta que AI Lens dispone de tres búferes y es necesario obtener tres imágenes para poder borrar el búfer después de la ejecución). Cuando se reconoce la señal de la flecha de *giro a la derecha*, el vehículo debe girar a la derecha durante 0,5 segundos a una velocidad del 20 % y después avanzar (como en el caso anterior necesitamos obtener tres imágenes). Cuando se reconoce la señal de *detenerse*, el robot se detendrá.

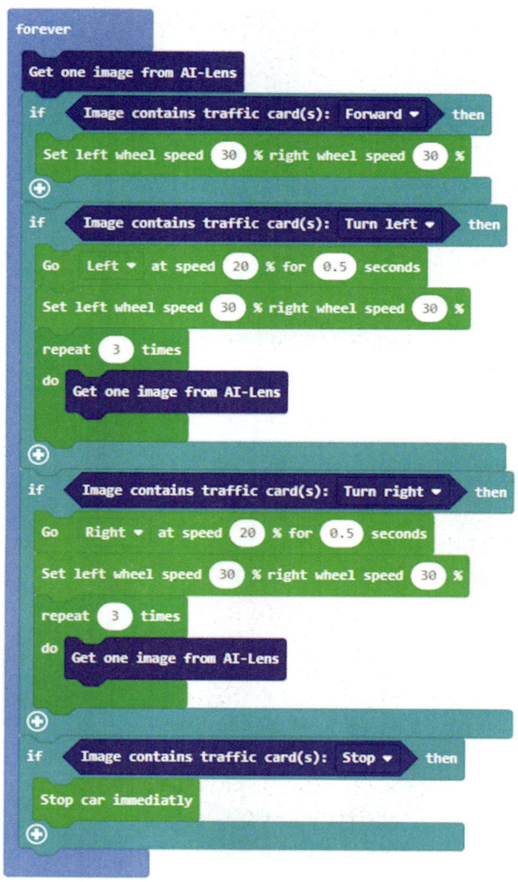

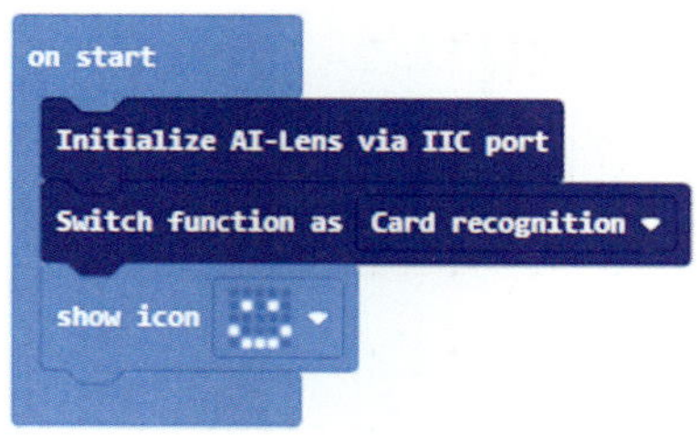

Reconocimiento facial

Ahora se trata de utilizar el Cutebot con la pila de litio y la lente AI para realizar la función de reconocimiento facial.

1. Añadir los módulos de extensión *Cutebot* y *PlanetX*-AI

Añadid estos dos módulos de extensión siguiendo los pasos descritos en el primer apartado.

2. Implementación del programa

1. En el bloque *inicio*, en primer lugar debéis inicializar la lente AI y, a continuación, cambiar la función al modo de *reconocimiento facial*.
2. En el bloque *siempre*, en primer lugar introducid la instrucción para obtener una imagen de la cámara. A continuación, mediante la utilización de un bloque condicional doble, comprobad si hay una cara en la imagen. Si la respuesta es afirmativa, la matriz de ledes deberá mostrar el icono de una cara feliz. De lo contrario, mostrará una cara triste.

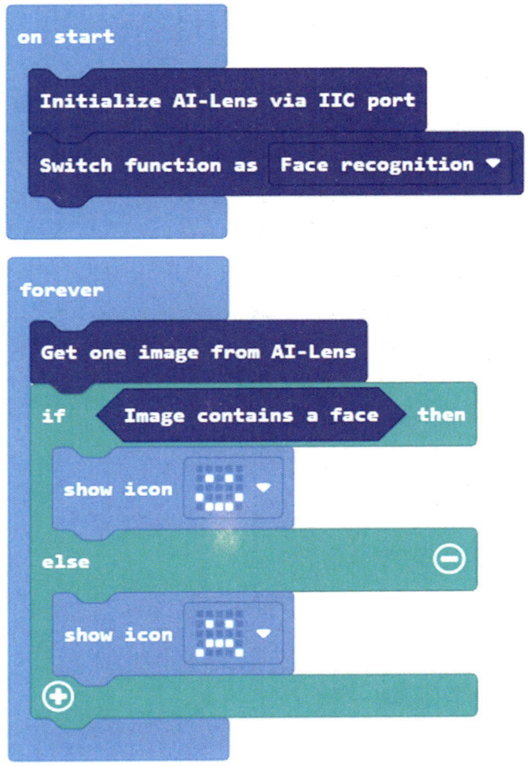

Ampliación

Se trata de utilizar el Cutebot con la pila de litio y la lente AI para conseguir que al presionar el botón B de la placa Micro:bit, se guarde la imagen captada por la cámara. A partir de ahí, debe tenerse en cuenta:

- Cuando la cámara capte la misma imagen, los faros del robot iluminarán en color verde y la matriz de la placa mostrará el icono de la cara feliz.
- Cuando la cámara capte una imagen diferente, los faros del robot cambiarán al color rojo y la matriz de la placa mostrará el icono de la cara triste.